煤矿灾害防治与案例分析

主编　蒲文龙　毕业武
主审　高德民

中国矿业大学出版社

内 容 提 要

本书以煤矿灾害防治为主要内容，最大特色为：既反映了我国煤矿防灾、抗灾的工作经验和技术成就，同时又介绍了国内外最新的一些科技成果，同时结合典型案例进行剖析，使本书具有较强的可读性和实用性。全书共8章，包括绪论、矿井瓦斯防治与案例分析、矿尘防治与案例分析、矿井火灾防治与案例分析、矿井水灾与案例分析、矿井顶板事故防治与案例分析、矿井爆破事故防治与案例分析、矿井电气运输提升事故防治与案例分析，每章末有复习思考题。

本书可作为煤炭高等学校本科采矿安全工程专业教材，还可供煤矿安全技术培训和煤矿从业人员使用。

图书在版编目（CIP）数据

煤矿灾害防治与案例分析/蒲文龙，毕业武主编 . —徐州：
中国矿业大学出版社，2014.3
ISBN 978-7-5646-2252-7

Ⅰ.①煤… Ⅱ.①蒲…②毕… Ⅲ.①煤矿—灾害防治—案例
Ⅳ.①TD7

中国版本图书馆 CIP 数据核字（2014）第 025760 号

书 名	煤矿灾害防治与案例分析
主 编	蒲文龙 毕业武
责任编辑	于世连 陈 慧 满建康
策 划	杨 帆
出版发行	中国矿业大学出版社有限责任公司
	（江苏省徐州市解放南路 邮编 221008）
营销热线	（0516）83885307 83884995
出版服务	（0516）83885767 83884920
网 址	http://www.cumtp.com E-mail：cumtpvip@cumtp.com
印 刷	北京市密东印刷有限公司
开 本	787×1092 1/16 印张 19.25 字数 461 千字
版次印次	2014 年 3 月第 1 版 2014 年 3 月第 1 次印刷
定 价	58.00 元

（图书出现印装质量问题，负责调换电话：010-64462264）

前　　言

　　"煤矿灾害防治"是煤矿安全工程和采矿工程专业的一门重要专业课程。黑龙江科技大学安全工程学院不仅肩负培养煤矿安全专业、采矿专业人才的教学任务，同时肩负煤矿安全技术培训任务。为了满足煤炭高等学校采矿安全工程专业教学和煤矿安全技术培训的需要，编写了本教材。本书系统分析了矿井瓦斯、矿尘、火灾、水灾、顶板事故、爆破事故、电气机运事故发生的具体原因、发展规律和防治理论与技术。本书在内容上力求通俗易懂，理论与实际相结合，同时结合具体典型案例进行剖析，使本书具有可读性，也具有实用性，特别适合用作煤矿安全技术培训用书。

　　全书共8章，包括绪论、矿井瓦斯防治与案例分析、矿尘防治与案例分析、矿井火灾防治与案例分析、矿井水灾防治与案例分析、矿井顶板事故防治与案例分析、矿井爆破事故防治与案例分析、矿井电气及运输提升事故防治与案例分析。

　　本书由高德民主审，由蒲文龙、毕业武主编。各章编写的分工如下：第1、2、6、7章由蒲文龙编写；第3、4、5、8章由毕业武编写。本书编写过程中借鉴了其他教材和书籍的精彩内容，在此谨向各位原作者表示感谢。

　　本书为矿业类高等院校采矿工程专业和安全工程专业、煤矿安全技术培训使用的教材，也可供科研、生产技术人员参考。

　　由于编者水平有限，书中若有不妥之处，恳请批评指正。

编　者

2013 年 12 月

目　　录

第1章 绪 论

1.1 矿井灾害事故基本概念

事故是人们在生产、生活中发生的以外事件，这些事件会造成生产活动的暂时中断或永久中止，并会引起人员伤亡或（和）财产的损失。事故的产生可能造成的结果包括：① 人员受到伤害，且物遭受损失；② 人受到伤害，物未受损失；③ 人未受伤害，物遭受损失；④ 人和物都没有损害，只有时间或间接的经济损失。

1.1.1 按人在事故原因中承担的责任分类

1）按人在事故原因中承担的责任分类

按人在事故原因中承担的责任，可以将其划分为责任事故和非责任事故两大类。

（1）责任事故。责任事故是指人们在生产工作中不执行有关安全法规，违反规章制度（包括领导人员违章指挥和职工违章作业）而发生的事故。

（2）非责任事故。非责任事故分为以下两种：① 自然事故；② 技术事故。

2）按造成的人员伤害情况分类

事故按造成的人员伤害情况可分为伤亡事故和非伤亡事故。

（1）伤亡事故。它是指企业职工在生产过程中发生的造成人身伤害或急性中毒的事故等突然使人体组织受到损伤或某些器官失去正常机能，致使负伤机体立即中断工作，甚至中止生命的事故。按伤害程度和伤亡人数，事故可以分为一般事故、较大事故、重大事故和特重大事故。

（2）非伤亡事故。它是指企业在生产活动中，由于生产技术管理不善、个别职工违章、设备缺陷及自然因素等原因，造成的生产中断、设备损坏等，但无人员伤亡的事故。

3）按照引起事故的直接原因分类

按照引起事故的直接原因，煤炭企业将伤亡事故分为以下八类：（1）顶板事故；（2）瓦斯事故；（3）机电事故；（4）运输事故；（5）火药爆炸事故；（6）水害事故；（7）火灾事故；（8）其他（以上七类事故以外的事故）。

1.1.2 伤亡事故等级的划分

根据生产安全事故造成的人员伤亡或者直接经济损失，《生产安全事故报告和调查处理条例》将事故分为以下等级：

（1）轻伤事故。轻伤事故是指丧失劳动能力满一个工作日，但低于105个工作日以下的伤害事故。

（2）重伤事故。重伤事故是指丧失劳动能力超过105个工作日的伤害事故。

（3）一般事故。一般事故是指造成3人以下死亡失的事故。或者10人以下重伤，或者1 000万元以下直接经济损失。

（4）较大事故。较大事故是指造成3人以上10人以下死亡，或者10人以上50人以下重伤，或者 1 000 万元以上 5 000 万元以下直接经济损失的事故。

（5）重大事故。重大事故是指造成 10 人以上 30 人以下死亡，或者 50 人以上 100 人以下重伤，或者 5 000 万元以上 1 亿元以下直接经济损失的事故。

（6）特别重大事故。特别重大事故是指造成 30 人以上死亡，或者 100 人以上重伤（包括急性工业中毒，下同），或者 1 亿元以上直接经济损失的事故。

1.1.3　重大灾害事故

（1）重大灾害事故

凡是给煤矿生产或人员生命安全、财产造成严重危害的事故统称为煤矿重大灾害事故。

（2）煤矿重大灾害事故的危害性

煤矿重大灾害事故影响范围大、伤亡人员多、中断生产时间长、损毁井巷工程或生产设备严重、经济损失巨大、社会影响恶劣、严重制约和影响煤炭工业持续健康发展。

（3）煤矿中常见的重大灾害事故类型

① 瓦斯、煤尘爆炸。

② 矿井火灾。

③ 煤与瓦斯突出。

④ 矿井突水。

⑤ 冲击地压和大面积冒顶。

（4）重大灾害事故的共同特征

各个矿井，甚至在同一矿井的不同时期，由于自然条件、生产环节和管理效能不尽相同，事故的发生具有偶然性。即使发生重大灾害事故，因主客观条件不同，其发生原因和发展过程各有其独特性，造成的后果也不尽相同。但总体而言，所有重大灾害事故都有其共同的特征。

① 突发性。重大灾害事故往往是突然发生的，事故发生的时间、地点、形式、规模和事故的严重程度都是不确定的。它给人们心理上的冲击最为严重，使指挥者难以冷静、理智地考虑问题，难以制订出行之有效的救灾措施，在抢救的初期容易出现失误，造成事故的损失扩大。

② 灾难性。重大灾害事故造成多人伤亡或使井下人员的生命受到严重威胁，若指挥决策失误或救灾措施不得力，往往酿成重大恶性事故。处理事故过程中指挥者若得悉已有人员伤亡或意识到有众多人员受到威胁，会增加心理慌乱程度，容易造成决策失误。

③ 破坏性。重大灾害事故，往往使矿井生产系统遭到破坏。它不但使生产中断，井巷工程和生产设备损毁，给国家造成重大损失，而且给抢险救灾增加了难度。这就要求指挥者在作救灾决策时，要充分考虑通风系统的情况。这对救灾方案的制订起到关键作用。

④ 继发性。在较短的时间里重复发生同类事故或诱发其他事故，称为事故的继发性。例如，火灾可能诱发瓦斯煤尘爆炸，也可能引起再生火源；爆炸可能引起火灾，也可能出现连续爆炸；煤与瓦斯突可能在同一地点发生多次突出，也可能引起爆炸。事故继发性存在，就要求指挥者在制订救灾措施时，多作些预想，要有充分的思想准备，采取有效措施避免出现继发性事故；而且，一旦出现继发性事故，能胸有成竹地作出正确的决策，不能"顾此失彼"，不能只顾处理目前发生的事故，不顾及事故的发展变化。

1.2 煤矿安全生产现状

目前我国的安全生产正呈现好转态势，但形势依然严峻，事故多发的势头并没有得到遏制。2009 年，全国 GDP 达到 33.54 万亿元，同时也有 8.97 万人死于安全事故，不到 4 亿 GDP 就死亡一个人，全国每年因安全事故造成的经济损失高达 3 000 亿元，约为全国 GDP 的 1%。

煤矿的安全形势更不容乐观，2009 年的百万吨死亡率虽比 2002 年下降了 80%，但仍达到 0.892，这个数字约是美国的 100 倍，约是波兰和南非的 10 倍。

1.2.1 煤矿地质条件及自然灾害状况

中国煤矿绝大多数是井工矿井，地质条件复杂，灾害类型多，分布面广，在世界各主要产煤国家中开采条件最差、灾害最严重。

(1) 地质条件。在国有重点煤矿中，地质构造复杂或极其复杂的煤矿占 36%，地质构造简单的煤矿占 23%。据调查，大中型煤矿平均开采深度 456 m，采深大于 600 m 的矿井产量占 28.5%。小煤矿平均采深 196 m，采深超过 300 m 的矿井产量占 14.5%。

(2) 瓦斯灾害。国有重点煤矿中，高瓦斯矿井占 21.0%，煤与瓦斯突出矿井占 21.3%，低瓦斯矿井占 57.7%。地方国有煤矿和乡镇煤矿中，高瓦斯和煤与瓦斯突出矿井占 15%。随着开采深度的增加，瓦斯涌出量的增大，高瓦斯和煤与瓦斯突出矿井的比例还会增加。

(3) 水害。中国煤矿水文地质条件较为复杂。国有重点煤矿中，水文地质条件属于复杂或极复杂的矿井占 27%，属于简单的矿井占 34%。地方国有煤矿和乡镇煤矿中，水文地质条件属于复杂或极复杂的矿井占 8.5%。中国煤矿水害普遍存在，大中型煤矿有 500 多个工作面受水害威胁。在近 2 万处小煤矿中，有突水危险的矿井 900 多处，占总数的 4.6%。

(4) 自然发火危害。中国具有自然发火危险的煤矿所占比例大、覆盖面广。大中型煤矿中，自然发火危险程度严重或较严重（Ⅰ、Ⅱ、Ⅲ、Ⅳ级）的煤矿占 72.9%。国有重点煤矿中，具有自然发火危险的矿井占 47.3%。小煤矿中，具有自然发火危险的矿井占 85.3%。由于煤层自燃，中国每年损失煤炭资源约 2 亿 t。

(4) 煤尘灾害。中国煤矿具有煤尘爆炸危险的矿井普遍存在。全国煤矿中，具有煤尘爆炸危险的矿井占煤矿总数的 60% 以上，煤尘爆炸指数在 45% 以上的煤矿占 16.3%。国有重点煤矿中具有煤尘爆炸危险性的煤矿占 87.4%，其中具有强爆炸性的占 60% 以上。

(5) 顶板灾害。中国煤矿顶板条件差异较大。多数大中型煤矿顶板属于Ⅱ类（局部不平）、Ⅲ类（裂隙比较发育），Ⅰ类（平整）顶板约占 11%，Ⅳ类、Ⅴ类（破碎、松软）顶板约占 5%。

(6) 冲击地压。中国是世界上除德国、波兰以外煤矿冲击地压危害最严重的国家之一。大中型煤矿中具有冲击地压危险的煤矿 47 处，占 5.16%。随着开采深度的增加，现有冲击地压矿井的冲击频率和强度在不断增加，还有少数无明显冲击地压的矿井也将逐渐显现出来。

(7) 热害。热害已成为中国矿井的新灾害。国有重点煤矿中有 70 多处矿井采掘工作面温度超过 26 ℃，其中 30 多处矿井采掘工作面温度超过 30 ℃，最高达 37 ℃。随着开采深度的增加，矿井热害日趋严重。

1.2.2　煤矿事故特征

（1）乡镇煤矿事故多发。以 2005 年为例，全国乡镇煤矿共发生事故 2 480 起、死亡 4 384 人，事故起数和死亡人数分别占全国煤矿事故总起数和死亡人数的 75%、73%。乡镇煤矿百万吨死亡率为 5.53，分别是国有重点煤矿的 5.8 倍和地方国有煤矿的 2.8 倍。

（2）国有重点煤矿事故伤亡程度大。国有重点煤矿特大事故所占比重大。以 2005 年为例，国有重点煤矿发生一次死亡 10 人以上特大及特别重大事故 9 起、死亡 527 人，占国有重点煤矿总死亡人数的 53.6%，平均每起死亡 59 人。2004 至 2005 年，在全国煤矿发生的 6 起一次死亡 100 人以上的事故中，国有重点煤矿 4 起，平均每起死亡 175 人；乡镇煤矿 2 起，平均每起死亡 115 人。

（3）瓦斯、水害重特大事故比例高。以 2005 年为例，在全国煤矿一次死亡 3 人以上的事故中，瓦斯事故 158 起，占 58.9%，居第一位；水害事故 46 起，占 17.2%，居第二位。在全国煤矿一次死亡 10 人以上的事故中，瓦斯事故 40 起，占 69.0%；水害事故 13 起，占 22.4%。

（4）顶板事故总量大。以 2005 年为例，全国煤矿共发生顶板事故 1 805 起，占全国煤矿事故起数的 55%，居第一位；死亡 2 058 人，占全国煤矿总死亡人数的 34.7%，仅次于瓦斯灾害，居第二位。

（5）非法与违法矿井、基建与技改矿井和改制矿井特大事故多。以 2005 年为例，非法与违法矿井发生特大事故 18 起，占特大事故总数的 31.0%；基建与技改矿井发生特大事故 15 起，占特大事故总数的 25.9%；改制矿井发生特大事故 13 起，占特大事故总数的 22.4%。

📖 复习思考题

1. 常见煤矿灾害事故类型有哪些？
2. 什么是煤矿重大灾害事故？其危害性主要表现在哪些方面？
3. 煤矿中常见的重大灾害事故类型有哪些？
4. 重大灾害事故的共同特征是什么？

第 2 章　矿井瓦斯防治与案例分析

矿井瓦斯是严重威胁煤矿安全生产的主要自然灾害之一。在近代煤炭开采史上，瓦斯灾害每年都造成许多的人员伤亡和巨大的财产损失。因此，预防瓦斯灾害，对煤炭工业的持续健康发展具有重要意义。瓦斯的涌出形式和涌出量对矿井设计、建设和开采都有重要影响。随着开采深度、开采范围和开采强度的增加，矿井瓦斯对矿井安全生产的影响更加显著。本章从理论和实践两方面，系统论述了瓦斯成因、瓦斯赋存、瓦斯含量、瓦斯涌出形式、瓦斯涌出量、瓦斯灾害形式、瓦斯灾害成因及其防治措施等。

2.1　基本概念和理论概述

2.1.1　矿井瓦斯的定义及性质

1）矿井瓦斯的定义

矿井瓦斯是指从煤层或岩层中放出或生产过程中产生并涌入到矿井内的各种气体。其基本成分是甲烷（CH_4）、二氧化碳（CO_2）和氮气（N_2），还有少量的硫化氢（H_2S）、一氧化碳（CO）、氢气（H_2）、二氧化硫（SO_2）及其他碳氢化合物气体。广义：瓦斯是指井下除正常空气的大气成分以外，涌向采矿空间的各种有毒、有害气体总称。狭义：瓦斯是指煤矿生产过程中从煤、岩内涌出的，以甲烷为主要成分的混合气体总称。由于甲烷（俗称沼气）是矿井瓦斯的主要成分，因而人们习惯上所说的瓦斯，通常指甲烷。

2）矿井瓦斯的性质

瓦斯是无色、无味、无臭、无毒的气体。瓦斯在大气压力为 101.325 kPa，密度为 0 ℃ 的标准状态下，容度为 0.716 kg/m³。瓦斯比空气轻，其相对密度为 0.554。因此在煤矿井下，瓦斯常积聚在巷道顶部或上山迎头。瓦斯不助燃，但条件适宜时能发生燃烧和爆炸。

2.1.2　矿井瓦斯的成因和垂直分带

1）矿井瓦斯的成因

煤层瓦斯是腐植型有机物（植物）在成煤过程中生成的，是与煤炭共生的气体产物。成气过程可分为两个阶段：第一阶段为生物化学成气时期；第二阶段为煤化变质作用时期。

古代植物在成煤过程中，经厌氧菌的作用，植物的纤维质分解产生大量瓦斯。此后，在煤的碳化变质过程中，随着煤的化学成分和结构的变化，继续有瓦斯不断生成。在全部成煤过程中，每形成一吨烟煤，大约可以伴生 600 m³ 以上的瓦斯。而由长焰煤变质为无烟煤时，每吨煤又可以产生约 240 m³ 的瓦斯。

2）煤层瓦斯的垂直分带

当煤层直达地表或直接为透气性较好的第四系冲积层覆盖时，由于煤层中瓦斯向上运移和地面空气向煤层中渗透，使煤层内的瓦斯呈现出垂直分带特征。

根据井下煤层瓦斯组分和含量，将煤层瓦斯按赋存深度不同自上而下分为四个带：N_2—CO_2 带、N_2 带、N_2—CH_4 带和 CH_4 带（见图 2-1）。现场实际过程中，将前三带总称为瓦斯风化带。煤层内的瓦斯垂直分带见表 2-1。

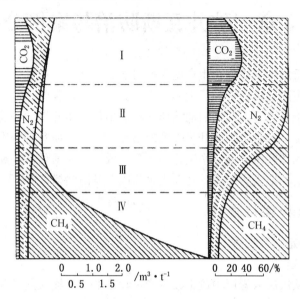

图 2-1　顿巴斯煤田煤层瓦斯组分在各瓦斯带中的变化

I——N_2—CO_2 带；II——N_2 带；III——N_2—CH_4 带；IV——CH_4 带

表 2-1　　　　　　　　　　　　煤层内的瓦斯垂直分带

名　称	气带成因	瓦斯成分/%		
		N_2	CO_2	CH_4
CO_2—N_2 带	生物化学—空气	20~80	20~80	<10
N_2 带	空气	>80	10~20	<20
N_2—CH_4 带	空气—变质	20~80	10~20	20~80
CH_4 带	变质	<20	<10	>80

瓦斯风化带的深度取决于煤层的地质条件和赋存状况，如围岩性质、煤层露头、断层、煤层倾角、地下水活动等。围岩透气性越大、煤层倾角越大、开放性断层越发育、地下水活动越剧烈，则瓦斯风化带下部边界就越深。有露头煤层往往比无露头的隐伏煤层的瓦斯风化带深。

掌握煤田煤层瓦斯垂直分带的特征，是搞好矿井瓦斯涌出量预测和日常瓦斯管理工作的基础。瓦斯风化带下界深度可以根据下列指标中的任何一项确定：① 煤层的相对瓦斯涌出量等于 2~3 m^3/t 处；② 煤层内的瓦斯组分中甲烷及重烃浓度总和达到 80%（体积比）；③ 煤层内的瓦斯压力为 0.1~0.15 MPa；④ 煤的瓦斯含量达到下列数值处：长焰煤 1.0~1.5 m^3/t（C.M.），气煤 1.5~2.0 m^3/t（C.M.），肥煤与焦煤 2.0~2.5 m^3/t（C.M.），瘦煤 2.5~3.0 m^3/t（C.M.），贫煤 3.0~4.0 m^3/t（C.M.），无烟煤 5.0~

7.0 m³/t（C. M.）（此处的 C. M. 是指煤中可燃质即固定碳 C 和挥发分 M）。

2.1.3　煤层瓦斯的赋存状态

1）煤层瓦斯的赋存状态

矿井瓦斯在煤体中、岩层中以两种状态存在，即自由状态和吸附状态，见图 2-2。自由状态又称游离状态，是指瓦斯以自由气体状态存在于煤、岩层的裂隙或空洞之中。吸附状态分为两种形式，即吸着状态和吸收状态。吸着状态由气体分子和固体分子之间的引力造成，瓦斯分子被吸着在煤体或岩体孔隙表面上，形成瓦斯薄膜。以吸着状态存在的瓦斯称为吸着瓦斯。吸收状态的瓦

图 2-2　煤体中瓦斯的赋存状态示意图

1——自由瓦斯；2——吸着瓦斯；3——吸收瓦斯

斯被溶解于煤体或岩体之中，类似气体溶解于液体之中。以吸收状态存在的瓦斯称为吸收瓦斯。

2）影响煤层瓦斯含量的因素

煤层瓦斯含量是指单位质量（或体积）的煤在自然状态下所含有的瓦斯量（标准状态下的瓦斯体积），单位为 m³/m³ 或 m³/t。

影响煤层瓦斯含量的因素有以下几个方面：

（1）煤田地质史。煤层中的瓦斯生成量、煤炭范围内瓦斯含量的分布以及煤层瓦斯向地表的运移，都取决于煤田地质史的条件。当成煤地壳上升时，剥蚀作用加强，为煤层瓦斯向地表运移提供了条件；当成煤地壳下沉时，煤田被覆盖，减缓了煤层瓦斯的逸散。

（2）地质构造。地质构造是影响煤层瓦斯含量的主要因素之一，一方面造成了瓦斯分布的不均衡，另一方面形成了有利于瓦斯赋存或有利于瓦斯排放的条件。

① 褶皱构造。褶皱的类型、封闭情况和复杂程度对瓦斯赋存均有影响。当煤层顶板岩石透气性差，且未遭构造破坏时，背斜有利于瓦斯的储存，是良好的储气构造，背斜轴部的瓦斯会相对聚集，瓦斯含量增大，形成"气顶"。在向斜盆地构造的矿区，顶板封闭条件良好时，瓦斯沿垂直地层方向运移使大部分瓦斯仅能沿两翼流向地表。因此，煤包、地垒、地堑都为高瓦斯区。

② 断层。断层破坏了煤层的连续完整性，使煤层瓦斯运移条件发生变化。有的断层有利于瓦斯排放，也有的断层对瓦斯排放起阻挡作用，成为逸散的屏障。前者称为开放型断层，后者称为封闭型断层。断层的开放型与封闭型取决于下列条件：a. 断层的性质和力学性质。一般张性正断层属开放型，而压性或压扭性逆断层封闭条件较好。b. 断层与地表或与冲积层的连通情况。规模大且与地表相通或与冲积层相连的断层一般为开放型。c. 断层将煤层断开后，煤层与断层另一盘接触的岩层性质。若透气性好则利于瓦斯排放。d. 断层带的特征。断层带的充填情况、紧闭程度、裂隙发育情况等都会影响到断层的开放或封闭性。

一般地，开放型断层，不论其与地表是否连通，其附近，瓦斯含量较低，见图 2-3。封闭型断层（受压影响），可阻止 CH_4 的排放，见图 2-4。

图 2-3   开放型断层

图 2-4   封闭型断层

（3）煤层的赋存条件。煤层有无露头对煤层瓦斯含量有一定的影响。煤层有露头时，瓦斯易于排放；无露头时，瓦斯易于保存。煤层的透气性一般比围岩大得多，煤层倾角越小，瓦斯运移的途径越长。因此，在其他条件大致相同的情况下，在同一深度上，煤层倾角越小，煤层所含瓦斯越多。

（4）煤层的围岩性质。煤系岩性组合和煤层围岩性质对煤层瓦斯含量影响很大。如果围岩为致密完整的低透气性岩层，围岩的透气性差，则煤层瓦斯含量高，瓦斯压力大。反之，如果围岩由厚层中粗砂岩、砾岩或裂隙溶洞发育的石灰岩组成，则煤层瓦斯含量小。

（5）煤的变质程度。在其他条件相同时，煤的变质程度越高，煤层瓦斯含量就越大。在同一煤田，煤吸附瓦斯的能力随着煤的变质程度的提高而增强，所以，在同一瓦斯压力和温度条件下，变质程度高的煤层往往能保存更多的瓦斯。但当无烟煤向超级无烟煤过渡时，煤的吸附能力急剧减小，煤层瓦斯含量将大为降低。

（6）岩浆活动。岩浆活动对瓦斯赋存的影响比较复杂。一方面，在岩浆热变质和接触变质的影响下，煤的变质程度升高，增大了瓦斯的生成量和增强了对瓦斯的吸附能力；另一方面，在没有隔气盖层、封闭条件不好的情况下，岩浆的高温作用可以强化煤层瓦斯排放，使煤层瓦斯含量减小。所以说，岩浆活动对瓦斯赋存既有生成、保存瓦斯的作用，在某些条件下又有使瓦斯逸散的可能性。

（7）水文地质条件。地下水与瓦斯共存于煤层及围岩之中，其共性是均为流体，它们运移和赋存都与煤、岩层的孔隙、裂隙通道有关。由于地下水的运移，一方面驱动着裂隙和孔隙中的瓦斯运移，另一方面又带动溶解于水中的瓦斯一起流动。瓦斯在水中的溶解度仅为 1‰～4‰。地下水和瓦斯占有的空间是互补的，这种相逆的关系，常表现为水多地带瓦斯小，反之亦然。

总之，影响煤层瓦斯含量的因素是多种多样的。在矿井瓦斯管理工作中，必须结合本井田或本矿具体情况，做全面地调查和深入细致地分析研究，找出影响本煤田、本矿井瓦斯含量的主要因素，作为预测瓦斯含量和瓦斯涌出量的参考。

3）煤层瓦斯压力

煤层瓦斯压力是指煤孔隙中所含游离瓦斯的气体压力，即气体作用于孔隙壁的压力。它是决定煤层瓦斯含量的一个主要因素，当煤吸附瓦斯的能力相同时，煤层瓦斯压力越大，煤中所含的瓦斯量也就越高。在煤与瓦斯突出的发生、发展过程中，瓦斯压力起着重大作用。

在同一深度上，不同矿区煤层的瓦斯压力值有很大差别，但在同一矿区煤层瓦斯压力随深度增加而增大，这一特点反映了煤层瓦斯由地层深处向地表流动的总规律。在地质条件不变的情况下，煤层瓦斯压力随深度的变化的规律性近似线性关系，同一深度各煤层的各个地点，煤层瓦斯压力是相近的。

煤层瓦斯压力的大小取决于煤层瓦斯的排放条件。煤层瓦斯排放是一个极其复杂的问题，除与覆层厚度、透气性、地质构造条件有关外，还与覆盖层的含水性有关。当覆盖层中充满水时，煤层瓦斯压力最大，这时瓦斯压力等于同水平的静水压力。实践表明，当煤层的测压地点处于采动影响的集中应力带时，煤体中孔隙压缩能明显提高瓦斯压力值，故煤层瓦斯压力实测值偏高。

2.1.4　矿井瓦斯的涌出

1）矿井瓦斯涌出形式

瓦斯从煤层或围岩中涌出的形式有两种：

(1) 普通涌出。随着采掘工作的不断进行，瓦斯从煤层或围岩中不断地向采掘空间涌出。其特点是：范围大、时间长、量均匀，速度缓。普通涌出是煤矿瓦斯涌出的主要形式。

(2) 特殊涌出。特殊涌出包括瓦斯的喷出和煤与瓦斯突出。其特点是涌出地点为局部地点，涌出时间短、速度快、量大而集中、有机械破坏力。它是瓦斯矿井中极具危害的一种涌出形式。

2）矿井瓦斯涌出量

矿井瓦斯涌出量是指在矿井生产过程中涌入巷道内的瓦斯量，可用绝对瓦斯涌出量和相对瓦斯涌出量两个参数来表示。矿井绝对瓦斯涌出量（$Q_{绝}$）是指矿井在单位时间内涌出瓦斯的体积，单位为 m^3/min 或 m^3/d，可用下式计算：

$$Q_{绝} = Q \times C \times 60 \times 24 \tag{2-1}$$

式中　Q——矿井总回风道风量，m^3/d；

　　　C——回风流中的平均瓦斯浓度，%。

相对瓦斯涌出量（$q_{相}$）是指在正常生产条件下开采 1 t 煤所涌出的瓦斯体积，单位为 m^3/t，可用下式计算：

$$q_{相} = (Q_{绝} \times n)/T \tag{2-2}$$

式中　$Q_{绝}$——矿井绝对瓦斯涌出量，m^3/d；

　　　n——矿井瓦斯鉴定月的工作天数，d/月；

　　　T——矿井瓦斯鉴定月的产量，t/月。

2.1.5　瓦斯涌出的影响因素

1）自然地质条件

(1) 煤层和围岩的瓦斯含量。它是决定瓦斯涌出量多少的最重要因素。一般来说，煤层的瓦斯含量越高，开采时的瓦斯涌出量也越大。

(2) 地面气压的变化。地面大气压变化引起井下大气压的相应变化，它对采空区（包括回采工作面后部采空区和封闭不严的老空区）或坍冒处瓦斯涌出的影响比较显著。

(3) 开采深度。随着开采深度的增加，矿井瓦斯量也随之增加。

2）开采技术因素

(1) 开采规模。①矿井达产之前，绝对瓦斯涌出量随着开拓范围的扩大而增加。绝对瓦斯涌出量大致正比于产量，相对瓦斯涌出量数值偏大而没有意义。②矿井达产之后，绝对瓦斯涌出量基本随产量变化，并在一个稳定数值上下波动。对于相对瓦斯涌出量来说，如果矿井涌出的瓦斯主要来源于采落的煤炭，产量变化时，虽然对绝对瓦斯涌出量的影响比较明显，但对相对瓦斯涌出量影响却不大。③ 开采工作逐渐收缩时，绝对瓦斯涌出量又随产量的减少而减少，并最终稳定在某一数值，这是由于巷道和采空区瓦斯涌出量不受产量减少的影响，这时相对瓦斯涌出量数值又会因产量低而偏大，再次失去意义。

（2）开采顺序与开采方法。首先开采的煤层（或分层）瓦斯涌出量大。采空区丢失煤炭多，回采率低的采煤方法，采区瓦斯涌出量大。顶板管理采用陷落法比充填法能造成顶板更大范围的破坏和卸压，临近层瓦斯涌出量就比较大。

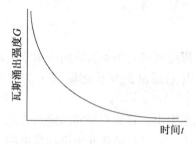

图 2-5 瓦斯从暴露面涌出的变化规律

（3）生产工艺。瓦斯从煤层暴露面（煤壁和钻孔）和采落的煤炭内涌出的特点是：初期瓦斯涌出的强度大，然后大致按指数函数的关系逐渐衰减，见图 2-5。

（4）风量变化。矿井风量变化时，瓦斯涌出量和风流中的瓦斯浓度会发生扰动，但很快就会转变为另一稳定状态。

（5）采区通风系统。采区通风系统对采空区内和回风流中瓦斯浓度分布有重要影响。

（6）采空区的密闭质量。采空区内往往积存着大量高浓度的瓦斯（可达 60%～70%），如果密闭墙质量不好，或进、回风侧的通风压差较大，就会造成采空区大量漏风，使矿井的瓦斯涌出量增大。

2.1.6 矿井瓦斯等级划分与鉴定

1）矿井瓦斯等级划分

《煤矿瓦斯等级鉴定暂行办法》中规定，矿井瓦斯等级分为瓦斯矿井、高瓦斯矿井和煤（岩）与瓦斯（二氧化碳）突出矿井三类，以前的低瓦斯矿井的说法取消。按照规定：具备下列情形之一的矿井为高瓦斯矿井：（1）矿井相对瓦斯涌出量大于 10 m³/t；（2）矿井绝对瓦斯涌出量大于 40 m³/min；（3）矿井任一掘进工作面绝对瓦斯涌出量大于 3 m³/min；（4）矿井任一采煤工作面绝对瓦斯涌出量大于 5 m³/min。按照规定，满足下列条件的矿井为瓦斯矿井：（1）矿井相对瓦斯涌出量小于或等于 10 m³/t，（2）矿井绝对瓦斯涌出量小于或等于 40 m³/min，（3）矿井各掘进工作面绝对瓦斯涌出量均小于或等于 3 m³/min，（4）矿井各采煤工作面绝对瓦斯涌出量均小于或等于 5 m³/min。按照规定，具备下列情形之一的矿井为突出矿井：（1）发生过煤（岩）与瓦斯（二氧化碳）突出的；（2）经鉴定具有煤（岩）与瓦斯（二氧化碳）突出煤（岩）层的；（3）依照有关规定有按照突出管理的煤层，但在规定期限内未完成突出危险性鉴定的。

生产矿井和正在建设的矿井应当每年进行矿井瓦斯等级鉴定。确因矿井长期停产等特殊原因没能进行等级鉴定的矿井，应经省（自治区、直辖市）级负责煤炭行业管理的部门批准后，按上年度瓦斯等级确定。煤矿瓦斯等级鉴定结果由省级煤炭行业管理部门审定批准，省级煤炭行业管理部门应当将审批结果及年度矿井瓦斯等级汇总情况抄送省级煤矿安全监管部门和省级煤矿安全监察机构，并报国家煤矿安全监察局、国家能源局备案。

新矿井设计文件中，应有各煤层的瓦斯含量资料。

2）矿井瓦斯等级鉴定

（1）鉴定时间和基本条件

矿井瓦斯等级的鉴定工作应在正常生产条件下进行。根据当地气候条件，选择矿井绝对瓦斯涌出量最大的月份进行鉴定。在鉴定月的上、中、下旬中各取一天（间隔 10 d），每天分三个班（或四个班）进行测定工作。测定区域（矿井、煤层、翼、水平或采区）的实际产量（包括回采和掘进煤产量）达到该区域核定产量或正常产量 60% 以上的条件。

（2）测定内容、测点选择和要求

测定内容主要为风量、风流中瓦斯和二氧化碳浓度，同时应测定和统计瓦斯抽放量和月产煤量。如果进风流中含有瓦斯或二氧化碳时，还应在进风流中测风量、瓦斯（或二氧化碳）浓度。进、回风流的瓦斯（或二氧化碳）涌出量之差，就是鉴定地区的风排瓦斯（或二氧化碳）量。抽放瓦斯的矿井，测定风排瓦斯量的同时，在相应的地区还要测定瓦斯抽放量。瓦斯涌出量应包括风排瓦斯量和瓦斯抽放量。

确定矿井瓦斯等级时，按每一自然矿井、煤层、翼、水平和各采区分别计算相对瓦斯涌出量和绝对瓦斯涌出量。所以测点应布置在每一通风系统的主要通风机的风硐、各水平、各煤层和各采区的进、回风道测风站内。如无测风站，可选取断面规整并无杂物堆积的一段平直巷道做测点。

每一测定班的测定时间应选在生产正常时刻，并尽可能在同一时刻进行测定工作。

（3）矿井瓦斯等级的确定

矿井瓦斯等级应当依据实际测定的瓦斯涌出量、瓦斯涌出形式以及实际发生的瓦斯动力现象、实测的突出危险性参数等确定。并附以必要的文字说明，如产量、采掘比例、地质构造等因素和瓦斯喷出、煤与瓦斯突出等情况，报上级审批。

正在建设的矿井每年也应进行矿井瓦斯等级的鉴定工作。在没有采区投产的情况下，当单条掘进巷道的绝对瓦斯涌出量大于 3 m³/min 时，矿井应定为高瓦斯矿井；在有采区投产的情况下，当采区相对瓦斯涌出量大于 10 m³/t 时，矿井也应定为高瓦斯矿井；在采掘中发生过煤（岩）与瓦斯（二氧化碳）突出的矿井应定为煤（岩）与瓦斯（二氧化碳）突出矿井。如果鉴定结果与矿井设计不符时，应提出修改矿井瓦斯等级的专门报告，报原设计单位同意。

2.2　瓦斯爆炸及突出的规律

瓦斯的最大危害就是发生爆炸。一旦发生爆炸，不仅造成大量人员伤亡，而且还会严重摧毁矿井设施、中断生产。还可能引起煤尘爆炸、矿井火灾、井巷垮塌和顶板冒落等二次灾害，使生产难以在短期内恢复。世界上最大一次瓦斯爆炸发生在 1942 年日本霸占我国东北时期，在本溪煤矿由电气火花引起的瓦斯爆炸和煤尘爆炸，造成 1 549 人死亡，146 人受伤。随着开采深度增加，瓦斯涌出量增大，发生爆炸的可能性增大。因此，预防矿井瓦斯爆炸是一项重大的任务，研究和掌握瓦斯爆炸的防治技术，对煤矿安全生产具有重要意义。

2.2.1　瓦斯爆炸

1）瓦斯爆炸的过程及其危害

（1）瓦斯爆炸的化学反应过程

瓦斯爆炸是一定浓度的甲烷和空气中的氧气在高温热源的作用下发生激烈氧化反应的

过程。

最终的化学反应式为：$CH_4 + 2O_2 \Longrightarrow CO_2 + 2H_2O$

如果煤矿井下 O_2 不足，反应的最终式为：$CH_4 + O_2 \Longrightarrow CO + H_2 + H_2O$

瓦斯爆炸是一种热—链反应过程。当爆炸混合物吸收一定能量后，反应分子的链即行断裂，离解成两个或两个以上的游离基。这类游离基具有很大的化学活性，称为反应连续进行的活化中心。在适合的条件下，每一个游离基又可以进一步分解，再产生两个或两个以上的游离基。这样循环不已，游离基越来越多，化学反应速度也越来越快，最后就可以发展为燃烧或爆炸式的氧化反应。

（2）瓦斯爆炸的产生与传播过程

爆炸性的混合气体与高温火源同时存在，就将发生瓦斯的初燃（初爆），初燃产生以一定速度移动的焰面，焰面经过后的爆炸产物具有很高的温度，由于热量集中而使爆源气体产生高温和高压并急剧膨胀而形成冲击波。如果巷道顶板附近或冒落孔内积存着瓦斯，或者巷道中有沉落的煤尘，在冲击波的作用下，它们就能均匀分布，形成新的爆炸混合物，使爆炸过程得以继续下去。

（3）瓦斯爆炸的危害

其主要危害有：① 火焰锋面：造成人员皮肤大面积深度烧伤，呼吸器官粘膜烫伤；破坏电气设备；引燃井巷可燃物。② 冲击波：在瓦斯爆炸过程中，由于能力突然释放即会产生冲击波，它是由压力波发展而成的。正向冲击波传播时，其压力一般为 10 kPa～2 MPa，但其遇叠加或反射时，常常可形成高达 10 MPa 的压力。冲击波的传播速度高于音速（340 m/s）。冲击波通过时会对人体造成危害，多数情况下，这些创伤具有综合（创伤、烧伤等）多样的特点。移动和破坏设备，可能发生二次着火；破坏支架、顶板冒落、垮塌岩石堆积物导致通风系统破坏，使救灾复杂化。③ 高温灼热：在瓦斯浓度为 9.5% 的条件下，爆炸时的瞬时温度在自由空间内可达 1 850 ℃；在封闭空间内最高可达 2 650 ℃。井下巷道呈半封闭状态，其爆温将在 1 850 ℃ 与 2 650 ℃ 之间。这样高的火焰温度，很短时间内足以灼伤人的皮肤和肌肉、损伤人的器官，点爆煤尘，点燃坑木。在煤炭科学研究总院重庆分院爆炸试验基地进行的瓦斯爆炸损伤试验研究表明，瓦斯爆炸的高温灼热严重损伤呼吸系统，可造成 10% 的试验大白鼠死亡（48 h 内）。④ 井巷大气成分变化：由瓦斯爆炸反应，我们知道，由于瓦斯浓度和氧气浓度的不同，使得爆炸产生的有毒气体 CO 和 CO_2 的浓度差异很大，特别是由于瓦斯爆炸破坏了通风系统，使爆炸后的有毒气体 CO 和 CO_2 不易扩散和稀释。从以往事故分析看：爆炸后的有毒有害气体的中毒是造成人死亡的主要原因，占死亡总数的 70%～80%。

2）瓦斯爆炸的条件及其影响因素

（1）瓦斯爆炸的基本条件

① 瓦斯浓度在爆炸界限内，一般为 5%～16%。$C_{CH_4} < 5\%$ 时，发生燃烧；$C_{CH_4} > 15\%$ 时，新鲜空气界面处燃烧；$C_{CH_4} = 9.5\%$ 时，爆炸最剧烈；$C_{CH_4} = 7\%～8\%$ 时，爆炸最容易。必须强调指出，瓦斯爆炸界限不是固定不变的，它受到许多因素的影响。

② 混合气体中的氧浓度不低于 12%。大量实验表明，瓦斯爆炸界限随混合气体中氧浓度的降低而缩小。当氧浓度降低时，瓦斯爆炸下限缓慢地增高，如图 2-6 中的 BE 线所示，爆炸上限则迅速下降，如图 2-6 中的 CE 线所示。氧浓度降低到 12% 时，瓦斯混合气

体即失去爆炸性，遇火也不会爆炸。《煤矿安全规程》规定，井下工作地点的氧浓度不得低于 20%，上述关系似乎没有什么实际意义，但在密封区特别是火区内情况却不同，其中往往积聚大量瓦斯，且有火源存在，只有氧浓度很低时，才不会发生爆炸；一旦重开火区或火区封闭不严而大量漏风，新鲜空气不断流入，氧浓度达到 12% 以上，就可能发生爆炸。

③ 有足够能量的点火源。瓦斯的最低点燃温度和最小点燃能量取决于空气中的瓦斯浓度、初压和火源的能量及其放出强度和作用时间。通常为 650 ℃，最低点燃能量为 0.28 MJ。瓦斯与高温热源接触后，不是立即燃烧或爆炸，而是要经过一个很短的间隔时间，这种现象叫做引火延迟性，间隔的这段时间称为感应期，感应期的长短与瓦斯的浓度、火源温度和火源性质有关，而且瓦斯燃烧的感应期总是小于爆炸的感应期。

因此，在井下高温热源是不可避免的，但关键是控制其存在时间在感应期内。例如，使用安全炸药爆炸时，其初温能达到 2 000 ℃ 左右，但高温存在时间只有 $10^{-6} \sim 10^{-7}$ s，都小于瓦斯的爆炸感应期，所以不会引起瓦斯爆炸。如果炸药质量不合格，炮泥充填不紧或放炮操作不当，就会延长高温存在时间，一旦时间超过感应期，就能发生瓦斯燃烧或爆炸事故。常温下，CH_4 的爆炸界限与混合气体中氧浓度的关系呈三角形，人们称为"爆炸三角形"，见图 2-6。

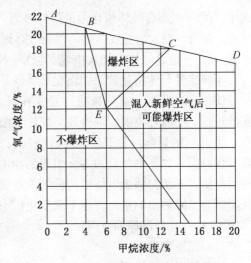

图 2-6 柯瓦德爆炸三角形

图中 BEC 所构成的三角区域就是瓦斯爆炸三角形，当瓦斯浓度和氧浓度处于三角形区域，在点火源作用下，就会发生瓦斯爆炸；同样，瓦斯浓度和氧浓度不在此三角形区域，就不会发生瓦斯爆炸。这就为防止瓦斯爆炸的发生提供了途径。如前所述，采掘工作面进风流中的氧气浓度不低于 20%。氧气作为作业人员必备的生存条件，在煤矿井下必须予以保证，也就是说，在煤矿井下工作环境下，氧浓度都必须维持在 20% 以上，通过控制氧气浓度来控制瓦斯爆炸事故是不现实的。然而，在密封区特别是火区，其中往往积聚大量瓦斯，且有火源存在，只有将氧浓度控制在很低时（12% 以下），才能确保不会发生瓦斯爆炸事故；重开火区或火区封闭不严而大量漏风，新鲜空气不断流入，氧浓度达到 12% 以上时，同样可能发生爆炸。这也是在采空区内为防止瓦斯爆炸或燃烧，把氧浓度降低到 12% 以下，以控制爆炸或熄灭燃烧火焰的原因所在。

瓦斯爆炸三角形在生产实践中的实际意义：① 封闭火区，由于 CH_4 涌出，烟气掺入，氧气浓度下降，可能进入 △BEC 发生爆炸；② 已封闭而未爆炸火区，可能因漏风而进入 △BEC 发生爆炸；③ 注入惰性气体可预防爆炸，CO_2 比 N_2 效果好。

综上所述，在新鲜空气中，瓦斯浓度为 5% ～16%，在遇到 650～750 ℃ 以上的火源才会爆炸。但是这些数值受很多因素的影响，从而在较大范围内变化，加上矿井通风和瓦斯涌出的不稳定性，所以《煤矿安全规程》中对井下各地点的瓦斯浓度与可能产生的火源都作了严格限制，以防爆炸事故的发生。这是十分必要的，必须认真执行。

（2）影响瓦斯爆炸发生的因素

① 其他可燃气体的影响。其他可燃气体的混入往往使瓦斯的爆炸下限降低，从而增加其爆炸危险。漂浮在空气中的煤尘也会降低瓦斯的爆炸下限，这主要是因为煤尘遇热时会分解出可燃气体。

② 氧浓度和过量惰气的影响。惰性气体的混入，使氧浓度降低，并阻碍活化中心的形成，可以降低瓦斯爆炸的危险性。爆炸下限提高，上限降低，即爆炸范围缩小。

$$N' = N \frac{(1+\frac{\alpha}{1-\alpha}) \times 100}{100 + N\frac{\alpha}{1-\alpha}}$$

式中　N'——混合气体惰化前的爆炸极限，%；

　　　N——混入惰性气体后，混合气体爆炸极限，%；

　　　α——混合气体内加入惰气（$CO_2 + N_2$）的体积浓度，$\alpha = 0.01(CO_2 + N_2)$。

不同惰性气体惰化效果：卤化烃 $>CO_2 > N_2 >$ He。

③ 温度的影响。化学反应与温度有很大的关系，环境温度的增加往往能促进化学反应的进行。随着环境温度的升高，爆炸下限下降，爆炸上限升高，可爆范围增大。

④ 气压的影响。井下环境中，空气压力发生显著变化的情况很少，但在爆炸冲击波或其他原因（如大面积冒顶等）引起的冲击波波峰作用的范围内，气压会显著增高。气压的增高使点燃源向邻近气体层传输的能量增大，燃烧反应可自发进行的浓度范围增大。对瓦斯爆炸界限的影响是：爆炸下限变化很小，爆炸上限大幅度增高。

3）矿井瓦斯爆炸的致因

（1）瓦斯积聚

瓦斯积聚是指体积超过 0.5 m³ 时的空间瓦斯浓度超过 2% 的现象。局部地点的瓦斯积聚是造成瓦斯爆炸事故的根源。积聚原因主要有以下几个方面：

① 通风系统不合理、供风距离过长、采掘布置过于集中、工作面瓦斯涌出量过大而又没有采取抽放措施、通风路线不畅通等，都容易造成采煤工作面风量供给不足。采煤工作面瓦斯积聚通常发生在回风隅角处，有时需要对该区域实施特别的通风处理，才能保证工作面瓦斯不超限。对于掘进工作面风筒漏风、局部通风机能力不足、串联风、风机安设不当、出风口距离工作面过远、单台局部通风机向多头供风等，往往造成掘进工作面风量不足，引起局部瓦斯积聚。此外，供给局部通风机的全风压风量不足，造成局部通风机发生循环风，或局部通风机安装位置距离回风口过近造成循环风等，也会使掘进工作面的瓦斯浓度超限，引起瓦斯积聚。

② 正常生产时期，煤矿井下的通风设施被随意改变其状态。每一通风设施都有其控制风流的目的，改变其状态，往往造成风流短路或某些巷道、工作面风量的减少，由此引起的瓦斯积聚通常出乎意料，难以预防。

③ 采掘工作面的串联通风，上工作面的污浊空气未经监测控制进入下工作面，导致与下工作面风流中的瓦斯叠加而超限。不稳定分支会造成井下风流的无计划流动，从而造成难以预测的瓦斯积聚。若采区之间出现角联分支，这些分支的风流方向受自然风压及其他分支阻力的影响，可能会发生改变，从而使原来的回风流污染进风，造成瓦斯超限或

积聚。

④ 局部通风机停止运转可能使掘进工作面很快达到瓦斯爆炸的界限。设备检修时随意开停通风机、无计划停电、停风，掘进工作面停工停风，不检查瓦斯就随意开动通风机供风等，都是造成掘进工作面瓦斯积聚和瓦斯爆炸事故的主要原因。

⑤ 对封闭的区域或停工一段时间的工作面恢复通风，未制定专门的排放瓦斯措施，没有严格控制排出瓦斯的速度，导致排放风流中的瓦斯浓度达到爆炸界限。

⑥ 采空区和盲巷中往往积存大量高浓度瓦斯，当气压发生变化或采空区发生大面积冒顶时，这些区域的瓦斯会突然涌出，造成采掘空间的瓦斯积聚。

⑦ 当采掘工作面推进到地质构造异常区域时，有可能发生瓦斯异常涌出，造成瓦斯积聚。煤与瓦斯突出矿井，其抽放系统突然出现故障，会造成瓦斯异常涌出的情况。

⑧ 巷道冒落空洞由于通风不良容易形成瓦斯积聚，而采区煤仓虽然瓦斯涌出量不大，但也是瓦斯容易积聚的地点。

⑨ 小煤矿的瓦斯积聚除了上述几个方面外，还有以下几点：a. 独眼井开采，没有形成通风系统；b. 未安装主要通风机，依靠自然风压进行通风；c. 使用局部通风机代替主要通风机，通风机能力不匹配，井下风量小；d. 回风井筒兼作提升，矿井漏风严重，通风机不能发挥作用；e. 矿井停工停风或掘进工作面停工停风；f. 井下通风系统混乱，串联通风严重；g. 掘进工作面无局部通风机，或只有一台局部通风机给多个掘进头通风；h. 没有瓦斯检查、监测制度或制度不完善，缺乏相应的瓦斯检查仪器或瓦斯仪器仪表超期使用误差太大；i. 无专门的安全技术人员从事安全管理工作，或安全技术及管理人员的素质太低等。

（2）瓦斯爆炸的点火源

煤矿井下的明火、煤炭自燃、电弧、电火花、赤热的金属表面以及撞击和摩擦火花，都能点燃瓦斯。此外，采空区内岩石悬顶冒落时产生的碰撞火花，也能引起瓦斯的燃烧或爆炸。原苏联的研究认为，岩石脆性破裂时，它的裂隙内可产生高压电场（达 108 V/cm），电场内电荷流动，也能导致瓦斯燃烧。

2.2.2　煤（岩）与瓦斯突出

瓦斯喷出、煤与瓦斯突出都属于瓦斯特殊涌出形式，大量承压状态的瓦斯从煤、岩裂缝中快速喷出的现象。煤矿瓦斯突出是矿井开采中危险性最大的灾害，是世界各主要产煤国突出矿井共同面临的技术难题。1834 年 3 月 22 日，世界上第一次有记录的突出矿井是法国鲁阿煤田的伊萨克矿井。1950 年，我国第一次有记录的突出矿井是辽源富国西二井。其主要危害表现为：① 产生的高压瓦斯流，能摧毁巷道，造成风流逆转，破坏矿井通风系统。② 井巷充满瓦斯，造成人员窒息，引起瓦斯燃烧或爆炸。③ 喷出的煤岩，造成煤流埋人。④ 猛烈的动力效应可能导致冒顶和火灾事故的发生。

1）煤（岩）与瓦斯突出的分类

按照突出物质的不同，突出可分为煤与甲烷突出、岩石与甲烷突出、砂岩和二氧化碳突出，以及煤、岩、二氧化碳和甲烷突出。

按照突出动力源的不同，突出又可分为倾出、压出和突出。其中，倾出的主要动力是地应力，其基本能源是煤的重力位能，经常发生在急斜松软煤层中；压出的主要动力是地应力，其基本能源是煤中所积聚的弹性能；突出的动力是地应力和瓦斯压力的合力，其基本能源是煤中积聚的瓦斯能。

2）煤（岩）与瓦斯突出的机理和条件

（1）煤（岩）与瓦斯突出的机理

煤（岩）与瓦斯突出是一种力学现象，是地应力、瓦斯和煤（岩）的物理力学性质三个因素综合作用的结果。地应力、瓦斯和煤（岩）强度是突出的主要自然因素，突出的发生与否取决于这三个因素的一定组合。对突出发生的区域条件来说，该区域的地应力越大，煤（岩）层瓦斯压力（含量）越高，煤（岩）越松软，则区域的突出危险性就越大。对采掘工作面来说，突出危险性除与上述三个因素各参数的原始值有关外，在很大程度上，还取决于近工作面区域各参数的变化，工作面前方应力和瓦斯压力梯度越大，煤（岩）越不均质，则工作面的突出危险性也就越大。

（2）煤（岩）与瓦斯突出的条件

突出发生必须同时满足以下三个条件：

① 爆破落煤、石门突然揭开煤层、采掘工作面进入地质构造带、打钻、悬顶冒落等使工作面附近煤（岩）体应力状态突然改变，并导致煤（岩）体局部的突然破坏，这是突出的诱发条件。

② 突出诱发后，煤（岩）的暴露面处于高地应力和高瓦斯压力区，使煤（岩）体能产生自发地连续破碎，这是突出的发展条件。

③ 煤（岩）体和已破碎的煤（岩）能快速涌出瓦斯（包括游离瓦斯和吸附瓦斯），并形成能抛出已破碎煤（岩）的瓦斯流，这是突出发展的必要条件。

（3）煤（岩）与瓦斯突出的一般规律和预兆

① 煤（岩）与瓦斯突出的一般规律

a. 危险性随开采深度及煤层厚度增大而增大。突出发生在一定的采掘深度以后。每个煤层开始发生突出的深度差别很大，始突深度是指矿井开始发生突出的最浅深度，不同矿区差别很大。一般地，矿井始突深度均大于瓦斯风化带深度，随着开采深度增加，煤层突出危险性增高。突出次数和强度随煤层厚度、特别是软分层厚度的增加而增加。

b. 绝大多数发生在掘进工作面。上山掘进比下山掘进容易突出，突出次数随着煤层倾角增大而增多。

c. 引起应力状态突然变化的区域：① 石门揭穿煤层时，工作面迅速推入煤体，如爆破作业、快速打钻；② 工作面由硬煤区进入软煤区；③ 工作面靠近和进入地质构造带，如断层、褶曲、岩浆岩侵入带和煤层厚度、倾角以及走向变化带，据北票矿务局统计，90％以上的突出发生在地质构造区和火成岩侵入区；④ 采煤工作面老顶初次及周期来压；⑤ 急倾斜煤层突然冒落。

d. 主要诱导因素是采掘作业，其次为爆破、风镐、手镐作业。大多数突出发生在爆破和落煤工序。例如，重庆地区 132 次突出中，落煤时 124 次，占 95％。爆破后没有立即发生的突出，称延期突出。延迟的时间由几分钟到十几小时，它的危害性更大。

② 煤（岩）与瓦斯突出的预兆

a. 声响预兆。煤体中发出闷雷声、爆竹声、机枪声、嘶嘶声，这些声响在我国许多突出矿井统称为"煤炮"。在个别突出发生前，也会出现渗水声和其他声响。

b. 煤结构变化预兆。这些预兆包括：煤层层理紊乱、煤变松软、煤变暗而无光泽、煤干燥和煤尘增多等。

　　c. 地压方面的预兆。这些预兆包括：支架来压、掉碴、片帮、工作面煤壁外鼓、底鼓、煤眼变形装不进炸药等。

　　d. 瓦斯方面的预兆。这些预兆包括：风流瓦斯浓度增大、瓦斯浓度忽大忽小、打钻时顶钻、钻孔喷煤喷瓦斯等。

　　e. 其他预兆。在某些突出发生前，会出现煤壁和工作面温度降低，散发特殊气味等。

2.3　瓦斯爆炸的防治与处理技术

2.3.1　防止瓦斯积聚的技术措施

　　1) 按照《煤矿安全规程》的要求做好通风工作

　　矿井通风工作是防止瓦斯积聚的基本措施，稳定、连续的通风是冲淡和排除井下瓦斯的可靠保证。因此，一定要按照《煤矿安全规程》的规定给有关地点供给足够的新鲜空气，使井下各处的瓦斯浓度符合《煤矿安全规程》的要求。

　　(1) 矿井通风必须采用机械通风；掘进工作面禁止使用扩散通风；各生产水平、各采区要有单独的回风巷道，实行分区通风；采区结束后，最多不超过一个月必须将与采空区相通的巷道全部封闭严密；对控制风流的各种构筑物都应保证完好。

　　(2) 所有没有封闭的巷道、采掘工作面和硐室必须保持足以稀释瓦斯到规定界限的风量和风速，使瓦斯不能达到积聚的条件。

　　(3) 采煤工作面必须保持风路畅通，每个掘进工作面必须有合理的进、回风路线，避免形成串连通风。

　　(4) 掘进工作面供风最容易出现安全问题，特别是在更换、检修局部通风机或通风机停运时，必须加强管理，协调通风管理部门和机电管理部门的工作，以保证工作的顺利进行和恢复通风时的安全。

　　(5) 对高瓦斯矿井，为防止局部通风机停风造成的危险，必须使用"三专两闭锁"，局部通风机要挂牌制定专人管理，严格禁止非专门人员操作局部通风机和随意开停通风机。即使是短暂的停风，也应该在检查瓦斯后开启通风机。在停风前，必须先撤出工作面的人员并切断向工作面的供电。在进行工作面机电设备的检修或局部通风机的检修时，应特别注意安全，严禁带电检修。局部通风机风筒的出风口距离掘进工作面一般不得大于 5 m，风量要大于 40 m³/min，以防止出现通风死角和循环通风。局部通风机和启动装置必须安设在新鲜风流中，距离回风口的距离不小于 10 m。安设局部通风机的进风巷道所通过的风量要大于局部通风机吸风量的 1.43 倍，以保证局部通风机不会吸入循环风。

　　(6) 整个矿井的生产和通风是相匹配的，为了避免工作面的风量供给不足：首先应该保障采掘平衡，不要将整个矿井的生产和掘进都安排在一个采区或集中到矿井的一翼；其次，各采区在开拓工作面，应该先开掘中部车场，避免造成掘进工作面和采煤工作面的串联通风以及掘进工作面之间的串联通风。

　　2) 及时处理局部聚积的瓦斯

　　(1) 采煤工作面上隅角的瓦斯积聚处理技术

　　在采煤过程中，采煤工作面的上隅角容易积聚瓦斯，及时有效地处理区域积聚的瓦斯是瓦斯日常管理的重点。处理上隅角积聚瓦斯的方法有以下几种。

① 增风吹散法

该方法是通过增大向上隅角的供风，吹散积聚的瓦斯。具体措施有风障引流吹散法、液压局部通风机吹散法、脉动通风技术吹散法等。

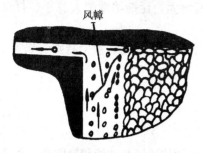

图 2-7　风障引流吹散法

a. 风障引流吹散法。该方法是在工作面支柱或支架上悬挂风帘或苇席等阻挡风流的物品，改变工作面风流流动的路线，以增大向回风隅角处的供风，见图 2-7。该方法的缺点是引流风量有限，且风流不稳定，增加了工作面的通风阻力和向采空区的漏风，对工作面的作业有一定影响。该方法可作为一种临时措施在井下使用。

b. 液压局部通风机吹散法。该方法是在工作面安设小型液压通风机和柔性风筒，向上隅角供风，吹散上隅角处积聚瓦斯，见图 2-8。该方法克服了压入式局部通风机处理上隅角瓦斯需要铺设较长风筒，而采用抽出式局部通风机抽放上隅角瓦斯时瓦斯浓度不得大于 3% 的弊病，是一种较为安全可靠的处理工作面上隅角瓦斯积聚的方法。

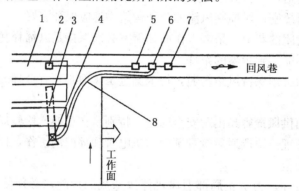

图 2-8　小型液压局部通风机处理上隅角积聚的瓦斯

1——工作面液压支架；2——甲烷传感器；3——柔性风筒；4——小型液压通风机；
5——中心控制处理器；6——液压泵站；7——磁力启动器；8——油管

c. 脉动通风技术吹散法。该方法是利用风流的稳流扩散系数与风流脉动特性相关理论，在正常通风风流中叠加脉动风流，提高风流驱散局部聚集瓦斯的能力，可以较好地解决采煤工作面上隅角瓦斯积聚问题。脉动风机采用气压或液压作为动力源，由于综采工作面有配套的乳化液泵站，因此可直接作为脉动风机的动力源，这样也可简化通风机的动力系统。

② 无火花设备抽排法

该方法是利用抽排的方式处理上隅角处积聚的瓦斯。该方法使用的动力设备必须是防爆设备，在排放风流的管路内保证没有点燃瓦斯的可能，且对引排风筒内的瓦斯浓度要加以限制，要求小于 3%。具体措施有风筒引射导风法、抽出式无火花风机引排法等。

a. 风筒引射导风法。该方法是利用铁风筒和专门的排放管路引排回风隅角积聚瓦斯的方法。为了增加管路中高瓦斯风流的流量，一般通过安装引射器以促进回风隅角处的风流流入风筒中，见图 2-9。引射器动力有压缩空气、水和气水混合三种。从结构上，引射器有喷嘴式和环缝式两种。由于环缝式引射器的效率高、结构合理，所以使用范围更为广泛。

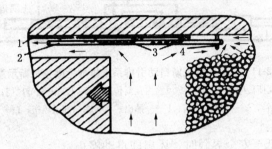

图 2-9　风筒引射导风法处理上隅角积聚瓦斯
1——水管；2——导风管；3——水力引射器；4——风障

　　环缝式空气引射器的基本原理是"孔达效应"。它以压缩空气作为能源，压缩空气进入一个径向的环形空间，而这个特殊设计的环形空间能使压缩空气得到膨胀，同时使流速提高，在此作用下可产生低压和负压而进入设备的空腔。这样，可使压缩空气和诱导吸进的气体混合后在增压管内扩散，然后以高速喷射出去。诱导进入的气体可以达到 18～20 倍的压缩空气体积，由负压而产生的高速气流轨迹是以稳流状态流动。它的功能参数取决于环形空间的尺寸和起诱导作用的压缩空气的压力，见图 2-10。

　　b. 抽出式无火花风机引排法。当用无火花风机排放上隅角积聚瓦斯时，需对风筒内瓦斯浓度进行实时监测，自动控制调节"掺新风"风量，在保证安全的前提下，实现最大的排放功率。图 2-11 所示为煤科总院重庆分院研制的"GDS-1 型瓦斯自动引排系统"的工作原理和主要结构组成。其主要由两个瓦斯传感器、控制装置、调节风门、吸风器、无火花风机和若干风筒构成。抽出式风机为排放上隅角瓦斯提供动力。上

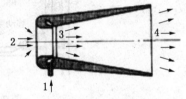

图 2-10　环缝式空气引射器作用原理
1——压气进口；2——引射气流方向；
3——增压室；4——扩散端

隅角的高浓度瓦斯经吸风器 X 进入硬质风筒 Y，双级传感器 T_1、T_2 检测经过调节风门 K 调节"掺新风"后风筒内的瓦斯浓度值。控制装置 D 接收到传感器的浓度信号后，控制装置 D 内的单片微机根据瓦斯浓度的变化值和最大值来确定调节风门 K 开或关以及开关角度的大小，从而改变"掺新风"的风量，使排放瓦斯风筒内瓦斯浓度不超过安全控制界限，并保证最大排放效率。

　　c. 小型液压风扇治理上隅角瓦斯积聚。小型液压风扇由 WCF-1 型中心控制处理器（含 KGJ7 型甲烷传感器）、液压泵站和小风扇三部分组成。小型液压风扇驱动力来源于液压泵站，运转状况受控于中心监控装置。小风扇为轴流式，由进口集流器和风筒体两部分组成。中心监控装置包括中心控制处理器和瓦斯传感器。其工作面原理是放置在工作面上隅角的瓦斯浓度传感器实时检测瓦斯浓度，并将检测到的浓度信号转变为模拟电信号传到中心控制处理器，经中心处理单元对检测到的模拟信号进行处理判断，发出指令，控制继电器开启与闭合，实时控制液压风扇。当瓦斯浓度超限时，风扇启动，吹散上隅角的积聚

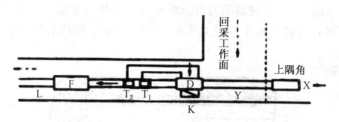

图 2-11　GDS-1 型瓦斯自动引排系统排放上隅角瓦斯示意图

T_1——风筒内瓦斯传感器 1；T_2——风筒内瓦斯传感器 2；K——调节风门；X——吸风器；

L——软风管；Y——硬质风筒；F——抽出式无火花局部通风机；D——控制装置

瓦斯；当瓦斯浓度降低至安全界限时，风扇即自动停止。

d. 移动泵站抽放法。该方法是利用可移动的瓦斯抽放泵通过埋设在采空区一定距离内的管路抽放瓦斯，从而减少上隅角处的瓦斯，见图 2-12。该方法的实质是改变采空区风流流动的线路，使高浓度的瓦斯通过瓦斯抽放管排出。与风筒引射导风法相比，该方法使用的管路直径较小，抽放泵也不布置在回风巷道中。因此，该方法对工作面的工作影响较小，且具有稳定可靠、排放量大、适用性强的优点，但对于自燃倾向性比较严重的煤层不宜采用。

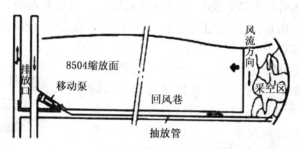

图 2-12　移动泵站排放采空区瓦斯

③ 改变采空区内风流流动路线

改变采空区内风流流动路线，使得采空区瓦斯不流向回风隅角。常见的改变采空区内风流流动路线的方法有尾巷排放法。该方法是利用与工作面回风巷道平行的专门瓦斯排放巷道，通过该巷道与采空区相连的联络巷排放瓦斯的方法。尾巷专门用于排放瓦斯，不安排任何其他工作。按照《煤矿安全规程》规定，尾巷中瓦斯浓度可以放宽到 2.5%。该方法的优点是充分利用已有的巷道，不需要增加设备，且风流较稳定，可以长期使用。其缺点是增加了向采空区的漏风，对于有自然发火的工作面不宜采用。

（2）刮板输送机底槽的瓦斯积聚处理技术

刮板输送机停止运转时，底槽附近有时会积聚高浓度的瓦斯。由于刮板与底槽之间在运煤过程中产生的摩擦火花能引起瓦斯燃烧爆炸，因此必须排除该处瓦斯。处理刮板输送机底槽积聚瓦斯的方法有以下几种：

① 设专人清理输送机底下遗留的煤炭，保证底槽畅通，使瓦斯不易积聚。

② 保持输送机经常运转，即使不出煤也让输送机继续运转，以防止瓦斯积聚。

③ 如果发现输送机底槽内有瓦斯超限的区段，可把输送机吊起来，使空气流通排除

瓦斯。

④ 有压风管路的地点可以将压风引至底槽进行通风,排除积聚的瓦斯。

（3）机械化采煤工作面瓦斯积聚的处理

① 加大工作面的进风量。当工作面风速较低时,可适当提高风速。按照《煤矿安全规程》规定,采煤工作面的风速最低不能低于 0.25 m/s,最高不得超过 4 m/s。在采取煤层注水和采煤机喷雾降尘等措施后,其最大风速不得超过 5 m/s。

② 降低瓦斯涌出的不均匀性。提高采煤机在每一班中的工作时间和增加一昼夜内的生产班次,使采煤有较小的速度和浅截连续采煤。

③ 抽放瓦斯和煤壁注水。矿井或煤层瓦斯含量大时,应尽量采用此法。

④ 采煤机附近局部瓦斯积聚,可在采煤机的切割部或牵引部安装小型局扇或水力引射器,吹散积存的瓦斯。

（4）顶板瓦斯聚积的处理技术

① 顶板附近瓦斯层状积聚的处理

在巷道周壁不断涌出瓦斯的情况下,如巷道的风速太小,不能使瓦斯与空气紊流混合,瓦斯便浮于巷道顶板附近,形成一个比较稳定的层状积聚。预防和处理瓦斯层状积聚的方法有:

a. 加大巷道内风流速度。一般认为风流速度应大于 0.5～1 m/s,顶板附近积聚的层状瓦斯就能够与风流充分紊流混合而排出。

b. 加大顶板附近的风速。在顶梁下面加导风板,铺设硬质风筒,每隔一段距离接一个小管,或铺设钻有小孔的压风管。当顶板裂隙发育,并不断有较多瓦斯涌出时,可用木板将上顶背严、填实。

c. 喷浆封闭法。该方法是在顶板裂隙发育、瓦斯涌出量大而难以排除时使用。它首先将巷道棚顶用木板背严,然后通过喷浆将其封闭,以减少瓦斯的涌出。

d. 瓦斯抽放法。当巷道顶底板裂隙大量涌出瓦斯时,可以向裂隙带打钻孔,利用抽放系统对该区域进行定点抽放,见图 2-13。

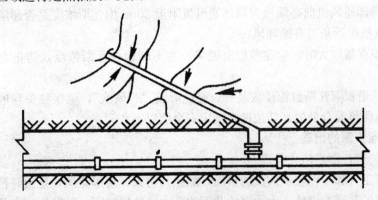

图 2-13　钻孔抽放裂隙带的瓦斯

② 顶板冒落空洞内积存瓦斯的处理

顶板冒落空洞内积聚瓦斯处理的方法通常有以下几种:

a. 隔离法。在棚梁上边或下边钉木板,上面填黄土或砂子,把空顶填塞满,消除瓦斯积存。

b. 引风吹散法。设法将风流引到顶板冒落处，吹散瓦斯。常见的方法是导风板引风吹散法。该方法是利用安设在巷道顶部的挡风板将风流引入冒落空洞中，吹散其中积聚的瓦斯。

c. 风筒分支吹散法。该方法是在局部通风机风筒上安设三通或直径较小的风管，将部分风流直接送到冒落的空洞中，排放积聚的瓦斯。该方法适用于积聚的瓦斯量较大、冒落空间较大、挡风引风难以奏效的情况。

d. 压风管分支吹散法。与风筒分支吹散法相似，在压风管上接出支管，用压风来吹散积存瓦斯。

（5）掘进工作面局部的瓦斯积聚处理技术

掘进工作面的供风量一般都比较小，出现瓦斯局部积聚的可能性较大，应特别注意防范，加强监测工作。

① 对于瓦斯涌出量大的掘进工作面，应优先采用长距离大孔径预抽预排瓦斯方法，尽量使用双巷掘进，每隔一定距离开掘联络巷，构成全负压通风，以保证工作面的供风量。

② 盲巷部分要安设局部通风机供风，使掘进排除的瓦斯直接流入回风道中。

③ 掘进工作面及其巷道中很容易出现冒落空洞或裂隙发育带，对于这些地点积聚的瓦斯应使用上述有关方法予以及时处理。

（6）恢复有瓦斯积存的盲巷或在打开密闭时的瓦斯处理措施

对此要特别慎重，实行分级管理、分级排放，必须制定专门措施报总工程师批准，才能进行处理。具体措施要注意以下几点：

① 最好在非生产班进行，回风涉及的巷道中机电设备停止运转，切断电源，停止作业，禁止人员进入危险区。

② 排放工作一般由一个救护小队操作，排放前应由救护队员佩戴氧气呼吸器，进入瓦斯积存地点检查瓦斯浓度，查明有关情况，再决定排放方法和补充安全措施。

③ 开动局部通风机前必须检查局部通风机附近 20 m 内瓦斯浓度是否超限，开动后要检查局部通风机附近是否有循环风。

④ 瓦斯积存量较大时，应逐段恢复通风，并不断检查瓦斯浓度，防止突然涌出造成事故。

⑤ 采用巷道积聚瓦斯自控排放装置，避免形成"一风吹"，确保独头巷道中排出的风流在同全风压风流混合处的瓦斯浓度在规定安全值以下。

2.3.2　防止点火源的出现

1）加强管理，提高防火意识

提高井下工人和工程技术人员的素质，加强其防火、防爆意识，是做好杜绝瓦斯点火源在井下出现的基础。因此，大力宣传井下的防火、防爆知识，贯彻执行有关规定，发现隐患和违章就严格处理，对防止点火源的出现有重要的意义。

2）防止爆破火源

（1）煤矿井下的爆破必须使用符合《煤矿安全规程》规定的安全炸药；

（2）有爆破作业的工作面必须严格执行"一炮三检"的瓦斯检查制度，保证爆破前后的瓦斯浓度在规定的界限内；

（3）禁止使用明接头或裸露的爆破母线；

（4）炮眼的深度、位置、装药量要符合该工作面作业规程的要求，炮眼充填要填满、填实，严禁使用可燃性物质代替炮泥充填炮眼，要坚持使用水炮泥；

（5）禁止放明炮、糊炮；

（6）严格执行井下火药、雷管的存放、运输的管理规定，爆破工作人员要持证上岗。

3）防止电气火源和静电火源

为防止静电火花，井下使用的高分子材料，如塑料、橡胶、树酯制品等，其表面电阻应低于其安全限定值。洒水、排水用塑料管外壁表面电阻应小于 1×10^9 Ω，压风管、喷浆管的表面电阻应小于 1×10^8 Ω。消除井下杂散电流产生的火源首先应普查井下杂散电流的分布，针对产生的原因采取有效措施，防治杂散电流。

4）防止摩擦和撞击点火

随着井下机械化程度的日益提高，机械摩擦、冲击引燃瓦斯的危险性也相应增加。防止摩擦和撞击火花的主要措施有：在摩擦发热的装置上安设过热保护装置和温度检测报警断电装置；在摩擦部件的金属表面，附着活性低的金属，使其形成的摩擦火花难以引燃瓦斯；在摩擦部件的合金表面涂上苯乙烯醇酸，以防止摩擦火花的产生；工作面遇坚硬夹石或硫化铁夹层时，不能强行截割，应放松动炮或弱化处理；定期检查截齿和其后的喷水装置，保证其正常运行。

5）防止明火点燃

（1）严禁携带烟草、点火物品入井，严禁携带易燃物品入井；必须带入井下的易燃物品要经过矿总工程师的批准，并指定专人负责。

（2）严禁在井口房、通风机房、瓦斯泵房周围 20 m 范围内使用明火、吸烟或用火炉取暖。

（3）严禁在井下和井口房内从事电气焊作业。

（4）严禁在井下存放汽油、煤油、变压器油等，井下使用的棉纱、布头、润滑油等必须放在有盖的铁桶内，严禁乱扔乱放或抛在巷道、硐室及采空区内。

（5）严禁在井下使用电炉或灯泡取暖。

6）防止其他火源

井下火源的出现具有突然性。在工作场所，由于机械作业和金属材料的大量使用，很多情况下撞击、摩擦等火源难以避免，这些地点的通风工作就显得更为重要。但是，对灾害区域、封闭的瓦斯积聚区域，必须采取措施防止点火源的出现。此外，地面的闪电或其他突发的电流也可能通过井下管道进入这些可能爆炸的区域而引燃瓦斯。因此，应当截断通向这些区域的铁轨、金属管道等。

2.3.3　加强瓦斯的检查和监测

1）井下各处允许的瓦斯浓度值及超限时的措施

《煤矿安全规程》对井下各处允许瓦斯浓度的限值及超限时应采取的措施，都作了明确的规定，详见表 2-2。

表 2-2　　　　　　　　　　**井下各处允许的瓦斯浓度值及超限时的措施**

地　点	允许瓦斯浓度/%	超过允许浓度时必须采取的措施
矿井总回风或一翼回风巷	≤0.75	矿总工程师立即调查原因、进行处理并报告局总工程师
采区回风巷、采掘工作面回风巷	≤1	停止作业，撤出人员，由矿总工程师负责采取有效措施进行处理
采掘工作面风流中	<1	停止用电钻打眼，采取措施
	<1.5	停止工作、切断电源，撤出人员，进行处理
采掘工作面个别地点	<2	立即进行处理，附近 20 m 内停止进行其他工作
使用机械采煤或掘进的工作面	局部积聚<2	附近 20 m 内必须停止机器运转，并切断电源进行处理，只有瓦斯浓度降到 1% 以下时，才允许开动机器
爆破地点附近 20 m 以内风流中	<1	禁止爆破
电动机或其开关附近 20 m 以内的风流中	<1.5	必须停止设备运转、切断电源进行处理，只有在瓦斯浓度降到 1% 以下，才允许开动机器

2)《煤矿安全规程》关于矿井瓦斯检查的制度要求

(1) 采掘工作面的瓦斯浓度检查次数：① 瓦斯矿井每班至少检查两次，高瓦斯矿井每班至少检查三次。② 有煤（岩）与瓦斯突出危险的采掘工作面，有瓦斯喷出危险的采掘工作面和瓦斯较大、变化异常的采掘工作面，都必须有专人经常检查瓦斯，并安设甲烷断电仪。

(2) 采掘工作面 CO_2 浓度应每班至少检查两次；有煤（岩）与 CO_2 突出危险的采掘工作面，以及 CO_2 涌出量较大、变化异常的采掘工作面，必须有专人经常检查 CO_2 浓度。本班未进行工作的采掘工作面，瓦斯和 CO_2 应每班至少检查一次；可能涌出或积聚瓦斯或 CO_2 的硐室和巷道的瓦斯或 CO_2 应每班至少检查一次。

(3) 在有自然发火危险的矿井，必须定期检查 CO 浓度、气体温度等的变化情况。

(4) 井下停风地点栅栏外风流中的瓦斯浓度每天至少检查一次，挡风墙外的瓦斯浓度每周至少检查一次。

(5) 在爆破过程中，严格执行"一炮三检制"，爆破工、班（组）长、瓦斯检查员每次检测瓦斯的结果都要互相核对，并且每次都以三人中检测所得的最大瓦斯浓度值作为检测结果和处理依据。

(6) 其他作业地点或应该检查瓦斯和 CO_2 的地点，瓦斯和 CO_2 检查次数由矿总工程师决定，但每班至少检查一次。

(7) 瓦斯检查人员必须执行瓦斯巡回检查制度和请示报告制度，并认真填写瓦斯检查班报。每次检查结果必须记入瓦斯检查班报手册和检查地点的记录牌上，并通知现场工作人员。

(8) 通风安全管理部门的值班人员，必须审阅瓦斯检查班报表，掌握瓦斯变化情况，发现问题及时处理，并向矿调度室汇报。

3)《煤矿安全规程》对矿井瓦斯检查仪器、仪表的要求

安全监测所使用的仪器、仪表必须定期进行调试、校正，每月至少一次。甲烷传感器、便携式甲烷检测报警仪等采用载体催化元件的甲烷检测设备，每隔 7 d 必须使用校准气样和空气样按使用说明书的要求调校一次，每隔 7 d 必须对甲烷超限断电功能进行测试。

矿务局（公司）、矿区应建立安全仪表计量检验机构，对矿区内各矿井使用的检测仪器、仪表进行性能检验、计量鉴定和标准气样配置等工作，并对矿区安全仪器、仪表检修部门进行技术指导。

4) 通风或瓦斯涌出异常时期应特别注意的事项

(1) 煤与瓦斯突出造成短时间内涌出的大量瓦斯，易形成高瓦斯区。此时，必须杜绝一切可能产生的火源，切断该区域的供电、撤出人员，并对灾区实行警戒，然后制定专门措施处理积聚的瓦斯。

(2) 抽放瓦斯系统停止工作时，必须及时采取增加供风、加强监测直至停产撤人的措施，同时，立即打开泵房的排气管阀，防止瓦斯事故的发生。

(3) 排除积存瓦斯时可能会造成局部区域的瓦斯超限，必须制定排放方案和保安措施，以保证排放工作的顺利进行。

(4) 地面大气压力的急剧下降也会造成井下瓦斯涌出异常，必须加强监测，并有相应的防护措施。

(5) 在工作面接近采空区边界或老顶来压时，会使涌入工作面的瓦斯突然增加，应加强对这一特殊时期瓦斯的监测，总结规律，并做到心中有数。

(6) 采煤工作面大面积落煤也会造成大量的瓦斯涌出，应适当限制一次爆破的落煤量和采煤机连续工作的时间。

2.3.4　瓦斯爆炸的处理要点

瓦斯或煤尘爆炸是煤矿极其严重的灾害。它不仅造成大量人员伤亡，还会破坏通风系统或引起火灾，甚至引发连续爆炸。因此，当爆炸事故发生后，采取正确措施、积极抢救遇险遇难人员和处理事故、防止出现连续爆炸，显得十分重要。

当井下发生瓦斯爆炸后，应按"矿井灾害预防与处理计划"立即启动应急预案，矿长（或矿级领导）应利用一切可能的手段了解灾情，然后判断灾情的发展趋势，及时果断地作出决定，下达救灾命令。

1) 必须了解（询问）的内容

(1) 爆炸地点及其事故波及范围。

(2) 人员分布及其伤亡情况。

(3) 通风情况（风量大小、风流方向、风门等通风构筑物的损坏情况）。

(4) 灾区瓦斯情况（瓦斯浓度、烟雾大小、CO 浓度及它们的流向）。

(5) 火灾发生情况。

(6) 主要通风机工作情况（是否正常运转、防爆门是否被吹开，风机房水柱计读数是

否有变化）。

2）必须分析判断的内容

（1）通风系统破坏程度。可根据灾区通风情况和通风机机房水柱计读值 h_s 变化情况作出判断。h_s 比正常通风时数值增大，说明灾区内巷道冒顶垮落，通风系统被堵塞。h_s 比正常通风时数值减少，说明灾区风流短路。其产生原因可能是：① 风门被摧毁；② 人员撤退时未关闭风门；③ 回风井口防爆门（盖）被冲击波冲开；④ 反风进风闸门被冲击波冲击落下堵塞了风硐，风流从反风进风口进入风硐，然后由通风机排出。除上述原因外也可能是爆炸后引起明火火灾，高温烟气在上行风流中产生火风压，使主要通风机风压降低。

（2）是否会产生连续爆炸。若爆炸后产生冒顶，风道被堵塞，风量减少，继续有瓦斯涌出，并存在高温热源，则可能产生连续爆炸。

（3）能否诱发火灾。

（4）可能的影响范围。

3）必须做出决定并下达的命令

（1）切断灾区电源。

（2）撤出灾区和可能影响区的人员。

（3）向矿务局汇报并召请救护队。

（4）成立抢救指挥部，制定救灾方案。

（5）保证主要通风机和空气压缩机正常运转。

（6）保证升降人员的井筒正常提升。

（7）清点井下人员、控制入井人员。

（8）矿山救护队到矿后，按照救灾方案部署救护队抢救遇险人员、侦察灾情、扑灭火灾、恢复通风系统、防止再次爆炸。

（9）命令有关单位准备救灾物资，医院准备抢救伤员。

4）处理事故的具体措施

（1）选择最短的路线，以最快的速度到达遇险人员最多的地点进行侦察、抢救。

（2）迅速恢复灾区通风。

（3）反风。

（4）清除灾区巷道的堵塞物。

（5）扑灭爆炸引起的火灾。

（6）发生连续爆炸时，为了抢救遇险人员或封闭灾区，救护队指战员在紧急情况下，也可利用两次爆炸的间隔时间进行。

（7）最先到达事故矿井的小队，担负抢救遇险人员和灾区的侦察任务。

（8）第二个到达事故矿井的小队应配合第一小队完成抢救人员和侦察灾区的任务，或是根据指挥部的命令担负待命任务。

（9）恢复通风设施时，首先恢复主要的最容易恢复的通风设施。

2.4　煤与瓦斯突出防治与处理

2.4.1　煤与瓦斯突出两个"四位一体"防治体系

　　根据《防治煤与瓦斯突出规定》的要求，有突出矿井的煤矿企业、突出矿井应当根据突出矿井的实际状况和条件，制定区域综合防突措施和局部综合防突措施，即两个"四位一体"的综合防突措施。其实施系统见图 2-14。

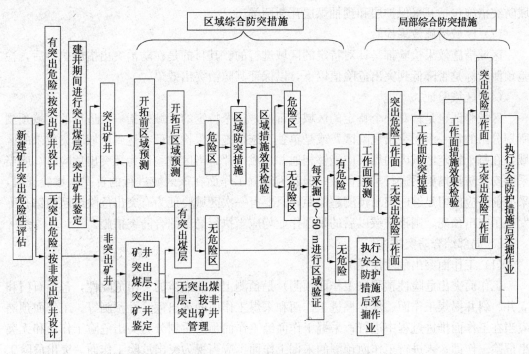

图 2-14　防突综合措施实施系统图

1）区域综合防突措施

（1）区域突出危险性预测。

　　突出矿井应当对突出煤层进行区域突出危险性预测（区域预测）；经区域预测后，突出煤层划分为突出危险区和无突出危险区；未进行区域预测的区域视为突出危险区；区域预测分为新水平、新采区开拓前的区域预测（开拓前区域预测）和新采区开拓完成后的区域预测（开拓后区域预测）；新水平、新采区开拓前，当预测区域的煤层缺少或者没有井下实测瓦斯参数时，可以主要依据地质勘探资料、上水平及邻近区域的实测和生产资料等进行开拓前区域预测；开拓前区域预测结果仅用于指导新水平、新采区的设计和新水平、新采区开拓工程的揭煤作业；开拓后区域预测应当主要依据预测区域煤层瓦斯的井下实测资料，并结合地质勘探资料、上水平及邻近区域的实测和生产资料等进行；开拓后区域预测结果用于指导工作面的设计和采掘生产作业；经评估为有突出危险煤层的新建矿井建井期间，以及突出煤层经开拓前区域预测为突出危险区的新水平、新采区开拓过程中的所有揭煤作业，必须采取区域综合防突措施并达到要求指标；经开拓前区域预测为无突出危险区的煤层进行新水平、新采区开拓、准备过程中的所有揭煤作业应当采取局部综合防突措施；经开拓后区域预测为突出危险区的煤层，必须采取区域防突措施并进行区域措施效果检验；经效果检验仍为突出危险区的，必须继续进行或者补充实施区域防突措施；经开拓后区域预测或者经区域措施效果检验后为无突出危险区的煤层进行揭煤和采掘作业时，必须采用工作面预测方法进行区域验证。

（2）区域防突措施。

区域防突措施是指在突出煤层进行采掘前，对突出煤层较大范围采取的防突措施。区域防突措施包括开采保护层和预抽煤层瓦斯两类。

（3）区域措施效果检验。

区域措施效果检验都是针对特定的区域进行的。其目的是在防治突出措施执行后，检验预测指标是否降低到突出危险值以下，以保证其防治突出效果。

（4）区域验证。

区域验证也是针对一个特定的区域进行的，这个特定的区域是指一次进行的区域预测所划分出的每一个无突出危险区，或是单独实施措施效果检验证实达到区域防突效果的区域，在每个特定区域内的煤层应能够相通并连成一片。当区域验证为无突出危险时，应当采取安全防护措施后进行采掘作业；但若为采掘工作面在该区域进行的首次区域验证时，采掘前还应保留足够的突出预测超前距；只要有一次区域验证为有突出危险或超前钻孔等发现了突出预兆，则该区域以后的采掘作业均应当执行局部综合防突措施。

2）局部综合防突措施

（1）工作面突出危险性预测。

工作面突出危险性预测（工作面预测）是预测工作面煤体的突出危险性，包括石门和立井、斜井揭煤工作面、煤巷掘进工作面和采煤工作面的突出危险性预测等。工作面预测应当在工作面推进过程中进行；采掘工作面经工作面预测后划分为突出危险工作面和无突出危险工作面；未进行工作面预测的采掘工作面，应当视为突出危险工作面。突出危险工作面必须采取工作面防突措施，并进行措施效果检验。经检验证实措施有效后，即判定为无突出危险工作面；当措施无效时，仍为突出危险工作面，必须采取补充防突措施，并再次进行措施效果检验，直到措施有效；无突出危险工作面必须在采取安全防护措施并保留足够的突出预测超前距或防突措施超前距的条件下进行采掘作业。在实施局部综合防突措施的煤巷掘进工作面和回采工作面，若预测指标为无突出危险，则只有当上一循环的预测指标也是无突出危险时，方可确定为无突出危险工作面，并在采取安全防护措施、保留足够的预测超前距的条件下进行采掘作业；否则，仍要执行一次工作面防突措施和措施效果检验。

（2）工作面防突措施。

工作面防突措施是针对经工作面预测尚有突出危险的局部煤层实施的防突措施，其有效作用范围一般仅限于当前工作面周围的较小区域。

（3）工作面措施效果检验。

实践证明，任何一种防治突出措施只在一定的矿山地质条件下有效，当条件发生变化时，如突出危险煤层采掘中常遇见构造破坏，就可能失效，而在大多数情况下地质构造破坏带又不能事先预测出来，这就决定了必须对所运用的防突措施在该实际条件下的防突效果进行检验。

（4）安全防护措施。

在执行了突出危险性预测、防治突出措施和措施效果检验后，正常情况下，工作面是安全可靠的，但由于形成突出的因素随机性很大，还有可能由于施工水平、仪器误差、工作人员的知识水平、责任心等一系列因素，发生误判。为此，必须采取安全防护措施，以避免人员的伤亡。

2.4.2　煤与瓦斯突出的防治措施

煤与瓦斯突出防治措施分为区域防治突出措施和局部防治突出措施。

1）区域性防突出措施

区域性防突措施主要有开采保护层和预抽煤层瓦斯两种。开采保护层是预防突出最有效、最经济的措施。我国自 1958 年以来，已有 25％的突出矿井采用此法来解决突出危险煤层的开采问题。

（1）开采保护层

在突出矿井中，预先开采的、并能使其他相邻的有突出危险的煤层受到采动影响而减少或丧失突出危险的煤层称为保护层，后开采的煤层称为被保护层。保护层位于被保护层上方的叫做上保护层，位于下方的叫做下保护层。

① 开采保护层的作用

保护层开采后，由于采空区的顶底板岩石冒落、移动，引起开采煤层周围应力的重新分布，采空区上、下形成应力降低区，在这个区域内的未开采煤层将发生下述变化：

a. 地压减少，弹性潜能得以缓慢释放。

b. 煤层膨胀变形，形成裂隙与孔道，透气系数增加。所以被保护层内的瓦斯能大量排放到保护层的采空区内，瓦斯含量和瓦斯压力都将明显下降。

c. 煤层瓦斯涌出后，煤的强度增加。根据某矿测定，开采保护层后，被保护层的煤硬度系数由 0.3～0.5 增加到 1.0～1.5。

所以保护层开采后，不但消除或减少了引起突出的两个重要因素——地压和瓦斯，而且增加了抵御突出能力因素——煤的机械强度。这就使得在卸压范围内开采被保护层时，不再会发生煤与瓦斯突出。

② 保护层的保护范围

保护层的保护范围是指保护层开采后，在空间上使危险层丧失突出危险的有效范围。在这个范围内进行采掘工作，按无突出危险对待，不需要再采取其他预防措施；在未受到保护的区域，必须采取防治突出措施。但是厚度等于或小于 1.5 m 的保护层开采时，它的防突效果必须实际考察，如果效果不好，被保护层开采后，还必须采取其他的防治措施。

划定保护范围，也就是在空间和时间上确定卸压区的有效范围。突出危险矿井应根据实际观测资料，确定合适的保护范围，标明在矿井开采平面图上，如无实测资料，可参考下列数据。

a. 垂直保护距离

保护层与被保护层之间的有效垂距应符合表 2-3 所列数值。

表 2-3	保护层与被保护层间的有效垂距	
名称	上保护层/m	下保护层/m
急倾斜煤层	＜60	＜80
缓倾斜与倾斜煤层	＜50	＜100

b. 沿倾向的保护范围

确定沿倾向的保护范围就是沿倾向划定被保护层的上、下边界。一般矿井的开采顺序都是由浅到深，上水平（上阶段）回采后，对被保护层的下水平（下阶段）能起到卸压作用，所以沿倾向的上部边界可不划定。如果煤层倾角平缓，沿倾斜的保护范围可能错开1~2小阶段，这时应将上下边界都划出。水平或阶段间留有煤柱时，必须划定该煤柱沿倾向的影响范围。

c. 沿走向的保护范围

（a）保护层采煤工作面与被保护层采、掘工作面之间的超前距。按照《防治煤与瓦斯突出规定》规定，正在开采的保护层工作面超前于被保护层的掘进工作面，其超前距离不得小于保护层与被保护层层间垂距的3倍，并不得小于100 m，以便被保护层能充分卸压和排除瓦斯。随着层间距的增大，由于岩层移动减小，透气系数增加不多，或由于采深的增加，地压和瓦斯压力都增大，保护层采动后，排瓦斯时间也将增长，这个超前距就应该大些。例如，天府矿务局上保护层与危险层的层间距为80 m时，超前距定位层间距的3倍。

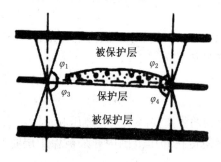

图 2-15　沿走向的保护范围

（b）保护层采煤工作面始采线两侧的保护范围，必须按实际考察结果确定。我国现场多用冒落角 φ_3 确定（见图2-15）。

d. 煤柱的影响

保护层开采后，在采空区上、下形成卸压区，在其附近的煤柱则产生了集中应力区。在集中应力区内，增加了突出危险性，对此要有充分的认识。统计资料表明，开采保护层后，被保护层的突出，大多数发生于保护层煤柱的应力集中影响区。煤柱附近集中应力区的宽度，随层间距的增加而增大，集中应力系数则随之减少。在这个范围内进行采掘工作时，必须采取预防突出的措施。

开采保护层应注意以下问题：① 为了提高保护层的应力释放效果及合理处理瓦斯，必须采取抽放瓦斯的措施。② 保护层内不允许留煤柱，应全部采出；如非留不可时，应在图纸上标明煤柱的尺寸和方位，以便在开采被保护层时，在其影响的范围内采取相应措施，预防突出发生。③ 开采下保护层时，在被保护层的未解放带内进行采掘工作时，要采取预防突出的措施。④ 如果煤层群中有几个保护层，应优先选用上保护层。其好处是符合自上往下开采的顺序，被保护层同水平的巷道都在解放范围内。⑤ 保护层的厚度一般都比较小，应尽可能提高机械化程度，以加快采掘速度，降低劳动强度和成本，提高经济效益。

（2）预抽煤层瓦斯

采用大面积预抽煤层瓦斯作为区域性防突措施，主要是通过加密钻孔预抽，使其周围煤体的瓦斯得到排放，瓦斯压力降低，瓦斯含量减少，瓦斯潜能得以释放。随着瓦斯的不断排出，煤体发生收缩变形，透气性大幅度增高，又导致钻孔抽放影响范围的扩大和抽放瓦斯效果的进一步提高，同时煤的机械强度也相应增高，提高了煤体的抗破坏能力。综合这些因素的变化，最终达到削弱和消除突出危险的目标。

目前，预抽煤层瓦斯常采用穿层钻孔和顺层钻孔两种方式，分别适用于不同的煤层条件。但无论采用何种预抽方式，都要为预抽瓦斯提供必要的空间和时间超前量，才能保证取得良好的防突效果。

2）局部防突措施

大型突出往往发生于石门揭开突出危险煤层时。所以石门揭开突出危险煤层以及有突出倾向的建设矿井或突出矿井开拓新水平时，井巷揭开所有这类煤层都必须采取防治突出的措施并编制专门设计。

我国大多数突出发生在煤巷掘进时，如南桐矿务局煤巷突出约占突出总数的 74%，湖南立新煤矿蛇形山井的一条机巷掘进时，平均每掘 8.9 m 就突出一次。所以在突出危险煤层内掘进时，必须采取有效的预防突出的措施，不能因其费工费时而稍有松懈。

下面介绍常见的局部防突措施及其适用条件。

（1）松动爆破

煤层松动爆破是在掘进工作面使用普通震动爆破的基础上，在煤体深部 3～7 m 的应力集中带内，布置几个长炮眼进行爆破。其目的在于利用炸药的能量破坏煤体前方的应力集中带，使工作面前方形成较长的卸压带而预防突出发生。它同样也是一种诱导突出的措施。此外，深孔爆破还可以在炮眼周围形成一个 50～200 mm 的破碎圈，这有助于消除煤质的软硬不均，并形成排放瓦斯的通道，对防止突出的发生也是有利的。

松动爆破一般用于坚硬煤层的平巷掘进时，在工作面布置 3～5 个钻孔，孔深 7～10 m，每孔装药 1～5 kg，孔底超前掘进工作面不小于 5 m。

现场实践证明，松动爆破对预防瓦斯突出效果并不显著；它和震动爆破一样，只能做为预防瓦斯突出的一种辅助措施。

（2）钻孔排放瓦斯

石门揭煤前，由岩巷或煤巷向突出危险煤层打钻，将煤层中的瓦斯经过钻孔自然排放出来，待瓦斯压力降到安全压力以下时，再进行采掘工作。钻孔数和钻孔布置应根据断面和钻孔排放半径的大小来确定，每平方米断面不得少于 3.5～4.5 个孔。

钻孔排放半径一般通过实测确定。测定时由石门工作面向煤层打 2～3 个钻孔，测瓦斯压力；待瓦斯压力稳定后，打一个排瓦斯钻孔（见图 2-16），观察测压孔的瓦斯压力变化，确定排放半径。

排放瓦斯后，采取震动爆破揭开煤层时，瓦斯压力的安全值可取 1.0 MPa；当不采取其他预防措施时，瓦斯压力的安全值应低于 0.2～0.3 MPa。排放瓦斯的范围，应向巷道

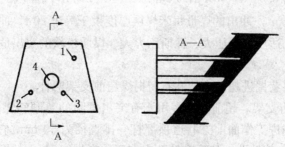

图 2-16　测定排放半径的钻孔布置

1～3——测压孔；4——排瓦斯孔

周边扩大若干米。例如，天府煤矿南井石门揭煤时，确定钻孔排瓦斯范围为：石门断面上部为 8 m，两帮为 6 m；南桐一井均为 5 m。排放瓦斯时间一般为 3 个月左右，煤层瓦斯压力降到 1.0 MPa 后，用震动爆破揭开煤层。

此法适用于煤层厚、倾角大、透气系数大和瓦斯压力高的石门揭煤，也大量应用于突出危险煤层的煤巷掘进。此法缺点是打钻工程量大，瓦斯压力下降慢，等待时间长。

（3）水力冲孔

水力冲孔是在安全岩（煤）柱的防护下，向煤层打钻后，用高压水射流在工作面前方煤体内冲出一定的孔道，加速瓦斯排放。同时，由于孔道周围煤体的移动变形，应力重新分布，扩大卸压范围。此外，在高压水射流的冲击作用下，冲孔过程中能诱发小型突出，使煤岩中蕴藏的潜在能量逐渐释放，避免大型突出的发生。

水力冲孔主要用于石门揭煤和煤巷掘进。石门揭煤时，当掘进工作面接近突出危险煤层 3～5 m 时，停止掘进，安装钻孔向煤层打钻，孔径 90～110 mm。在孔口安装套管与三通管，将钻杆通过三通管直达煤层，钻杆末端与高压水管连接，如图 2-17 所示。冲出的煤、水与瓦斯则用三通管经射流泵加压后，送入采区沉淀池。

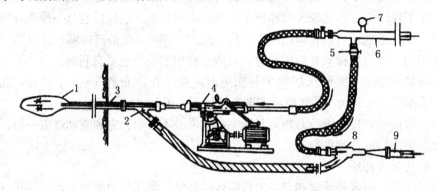

图 2-17　水力冲孔工艺流程图

1——套管；2——三通管；3——钻杆；4——钻机；5——阀门；
6——高压水管；7——压力表；8——射流泵；9——排煤水管

穿层冲孔是由相邻平巷向煤巷和煤巷上方打钻冲孔，冲孔后经过一段时间排放瓦斯，即可进行煤巷掘进。煤巷掘进水力冲孔后，由于瓦斯排放和煤炭湿润，不但预防了突出，而且瓦斯涌出量小，煤尘少，煤质变硬，不易垮落和片帮。

冲孔水压一般为 3.0～4.0 MPa，水量为 15～20 m³/h，射流泵水量为 25 m³/h。孔数一般为 1.0～1.3 孔/m²，冲出的煤量每米煤层厚度大于等于 20 t。冲孔的喷煤量越大，效果就越好。水力冲孔适用于地压大、瓦斯压力大、煤质松软的突出危险煤层。

（4）超前支架

超前支架包括煤巷掘进超前支架和石门揭煤超前支架两种。

a. 煤巷掘进超前支架。超前支架多用于有突出危险的急倾斜煤层和缓倾斜厚煤层中的平巷内。首先在掘进工作面前方巷道顶部打一排直径为 50 mm 左右、倾角为 8°～10°、间距为 200～250 mm 的钻孔，然后在钻孔中安置长度为 3～6 m 的钢管或钢钎，形成超前支架（图 2-18）。超前支架支撑工作面顶部悬露的煤体，并排放一部分瓦斯，加固了煤体，因此可以防止因工作面顶部松软煤层的垮落而引起突出。

b. 石门揭煤超前支架（也叫金属骨架）。当石门掘进工作面接近煤层时，通过岩柱在巷道顶部和两帮上侧打钻，钻孔穿过煤层全厚，进入岩层 0.5 m。孔间距一般为 0.2 m 左右，孔径为 75～100 mm。然后将长度大于孔深 0.4～0.5 m 的钢管或钢轨作为骨架插入孔内，再将骨架尾部固定，最后用震动爆破揭开煤层（图 2-19）。

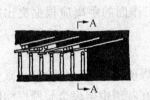  

图 2-18　煤巷掘进超前支架 　　　　　　　　　图 2-19　石门揭煤超前支架

此法适用于地压和瓦斯压力都不太大的急倾斜薄煤层或中厚煤层。在倾角小或厚煤层中，金属骨架长度大，易于挠曲，不能很好地阻止煤体移动，效果较差。北票矿务局采用在金属骨架掩护下，用扩孔钻具将石门断面内待揭穿的煤体钻出 30%～40%，从而使其逐渐卸压并释放瓦斯，使金属骨架承载上方煤体压力得以卸载，达到降低和消除突出危险的目的。

（5）超前钻孔

在石门揭开瓦斯突出危险煤层或在瓦斯突出危险煤层中掘进时，在工作面前方一定距离的煤体内，一般都打足够数量的较大直径的钻孔，用以预排工作面前方煤层内的瓦斯，使工作面前方保持一个较长的卸压带，防止突出发生。

工作面前方一般有三个应力带：卸压带、集中应力带和正常应力带。在卸压带内，地压力和瓦斯压力都大大降低。卸压带是阻止突出的保护带。

采用超前钻孔须注意以下几个问题：① 孔径不小于 120 mm，超前距离不少于 5 m，按要求（排放瓦斯、卸压范围、钻孔有效影响半径）确定钻孔数量，一般不应少于 4～5 个。② 为防止垮孔、顶钻、卡钻，可以在硬煤开孔，穿过集中应力带后进入软分层；使用空芯钻杆，从中供水或供风，以加速瓦斯和煤粉的排出及加强孔壁的稳定性；采用可伸缩钻头，采用扭矩大、远距离操纵和自动换接钻杆的钻机等。③ 为了防止片帮和垮孔，在开钻前首先将工作面两帮相迎面用板背严。

3）安全防护措施

（1）震动爆破

震动爆破是一种诱导突出的方法，是防止发生突出等人身伤亡事故的安全防护措施。其做法是在工作面布置比较多的炮眼，装药较多，全断面一次爆破。因爆破产生的强大震动力和破碎，其前方煤体的应力和瓦斯力学状态突然改变，给突出发生创造了有利条件，使突出在控制中发生。它的效果取决于岩柱厚度、装药量和炮眼布置等参数。

实施震动爆破措施时，应注意下列事项：① 石门震动爆破要求一次全断面揭穿（薄煤层）或揭开（中厚煤层和厚煤层）突出煤层。② 震动爆破前，揭穿煤层的石门工作面必须有独立的回风系统，且回风系统必须保证风流畅通。③ 在石门进风侧的巷道中，为了防止突出的瓦斯逆流进入进风系统，应设置两道坚固的反向风门。④震动爆破应一次起爆全部炮眼，崩开石门全断面的岩柱。⑤震动爆破必须有专门设计，设计中对爆破参数、爆破器材及起爆要求，爆破地点，反向风门位置，避灾路线及停电、撤人和警戒范围等必须做出明确的规定。⑥岩石眼不得打入煤层，眼底距煤层应保持 0.2 m。⑦所有炮眼装药后都应先充填 1~2 个水炮泥，然后再封炮泥直至眼口。⑧震动爆破应采用毫秒雷管，延期总时间不准超过 130 ms，严禁跳段使用。⑨震动爆破时，回风系统内电器设备都必须切断电源，严禁人员作业和通过。⑩爆破地点和石门工作面的距离应根据突出后瓦斯可能波及的最大范围确定。

（2）金属栅栏

金属栅栏是一种抑制突出强度的专用支架。为了减弱震动爆破诱发突出的强度、减少突出对巷道设施和通风系统的破坏以及缩小瓦斯蔓延的范围，在巷道中架设金属栅栏能取得较好的效果。

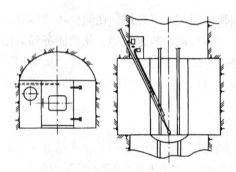

图 2-20　液压反向风门结构示意图

（3）反向风门

反向风门是防止突出的瓦斯逆流进入进风巷道而安设的风门，通常和震动爆破配合使用，见图 2-20。反向风门安设在掘进工作面的进风侧，平时是敞开的，只在震动爆破时才关闭。

（4）井下避难所或压风自救系统

在突出危险的矿井应设置避难所或压风自救系统。

a. 井下避难所。井下避难所应设在采掘工作面附近和爆破工操纵爆破的地点。避难所必须设向外开启的严密隔离门，室内净高不小于 2 m，面积按最多避难人数确定，且每人占用面积不小于 0.5 m²。避难所内支护应保持良好，并设有与矿调度室的直通电话。避难所内应有压气供风管嘴，每人供风量不少于 0.3 m³/min。

b. 压风自救系统。压风自救系统是一组供避难人员呼吸用的口具或薄膜面罩。压风自救系统应设在距采掘工作面 25~40 m 的巷道内、爆破工操纵爆破的地点以及突出后瓦斯可能波及范围内人员作业的地点。压缩空气经减压装置后，进入带有阀门控制的管嘴，管嘴上设有塑料薄膜面罩或口具，突出发生后避难时，打开阀门即可供避难人员呼吸。每组面罩或口具的数目一般为 6~8 个，每人的供气量为 0.1 m³/min，在长距离巷道中，每隔 50 m 设一组。

2.4.3　煤与瓦斯突出事故的处理

在处理这类事故时，必须认识到它与其他瓦斯事故具有不同的特点。

（1）瓦斯来源充足，并且瞬间涌出量很大、浓度很高；不但能顺风流向回风方向蔓延，而且能逆着风流向进风方向蔓延，甚至逆流到进风井。

（2）突出的瓦斯能形成冲击气浪破坏通风系统，突出的煤岩能堵塞巷道，因而造成通风混乱，不利于人员的撤退和救灾。

（3）突出的高浓度瓦斯，开始时不会立即发生爆炸，但在一定供氧条件下可能遇火源引起燃烧。如果通风供氧使瓦斯浓度降到爆炸界限内，遇火源会引起爆炸。这就要求在处理事故过程中严格进行火源管理。

（4）在处理事故过程中，如果需在突出煤层中掘进巷道用于救人或恢复通风，仍必须采取防突措施。

（5）突出发生后，有可能在同一地点发生第二次、第三次突出。因此，在处理事故过程中，必须严密监视，注意突出预兆，防止再次突出扩大事故。

突出事故发生后，指挥人员应果断地做出决策：① 切断灾区和受影响区的电源，但必须在远距离断电，防止产生电火花引起爆炸。② 撤出灾区和受威胁区的人员。③ 派人到进、回风井口及其 50 m 范围内检查瓦斯情况、设置警戒，熄灭警戒区内的一切火源，严禁一切机动车辆进入警戒区。④ 派遣救护队佩戴呼吸器、携带灭火器等器材下井侦察情况，抢救遇险人员，恢复通风系统等。⑤ 要求灾区内不准随意启闭电器开关，不要扭动矿灯开关和灯盏，严密监视原有的火区，查清突出后是否出现新火源，防止引爆瓦斯。⑥ 发生突出事故后不得停风和反风，防止风流紊乱扩大灾情，并制定恢复通风的措施，尽快恢复灾区通风，并将高浓度瓦斯绕过火区和人员集中区，直接引入总回风道。⑦ 组织力量抢救遇险人员。安排救护队在灾区内救人，非救护队员（佩有隔离式自救器）在新鲜风流中配合救灾。救人时本着先明（在巷道中可以看见的）后暗（被煤岩堵埋的）、先活后死的原则进行。⑧ 制定并实施预防再次突出的措施。必要时撤出救灾人员。⑨ 当突出发生后破坏范围很大、巷道恢复困难时，应在抢救遇险人员后，封闭灾区。⑩ 若突出发生后造成火灾或爆炸，则按处理火灾或爆炸事故进行救灾。

2.5　矿井瓦斯抽放

煤层气一直以来被看作是对煤矿开采造成严重安全威胁的有害气体。在煤炭开采史中，由于煤层气导致了多起瓦斯、煤尘爆炸事故和煤与瓦斯的突出事故。煤层气的主要成分——甲烷，是具有强烈温室效应的气体。其温室效应要比二氧化碳大 20 倍。散发到大气中的甲烷污染环境，导致气候异常，同时大气中的甲烷消耗平流层中的臭氧，而臭氧减少使照射到地球上的紫外线增加、形成烟雾，还可诱发某些疾病，危害人类健康。通过瓦斯抽采，可以解决上述问题。

2.5.1　瓦斯抽放应具备条件

有下列情况之一的矿井，必须建立地面永久瓦斯抽放系统或井下临时瓦斯抽放系统。

（1）一个采煤工作面绝对瓦斯涌出量大于 5 m^3/min 或一个掘进工作面绝对瓦斯出量大于 3 m^3/min，用通风方法解决瓦斯问题不合理的。

（2）矿井绝对瓦斯涌出量达到以下条件的：

① 大于或等于 40 m^3/min；

② 年产量 1.0 Mt～1.5 Mt 的矿井，大于 30 m^3/min；

③ 年产量 0.6 Mt～1.0 Mt 的矿井，大于 25 m^3/min；

④ 年产量 0.4 Mt～1.0 Mt 的矿井，大于 25 m^3/min；

⑤ 年产量等于或小于 0.4 Mt 的矿井，大于 15 m^3/min。

（3）开采具有煤与瓦斯突出危险煤层。

抽出的瓦斯量少、浓度低时，一般直接将其排到大气中去。当具有稳定的、较大的抽出量时，可以按其浓度不同，合理加以利用：浓度在 35%～40% 的瓦斯，主要用于工业、民用材料；浓度在50％以上的瓦斯可以用作化工原料，如制造炭黑和甲醛。按照《煤矿安全规程》规定，抽放瓦斯的矿井中，抽采的瓦斯浓度低于30％时，不得作为燃气直接燃烧；采用干式抽放瓦斯设备时，抽放瓦斯浓度不得低于25％。

2.5.2　矿井瓦斯抽放方法

矿井瓦斯抽放的方法较多，常见的分类方式如表2-4所列。

表2-4　　　　　　　　　　　　瓦斯抽放方法分类

依据	分类	适用条件
按抽出瓦斯来源分	本煤层抽放	井下开采工作所遇到的瓦斯主要来自本煤层，且涌出量大
	邻近煤层抽放	由于采动的影响，开采层上、下邻近煤层内的瓦斯涌入开采层的采煤工作面而威胁生产时
	采空区抽放	在工作面后方的采空区或者采空区经常泄出瓦斯，导致工作面、采区总回风或全矿井总回风中的瓦斯严重超限
按抽放区是否卸压分	未卸压抽放	适用于透气系数较大的开采煤层
	卸压抽放	适用于透气系数较差的开采煤层
按抽放与采掘的时间配合分	预先抽放	用于够消除回采和掘进时的瓦斯危害
	边采边抽	适用于预先抽放效果不理想或接续紧张条件下的瓦斯抽放
按抽放工艺分	井下钻孔抽放	本煤层、邻近层、采空区抽放瓦斯皆可使用，是最常见的瓦斯抽放通道
	巷道抽放	煤层较厚透气性好，采掘时有大量瓦斯涌出时
	钻孔、巷道混合抽放	邻近层或工作面开区抽放
	采空区封闭抽放	采空区丢煤太多，放顶后涌出瓦斯量大的情况
	地面钻孔抽放	采区距地表较浅，地面有施工条件的地方

下面，按照抽出瓦斯来源分类分别介绍有关瓦斯抽放技术。

1）本煤层瓦斯抽放

开采煤层的瓦斯抽放是在煤层开采之前或采掘作业的同时，用钻孔或巷道进行该煤层的抽放工作。煤层开采前的抽放属于未卸压抽放，在受到采掘工作面影响范围内的抽放，属于卸压抽放。决定未卸压煤层抽放效果的关键性因素是煤层的天然透气系数。

（1）未卸压钻孔抽放

对于透气系数小的煤层，未卸压抽放效果很差，实际意义不大。在这类煤层内打钻抽放时，即使抽放之初的抽出量较大（每孔0.1～0.3 m^3/min），但是抽出量衰减很快，几天或几小时后就能减少到失去抽放意义。这类煤层必须在卸压的情况下或人工增大透气系数后，才能抽出瓦斯。

未卸压钻孔抽放适用于透气系数较大的开采煤层预抽瓦斯。未卸压钻孔抽放，按钻孔与煤层的关系分为穿层钻孔和顺层钻孔；按钻孔角度分为上向孔、下向孔和水平孔。我国多采用穿层上向钻孔。

① 穿层钻孔

穿层钻孔是在开采煤层的顶板或底板岩巷（或煤巷），每隔一段距离开一长约 10 m 的钻场，从钻场向煤层打 3～5 个穿透煤层的放射状钻孔，封孔或将整个钻场封闭起来，装上抽瓦斯管并与抽放系统连接。此法的优点是施工方便，可以预抽的时间较长，见图 2-21。

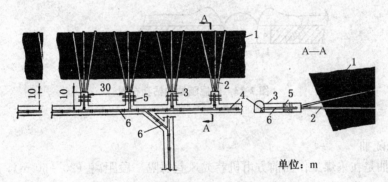

图 2-21　穿层钻孔抽放开采煤层的瓦斯

1——煤层；2——钻孔；3——钻场；4——运输大巷；5——密闭墙；6——抽瓦斯管

② 顺层钻孔

顺层钻孔适用于赋存稳定的中厚或厚煤层。通常由回风、运输平巷沿煤层倾斜打钻，或由上、下山沿煤层走向打水平孔（仰角 1°～2°）。这类抽放方法常受采掘接替的限制，抽放时间不长，影响抽放效果。加之受钻孔成孔长度和定向等因素的影响，顺层钻孔抽放较穿层钻孔抽放使用较少。但近年随着布孔方式的多样化和成孔技术的发展，顺层钻孔布孔方式有了较大的突破，应用也逐渐增多，见图 2-22。较为成熟的技术有交叉式布孔抽放和顺层长钻孔抽放。

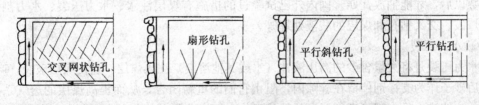

图 2-22　顺层钻孔布置方式图

（2）卸压钻孔抽放

在受回采或掘进的采动影响下，引起煤层和围岩的应力重新分布，形成卸压区和应力集中区。在卸压区内煤层膨胀变形，透气系数大大增加。如果在这个区域内打钻抽放瓦斯，可以提高抽出量，并阻截瓦斯流向工作空间。这类抽放方法分为随掘随抽和随采随抽。

a. 随掘随抽

如图 2-23 所示，在掘进巷道的两帮，随掘进巷道的推进，每隔 10~15 m 开一钻孔窝，在巷道周围卸压区内打钻孔 1~2 个，孔径 45~60 mm，封孔深 1.5~2.0 m，封孔后连接于抽放系统进行瓦斯抽放。

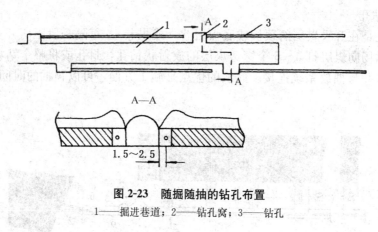

图 2-23　随掘随抽的钻孔布置
1——掘进巷道；2——钻孔窝；3——钻孔

b. 随采随抽

随采随抽是在采煤工作面前方由机巷或风巷每隔一段距离（20~60 m），沿煤层倾斜方向、平行于工作面打钻、封孔、抽放瓦斯。孔深应小于工作面斜长的 20~40 m。工作面推进到钻孔附近，当最大集中应力超过钻孔距离后，钻孔附近煤体就开始膨胀变形，瓦斯的抽出量也因而增加，工作面推进到距钻孔 1~3 m 时，钻孔处于煤面的挤出带内，大量空气进入钻孔，瓦斯浓度降低到 30% 以下时，应停止抽放。在下行分层工作面，钻孔应靠近底板，上行分层工作面靠近顶板。如果煤层厚超过 6~8 m，在未采分层内打的钻孔，当第 1 分层开采后，仍可继续抽放。

这类抽放方法有效抽放时间不长，每孔的抽出量不大，只适用于赋存平稳的煤层。

（3）人工增加煤层透气系数的措施

透气系数低的单一煤层，或者虽为煤层群，但是开采顺序上必须先采瓦斯含量大的煤层，那么上述抽放瓦斯的方法，就很难达到预期的目的。必须采用专门措施增加煤层的透气系数以后，才能抽放瓦斯。国内外已试验过的措施有煤层注水、水力压裂、水力割缝、深孔爆破、交叉钻孔和煤层的酸液处理等。

① 水力压裂

水力压裂是将大量含砂的高压液体（水或其他溶液）注入煤层，迫使煤层破裂，产生裂隙后砂子作为支撑剂停留在缝隙内，阻止它们的重新闭合，从而提高煤层的透气系数。注入的液体排出后，就可进行瓦斯的抽放工作。辽宁龙凤矿北井、山西阳泉、湖南红卫等矿都曾做过这种方法的工业试验。例如，湖南红卫里王庙矿四层煤，一般钻孔的涌出量最大为 0.3 m³/min，压裂后增至 0.44~0.8 m³/min。

② 水力割缝

水力割缝是用高压水射流切割孔两侧煤体，形成大致沿煤层扩张的空洞与裂缝，增加煤体的暴露面，造成割缝上下煤体的卸压，提高它们的透气系数。此法是煤炭科学研究总院抚顺研究院与河南鹤壁矿务局合作进行研究的。鹤壁四矿在硬度为 0.67 的煤层内，用

8 MPa 的水压进行割缝时，在钻孔两侧形成深 0.8 m、高 0.2 m 的缝槽，钻孔百米瓦斯涌出量由 0.01~0.079 m³/min，增加到 0.047~0.169 m³/min。

③ 深孔预裂爆破

深孔预裂爆破是在钻孔内利用炸药爆炸瞬间产生的爆轰压力和高温高压爆生气体，使爆破孔周围的煤体产生裂隙、松动、压出和膨胀变形，以提高煤层透气性。

④ 酸液处理

酸液处理是向含有碳酸盐类或硅酸盐类的煤层中，注入可溶解这些矿物质的酸性溶液。

⑤ 交叉钻孔

交叉钻孔是除沿煤层打垂直于走向的平行孔外，打与平行钻孔呈 15°~20° 夹角的斜向钻孔，形成互相连通的钻孔网。其实质相当于扩大了钻孔直径，同时斜向钻孔延长了钻孔在卸压带的抽放时间，也避免了因钻孔坍塌而对抽放效果的影响。在河南焦作矿务局九里山煤矿的试验结果表明，这种布孔方式较常规的布孔方式相比，相同条件下提高抽放量 0.46~1.02 倍。

2）邻近层瓦斯抽放

① 邻近层抽放

开采煤层群时，开采煤层的顶、底板围岩将发生冒落、移动、龟裂和卸压，透气系数增加。开采煤层附近的煤层或夹层中的瓦斯，就能向开采煤层的采空区转移。这类能向开采煤层采空区涌出瓦斯的煤层或夹层，就称为邻近层。位于开采煤层顶板内的邻近层称为上邻近层，底板内的称为下邻近层。邻近层瓦斯抽放，是在有瓦斯赋存的邻近层内预先开凿抽放瓦斯的巷道，或预先从开采煤层或围岩大巷内向邻近层打钻，将邻近层内涌出的瓦斯汇集抽出。前一方法称为巷道法，后一方法称为钻孔法。不论采用哪种方法，都可以抽出瓦斯。至于抽出瓦斯量、抽出瓦斯中的甲烷浓度、瓦斯可抽放时间等经济安全效益，则有赖于瓦斯抽放所选择的方法和有关参数。

为什么邻近层抽放总能抽出瓦斯呢？一般认为，煤层开采后，在其顶板形成三个受采动影响的地带——冒落带、裂隙带和变形带，在其底板则形成卸压带。在距开采煤层很近、冒落带内的煤层，将随顶板的冒落而冒落，瓦斯完全释放到采空区内，这类煤层很难进行邻近层瓦斯抽放。裂隙带内的煤层发生弯曲、变形，形成采动裂隙，并由于卸压，煤层透气系数显著增加。瓦斯在压差作用下，大量流向开采煤层的采空区。

因此，邻近层距开采煤层越近，流向采空区的瓦斯量越大。如果在这些煤层内开凿抽瓦斯的巷道，或者打抽瓦斯的钻孔，瓦斯就向两个方向流动：一是沿煤层流向钻孔或巷道；二是沿层间裂隙流向开采煤层的采空区。因为抽放系统的压差总是大于邻近层与采空区的，所以瓦斯将主要沿邻近层流向抽放钻孔或巷道。但是瓦斯流向开采煤层采空区的阻力，随层间距的减小而降低，所以抽出的瓦斯量也就将随之减少。与上述邻近层向开采煤层涌出瓦斯的情况相反，邻近层距开采层越远，抽放率越大，抽出的瓦斯浓度越高。

变形带远离开采煤层，可以直达地表，呈平缓下沉状态，岩层的完整性未遭破坏，无采动裂隙与采空区相通，所以瓦斯一般不能流向开采煤层的采空区。但是由于煤层透气系数的增加，瓦斯也可以被抽放出来，不过必须进行经济比较，确定是否值得抽放这类邻近层的瓦斯。

② 钻孔法抽放

国内外都广泛采用钻孔法抽放瓦斯,由开采煤层进、回风巷道或围岩大巷内,向邻近层打穿层钻孔抽放瓦斯。当采煤工作面接近或超过钻孔时,岩体卸压膨胀变形,透气系数增大,钻孔瓦斯的流量有所增加,就可开始抽放。钻孔的瓦斯抽出量随工作面的推进而逐渐增大,达到最大值后能以稳定的抽出量维持一段时间(几十天到几个月)。由于采空区逐渐压实,透气系数逐渐恢复,瓦斯抽出量也将随之减少,直到其抽出量减小到失去抽放意义,便可停止抽放。

③ 巷道法抽放

巷道法抽放可以采用倾斜高抽巷和走向高抽巷抽放上邻近层中的瓦斯。20 世纪 80 年代试验成功的倾斜高抽巷,是在工作面尾巷开口,沿回风及尾巷间的煤柱平走 5 m 左右起坡,坡度 30°～50°,打至上邻近层后顺煤层走 20～40 m,施工完毕后,在其坡底打密闭墙穿管抽放。倾斜高抽巷间距为 150～200 m。这种抽放方式在阳泉矿务局一矿、五矿和盘江矿务局山脚树煤矿的实际应用中都取得了很好的效果,邻近层抽放率最高可达到85%。走向高抽巷是 1992 年在阳泉矿务局巧号煤层首次使用的,其施工地点在采区回风巷,沿采区大巷间煤柱先打一段平巷,然后起坡至上邻近层,顺采区走向全长开巷,施工完毕后,在其坡底打密闭墙穿管抽放,抽放率高达 95%。

④ 具体技术参数

a. 邻近层的极限距离

邻近层抽放瓦斯的上限与下限距离,应通过实际观测,按上述三带的高度来确定。下部边界,一般不超过 60～80 m。

b. 钻场位置

钻场位置应根据邻近层的层位、倾角、开拓方式及施工方便等因素确定,要求能用最短的钻孔,抽出最多的瓦斯,主要有下列五种:① 钻场位于开采煤层的运输平巷内。② 钻场位于开采煤层的回风巷内。③ 钻场位于层间岩巷内。④ 钻场位于开采煤层顶板,向裂隙带打平行于煤层的长钻孔。⑤ 混合钻场,上述方式的混合布置。

钻场位于回风巷的优点是钻孔长度比较短,因为工作面上半段的围岩移动比下半段好,再加上在瓦斯的浮力作用下,抽出的瓦斯比较多;可减少工作面上隅角的瓦斯积聚;打钻与管路铺设不影响运输;抽放系统发生故障时,对回采影响较小,回风巷内气温较稳定,瓦斯管内凝结的水分比较少。钻场位于回风巷的缺点是打钻时供电、供水和钻场通风都比运输巷内困难,巷道的维护费用大等。

c. 钻场或钻孔的间距

决定钻场或钻孔间距的原则,是工程量少、抽出瓦斯多、不干扰生产。例如,阳泉一矿以采煤工作面的瓦斯不超限,钻孔瓦斯流量在 0.005 m^3/min 左右,抽出瓦斯中甲烷浓度为 35% 以上作为确定钻孔距离的原则。煤层的具体条件不同,钻孔的距离也不同,有的 30～40 m,有的可达 100 m 以上。应该通过试抽,然后确定合理的钻孔距离。一般来说,上邻近层抽放钻孔距离大些,下邻近层抽放的钻孔距离应小些;近距离邻近层钻孔距离小些,远距离的大些。通常采用钻孔距离为 1～2 倍层间距。根据国内外抽放情况,钻场间距多为 30～60 m。一个钻场可布置一个或多个钻孔。

d. 钻孔角度

钻孔角度是指它的倾角（钻孔与水平线的夹角）和偏角（钻孔水平投影线和煤层走向或倾向的夹角）。钻孔角度对抽放效果影响很大。抽放上邻近层时的仰角，应使钻孔通过顶板岩石的裂隙带进入邻近层充分卸压区。仰角太大，钻孔进不到充分卸压区，抽出的瓦斯浓度虽然高，但流量小；仰角太小，钻孔中段将通过冒落带，钻孔与采空区沟通，必将抽进大量空气，也大大降低抽放效果。下邻近层抽放时的钻孔角度没有严格要求，因为钻孔中段受开采影响而破坏的可能性较小。

e. 钻孔进入的层位

对于单一的邻近层，钻孔穿透该邻近层即可。对于多邻近层，如果符合下列条件时，也可以只用一个钻孔穿透所有邻近层：① 30 倍采高以内的邻近层，且各邻近层间的间距小于 10 m。② 30 倍采高以外的邻近层，且互相间的距离小于 15～20 m。否则，应向瓦斯涌出量大的各层分别打钻。对于距离很近的上邻近层，一般应单独打钻，因为这类邻近层抽放要求孔距小，抽放时间也短，而且容易与采空区相通。对于下邻近层，应该尽可能用一个钻孔多穿过一些煤层。

f. 孔径和抽放负压

与开采煤层抽放不同，孔径对瓦斯抽出量影响不大，多数矿井采用 57～75 mm 孔径。抽放负压增加到一定数值后，也不可能再提高抽放效果，我国一般为几千帕，国外多为 13.3～26.6 kPa。

3）采空区抽放

(1) 封闭式采空区瓦斯抽放技术

所谓封闭式采空区瓦斯抽放技术是指煤层或采区（工作面）全部开采结束，为减少采空区瓦斯涌向采掘空间或涌向矿井而影响生产，或为了有效地利用瓦斯资源提高瓦斯抽放率，将采空区或旧巷予以封闭而进行的瓦斯抽放。

(2) 开放式采空区瓦斯抽放技术

采煤工作面的采空区或老空区积存大量瓦斯时，往往被漏风带入生产巷道或工作面造成瓦斯超限而影响生产。所谓开放式采空区抽放技术是指对工作面回采尚未结束和封闭的采空区进行的瓦斯抽放。

开放式采空区瓦斯抽放方法主要有以下几种：① 引巷密闭插管抽放法；② 钻孔抽放法；③ 埋管抽放法；④ 顶板（煤）巷抽放法。

2.5.3　布孔及抽放参数的确定

(1) 钻孔间距

对于放射状钻孔为孔底间距。钻孔间距主要是依据极限抽放半径、抽放方式、煤层的透气性、煤层瓦斯含量、钻机的能力和钻进施工技术等因素综合考虑确定。

钻场间距主要是依据钻场布孔数及其控制范围确定，只要抽放时间允许，不影响正常掘、抽、采关系，应尽量加大钻场之间的间距，这样可省去许多辅助工程。

(2) 钻孔个数和钻孔长度

每个钻场布置几个钻孔，应根据钻孔抽放的影响半径和控制范围来确定。一般每个钻场的钻孔个数为 1～5 个。下一钻场内布置的钻孔在长度上应与前一个钻场进行搭接，有一定的叠加长度。

(3) 钻孔直径

抽放瓦斯的钻孔直径一般为 65～100 mm。钻孔直径对瓦斯的抽出量影响随煤层不同而异。例如，抚顺龙凤矿－400 m 水平，直径为 100 mm 钻孔的每米孔长的瓦斯涌出量为 0.005 1～0.017 7 m³/(min·m)；阳泉矿务局的试验表明，预抽瓦斯钻孔直径由 73 mm 增大至 300 mm 时，抽出瓦斯量约增大 3 倍。

（4）钻孔方向

我国多为上向孔。在含水较大的煤层内打下向孔时必须及时排除孔内的积水。孔内水静压大于煤层的瓦斯压力时，就难以抽出瓦斯。

（5）抽放负压

抽放负压与抽出量具有一定的关系。一般情况下，钻孔口负压为几千帕到二十几千帕。

2.5.4　抽放瓦斯装备及抽放监控系统

抽放瓦斯的设备主要有钻机、封孔装置、管道、瓦斯泵、安全装置和检测仪表。

（1）钻机

钻机按动力种类可分为液动、电动和风动三种；按传动方式分为全液压传动和机械液压传动两种；按结构形式分为滑台动力头式和立轴回转式两种。

我国煤矿抽放瓦斯用钻机种类较多的主要机型有，煤科总院重庆分院生产的 ZYG 系列、ZK 系列、ZF 系列风动钻机，ZD 系列大孔径钻机等；煤科总院西安分院生产的 MK 系列钻机；煤科总院抚顺分院的 MYB 系列、ZFD 系列钻机等。

（2）抽放瓦斯的管道

抽放瓦斯的管道一般用钢管或铸铁管。管道直径是决定抽放投资和抽放效果的重要因素之一。抽放钻孔装置与抽放管路的连接方式见图 2-24。管道内径 D（m）应根据预计的抽出量，用下式计算：

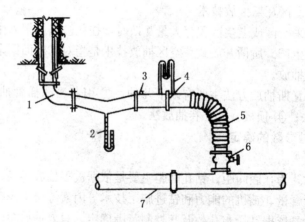

图 2-24　抽放钻孔装置与抽放管路的连接

1——弯管；2——自动放水器；3——取样孔；4——流量计；
5——铠装软管；6——闸门；7——抽瓦斯管

$$D=\left[(4Q_{\mathrm{c}})/(60\pi v)\right]^{1/2} \tag{2-3}$$

式中　Q_{c}——管内气体流量，m³/min；

v——管内气体流速，m/s。

管内瓦斯流速应大于 5 m/s，小于 20 m/s，一般取 10～15 m/s。这样才能使选择的管径有足够的通过能力和较低的阻力。大多数矿井抽放瓦斯的管道内径为：采区的100～150 mm，大巷的 150～300 mm，井筒和地面的 200～400 mm。

管道铺设路线选定后，进行管道总阻力的计算，用来选择瓦斯泵。管道阻力计算方法和通风设计时计算矿井总阻力一样，即选择阻力最大的一路管道，分别计算各段的摩擦阻力和局部阻力，累加起来即为整个系统的总阻力。

摩擦阻力 h_f (Pa) 可用下式计算：

$$h_f = (1-0.004\ 46C)LQ_c^2/kD^5 \tag{2-4}$$

式中　L——管道的长度，m；

　　　D——管径，cm；

　　　Q_c——管内混合气体（瓦斯与空气）的流量，m³/h；

　　　k——系数；

　　　C——混合气体中的瓦斯浓度。

局部阻力一般不进行个别计算，而是以管道总摩擦阻力的 10%～20% 作为局部阻力。管道的总阻力为：

$$h_R = (1.1～1.2)\sum h_{fi} \tag{2-5}$$

式中　h_{fi}——第 i 段管道的摩擦阻力，Pa。

（3）瓦斯抽放泵

矿用瓦斯抽放泵大致可分为三类：水环式真空泵、离心式鼓风机和回转式鼓风机。

（4）其他装置

① 放水器

为了及时放出管道内的积水，以免堵塞管道，在钻孔附近和管路系统中都要安装放水器。最简单的放水器为 U 形管自动放水器（图 2-25 和图 2-26）。当 U 型形内积水超过开口端的管长时，水就自动流出。这种放水器多用于钻孔附近，管的有效高度必须大于安装地点的管道内负压。

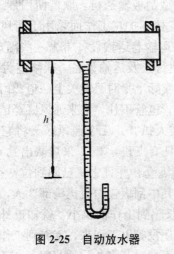

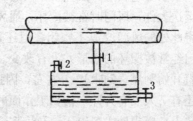

图 2-25　自动放水器　　　　　　　　　图 2-26　人工放水器

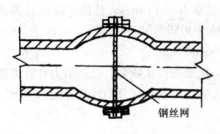

图 2-27　防回火网

② 防爆、防回火装置

防回火网多由 4～6 层导热性能好而且不易生锈的铜网构成，网孔直径约为 0.5 mm（图 2-27）。瓦斯火焰与铜网接触时，网孔能阻止火焰的传播。

（5）抽放瓦斯监控系统

① 瓦斯泵房及抽放管道监控系统

其主要功能是：a. 对抽放泵站和加压泵站瓦斯管道抽放参数及相应的机电设备工况运行参数进行监测，并完成相应的控制；b. 对抽放泵房和加压泵房环境参数的监控；c. 对配气站（储气罐）管道参数、供气参数和自控阀门等机电设备的监控；d. 全系统信息管理、数据显示、报警显示、数据储存、报表、打印。

② 采空区瓦斯抽放监控装备

对于采空区瓦斯抽放监控装备，除监控抽放量、瓦斯浓度和抽放负压等参数外，尚需监测抽放瓦斯中的一氧化碳浓度，以防止采空区煤炭自燃。至于采空区瓦斯抽放参数的控制，基于采空区的特点，主要是控制抽放负压。

煤炭科学研究总院抚顺分院开发出的 WCP-1 型采空区瓦斯抽放自动监控装置，由控制主机、执行装置、取气泵三部分组成，可以控制抽放量和调节抽放负压，实现自动监控抽放采空区瓦斯的目的。

2.6　瓦斯事故典型案例剖析

2.6.1　采煤工作面瓦斯燃烧事故

2001 年 8 月 3 日 7 时 40 分，某矿二井东三区八层一片 3511 工作面，因风流短路造成工作面微风，工作面入风流中有一盲巷积聚的瓦斯渗出，导致工作面瓦斯积聚，又因巷道冒顶将电缆接线盒砸落在铁道上产生火花，引起了工作面瓦斯燃烧，死亡 1 人，伤 6 人。

采煤工作面瓦斯燃烧事故示意图如图 2-28 所示。3511 工作面回采东三区左一片，工作面长 90 m，采用 150 机组割煤，工作面使用 80 型刮板输送机，顺槽使用带式输送机，采高为 1.8～2.0 m，倾角为 15°～16°，单体液压支柱支护，工作面采用下行风，风量为 342 m³/min。这个工作面由于采用下行风，所以给运输巷运输设备带来一些困难，为此，在工作面设计上留了一条上、下巷的联络巷，以便行人及运输设备。联络巷设了两道风门，但因这个联络巷较短，虽然设了两道风门，但实际上平时只能关上一道。由于经此联络巷经常运送大件，风门时常被撞坏，通风区怎么管也管不住，后来通风区经请示通风矿长同意，将此处的风门改成了密闭，但还是经常被人扒开，无奈通风区又将它改成了风门，但风门经常被撞坏的情形并没有改变。8 月 3 日 0 点班，3511 采煤队出勤 17 人，接班后，机组开始割煤。7 时 40 分左右，因强力胶带满仓，并且主机已割到位，有 10 人就升井了，还有 7 人没有升井，清扫工作面的浮煤，其中刮板输送机机头部 3 人，刮板输送机机尾部 3 人，横拐处 1 名电工。7 点半左右，班长感到工作面风小，就知道外面的风门又被打开了，于是就喊在横拐处的电工去看一下，还没等电工回来，就看到工作面刮板输送机机尾部一团火光，然后就什么也不知道了。也不知过了多久，他苏醒了，就往胶带道跑，被前来救援的救护队救出升井。

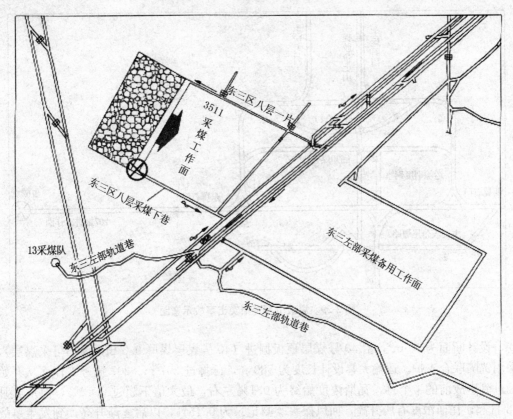

图 2-28　采煤工作面瓦斯燃烧事故示意图

　　据事故调查组的现场勘查得知，这个工作面的上巷入风巷内，有两个已封闭的探巷，探巷内积聚了大量的高浓度瓦斯，由于密闭封闭不严（密闭没有掏槽），在密闭区内已充满的瓦斯产生的压力作用下，瓦斯不断渗出，由于是在人风流里，瓦斯检查员也不检查，所以长时间以来，这一瓦斯渗漏现象也没有被发现。由于工作面风流短路，才使瓦斯积聚到燃烧的程度。在 2 号探巷口有一个挂在顶板上的电缆接线盒，由于顶板冒落将其砸下，落在铁道上产生火花，引起了这起瓦斯燃烧事故。

　　点评：这起事故看起来是通风管理不善造成的，但深究起来，可以说是设计不当造成的。由于设计上人为的留了一个上、下巷的联络巷，给通风管理带来了很大的难度，一旦管理失误就会造成事故。因此，首先，从设计源头上解决通风系统的合理性、稳定性是至关重要的，绝不能在设计源头上给安全管理工作埋下隐患。其次，要加强盲巷的管理，工作面入风流中的两个盲巷，实际上就是两个瓦斯罐，相当于两颗定时炸弹，是一处重大的危险源，但这一重大危险源并没有引起矿井管理人员的足够重视，以至于引发了事故。

2.6.2　爆破引起瓦斯突出事故

　　2009 年 9 月 8 日，某矿 207 掘进工作面因爆破引起瓦斯突出事故（图 2-29），死亡 2人，伤 1 人。

　　这个矿属高瓦斯矿井，吨煤瓦斯涌出量达 17.4 m^3，矿井未做防突鉴定。但相邻矿井开采的 36 号煤层和 58 号煤层均为突出煤层，207 掘进工作面是为东翼采区开凿的运输大

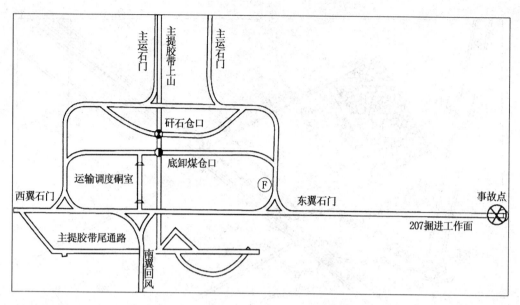

图 2-29　爆破引起瓦斯突出事故示意图

巷，设计断面为 10 m^2，沿 40 号煤层顶板掘进（40 号煤层煤厚 0.5 m，为不可采煤层），采用锚喷联合支护。运输大巷设计长度为 580 m，已掘进 207 m。207 掘进工作面从开始掘进到事故前的半个月，瓦斯浓度始终为 0.1% 左右，最大值不超过 0.12%，但从 8 月 23 日起，瓦斯浓度有所升高，回风探头监测记录为 0.15%，以后逐渐升高，到发生事故前两天，已升至 0.3%～0.35%，但这一情况并没有引起现场人员及天天查看通风报表的矿领导的注意。发生事故前的一个班在打炮眼时，曾经发生卡钻和钻孔往外喷煤粉的现象，但这一现象还是没有引起现场人员的注意。发生事故的当班，出勤 5 人和 1 名专职瓦斯检查员。接班后，工人开始打炮眼，发现打钻较以往吃力，打不动，往外顶钻的劲很大，拔出钻杆后，钻孔的煤粉能喷出来，但现场的工人并不知道这是怎么回事，打完炮眼装完药后开始爆破，爆破前瓦斯检查员检查了工作面瓦斯浓度为 0.35%，之后瓦斯检查员、班长、爆破工 3 人开始撤到离工作面 70 m 处开始爆破，随着炮响（响声比平常大得多），突出了大量的瓦斯和煤粉，2 名工人因缺氧而窒息死亡，瓦斯检查员经抢救脱险。

点评：瓦斯涌出是有其一定的规律的，发生变化时肯定有一定的原因，对这种变化一定要进行分析，找出其变化的主要原因并加以控制。现场的工人对瓦斯的变化无动于衷是情有可原的，但作为天天看瓦斯报表的矿井领导就不应该了，为什么没有看出瓦斯的变化情况呢？看出变化后为什么没有查找分析发生变化的原因呢？这其中可能有很多原因，但有一点是不能忽视的，那就是到目前为止，我们还没有制定出瓦斯涌出异常情况的标准。当瓦斯涌出发生变化时，瓦斯变化增大到多少视为异常，是增大到 0.5 倍还是 1 倍视为异常？如果有了这个标准，就有了评判异常情况的依据，哪个领导见此情况还敢不过问呢？

2.6.3　采煤工作面风门短路引起爆炸事故

某矿 3101 炮采工作面，采用上行通风。2010 年 2 月 5 日 8 点班，当班出勤 45 人。在班前会上，段长安排 5 人往工作面运下料的小绞车，其余人员接班后到工作面进行分段打眼爆破，正常作业。运送小绞车的 5 人将车推到工作面风门处时，看到通风区的工人正在修理外道风门,已将门扇摘下来了,于是便打开第二道风门欲将车推进去,但不想装小绞车的平板车恰在第二道风门处掉道了。几个工人处理半天也没弄上道,正在休息时,突然听到"轰"的一声,尘土飞扬,几个人预感到出事了,急忙跑到采区绞车道蹬钩房,将这一情况向地面调度室作了汇报。此时刚从这个工作面出来正要返回的矿值班人员于某和刘某也听到一声响,感到有一股风袭来,顿时尘土飞扬。他们预感到情况不妙,也马上将这一情况向矿领导作了汇报。矿领导立即请求救护队出动,经救护队现场侦察,该工作面工作的 45 人,除运送小绞车的 5 人生还,其余 40 人全部遇难。采煤工作面风门短路引起爆炸事故示意图如图 2-30 所示。

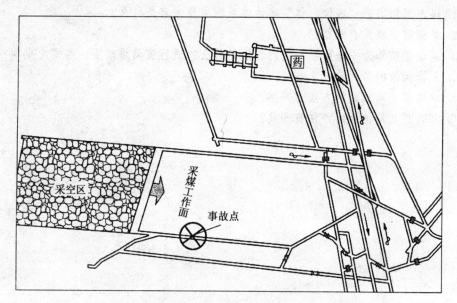

图 2-30　采煤工作面风门短路引起爆炸事故示意图

经事故技术组现场勘查,事故发生在工作面运输巷,离工作面往外 70 m 处。这个地点在底板处有一裂隙,事故后实测该地点风流中瓦斯浓度为 0.5%,裂隙处瓦斯浓度为 100%。据此判断,由于回风巷风门全部打开,造成风流短路,整个工作面系统处于无风或微风状态,致使该地点瓦斯浓度达到爆炸界限,加之工作面运输巷采用小绞车串车放车,小绞车钢丝绳有多处断丝起刺,与巷壁岩石接触摩擦产生火花,引起瓦斯爆炸。

点评:从这起事故可看出,保证矿井井下通风设施的完好无损非常重要,而一旦通风设施遭到破坏就有可能引发事故。从此次事故来看,作为运送小绞车的人员,当发现两道风门同时打开的情况,就要意识到工作面将有发生瓦斯积聚的可能,而一旦形成瓦斯积聚,就会对附近的所有人员产生威胁,所以应采取一切措施,尽快拉走平板车,关上风门。如果运送小绞车的人这么做了,此次事故就可避免。

复习思考题

1. 瓦斯是如何生成的? 煤内实际含有的瓦斯量是否等于生成量?
2. 瓦斯在煤内存在的形态有哪些? 相互之间有何关系?

3. 煤层瓦斯压力和煤层瓦斯含量有什么关系？影响煤层瓦斯含量的因素有哪些？

4. 影响瓦斯涌出量的因素有哪此？

5. 瓦斯爆炸的条件是什么？爆炸界限是多少？

6. 小煤矿的瓦斯积聚的主要特点是什么？

7. 煤与瓦斯突出的一般规律和预兆有哪些？

8. 怎样防止采煤工作面上隅角的瓦斯积聚？

9. 如何处理顶板冒落空洞内积存瓦斯？

10. 通风或瓦斯涌出异常时期应特别注意哪些事项？

11. 煤与瓦斯突出"四位一体"防治体系的主要内容是什么？

12. 局部防突措施有哪些？

13. 震动爆破作为安全防护措施的作用是什么？进行震动爆破要注意哪此事项？

14. 瓦斯抽放的条件是什么？

15. 本煤层瓦斯抽放的方法有哪些？

16. 邻近层瓦斯抽放的方法有哪些？

第 3 章　矿尘防治与案例分析

矿尘是悬浮在矿井空气中的固体矿物微粒，是矿井生产主要的自然灾害之一，对矿井安全生产有着严重的影响。世界各国在煤矿开采历史上所受到的煤尘危害是惨痛的。例如，1906 年，法国古利耶尔无瓦斯煤矿发生特大煤尘爆炸，死亡 1 099 人；1942 年，本溪煤矿发生特大瓦斯煤尘爆炸，死亡 1 594 人；1960 年，大同老白洞煤矿发生特大煤尘爆炸，死亡 684 人；2005 年，七台河东风煤矿发生特大煤尘爆炸，死亡 171 人。除此之外，矿尘对人体健康的危害也极大，煤矿工人患尘肺病人数及死于尘肺病人数，在煤矿工业中长期以来一直居于首位。

3.1　矿尘相关概念概述

3.1.1　矿尘的基本概念

（1）矿尘：是指在矿山生产和建设过程中所产生的各种煤、岩微粒的总称，也叫粉尘。

（2）煤尘：是指细微颗粒的煤炭粉尘。

（3）岩尘（矽尘）：一般是指细微颗粒的岩石粉尘。

（4）浮尘：是指飞扬在空气中的矿尘。

（5）落尘（积尘）：是指从空气中沉降下来的矿尘。

（6）全尘（总粉尘）：是指粉尘采样时获得的包括各种粒径在内的矿尘的总和。

（7）呼吸性粉尘：主要是指粒径在 5 μm 以下的微细尘粒，它能通过人体上呼吸道进入肺区，是导致尘肺病的病因，对人体危害甚大。呼吸性粉尘和非呼吸性粉尘之和就是全尘。

（8）生产性粉尘：是指生产过程中产生的粉尘。

3.1.2　矿尘的分类

矿尘除按其成分分为岩尘、煤尘外，还有多种不同的分类方法。

1）按矿尘粒径划分

（1）粗尘：粒径大于 40 μm，相当于一般筛分的最小粒径，在空气中极易沉降。

（2）细尘：粒径 10～40 μm，在明亮的光线下，肉眼可以看到，在静止空气中作加速沉降运动。

（3）微尘：粒径 0.25～10 μm，用光学显微镜可以观察到，在静止空气中作等速沉降运动。

（4）超微尘：粒径小于 0.25 μm，要用电子显微镜才能观察到，在空气中作扩散运动。

2）按矿尘的存在状态划分

（1）浮游矿尘

（2）沉积矿尘（简称落尘）

浮尘和落尘在不同环境下可以相互转化，浮尘因受自重的作用可以逐渐沉降下来变成落尘，而当落尘受到机械振动、爆风冲击以及巷道中风速的变化等外界条件干扰时，它可再次飞扬，又成为浮尘，落尘是产生矿井连续爆炸的最大隐患。其风速的变化与矿尘粒度的关系见表3-1。浮尘在空气中飞扬的时间不仅与尘粒的大小、重量、形式等有关，还与空气的湿度、风速等大气参数有关。对矿井安全生产与井下工作人员的健康有直接影响的是浮尘，因此，浮尘是矿井防尘的主要对象，一般所说的矿尘就是指这种状态下的矿尘。

表 3-1　　　　　　　　　　落尘变成浮尘风速的变化与矿尘粒度的关系

煤尘粒度/μm	75～105	35～75	10～35
吹扬风速/m·s^{-1}	6.3	5.29	3.48

3）按矿尘的粒径组成范围划分

（1）全尘。

（2）呼吸性粉尘。

全尘和呼吸性粉尘是粉尘检测中常用的术语。在一定条件下，两者有一定的比例关系，其比值大小与矿物性质及生产条件有关，可以通过多次粉尘粒径分布测定获得。

4）按矿尘被吸入的状况划分

（1）呼吸性粉尘。

（2）非呼吸性粉尘。

5）按粉尘的来源划分

（1）生产性粉尘。

（2）非生产性粉尘。

6）按矿尘有无爆炸性划分

（1）有爆炸性煤尘：经煤尘爆炸性鉴定，确定悬浮在空气中的煤尘，在一定浓度和有引爆热源的条件下，本身能发生爆炸或传播爆炸的煤尘。

（2）无爆炸性煤尘：经煤尘爆炸性鉴定，不能发生爆炸或传播爆炸的煤尘。

（3）惰性矿尘：能够减弱和阻止有爆炸性粉尘爆炸的粉尘，如岩粉等。

7）按矿尘中游离 SiO_2 含量划分

（1）硅（矽）尘：游离 SiO_2 含量在 10% 以上的矿尘。它是引起矿工硅肺病的主要因素。煤尘中的岩尘一般多为硅尘。

（2）非硅尘：游离 SiO_2 含量在 10% 以下的矿尘。煤矿中的煤尘一般均为非硅尘。国内外矿山粉尘浓度标准的确定，均是以矿尘中 SiO_2 含量多少为依据的。

3.1.3　矿尘的产尘源

1）矿尘的产生

在矿山生产过程中，如电钻或风钻打眼、爆破、风镐或机械采煤、人工或机械装渣、人工攉煤、放顶煤开采的放煤作业、工作面放顶及假顶下的支护、自溜运输、运输设备的转载以及提升装卸载等各个环节都会产生大量的矿尘。而不同矿井由于煤、岩地质条件和物理性质的不同，采掘条件的不同，矿尘的生成量有很大的差异，即使在同一矿井里，产尘的多少也因地因时发生着变化。一般来说，在现有防尘技术措施的条件下，各生产环节产生的浮尘比例大致为：采煤工作面产尘量占 45%～80%；掘进工作面产尘量占 20%～38%；锚喷作业点产尘量占 10%～15%；运输通风巷道产尘量占 5%～10%；其他作业点占 2%～5%。各作业点随机械化程度的提高，矿尘的生成量也将增大，因此防尘工作也就更加重要。

近年来，随着矿井开采强度的不断加大，煤矿井下的采煤、掘进、运输等各项生产过程中粉尘产生量也急剧增加，特别是呼吸性粉尘浓度呈大幅上升趋势。据调查，在无防尘措施的情况下，厚煤层综采放顶煤的产尘浓度 $4\,000\sim8\,000$ $\mathrm{mg/m^3}$，普通综采 $4\,000\sim8\,000$ $\mathrm{mg/m^3}$，机采 $1\,000\sim3\,000$ $\mathrm{mg/m^3}$（个别甚至高达 $8\,000$ $\mathrm{mg/m^3}$ 以上），炮采 $300\sim500$ $\mathrm{mg/m^3}$，风镐落煤 800 $\mathrm{mg/m^3}$ 左右；机械化掘进煤巷和半煤岩巷时，粉尘浓度达 $1\,000\sim3\,000$ $\mathrm{mg/m^3}$，炮掘面 $1\,300\sim1\,600$ $\mathrm{mg/m^3}$。统计结果表明，井下 70%～80% 的粉尘来自采掘工作面，这是尘肺病发病率较高的作业场所，也是发生煤尘爆炸事故较多的作业场所。因此，最大限度地降低采掘工作面及其他作业场所的粉尘浓度，特别是呼吸性粉尘浓度，是对全矿井下工人的身心健康和矿井安全生产的重要保证。

（1）采煤工作面产尘源

① 产尘工序：采煤机落煤、装煤、移架、运输转载、动输机运煤、人工攉煤、爆破及放煤口放煤等。

② 产尘机理：摩擦和抛落。

（2）综采放顶煤工作面产尘源

① 产尘环节：采煤机落煤、放煤、移架、装煤和运煤五大工序。

② 产尘机理：摩擦、抛落和摩擦与抛落相结全三种方式。

（3）掘进工作面产尘源

产尘工序：机械破岩、装岩、爆破、煤矸运输及锚喷等。

（4）其他产尘源

巷道维修的锚喷现场、煤炭装卸点等。

2）影响矿尘产生的主要因素

（1）自然条件

① 地质构造：矿井地质构造复杂，断层、褶皱比较多，岩层和煤层遭到破坏的地区，开拓、开采时，矿尘的产生量最大。

② 煤层赋存条件：煤层的倾角越大，厚度越大，采掘过程中煤尘的产生量越大。

③ 煤岩的物理性质：煤质脆、节理发育、结构疏松、水分少的煤层，开采时煤尘的产生量大。

（2）采掘条件

① 机械化程度和开采强度：采掘机械化程度高，采掘强度大时，矿尘的产生量大。由于滚筒采煤机组的广泛应用，生产的高度集中，产量大幅度上升，使煤尘的产生量大大增加。

② 采煤方法：采煤的方法不同，生成煤尘的量不一样。例如，在急倾斜煤层中，采用倒台阶采煤法比水平分层采煤法生成的煤尘的量大；在缓倾斜煤层中，采用全部垮落采

煤法比充填采煤法生成的煤尘的量大。

③ 开采深度：随着开采深度的增加，地温增高，煤（岩）体内原始水分降低，煤（岩）干燥，开采时产尘量就大。

④ 通风状况：通风的状态不同，空气中的矿尘量不同。虽然风量的多少、风速的大小，对矿井生成矿尘量的多少没有什么影响，但是，风量和风速却直接关系到井下空气中矿尘的数量。若风速小，不能把井下空气中的矿尘吹走，使矿尘在空气中的含量增大；若风速过大，又把落在巷道周围的矿尘吹起，同样增大空气中的含尘量。因此，风速也是影响井下空气中含尘量的重要因素之一，单从降尘角度考虑，工作面风速以 $1.2\sim1.6$ m/s 较好，产尘最少。

综上所述，矿尘的主要来源是在生产过程中形成的，而地质作用生成的矿尘是次要的。从矿尘的产生量来看，采掘工作生成的最多。因此，进行防尘工作，就是要抓住上述各环节，采取有效措施，使矿井的矿尘的浓度达到国家规定的卫生标准。

3.1.4　矿尘含量的计量指标

1）矿尘浓度

单位体积矿井空气中所含浮尘的数量称为矿尘浓度，其表示方法有两种：

（1）质量法：每立方米空气中所含浮尘的毫克数，mg/m³。

（2）计数法：每立方厘米空气中所含浮尘的颗粒数，粒/cm³。

我国规定采用质量法来计量矿尘浓度，计数法只作为参考。矿尘浓度的大小直接影响着矿尘危害的严重程度，是衡量作业环境的劳动卫生状况和评价防尘技术效果的重要指标。因此，《煤矿安全规程》对煤矿井下作业场所空气中粉尘（总粉尘、呼吸性粉尘）浓度标准做了明确规定，见表 3-2。

表 3-2　　　　　　　　　煤矿井下作业场所空气中粉尘浓度标准

粉尘中游离 SiO_2 含量/%	最高允许浓度/(mg/m³)	
	总粉尘	呼吸性粉尘
<10	10	3.5
10~50	2	1
50~80	2	0.5
≥80	2	0.3

2）产尘强度

指生产过程中产生的矿尘量。常用相对产尘强度即每采掘 1 t 或 1 m³ 矿岩所产生的矿尘量来表示，单位为 mg/t 或 mg/m³。凿岩或井巷掘进工作面的相对产尘强度也可按每钻进 1 m 钻孔或掘进 1 m 巷道计算，单位为 mg/m。相对产尘强度使产尘量与生产强度联系起来，便于比较不同生产情况下的产尘量。

3）矿尘沉积量

指单位时间在巷道表面单位面积上所沉积的矿尘量，单位为 g/(m² · d)。这一指标用来表示巷道中沉积矿尘的强度，是确定岩粉撒布周期的重要依据。

3.2　矿尘的性质及危害

3.2.1　矿尘的性质

了解矿尘的性质是做好防尘工作的基础，矿尘的性质取决于构成的成分和存在的状态，矿尘与形成它的矿物在性质上有很大的差异，这些差异隐藏着巨大的危害，同时也决定着矿井防尘技术的选择。

1) 矿尘中游离二氧化硅的含量

矿尘中游离二氧化硅的含量是危害人体的决定因素，它是引起并促进尘肺病及病程发展的主要因素，含量越高，危害越大。

二氧化硅是地壳上最常见的氧化物，是许多种岩石和矿物的重要组成部分，它有两种存在状态，一种是结合状态的二氧化硅，即硅酸盐矿物，如长石（$K_2O \cdot Al_2O_3 \cdot 6SiO_2$）、石棉（$CaO \cdot 3MgO \cdot 4SiO_2$）、高岭土（$Al_2O_3 \cdot 2SiO_2 \cdot 2H_2O$）、滑石等。另一种是游离状态的二氧化硅，主要是石英，在自然界中分布很广，许多矿岩都含有游离二氧化硅，煤系地层由于沉积环境不同、岩性不同，其游离二氧化硅含量变化较大，煤层中以煤为主，或者时也伴有夹石等，从煤种来看，无烟煤的二氧化硅的含量高于烟煤。煤矿上常见的页岩、砂岩、砾岩和石灰岩等中游离二氧化硅的含量通常多在 20%～50%，煤尘中的含量一般不超过 5%，半煤岩中的含量在 20% 左右。

2) 矿尘的密度和比重

单位体积矿尘的质量称为矿尘密度；单位为 kg/m^3 或 g/m^3。由于矿尘的产生或实验条件不同，其获得的密度值亦不相同。因此，一般将矿尘的密度分为真密度和堆积密度（或表观密度）。真密度：不包括矿尘之间的空隙时，单位体积矿尘的质量。堆积密度（或表观密度）：矿尘呈自然扩散状态时，单位体积矿尘的质量。

矿尘的真密度是一定的，而堆积密度则与堆积状态有关，其值小于真密度。矿尘的真密度对拟定含尘风流净化的技术途径（如除尘器选型）有重要价值。

矿尘的比重是指矿尘的质量与同体积标准物质的质量之比，因而是无因次量。通常采用标准大气压和温度为 4 ℃ 的纯水作为标准物质。由于这种状态下 $1\ cm^3$ 的水的质量为 1g，因而矿尘的比重在数值上等于其密度，但二者是两个不同的概念。

矿尘颗粒比重的大小影响其在空气中的稳定程度，尘粒大小相同时，比重大者沉降速度快，稳定程度低。

3) 矿尘的粒度与比表面积

矿尘的粒度是指矿尘颗粒大小的尺度，单位为微米（μm，$1\ \mu m = 10^{-6}\ m$）表示。矿尘的形状很不规则，一般用尘粒的平均直径或投影走向长度表示。

矿尘的比表面是指单位质量矿尘的总表面积，单位为 m^2/kg，或 cm^2/g。

矿尘的比表面积与粒度成反比，粒度越小，比表面积越大，因而这两个指标都可以用来衡量矿尘颗粒的大小。煤岩破碎成微细的尘粒后，首先其比表面积增加，因而化学活性、溶解性和吸附能力明显增加；其次更容易悬浮于空气中，表 3-3 所示为在静止空气中不同粒度的尘粒从 1 m 高处降落到底板所需的时间；另外，粒度减小容易使其进入人体呼吸系统，据研究，只有 5 μm 以下粒径的矿尘才能进入人的肺内，是矿井防尘的重点对象。

表 3-3			尘粒降沉时间		
粒度/μm	100	10	1	0.5	0.2
沉降时间/min	0.043	4.0	420	1 320	5 520

4）矿尘的分散度

矿尘的分散度是指矿尘的整体组成中各种粒度的尘粒所占的百分比。它表征岩矿被粉碎的程度。矿尘中微细颗粒多，所占比例大，称为高分散度矿尘，反之称为低分散度矿尘。分散度有两种表示方法：

重量百分比：用各种粒级尘粒的重量占总重量的百分数来表示，叫做重量分散度。

数量百分比：用各种粒级尘粒的颗粒数占总颗粒数的百分数来表示，叫做数量分散度。

由于表示的基准不同，同一种矿尘的重量分散度和数量分散度的数值不尽相同。

我国对矿尘的分散度划分为四个计测范围：小于 2 μm；2～5 μm；5～10 μm；大于 10 μm。矿尘组成中，小于 5 μm 的尘粒所占的百分比越大，对于人体的危害就越大。

根据矿井的实测资料，矿尘的分散度（数量百分比）大致是：大于 10 μm 的占 2.5～7%；5～10 μm 的占 4～11.5%；2～5 μm 的占 25.5～35%；小于 2 μm 的占 46.5～60%，一般情况下，矿井生产过程中产生的矿尘，小于 5 μm 的占 90% 以上。

矿尘的分散度是衡量矿尘颗粒大小组成的一个重要指标，是研究矿尘性质与危害的一个重要参数：

（1）矿尘的分散度直接影响着它的比表面积的大小。矿尘的分散度越高，其比表面积越大，矿尘的溶解性、化学活性和吸附能力等也越强。如石英粒子的大小由 75 μm 减少到 50 μm 时，它在碱溶液中的含量由 2.3% 上升到 6.7%，这对尘肺的发病机理起着重要作用。另外，煤尘比表面积大，与空气的氧化反应就越剧烈，成为引起煤尘自燃和爆炸的因素之一。随着矿尘颗粒比表面积的增大，微细尘粒的吸附能力增强。一方面井下爆破后，尘粒表面能吸附诸如 CO、氮氧化物等有毒有害气体；另一方面，由于充分吸附周围介质的结果，微细尘粒表面形成气膜现象随之增强，从而大大提高了微细尘粒的悬浮性。而尘粒周围气膜的存在，阻碍了微细尘粒间的相互结合，尘粒的凝聚性和吸湿性明显下降，不利于矿尘的沉降。

（2）矿尘分散度对尘粒的沉降速度有显著的影响。矿尘在空气中的沉降速度主要取决于它的分散度、密度及空气的密度和粘度。矿尘的分散度越高，其沉降速度越慢，在空气中的悬浮时间越长。在实际的生产条件下，由于风流、热源、机械设备运转及人员操作等因素的影响，微细尘粒的沉降速度更慢。微细尘粒难以沉降，给降尘工作带来了不利因素。

（3）矿尘分散度对尘粒在呼吸道中的阻留有直接影响。矿尘分散度的高低和被吸入人体后在呼吸道中各部位的阻留有着密切关系。

综上所述，矿尘分散度越高，危害性越大，而且越难捕获。对于小于 5 μm 的矿尘，不仅危害性很大，而且更难捕获和沉降。为此，应是通风防尘工作的重点。

5）矿尘的吸湿性

矿尘与空气中的水分结合的现象叫吸湿性或者叫湿润性。矿尘的吸湿性是决定液体除尘效果的重要因素。各种矿尘可根据它与水分结合的程度分为亲水性和疏水性两类。这种分类是相对的，对于粒度 5 μm 以下的呼吸性矿尘，即使是亲水性的，也只有在尘粒与水滴具有相对速度的情况下才能被湿润。亲水性矿尘表面吸附能力强，易于与水结合，使矿尘直径增大、重量增加而易于降落。喷雾洒水和湿式除尘器就是利用这个原理。对于疏水性矿尘，多采用通过在水中增加湿润剂和增加水滴的动能等方法进行湿式除尘。

6）矿尘的荷电性

矿尘是一种微小粒子，因空气的电离以及尘粒之间或尘粒与其他物体碰撞、摩擦、吸附等作用，使尘粒带有电荷，可能是正电荷，也可能是负电荷，带有相同电荷的尘粒，互相排斥，不易凝聚沉降；带有相异电荷时，则相互吸引，加速沉降，因此有效利用矿尘的这种荷电性，也是降低矿尘浓度、减少矿尘危害的方法之一。

而且需要注意的是，由于矿尘具有带电性，带电的尘粒也较容易沉积在人体的支气管和肺泡中，从而增加了对人体的危害性。

7）矿尘的光学特性

矿尘的光学特性包括矿尘对光的反射、吸收和透光强度等性能。在测尘技术中，常常用到这一特性来测定矿尘的浓度和分散度。

8）矿尘的燃烧和爆炸性

有些矿尘（如煤尘和硫化矿尘）在空气中达到一定浓度并在外界高温热源作用下，能发生燃烧和爆炸，称为爆炸性矿尘。矿尘爆炸时产生高温、高压，同时产生大量有毒有害气体，对安全生产有极大的危害，防止煤尘的爆炸是具有煤尘爆炸危险性矿井的主要安全工作之一。

一般认为，含硫量大于 10% 的硫化矿尘即有爆炸性，发生爆炸的矿尘浓度范围为 $250 \sim 1\,500\ g/m^3$，引燃温度为 $435 \sim 450\ ℃$。

3.2.2　矿尘的危害

矿尘具有很大的危害性，主要表现在以下几个方面：

（1）污染工作场所，引起职业病。轻者会患呼吸道炎症、皮肤病，慢性中毒，重者会患尘肺病；

（2）某些矿尘（如煤尘、硫化尘）在一定条件下可以燃烧和爆炸；

（3）加速机械磨损，缩短精密仪器使用寿命；

（4）降低工作场所能见度，增加工伤事故的发生。

此外，煤矿向大气排放的矿尘对矿区周围的生态环境也会产生很大影响，对生活环境、植物生长环境可能造成严重破坏。其中，矿尘的危害以尘肺病和矿尘爆炸的危害最大，直接危害煤矿职工的身体健康和生命安全。因此，认真做好矿尘的防治工作，预防和控制矿尘的危害，是矿井安全生产必不可少的环节。

3.3　煤矿尘肺病

在煤矿井下粉尘污染的作业场所工作，工人长期吸入大量的浮尘后，沉积在肺内的粉尘会使肺组织的细胞发生一系列的生理、病理变化，使肺组织逐渐纤维化。当纤维化病变发展到一定程度时，可导致人体呼吸功能的障碍。这种由煤矿生产性粉尘导致工人肺部发生纤维化病变的疾病，称为煤矿尘肺病（简称尘肺）。新的尘肺病诊断标准中规定的尘肺病的定义是："尘肺病是由于在职业活动中长期吸入生产性粉尘并在肺内滞留而引起的以肺组织弥漫性纤维化为主的全身性疾病。"它是一种广泛而严重的职业危害，一旦患病，目前还很难治愈，因其发病缓慢，病程较长，且有一定的潜伏期，不同于瓦斯、煤尘爆炸和冒顶等工伤事故那么触目惊心，因此往往不被人们所重视。而实际上由尘肺病引发的矿工致残和死亡人数，在国内外都远远高于各类工伤事故的总和。我国自 2002 年 5 月 1 日实施了《职业病防治法》，尽管职业病防治工作取得了新的进展，但是从卫生部召开的第十届职业性呼吸系统疾病国际会议上获悉：我国的职业病危害形势十分严峻，职业病防治工作与我国快速发展的经济形势极不适应。2003 年全国报告各类职业病发病数为 10 467例，其中尘肺病发病数占了 80%。2005 年，全国报告各类职业病发病数为 12 212 例，其中尘肺病 9 173 例，占 75.11%。尘肺病每年导致 2 000～3 000 人死亡，一个中型矿井的全部职工数，煤炭尘肺病患者是全国尘肺患者的近一半（50%），平均患病率 6%，部分矿患病率 16%，比发达资本主义国家发病率高 5%。因此，了解尘肺病的分类、病因、发展及其防治很有必要。

3.3.1　尘肺病的分类

煤矿尘肺病按吸入矿尘的成分不同，可分为三类：

（1）硅肺病（矽肺病）：长期吸入游离 SiO_2 含量较高的岩尘而引起的，患者多为长期从事岩巷掘进的矿工。占 20～30%。

（2）煤硅肺病（煤矽肺）：同时吸入煤尘和含游离 SiO_2 的岩尘而引起的，患者多为岩巷掘进和采煤的混合工种矿工。占 70～80%。

（3）煤肺病：大量吸入煤尘而引起的，患者多为在煤层中长期单一的从事采掘工作的矿工。占 5～10%。

我国煤矿工人工种变动较大，长期固定从事单一工种的很少，因此煤矿尘肺病中以煤硅肺病比重最大，单纯的硅肺、煤肺病较少。

作业人员从接触矿尘开始到肺部出现纤维化病变所经历的时间称为发病工龄。上述三种尘肺病中最危险的是硅肺病。其发病工龄最短，一般在 10 年左右，病情发展快，危害严重。煤肺病的发病工龄一般为 20～30 年，煤硅肺病介于两者之间但接近后者。

国际上最早的关于矿尘的法规是南非联邦威特沃特斯兰德金矿在 1912 年才制定出。其余的国家相继在 20 世纪的 20～30 年代提出了相似的法律法规。但是，这些法规主要涉及矽肺病。在当时，煤矿粉尘并不被认为特别有害，然而，在 30 年代，被确诊的矿工尘肺病数量急剧上升。英国医学研究委员会在南威尔士的煤矿工人中作了关于呼吸疾病的调查，以后欧洲和美国都确定了煤矿中粉尘的危害性。

人类对矿尘产生尘肺病的认识用了多年的时间，究其原因，主要有三方面：第一，患者从意识到呼吸系统受到损害到确诊可能要几年的时间；第二，肺部对粉尘的反应往往类似于某些自然发生的疾病，因此没有与矿尘相联系；第三，过去通常使用的粉尘浓度的测量方式是单位体积空气内粉尘颗粒的数量，这种粉尘浓度测量方式和尘肺病的发生是否相关并不能确定。

这种情况在 1959 年南非约翰内斯堡举行的国际尘肺病会议上有了改变，为了更好地度量粉尘对健康的潜在危害，会议对采用粉尘浓度的计重法替代早期采用的计数法取得了一致的认识，会议还接受了英国医学研究会提出的呼吸性粉尘定义，即能进入肺泡区的粉尘称为呼吸性粉尘。这次会议对粉尘对尘肺病的影响和确定新的粉尘浓度测定方法起到了转折作用。

3.3.2　尘肺病的发病机理

尘肺病的发病机理至今尚未完全研究清楚。一般认为人体呼吸系统的粉尘大体上经历以下四个过程：

（1）在上呼吸道的咽喉、气管内，含尘气流由于沿程的惯性碰撞作用使大于 $10~\mu m$ 的尘粒首先沉降在其内。经过鼻腔和气管粘膜分泌物粘结后形成痰排出体外。

（2）在上呼吸道的较大支气管内，通过惯性碰撞及少量的重力沉降作用使 $5\sim10~\mu m$ 的尘粒沉积下来，经气管、支气管上皮的纤毛运动，咳嗽随痰排出体外。因此，真正进入下呼吸道的粉尘，其粒度均小于 $5~\mu m$，目前比较一致的看法是空气中 $5~\mu m$ 以下的矿尘是引起尘肺病的主要矿尘。

（3）在下呼吸道的细小支气管内，由于支气管分支增多，气流速度减慢，使部分 $2\sim5~\mu m$ 的尘粒依靠重力沉降作用沉积下来，通过纤毛运动逐级排出体外。

（4）粒度在 $2~\mu m$ 左右的粉尘进入呼吸性支气管和肺后，一部分可随呼气排出体外；另一部分沉积在肺泡壁上或进入肺内，残留在肺内的粉尘仅占总吸入量的 $1\%\sim2\%$ 以下。残留在肺内的尘粒可杀死肺泡，使肺泡组织形成纤维病变出现网眼，逐步失去弹性而硬化，无法担负呼吸作用，使肺功能受到损害，降低了人体抵抗能力，并容易诱发其他疾病，如肺结核、肺心病等。在发病过程中，由于游离的 SiO_2 表面活性很强，这加速了肺泡组织的死亡。因此，硅肺病是各种尘肺病中发病期最短、病情发展最快也最为严重的一种。

3.3.3　尘肺病的发病症状及影响因素

1）尘肺病的发病症状

尘肺病的发展有一定的过程，轻者影响劳动生产力，严重时丧失劳动能力，甚至死亡。这一发展过程是不可逆转的，因此要及早发现，及时治疗，以防病情加重，从自觉症状上看，尘肺病分为三期：

第一期：重体力劳动时，呼吸困难、胸痛、轻度干咳。

第二期：中等体力劳动或正常工作时，感觉呼吸困难，胸痛、干咳或带痰咳嗽。

第三期：做一般工作甚至休息时，也感到呼吸困难、胸痛、连续带痰咳嗽，甚至咯血和行动困难。

2）影响尘肺病的发病因素

（1）矿尘的成分

能够引起肺部纤维病变的矿尘，多半含有游离 SiO_2，其含量越高，发病工龄越短，病变的发展程度越快。对于煤尘，引起煤肺病的主要是它的有机质（即挥发分）含量。据试验，煤化作用程度越低，危害越大，因为煤尘的危害和肺内的积尘量都与煤化作用程度有关。

（2）矿尘粒度及分散度

尘肺病变主要是发生在肺脏的最基本单元即肺泡内。矿尘粒度不同，对人体的危害性也不同。$5~\mu m$ 以上的矿尘对尘肺病的发生影响不大；$5~\mu m$ 以下的矿尘可以进入下呼吸道并沉积在肺泡中，最危险的粒度是 $2\ \mu m$ 左右的矿尘。由此可见，矿尘的粒度越小，分散度越高，对人体的危害就越大。

（3）矿尘浓度和接尘时间

尘肺病的发生与进入肺部的矿尘量有直接的关系，也就是说，尘肺的发病工龄和作业场所的矿尘浓度成正比，即矿尘浓度越大，工人吸入的矿尘量越多，越易患病；从事井下作业的工龄越长，接触粉尘作业的时间越长，越易发病。国外的统计资料表明，在高矿尘浓度的场所工作时，平均 $5\sim10$ 年就有可能导致硅肺病，如果矿尘中的游离 SiO_2 含量达 $80\%\sim90\%$，甚至 $1.5\sim2$ 年即可发病。如果空气中的矿尘浓度降低到《煤矿安全规程》规定的标准以下，工作几十年，肺部吸入的矿尘总量仍不足达到致病的程度。

（4）个体方面的因素

矿尘引起尘肺病是通过人体而进行的，所以人的机体条件，如年龄、营养、健康状况、生活习性、卫生条件等，都对尘肺病的发生、发展有一定的影响。

尘肺病在目前的技术水平下尽管很难完全治愈，但它是可以预防的。只要积极推广综合防尘技术，就可以达到降低尘肺病的发病率及死亡率的目的。

3.3.4 尘肺病的预防措施

尘肺病是严重危害工人身体健康的一种慢性职业病，这种疾病在目前的技术水平下尽管很难完全治愈，但它是可以预防的，要做好尘肺病的预防工作应从以下几方面着手：

（1）认真贯彻执行国家颁布的一系列关于防止尘害的政策、法令和办法，采取得力的组织措施、行政措施，增加资金投入。

（2）积极开展尘肺病预防及治疗方面的研究，保证卫生保健措施落到实处。

（3）不断创新，采取综合防尘技术措施。

预防尘肺病关键在于防尘。多年来，我国已总结出"革、水、密，风、护、管、教、查"八字措施，用以预防尘肺病，取得了良好的效果。"革"，就是对生产工艺进行技术革新、技术改造；"水"，就是采用湿式作业；"密"，就是密闭尘源和抽尘净化；"风"，就是通风除尘；"护"，就是个人防护；"管"，就是对防尘设备维护管理，建立防尘规章制度；"教"，就是加强宣传教育，让操作人员自觉地遵守各项有关预防尘肺病的制度；"查"，就是定期测尘和健康检查及评比。

只要认真做好上述工作，并且常抓不懈，我国尘肺病防治工作就一定会取得巨大成效。

3.4 综合防尘技术

根据我国煤矿几十年来积累的丰富的防尘经验，欲将空气中的矿尘浓度降到国家标准以下，必须采取综合的防尘技术措施，即各个生产环节都实施有效的防尘技术措施。所谓防尘技术措施，就是以各种技术手段减少粉尘的产生及其危害的措施，不同的防尘技术，具有不同的抑尘效果，没有哪一种单一技术可以完全将粉尘加以控制，因此总是要用多种技术措施来完成，即必须实施综合防尘技术措施。综合防尘技术包括通风除尘、湿式除尘、密闭抽尘、净化风流和个体防护以及其他防尘措施等。

3.4.1 通风除尘

通风除尘是指通过风流的流动将井下作业点的悬浮矿尘带出，降低作业场所的矿尘浓度，因此搞好矿井通风工作能有效地稀释和及时地排出矿尘。

决定通风除尘效果的主要因素是风速及矿尘密度、粒度、形状、湿润程度等。风速过低，粗粒矿尘将与空气分离下沉，不易排出；风速过高，能将落尘扬起，增大矿内空气中的粉尘浓度。因此，通风除尘效果是随风速的增加而逐渐增加的，达到最佳效果后，如果再增大风速，效果又开始下降。排除井巷中的浮尘要有一定的风速。我们把能使呼吸性粉尘保持悬浮并随风流运动而排出的最低风速称为最低排尘风速。同时，我们把能最大限度排除浮尘而又不致使落尘二次飞扬的风速称为最优排尘风速。一般来说，掘进工作面的最优风速为 0.4～0.7 m/s，机械化采煤工作面为 1.5～2.5 m/s。

《煤矿安全规程》规定的采掘工作面最高容许风速为 4 m/s，不仅考虑了工作面供风量的要求，同时也充分考虑到煤、岩尘的二次飞扬问题。

3.4.2　湿式除尘

湿式除尘是利用水或其他液体，使之与尘粒相接触而捕集粉尘的方法，它是矿井综合防尘的主要技术措施之一，其作用是湿润矿尘，增加尘粒的重力；将细散尘粒聚结为较大颗粒，加速浮尘沉降；使落尘不易飞扬。具有所需设备简单、使用方便、费用较低和除尘效果较好等优点，缺点是增加了工作场所的湿度，恶化了工作环境，影响了煤矿产品的质量，除缺水和严寒地区外，一般煤矿应用较为广泛，我国煤矿较成熟的经验是采取以湿式凿岩为主，配合洒水及喷雾洒水、水封爆破和水炮泥以及煤层注水、采空区灌水等防尘技术措施。

1) 湿式凿岩、钻眼

该方法的实质是指在凿岩和打钻过程中，将压力水通过凿岩机、钻杆送入并充满孔底，以湿润、冲洗和排出产生的矿尘。

在煤矿生产环节中，井巷掘进产生的粉尘不仅量大，而且分散度高，据统计，煤矿尘肺患者中 95% 以上发生于岩巷掘进工作面，煤巷和半煤岩巷的煤尘瓦斯燃烧、爆炸事故发生率也占较大的比重。而掘进过程中的矿尘又主要来源于凿岩和钻眼作业。据实测：干式钻眼产尘量约占掘进总产尘量的 80%～85%，而湿式凿岩的除尘率可达 90% 左右，并能提高凿岩速度 15%～25%。因此，湿式凿岩、钻眼能有效降低掘进工作面的产尘量。

2) 洒水及喷雾洒水

洒水降尘是用水湿润沉积于煤堆、岩堆、巷道周壁、支架等处的矿尘。当矿尘被水湿润后，尘粒间会互相附着凝集成较大的颗粒，附着性增强，矿尘就不易飞起。在炮采、炮掘工作面放炮前后洒水，不仅有降尘作用，而且还能消除炮烟、缩短通风时间。煤矿井下洒水，可采用人工洒水或喷雾器洒水。对于生产强度高、产尘量大的设备和地点，还可设自动洒水装置。

喷雾洒水是将压力水通过喷雾器（又称喷嘴），在旋转或（及）冲击的作用下，使水流雾化成细微的水滴喷射于空气中，如图 3-1 所示。它的捕尘作用有：① 在雾体作用范围内，高速流动的水滴与浮尘碰撞接触后，尘粒被湿润，在重力作用下下沉；② 高速流动的雾体将其周围的含尘空气吸引到雾体内湿润下沉；③ 将已沉落的尘粒湿润粘结，使之不易飞扬。苏联的研究表明，在掘进机上采用低压洒水，降尘率为 43%～78%，而采用高压喷雾时达到 75%～95%；炮掘工作面采用低压洒水，降尘率为 51%，高压喷雾达72%，且对微细粉尘的抑制效果明显。

（1）掘进机喷雾洒水

掘进机喷雾分内喷雾和外喷雾两种。内喷雾通过掘进机切割机构上的喷嘴向割落的煤岩处直接喷雾，在矿尘生成的瞬间将其抑制，外喷雾多用于捕集空气中悬浮的矿尘。较好的内外喷雾系统可使空气中含尘量减少 85%～95%。

掘进机的外喷雾采用高压喷雾时，高压喷嘴安装在掘进机截割臂上，启动高压泵的远程控制按钮和喷雾开关均安装在掘进机司机操纵台上。掘进机截割时，开动喷雾装置；掘进机停止工作时，关闭喷雾装置。喷雾水压控制在 10～15 MPa 范围内，降尘效率可达 75%～95%。

（2）采煤机喷雾洒水

采煤机的喷雾系统分为内喷雾和外喷雾两种方式。采用内喷雾时，水由安装在截割滚筒上的喷嘴直接向截齿的切割点喷射，可保证在滚筒转动时只向切割煤体的截齿供水（如图 3-2 所示），形成"湿式截割"；采用外喷雾时，水由安装在截割部的固定箱上、摇臂上或挡煤板上的喷嘴喷出，形成水雾覆盖尘源，从而使矿尘湿润沉降，如图 3-3 所示。喷嘴是决定降尘效果好坏的主要部件，喷嘴的形式有锥形、伞形、扇形、束形，一般来说，内喷雾多采用扇形喷嘴，也可采用其他形式；外喷雾多采用扇形和伞形喷嘴，也可采用锥形喷嘴。国产采煤机配套喷嘴主要技术特征见表 3-4。

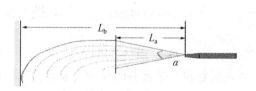

图 3-1　雾体作用范围

L_a——射程；L_b——作用长度；α——扩张角

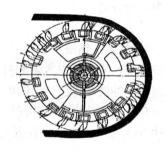

图 3-2　采煤机内喷雾示意图

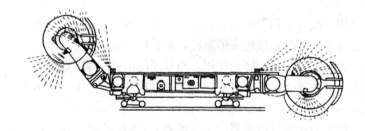

图 3-3　采煤机外喷雾示意图

（3）综放工作面喷雾洒水

综放工作面具有尘源多、产尘强度高、持续时间长等特点。因此，为了有效地降低产尘量，除了实施煤层注水和采用低位放顶煤支架外，还要对各产尘点进行广泛的喷雾洒水。

①放煤口喷雾

表 3-4　　　　　　　　　　　国产采煤机配套喷嘴的主要技术特征

| 喷嘴形状 | 系列型号 | 喷嘴型号 | 喷口直径/mm | 扩散角/(°) | 水压/MPa | | 连接尺寸 |
| | | | | | 1.0 | 1.5 | |
					耗水量/L·min⁻¹		
锥形	PZ	PZA-1.2/45	1.2	45±8	2.0	2.4	m14×1.5
		PZA-1.5/45	1.5	45±5	3.1	3.8	m16×1.5
		PZA-2/55	2.0	55±5	6.0	7.4	g1/4-11
		PZA-2.5/55	2.5	55±8	8.9	11.2	g3/8-11
		PZB-2.5/70	2.5	70±10	8.8	10.3	m20×1.5
		PZB-3.2/70	3.2	70±5	13.7	16.2	g1/2-11
		PZB-4/70	4.0	70±8	19.9	24.5	
		PZC-2/55	2.5	55±5	6.0	7.4	g1/4-11
		PZC-2.5/55	2.5	55±8	8.9	11.2	g3/8-11
伞形	PA	PAA-1.2/60	1.2	60±8	1.6	2.0	m14×1.5
		PAA-1.6/60	1.6	60±8	2.6	3.2	m16×1.5
		PAA-2/60	2.0	60±8	3.6	4.4	g1/4-11
		PAA-2.5/60	2.5	60±8	5.3	6.6	g3/8-11
		PAB-3.2/75	3.2	75±10	7.9	9.7	m20×1.5
		PAB-4/75	4.0	75±10	11.9	16.0	g1/2-11
扇形	PS	PAS-1.2/45	1.2	45±8	2.6	3.1	扣压式
		PSA-1.5/60	1.6	60±10	4.9	6.2	
束形	PG	PGA-1.6	1.6	5.5~6.0 (m)	4.6	5.8	m14×1.5
		PGA-2.0	2.0	5.1~6.5 (m)	6.4	8.0	m16×1.5
		PGA-2.5	2.5	5.1~6.5 (m)	10.6	13.7	g1/4-11
锥形	PU	PU-1	4.5	55	30.7	37.3	板式
		PU-2					座式

　　放顶煤支架一般在放煤口都装备有控制放煤产尘的喷雾器，但由于喷嘴布置和喷雾形式不当，降尘效果不佳。为此，可改进放煤口喷雾器结构，布置为双向多喷头喷嘴，扩大降尘范围；选用新型喷嘴，改善雾化参数；有条件时，水中添加湿润剂，或在放煤口处设置半遮蔽式软质密封罩，控制煤尘扩散飞扬，提高水雾捕尘效果。

　　② 支架间喷雾

　　支架在降柱、前移和升柱过程中产生大量的粉尘，同时由于通风断面小、风速大，来自采空区的矿尘量大增，因此采用喷雾降尘时，必须根据支架的架型和移架产尘的特点，合理确定喷嘴的布置方式和喷嘴型号。图 3-4 所示为某综放工作面支掩式支架喷嘴位置的设置。前喷雾点设有两个喷嘴，移架时可以对支架前半部空间的粉尘加以控制，同时还可以作为随机水幕；后喷雾点设有2个喷嘴，分别设于支架两前连杆上，位于前连杆中部，控制支架后侧空间的粉尘。

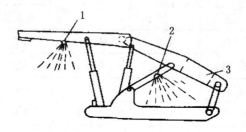

图3-4 支掩式支架喷雾布置图

1——前喷雾点；2——后侧喷雾点；3——放煤口

（3）转载点喷雾

转载点降尘的有效方法是封闭加喷雾。通常在转载点（即采煤工作面输送机与顺槽输送机连接处）加设半密封罩，罩内安装喷嘴（图3-5），以消除飞扬的浮尘，降低进入回采工作面的风流含尘量。为了保证密封效果，密封罩进、出口安装半遮式软风帘，软风帘可用风筒布制作。

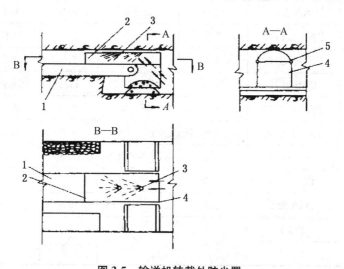

图3-5 输送机转载处防尘罩

1——工作面输送机；2——转载点煤尘罩；3——喷嘴；

4——下罩；5——托架

（4）爆破喷雾

爆破过程中，产生大量的矿尘和有毒有害气体，采取爆破喷雾措施，不但能取得良好的降尘效果，而且还可消除炮烟、减轻炮烟的危害，缩短通风时间。喷雾装置有风水喷射器和压气喷雾器两种。风水喷射器是以压缩空气和压力水共同作用成雾的装置，具有喷出射程远、喷雾面积大、雾粒细的特点。鸭嘴型喷雾器使用较为普遍。

（5）装岩洒水

巷道装岩洒水有人工洒水和喷雾器洒水两种方式：① 人工装岩时，一般采用人工洒水。每装完一层湿润矸石，再洒一次水。随装岩点的推移，随装随洒。② 装岩机装岩时，在距工作面 4～5 m 的顶帮两侧，悬挂两个喷雾器进行喷雾洒水。喷雾器对准铲斗装岩活动区域，射程大体与活动半径一致。随着装岩机向前推进，喷雾器也要随之向前安放（图3-6）。

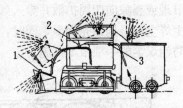

图 3-6　装岩机喷雾洒水
1——喷雾器；2——控制阀；
3——水量调节阀

（6）其他地点喷雾

由于综放面放下的顶煤块度大，数量多，破碎量增大，因此，必须在破碎机的出口处进行喷雾降尘。

除此，尚需对煤仓、溜煤眼及运输过程等处产生的矿尘实施喷雾洒水。

3）水封爆破和水炮泥

水封爆破和水炮泥都是由钻孔注水湿润煤体演变而来的。它是将注水和爆破联结起来，不仅起到消除炮烟和防尘作用，而且还提高了炸药的爆破效果。

（1）水封爆破

水封爆破就是在工作面打好炮眼后，先注入压力不超过 4.903×10^6 Pa（50 kg/cm²）的高压水，使之沿煤层节理、裂隙渗透，直到煤壁见水为止。然后装入防水炸药，再将注水器插入炮眼进行水封，如图 3-7 所示。水封压力不超过 $3.432\,3 \times 10^6$ Pa（3.5 kg/cm²）。爆破时用安全链将注水器拴在支柱上以防崩出丢失。

水封爆破虽然取得了较好的防尘效果，但是，它需要一套高压设备，需用防水炸药和雷管，使用技术及条件要求得比较严格。因此，有些矿井采用水炮泥。

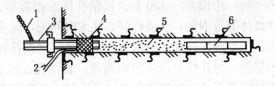

图 3-7　水封爆破
1——安全链；2——雷管脚线；3——注水器；
4——胶圈；5——水；6——炸药

（2）水炮泥

水炮泥就是将装水的塑料袋代替一部分炮泥，填于炮眼内，如图 3-8 所示。爆破时水袋破裂，水在高温高压下汽化，与尘粒凝结，达到降尘的目的。采用水炮泥比单纯用土炮泥时的矿尘浓度低 20％～50％，尤其是呼吸性粉尘含量有较大的减少。除此之外，水炮泥还能降低爆破产生的有害气体，缩短通风时间，并能防止爆破引燃瓦斯。

水炮泥的塑料袋应难燃，无毒，有一定的强度。水袋封口是关键，目前使用的自动封口水袋（图3-9）。装满水后，能将袋口自行封闭。

4）煤层注水

（1）煤层注水原理及作用

煤层注水是在采煤和掘进之前，利用钻孔向煤层注入压力水，使水沿着煤层的层理、节理或裂隙向四周扩散并渗入到煤体中的微孔中去，增加煤的水分，使煤体和其内部的原生煤尘都得到预先润湿，同时，使煤体的塑性增强，以减少采掘时生成煤尘的数量。这是防治煤尘的一项根本措施。

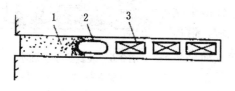

图 3-8　水炮泥布置图

1——黄泥；2——水袋；3——炸药包

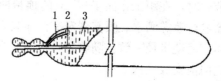

图 3-9　自动封口炮泥

1——逆止阀注水后位置；2——逆止阀
注水前位置；3——水

煤层注水的减尘作用主要有三方面：

① 煤体内的裂隙中存在着原生煤尘，水进入后，可将原生煤尘湿润并黏结，使其在破碎时失去飞扬能力，从而有效地消除尘源。

② 水进入煤体内部，并使之均匀湿润。当煤体在开采中受到破碎时，绝大多数破碎面均有水存在，从而消除了细粒煤尘的飞扬，预防了浮尘的产生。

③ 水进入煤体后使其塑性增强，脆性减弱，改变了煤的物理力学性质，当煤体因开采而破碎时，脆性破碎变为塑性变形，因而减少了煤尘的产生量。

（2）煤层注水方式

煤层注水方式是指钻孔的位置、长度和方向。煤层注水的方式有：长钻孔注水、短钻孔注水、深孔注水和巷道钻孔注水等多种方式。

① 长钻孔注水。长钻孔注水从回采工作面的运输巷或回风巷，打上向或下向钻孔注水，钻孔直径 75～100 mm，孔长 30～100 m。长钻孔注水布置形式较多，如图 3-10 所示。长钻孔注水，湿润煤体的范围大，经济性好，注水时间长，湿润煤体均匀，同时又与采煤互不干扰，所以它往往是优先选择的注水方式；但是，它钻孔长度大，对地质变化的适应性较差，打钻技术复杂，封孔较复杂，定向困难。长钻孔注水是最先进的注水方式，应优先考虑使用，特别是回采强度大和地质条件好的中厚和厚煤层更宜采用该方式，但在地质变化大的煤层，本方法受到较大限制。

② 短钻孔注水。短钻孔注水是在回采工作面垂直或斜交煤壁打钻孔注水，其钻孔长度比工作面循环进度稍长，一般取 2～3.5 m。短钻孔注水布置如图 3-11 中 a 所示。短钻孔注水对地质条件的适应性较强，注水设备、工艺、技术均较简单，但是其湿润范围小，钻孔数量多，封孔频繁而不易严密、易跑水，对采煤工作有干扰。有走向断层或煤层倾角不稳定的煤层，煤层较薄及围岩有吸水膨胀性质而影响顶底板管理时，采用短孔注水较为合理。

③ 深钻孔注水。同短钻孔注水相仿，只是钻孔打得深些，沿采煤工作面垂直煤壁打钻孔，其钻孔长度一般为 5～25 m。深钻孔注水布置如图 3-11 中 b 所示。此注水方式具备了短钻孔注水的优点，而且更能适应围岩的吸水膨胀性质，较短钻孔注水的钻孔数量少，湿润范围大而均匀；因压力要求高，故设备、技术复杂，长钻孔注水的钻孔数量多，封孔工序也较频繁。深钻孔注水适用于采煤循环中有准备班或每周有公休日，以便在此期间进行注水工作。

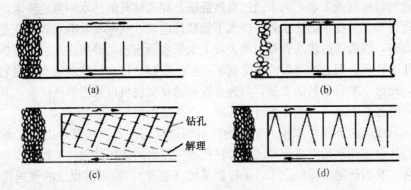

图 3-10　长钻孔注水示意图

（a）上向钻孔；（b）双向钻孔；（c）伪倾斜钻孔；（d）八字形与倾斜联合钻孔

④ 巷道钻孔。从上邻近煤层的巷道向下打钻至注水煤层，如图 3-12 所示，或从底板巷道向煤层打钻，进行注水，此注水方式钻孔少，湿润煤体的范围大，采用小流量、长时间的注水方法，湿润效果好，但岩石钻孔量大，不够经济，有时受条件限制。在注水煤层的上下部要有现成的巷道，且其他条件适宜。

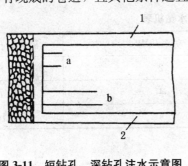

图 3-11　短钻孔、深钻孔注水示意图

a——短孔；b——深孔；

1——回风巷；2——运输巷

图 3-12　巷道钻孔注水

（3）封孔

封孔深度和封孔质量是煤层注水的重要环节。封孔深度一般为 2.5～10 m，有的大于 10 m。

封孔方法有两种：一种是水泥封孔，另一种是封孔器封孔。

① 封孔器封孔。采用封孔器封孔比较简便，但多次重复使用时难以保证封孔质量，现已少用。

② 水泥封孔。由于水泥封孔方法的改进和完善，以及封孔质量可靠，近几年得到了广泛采用。例如，新研制的双液浆矿用封孔泵，可以满足煤层注水封孔的要求。封孔前先用搅拌机将水泥制成适度水泥浆，同时准备好水玻璃，以压风为动力，启动送浆泵，送浆泵将水泥浆和水玻璃快速地送进钻孔内，这样可以达到快速封孔的目的。

（4）注水系统

注水系统分为静压注水系统和动压注水系统。

利用管网将地面或上水平的水通过自然静压差导入钻孔的注水叫静压注水。静压注水采用橡胶管将每个钻孔中的注水管与供水干管联接起来，其间安装有水表和截止阀，干管上安装压力表，然后通过供水管路与地表或上水平水源相连。静压注水工艺简单，既节省费用，又便于管理，但它的适用范围受到了一定的限制。过去仅能对透水性强的煤层采用静压注水，而近年来有了新的发展，对透水性差的煤层也可以采用静压注水，其技术关键是选定最佳的超前距离（开始注水时钻孔距工作面的距离）。

利用水泵或风包加压将水压入钻孔的注水叫做动压注水。水泵可以设在地面集中加压，也可直接设在注水地点进行加压。长钻孔动压注水的适用性强，被很多煤矿采用。

近年来，我国研制的煤层注水自动控制系统（装置），能根据煤层的渗透特性及注水压力与流量的变化进行自动调节，可实现动压注水和静压注水的自动切换，并将注水参数调节到最适宜的状态，并能将注水参数存贮、显示和打印出来。

（5）注水设备

煤层注水所使用的设备主要包括钻机、水泵、分流器及水表等。

① 钻机

我国煤矿注水常用钻机如表 3-5 所列。

表 3-5　　　　　　　　　　　　常用煤层注水钻机表

钻机名称	功率/kW	最大钻孔深度/m
KHYD40KBA 型钻机	2	80
TXU-75 型油压钻机	4	75
ZMD-100 型钻机	4	100

② 煤层注水泵

注水泵是动压注水的主要设备，按注水条件和供水方式分为两类：一类是由固定集中泵站供水的大流量注水泵；另一类是移动式的小流量注水泵。后者采用较多，因为可以节省大量高压供水管路，较经济和方便。

我国采用的动压注水都是移动式的小流量注水泵，水泵的选型均根据各矿对注水流量、压力参数要求进行选取。煤矿广泛使用 5D-2/150 型或 5BG-2/160 型煤层注水泵，现又生产出 BD、BZ、BG 等型号的系列煤层注水泵。

③ 分流器

分流器是动压多孔注水不可缺少的器件。它可以保证各孔德注水流量恒定。其动作原理是按流体动力学压力平衡原理设计制成的。调节流量是由滑阀及其支撑的弹簧完成的。水进入后，阀体由于前后的压力变化而移动，将一环形阀隙扩大或关阀从而保持恒定的流量。

④ 水表及压力表

当注水压力大于 1 MPa 时，可采用普通自来水水表。注水压力表为普通压力表，选择时要求压力表量程应为注水管中最大压力的 1.5 倍，水泵出口端压力表的量程应为泵压的 1.5～2 倍。

⑤ 注水器材

煤层注水由于选择的参数不同，选用器材也不相同。一般静压注水的注水压力较低，可以采用低压阀门、夹布衬垫的压力胶管，钻孔中可用硬质塑料管作注水管，供水管路用普通钢管；动压高压注水采用高压截止阀、钢丝编织作衬垫的高压胶管、接头，供水管路采用无缝钢管。

（6）注水参数

① 注水压力

注水压力的高低取决于煤层透水性的强弱和钻孔的注水速度。通常，透水性强的煤层采用低压（小于 3 MPa）注水，透水性较弱的煤层采用中压（3～10 MPa）注水，必要时可采用高压（大于 10 MPa）注水。如果水压过小，注水速度将会太低；如果水压过高，又可能导致煤岩裂隙猛烈扩散，造成大量窜水或跑水。适宜的注水压力是：通过调节注水流量使其不超过地层压力而高于煤层的瓦斯压力。一般静压压力不超过 2 450 kPa，动压注水压力一般可达 4 900～19 600 kPa。国内外经验表明，低压或中压长时间注水效果好。在我国，静压注水大多属于低压，动压注水中压居多。对于初次注水的煤层，开始注水时，可对注水压力和注水速度进行测定，找出两者的关系，根据关系曲线选定合适的注水压力。

② 注水速度（注水流量）

注水速度是指单位时间内的注水量。为了便于对各钻孔注水流量进行比较，通常以单位时间内每米钻孔的注水量来表示。注水速度是影响煤体湿润效果及决定注水时间的主要因素。在一定的煤层条件下，钻孔的注水速度随钻孔长度、孔径和注水压力的不同而增减。一般来说，小流量注水对煤层湿润效果最好，只要时间允许，就应采用小流量注水。静压注水速度为 0.001～0.027 $m^3/(h \cdot m)$，动压注水速度为 0.002～0.24 $m^3/(h \cdot m)$。若静压注水速度太低，可在注水前进行孔内爆破，提高煤层钻孔的透水能力，然后再进行钻孔注水。

③ 注水量

注水量是影响煤体湿润程度和降尘效果的主要因素。它与工作面尺寸、煤厚、钻孔间距、煤的孔隙率、含水率等多种因素有关。确定注水量首先要确定吨煤注水量，各矿应根据煤层的具体特征综合考察。一般来说，中厚煤层的吨煤注水量为 0.015～0.03 m^3；厚煤层的为 0.025～0.04 m^3。机采工作面及水量流失率大的煤层取上限值，炮采工作面及水量流失率小或产量较小的煤层取下限值。

④ 注水时间

每个钻孔的注水时间与钻孔注水量成正比，与注水速度成反比。在实际注水中，常把在预定的湿润范围内的煤壁出现均匀"出汗"（渗出水珠）的现象，作为判断煤体是否全面湿润的辅助方法。煤层注水使煤体内的水分增加。一般说来，当水分增加 1% 时，就可以收到降尘效果；水分增加量越大，降尘效果越好。但是，煤层注水不仅要考虑降尘效果，还要考虑其他生产环节的方便，如运输、选煤等。因此，煤层中所注水分又不能太大，通常，吨煤注水量控制在 35～40 L，不可少于 20～25 L。此时，降尘效果可达到 50%～90%。

（7）影响煤层注水效果的因素

① 煤的裂隙和孔隙的发育程度

煤的裂隙和孔隙的发育程度不同，注水效果差异也较大。煤体的裂隙越发育则越易注水。煤体的孔隙发育程度一般用孔隙率表示，系指孔隙的总体积与煤的总体积的百分比。根据实测资料，当煤层的孔隙率小于 4% 时，煤层的透水性较差，注水无效果；孔隙率为 15% 时，煤层的透水性最高，注水效果最佳；当孔隙率达 40% 时，无需注水，因为天然水分就很丰富了。

② 上履岩层压力及支承压力

地压的集中程度与煤层的埋藏深度有关，煤层埋藏越深则地层压力越大，而裂隙和孔隙变得更小，导致透水性能降低，因而随着矿井开采深度的增加，要取得良好的煤体湿润效果，需要提高注水压力。在长壁工作面的超前集中应力带以及其他大面积采空区附近的集中应力带，因承受的压力增高，其煤体的孔隙率与受采动影响的煤体相比，要小 60%～70%，减弱了煤的透水性。

③ 液体性质的影响

煤是极性小的物质，水是极性大的物质，两者之间极性差越小，越易湿润。为了降低水的表面张力，减小水的极性，提高对煤的湿润效果，可以在水中添加表面活性剂。例如，阳泉一矿在注水时加入 0.5% 浓度的洗衣粉，注水速度比原来提高 24%。

④ 煤层内的瓦斯压力

煤层内的瓦斯压力是注水的附加阻力。水压克服瓦斯压力后产生的压力才是注水的有效压力，所以在瓦斯压力大的煤层中注水时，往往要提高注水压力，以保证湿润效果。

⑤ 注水参数的影响

煤层注水参数是指注水压力、注水速度、注水量和注水时间。注水量或煤的水分增量是煤层注水效果的标志，也是决定煤层注水除尘率高低的重要因素。通常，注水量或煤的水分增量变化在 50% 到 80% 之间，注水量和煤的水分增量都和煤层的渗透性、注水压力、注水速度和注水时间有关。

应该指出，煤层注水除减少煤尘的产生外，对于瓦斯治理、防止煤自然发火、放顶煤开采软化顶煤都具有积极的作用。因此，煤层注水是煤矿安全和环境保护工作中的一项综合性措施。

5）采空区灌水

采空区灌水是在开采近距离煤层群的上组煤或采用分层法开采厚煤层时（包括急倾斜水平分层），利用往采空区灌水的方法，借以润湿下组煤和下分层煤体，防止开采时生成大量的煤尘。

由于上层煤已采空，所以下层煤随着减压而次生裂隙发育，易于缓慢渗透，故湿润煤体的范围大而且均匀，防尘效果好。我国一些矿区采用采空区灌水预湿煤体，其降尘率一般为 76%～92%。但是，采空区灌水应控制水量，防止从采空区流向工作面或下部巷道中，形成水患。因此，一般的灌水量按每平方米采空区 0.3～0.5 m³ 来计算，其流量控制在 0.5～2 m³/h，最大不超过 5 m³/h。灌水要超前回采 1～2 个月，以便使水渗透均匀。此外，当两煤层间的岩石层或下分层的上部有不透水层时，不能选用采空区灌水。同时，在煤层有自然发火危险时，要在水中加阻化剂才能进行采空区灌水。

3.4.3　密闭抽尘

　　密闭抽尘是把局部产尘点首先密闭起来，防止矿尘飞扬扩散，然后再将矿尘抽到集尘器内，集尘器将含尘空气中的粗尘阻留，使空气净化的技术措施。密闭抽生常用在缺水或不宜用水作业的特殊岩层和遇水膨胀的泥页岩层的干式凿岩及机掘工作面的除尘。

　　干式捕尘有孔口捕尘和孔底捕尘两种。

　　(1) 孔口捕尘时，在炮眼孔口利用捕尘罩和捕尘塞密封孔口，再用压气引射器产生的负压将凿岩时产生的矿尘吸进捕尘罩、捕尘塞，经吸尘管至滤尘筒。矿尘经过两级过滤，捕尘率可以达到 95%。

　　(2) 孔底捕尘较孔口捕尘的防尘效果高，而且使用方便。干式孔底捕尘又分中心抽尘和旁侧抽尘两种。干式中心抽尘凿岩机工作原理和抽尘系统如图 3-13 所示。凿岩时，在干式捕尘器内部压气引射器 2 的作用下，眼底的粉尘被吸进钎杆 8 的中心孔，经过干式凿岩机 7 内的导尘管和输尘胶管 5，到达干式捕尘器 1 内进行净化捕尘。

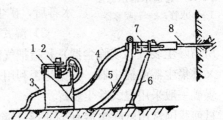

图 3-13　干式中心抽尘凿岩机工作系统图
1——干式捕尘器；2——压气引射器；3——捕尘器
压风管；4——输尘软管；5——凿岩机压风管；
6——气动支架；7——干式凿岩机；8——钎杆

　　近年来，用于机掘工作面的干式袋式除尘器的技术也有了突破。煤炭科学研究总院重庆分院研制出的 KLM-60 型矿用袋式除尘器，是一种高效干式除尘器，采用两级除尘：前级采用重力除尘，使粗粉尘从含尘气流中分离而沉降下来；后级采用过滤除尘，使细粒粉尘通过布袋，在筛分、惯性、黏附、过滤、静电等作用下被捕捉下来，从而达到高效除尘的目的。KLM-60 型矿用袋式除尘器的结构如图 3-14 所示。

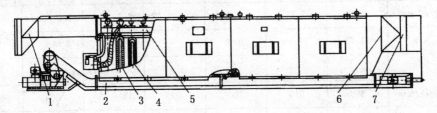

图 3-14　KLM-60 型矿用袋式除尘器结构示意图
1——排气管；2——排灰系统；3——脉冲清灰系统；4——滤袋组；5——气包；6——预选箱；7——进气口

3.4.4　净化风流

　　净化风流是指使井巷中含尘的空气通过一定的设施或设备，将矿尘捕获的技术措施。目前使用较多的是水幕净化风流和湿式除尘装置。

　　1) 水幕净化风流

　　水幕是在敷设于巷道顶部或两帮的水管上间隔地安上数个喷雾器喷雾形成的，如图 3-15 所示。喷雾器的布置应以水幕布满巷道断面尽可能靠近尘源为原则。净化水幕应安设在支护完好、壁面平整、无断裂破碎的巷道段内，一般安设位置为：① 矿井总进风设在距井口 20～100 m 巷道内；② 采区进风设在风流分叉口支流内侧 20～50 m 巷道内；③ 采煤工作面回风设在距工作面回风口 10～20 m 回风巷内；④ 掘进回风设在距工作面

30～50 m 巷道内；⑤ 巷道中产尘源净化设在尘源下风侧 5～10 m 巷道内。

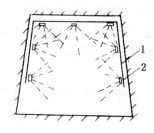

图 3-15　巷道水幕示意图
1——水管；2——喷雾器

水幕的控制方式可根据巷道条件，选用光电式、触控式或各种机械传动的控制方式。水幕控制方式选用的原则是既经济合理又安全可靠。

水幕是净化入风流和降低污风流矿尘浓度的有效方法。徐州董庄矿在距掘进工作面 20 m、40 m 和 60 m 处各设了一道水幕，工作面含尘风流经第一道水幕后降尘率为 59%～60.5%，经第二道水幕后降尘率为 78.2%～80%，经第三道水幕后，矿尘浓度只有 0.78 mg/m³，降尘率达到 98.6%。

2）湿式除尘装置

所谓除尘装置（或除尘器）是指把气流或空气中含有的固体粒子分离并捕集起来的装置，又称集尘器或捕尘器。根据是否利用水或其他液体，除尘装置可分为干式和湿式两大类。煤矿一般采用湿式除尘装置。

目前我国常用的除尘器有 SCF 系列除尘风机、KGC 系列掘进机除尘器、TC 系列掘进机除尘器、MAD 系列风流净化器及奥地利 AM-50 型掘进机除尘设备，德国 SRM-330 型掘进机除尘设备等。一般来说，湿式除尘器结构比较简单，体积比较紧凑，除尘效率较高。部分除尘设备的技术性能参数如表 3-6 所列。

表 3-6　　　　　　　　　　常用除尘器技术性能参数表

技术指标	除尘风机			风流净化设备		掘进机除尘器	
型号	SCF-5 型	SCF-6 型	SCF-7 型	TC-1 型掘进机除尘器	MAD-Ⅱ型风流净化器	KGCⅡ型	AM-50 型
处理风量/m³·s⁻¹	2.83	3.75	6.8	2.5～3.33	2.5～5.0	2.5～3.0	3.0
风压/kPa	21.73	29.33	40.8			40.0	137.3
阻力/kPa				1.47	0.29～0.49	1.76	6.86
吸风口直径/mm	460	610	760	600	380～480	600	600～800
主机功率/kW	11	18.5	37	18.5	11	18.5	111
泵功率/kW	1.5	2.2	5.5	2.0		4.0	
外形尺寸/mm×mm×mm	205×960×690	2 961×974×1 276	3 615×1 260×1 740	3 000×800×1 400	φ600×1 000	2 264×780×1 075	9 400×1 200×1 400
重量/kg	690	1 575	2 200	250	45	1 200	7 800
除尘全尘/%	80～95	80～95	80～95	80～95	95～98	80～96	95
效果呼尘/%	90～98	90～97	90～98	90～98	80	85～90	98

根据我国井下的不同条件，可以参照表 3-7 选用不同型号的掘进机除尘器。

| 表 3-7 | | | | 掘进机除尘器适用条件 | |

作业条件	粉尘浓度/ mg·m^{-3}	处理风量/ m^3·min^{-1}	选用型号	通风方式	配套设备
锚喷巷道风流净化及爆破掘岩巷工作面	100~600	100~150	SCF-6	长抽短压	ϕ600 mm 伸缩风筒，长 800~1 000 m
岩卷打眼爆破工作面	100~600	100~150	JTC-Ⅱ	长压短抽	ϕ500 mm 伸缩风筒，长 150 m
3~14 m^2 机掘工作面	1 000~2 000	150~200	KGC-Ⅰ	长压短抽	吸尘罩，伸缩风筒
8 m^2 以下掘进工作面	1 000~2 000	100~150	JTC-Ⅱ	长压短抽	ϕ500 mm 伸缩风筒，长 100 m
8~14 m^2 掘进工作面	1 000~2 000	150~200	JTC-Ⅰ	短距离抽出式长压短抽	ϕ600 mm 伸缩风筒

3.4.5　个体防护

个体防护是指通过佩戴各种防护面具以减少吸入人体粉尘的最后一道措施。因为井下各生产环节虽然采取了一系列防尘措施，但仍会有少量微细矿尘悬浮于空气中，甚至个别地点不能达到卫生标准，因此个体防护是防止矿尘对人体伤害的最后一道关卡。

个体防护的用具主要有防尘口罩、防尘风罩、防尘帽、防尘呼吸器等。其目的是使佩戴者能呼吸净化后的清洁空气而不影响正常工作。

（1）防尘口罩

煤矿要求所有接触粉尘作业人员必须佩戴防尘口罩。对防尘口罩的基本要求是：阻尘率高，呼吸阻力和有害空间小，佩戴舒适，不妨碍视野。普通纱布口罩阻尘率低，呼吸阻力大，潮湿后由不舒适的感觉，应避免使用。目前主要防尘口罩的技术参数见表 3-8。

| 表 3-8 | | | | 几种防尘口罩的技术参数表 | | | |

名称	滤料	阻尘率/ %	呼气阻力/ Pa	吸气阻力/ Pa	质量/ g	有害空间/ cm^3	妨碍视野/ (°)
武安-3 型	聚氯乙烯布	96~98	11.8	11.8	34	195	1
上劳-3 型	羊毛毡	95.2	27.4	25.9	128	157	8
武安-1 型	超细纤维桑皮棉纸	99	25.5	22.5~29.4	142	108	5
武安-2 型	超细纤维	99	29.4	15.7~22.5	126	131	1

在粉尘浓度高而又无法采取防尘措施时，可用防尘安全帽或隔绝式压风呼吸器来防止粉尘的危害。

（2）防尘安全帽（头盔）

煤炭科学研究总院重庆分院研制出的 AFM-1 型防尘安全帽（头盔）或称防尘送风头

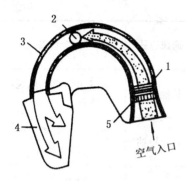

图 3-16　AFM-1 型防尘送风头盔

1——轴流风机；2——主过滤器；3——
头盔；4——面罩；5——预过滤器

盔（图 3-16），可与 LKS-7.5 型两用矿灯匹配。在该头盔间隔中，安装有微型轴流风机 1、主过滤器 2、预过滤器 5，面罩可自由开启，由透明有机玻璃制成。防尘送风头盔进入工作状态时，环境含尘空气被微型风机吸入，预过滤器可截留 80%～90% 的粉尘，主过滤器可截留 99% 以上的粉尘。经主过滤器排出的清洁空气，一部分供呼吸，剩余气流带走使用者头部散发的部分热量，由出口排出。其优点是与安全帽一体化，使用者无佩戴口罩的憋气感。

AFM-1 型防尘送风头盔的技术特征：LKS-7.5 型矿灯电源可供照明 11 h、同时供微型风机连续工作 6 h 以上，阻尘率大于 95%；净化风量大于 200 L/min；耳边噪声小于 75 dB。

安全帽（头盔）、面罩具有一定的抗冲击性。

（3）压风呼吸器

AYH 系列压风呼吸器是一种隔绝式的新型个人和集体呼吸防尘装置。经压风呼吸器净化的空气，可同时向多人均衡配气供呼吸。目前生产的压风呼吸器有 AYH-1 型、AYH-2 型和 AYH-3 型三种型号。

个体防护不可以也不能完全代替其他防尘技术措施。鉴于目前绝大部分矿井尚未达到国家规定的卫生标准的情况，采取一定的个体防护措施是必要的。

3.4.6　其他防尘措施

自 20 世纪 60 年代在国外井下矿山应用表面活性剂降尘以来，物理化学降尘技术得到了迅猛发展。我国是从 20 世纪 80 年代开始试验并推广应用湿润剂等物理化学降尘技术的。目前已在井下进行实验与应用的物理化学防尘方法主要有：添加湿润剂降尘、泡沫除尘、磁化水降尘等。

（1）添加湿润剂降尘

因粉尘具有一定的疏水性，水的表面张力又较大，对 2 μm 粒径粉尘捕获率只有 1%～28%，2 μm 粒径以下的粉尘捕获率更低。

添加湿润剂除尘机理：湿润剂是于亲水基和疏水基两种不同性质基团组成的化合物，溶于水后其分子完全被水分子包围，亲水基一端被水分子吸引，疏水基一端被水分子排斥，亲水基一端被水分子引入水中，疏水基一端则被排斥伸向空气中，于是湿润剂物质的分子会在水溶液表面形成紧密的定向排列层，即界面吸附层。由于存在界面吸附层，使水与空气接触面积大大缩小，导致水的表面张力降低，同时伸向空气的疏水基与粉尘粒子之间有吸附作用，而把尘粒带入水中，得到充分湿润。

添加湿润剂还可应用于其他各种湿式作业生产环节，如用于喷雾降尘。

（2）泡沫除尘

20 世纪 70 年代中期，英国最先开展有关泡沫除尘的研究。此后，美国、苏联、日本等国相继进行了试验与研究，取得了一定的成果。近年来，我国已在潞安、汾西、铁法等矿务局进行了研究与试验，取得了良好效果。

泡沫除尘原理：利用表面活性剂的特点，使其与水一起通过泡沫发生器，产生大量的高倍数的空气机械泡沫，利用无空隙的泡沫体覆盖和遮断尘源。泡沫除尘原理包括拦截、黏附、湿润、沉降等，几乎可以捕集所有与之相遇的粉尘，尤其对微细粉尘具有更强的聚集能力。泡沫的产生有化学方法和物理方法两种，除尘的泡沫一般是物理方法的，属机械泡沫。

泡沫除尘可应用于综采机组、掘进机组、带式输送机以及尘源较固定的地点。一般泡沫除尘效果较高，可达 90% 以上，尤其是对降低呼吸性粉尘效果显著。

(3) 磁化水降尘

目前，国内外对水系磁化技术的应用日趋广泛，水系磁化这门边缘学科引起各领域的高度重视。苏联最先进行了磁化水除尘试验，并与常水降尘率进行了对比，其平均降尘率可提高 8.15%～21.08%。我国是从 20 世纪 80 年代开始在井下进行有关实验研究的。

磁化水降尘原理是水经磁化后，物理化学性质可发生暂时的变化，水的黏度减低，吸附能力、溶解能力及渗透能力增加，再加上水珠变细变小，有利于提高水的雾化程度，增加与粉尘的接触机会，提高降尘效率。

磁化水除尘优点主要有设备简单、安装方便、性能可靠、成本低、易于实施等。

3.5　煤尘爆炸

具有爆炸危险的煤尘达到一定浓度时，在引爆热源的作用下，可以发生猛烈的爆炸，对井下作业人员的人身安全造成严重威胁，并可瞬间摧毁工作面及生产设备。煤尘爆炸是煤矿生产中的主要灾害之一，其后果往往极为惨痛，伤亡严重，损失惊人，危害性极大。

3.5.1　煤尘爆炸机理与特征

1) 煤尘爆炸机理

煤尘的燃烧和爆炸实际上是煤尘及其释放的可燃性气体的燃烧和爆炸，它的氧化反应主要是在气相内进行的，因此煤尘爆炸与瓦斯爆炸具有相似之处。但因在固体煤粒表面也有氧化燃烧作用发生，所以煤尘爆炸又有其独特之处。煤尘爆炸是在高温或一定点火能的热源作用下，空气中氧气与煤尘急剧氧化的反应过程，是一种非常复杂的链式反应。一般认为其爆炸机理及过程如下：

(1) 煤本身是可燃物质，当它以粉末状态存在时，总表面积显著增加，吸氧和被氧化的能力大大增强，一旦遇见火源，氧化过程迅速展开；

(2) 当温度达到 300～400 ℃时，煤的干馏现象急剧增强，放出大量的可燃性气体，主要成分为甲烷、乙烷、丙烷、丁烷、氢和 1% 左右的其他碳氢化合物；

(3) 形成的可燃气体与空气混合在高温作用下吸收能量，在尘粒周围形成气体外壳，即活化中心，当活化中心的能量达到一定程度后，链反应过程开始，游离基迅速增加，发生了尘粒的闪燃；

(4) 闪燃所形成的热量传递给周围的尘粒，并使之参与链反应，导致燃烧过程急剧地循环进行，当燃烧不断加剧使火焰速度达到每秒数百米后，煤尘的燃烧便在一定临界条件下跳跃式地转变为爆炸。

从燃烧转变为爆炸的必要条件是由化学反应产生的热能必须超过热传导和辐射所造成的热损失，否则，燃烧既不能持续发展，也不会转为爆炸。

2) 煤尘爆炸特征

矿井发生爆炸事故，有时是瓦斯爆炸，有时是煤尘爆炸，有时是瓦斯与煤尘混合爆炸。究竟是属于什么性质的爆炸，要看爆炸后的产状和痕迹。

通常，煤尘爆炸具有以下特征：

（1）形成高温、高压、冲击波

煤尘的爆炸是其激烈氧化的结果，因此，在爆炸时要释放出大量的热量，这个热量可以使爆源周围气体的温度上升到 2 300～2 500 ℃，这种高温是造成煤尘爆炸连续发生的重要条件；煤尘的爆炸使爆源周围气体的温度急剧上升，必然使气体的压力突然增大，在矿井条件下煤尘爆炸的平均理论压力为 736 kPa。许多国家曾分别在实验室和巷道中测定煤尘爆炸时气体的压力，其结果表明，爆炸压力随离开爆源的距离的延长而跳跃式的不断增大，爆炸在扩展过程中如果有障碍物阻拦或巷道的断面突然变化及巷道拐弯等，则爆炸压力将增加得更大，在连续爆炸中，后一次爆炸的理论压力将是前一次的 5～7 倍；在爆炸产生高温高压的同时，爆炸火焰以极快的速度向外传播。一些国家利用实验巷道对其传播速度进行了测定，结果表明，爆炸火焰传播速度可达 1 120 m/s，爆炸形成的冲击波，其传播速度比爆炸火焰传播得还要快，可达 2 340 m/s，对矿井的破坏极大。

（2）易产生连续爆炸

煤尘爆炸的氧化反应和瓦斯爆炸一样，主要在气相条件内进行。煤尘的燃烧速度和爆炸压力比气体的要小，但燃烧带的长度较长，产生的能量大，表现出显著的破坏能力。一般来说，爆炸开始于局部，产生的冲击波较小，但却可扰动周围沉降堆积的煤尘并使之飞扬，由于热和光的传递与辐射，进而发生再次爆炸，这就是所谓的二次爆炸。如此循环，还可形成第三次、第四次等数次爆炸。其爆炸的火焰及爆炸波的传播速度都将一次比一次加快。爆炸压力也将一次比一次增高，呈跳跃式发展。在煤矿井下，这种爆炸有时沿巷道传播数千米以外，而且距爆源点越远其破坏性越严重。因此，煤尘爆炸具有易产生连续爆炸、受灾范围广、灾害程度严重的重要特点。

（3）煤尘爆炸的感应期

煤尘爆炸也有一个感应期，即煤尘受热分解产生足够数量的可燃气体形成爆炸所需的时间。根据试验，煤尘爆炸感应期主要取决于煤的挥发分含量，一般为 40～280 ms，挥发分越高，感应期越短。

（4）挥发分减少或形成"黏焦（皮渣与黏块）"

煤尘爆炸时，它的挥发分含量将减少，对于不结焦煤尘（即爆炸时不产生焦炭皮渣与黏块的煤尘），可利用这一特点来判断井下的爆炸事故中煤尘是否参与了爆炸；对于结焦性煤尘（气煤、肥煤及焦煤的煤尘）会产生焦炭皮渣与黏块黏附在支架、巷道壁或煤壁等上面。根据这些爆炸产物，可以判断发生的爆炸事故是属于瓦斯爆炸或煤尘爆炸。同时还可以根据煤尘爆炸产生的皮渣与黏块黏附在支柱上的位置直观判断煤尘爆炸的强度，见表 3-9。但是只有气煤、肥煤、焦煤等黏结性煤尘爆炸时，才能产生"黏焦"，如图 3-17 所示。

（a）　　　（b）

图 3-17　黏焦

（5）生成大量的 CO。

煤尘爆炸后生成大量的 CO，其浓度可达 2%～3%，有时甚至高达 8% 左右，这是造成矿工大量中毒伤亡的主要原因。

表 3-9	煤尘爆炸强度的直观判断方法
爆炸强度	废渣与黏块黏附在支柱上的位置
弱爆炸	废渣与黏块黏附在支柱两侧，爆炸传来方向堆积较密
中等爆炸	废渣与黏块主要黏附在支柱的迎风侧
强爆炸	废渣与黏块黏附在支柱的背风侧，迎风侧有火烧痕迹

3.5.2　煤尘爆炸的条件

煤尘爆炸必须具备三个条件：煤尘自身具有爆炸性，悬浮在空气中并具有一定的浓度，有引燃煤尘爆炸的热源。这三个条件缺任何一个条件煤尘都不可能发生爆炸。

（1）煤尘的爆炸性

煤尘爆炸是煤尘受热氧化后，放出可燃性气体遇高温发生剧烈反应形成的。但是有的煤尘受热氧化后，产生很少的可燃气体，不能使煤尘发生爆炸。所以煤尘又可分为有爆炸性煤尘和无爆炸性煤尘。它们的归属需经过煤尘爆炸试验后确定。理论和事实都证明，挥发分含量高的煤尘，越易爆炸。而挥发分含量决定于煤的种类：变质程度越低，挥发分含量越高，爆炸的危险性越大；高变质程度的煤（如贫煤、无烟煤等）挥发分含量很低，其煤尘基本上无爆炸危险。过去，我国煤矿曾规定，以煤的挥发分含量，作为确定煤尘爆炸性的一个指标，称为煤尘爆炸指数 V^r。其计算公式为：

$$V^r = \frac{V^a}{100 - A^a - W^a} \times 100\% \tag{3-1}$$

式中　V^a——工业分析的挥发分，%；

A^a——工业分析的灰分，%；

W^a——工业分析的水分，%。

一般认为：V^r 小于 10% 者，基本上属于没有煤尘爆炸危险性煤层；V^r 处于 10%～15% 者，属于弱爆炸危险性；V^r 大于 15% 者，属于有爆炸危险性煤层。但必须指出，作为煤的组成成分非常复杂，同类煤的挥发分成分及其含量也不一样，所以挥发分含量不能作为判断煤尘有无爆炸危险的唯一依据。例如，松藻二井 V^r 为 15.92%，但无煤尘爆炸危险，而江西萍乡青山矿 V^r 小于 10%，却有爆炸危险。因此，按照《煤矿安全规程》规定，煤尘有无爆炸危险，必须通过煤尘爆炸性试验鉴定。

（2）煤尘浓度

只有当煤尘悬浮在空气中时，它的全部表面积才能与空气中的氧接触，并在氧化、热化的过程中放出大量的可燃气，为爆炸创造条件。然而，煤尘的热化和氧化过程中，必须使煤尘所吸收的热量超过散失的热量。如果煤尘的浓度比较低，尘粒与尘粒之间的距离比较大，燃烧所生成的热量很快被周围的介质所吸收，则爆炸无法形成；但是，如果煤尘的浓度过大，煤尘在氧化和热化过程中放出的热量为煤尘本身所散失掉，同样爆炸无法形成。因此，煤尘的浓度只有达到一定的范围，才可能发生爆炸。这个范围就叫煤尘爆炸界限。最低的爆炸浓度称为爆炸下限；最高爆炸浓度称为爆炸上限。就是说，煤尘爆炸是在其爆炸下限到爆炸上限之间发生的。我国对煤尘爆炸的实验结果如表 3-10 所列。

表 3-10	我国对煤尘爆炸的实验结果	
煤尘爆炸下限浓度	煤尘爆炸最强的浓度	煤尘爆炸上限浓度
30～50 g/m³	300～500 g/m³	1 000～2 000 g/m³

必须指出，在井下各生产环节，很难产生大于 $30\sim50~g/m^3$ 的煤尘浓度，但是，当巷道周围等处的沉积煤尘受振动和冲击时，它们会重新飞扬起来，此时就足以达到煤尘爆炸浓度。所以说，悬浮煤尘是产生煤尘爆炸的直接原因，而沉积煤尘是造成煤尘爆炸的最大隐患。

（3）引起煤尘爆炸的热源

煤尘爆炸引燃温度的变化范围比较大，它是随煤尘的性质及试验条件的不同而变化的。经试验得知，我国煤尘的引燃温度在 $610\sim1~050~℃$ 之间，一般为 $700\sim800~℃$。煤尘爆炸的最小点火能为 $4.5\sim40~MJ$。这样的温度条件，几乎一切火源均可达到，如爆破火焰、电气火花、井下火灾等。

3.5.3　影响煤尘爆炸的因素

影响煤尘爆炸的因素很多，如煤的成分、煤的性质、煤的粒度以及外界条件等。这些因素中，有的是增加煤尘爆炸性的，有的是抑制和减弱其爆炸危险性的，认识和掌握这些规律并在实践中结合具体情况加以运用，就能减少或避免事故的发生。

（1）煤的成分

煤的组成除固定碳外还有挥发分、水分、灰分等，它们对煤尘的爆炸性起着不同的作用。

① 挥发分

理论和实践都已证明，煤尘的挥发分越高，煤尘的爆炸危险性越强。我国的煤，不同煤质挥发分含量依次增高的顺序是：无烟煤、贫煤、焦煤、肥煤、气煤、长焰煤和褐煤。一般说来，煤尘的爆炸性也是按照这个次序增加的。其中，无烟煤的挥发分含量低，它的煤尘基本上不爆炸。

煤尘爆炸还和挥发分的成分有关，即使同样挥发分含量的煤尘，有的爆炸，有的不爆炸。因此，煤的挥发分含量（煤尘爆炸指数）仅可作为确定煤尘有无爆炸危险的参考依据。不同成分的煤尘挥发分临界值，只能通过大量试验获得。

② 灰分

煤尘中的灰分是不可燃物质，它使煤尘的密度增加。因此，灰分能吸收大量的热量，起到降温的作用和阻止煤尘飞扬使其迅速沉降的作用，以及抑制煤尘爆炸的传播作用。据试验得知，当煤尘中的灰分含量小于 10% 时，它对煤尘的爆炸性没有什么影响；当灰分的含量达 $30\%\sim40\%$ 时，煤尘的爆炸性急剧下降；当灰分的含量达到 $60\%\sim70\%$ 时，煤尘失去爆炸性。从抑制煤尘爆炸的角度来看，当煤的原始灰分很低时，可以采取撒岩粉的措施，达到防止煤尘爆炸的目的。

③ 水分

煤尘中的水分是不可燃物，而且水分能黏结煤尘。因此，煤尘中的水分有吸热降温阻止燃烧的作用，阻止煤尘飞扬使其迅速沉降的作用，以及阻挡煤尘爆炸传播的抑制作用。

（2）煤尘浓度

当煤尘的浓度在爆炸界限范围内时才能爆炸，而在爆炸界限内随着煤尘的浓度不同其爆炸的强度也不一样，从爆炸下限浓度到爆炸最强浓度，其爆炸强度逐渐增大；从爆炸最强浓度到爆炸上限浓度其爆炸强度逐渐减弱。

（3）煤尘粒度

　　试验表明，1 mm 以下的煤尘都能参加爆炸，但是，粒度越小，其受热氧化越充分，释放可燃性气体越快，因而越容易爆炸。通常粒度为 75 μm 以下的煤尘是爆炸的主体；当粒度过小时（10 μm 以下），煤尘的爆炸性有减弱的趋势。这是由于过细的煤尘在空气中迅速氧化成灰烬所致，也有人认为是过细的煤尘"凝结"成"煤尘团"的缘故。

　　（4）瓦斯浓度

　　矿井瓦斯是可燃性气体，当其混入时，煤尘爆炸的下限浓度降低，混入量越大，则煤尘爆炸的下限浓度越低。因此，在有瓦斯和煤尘爆炸危险的矿井中，要综合考虑瓦斯和煤尘爆炸的危险性，全面规划对瓦斯和煤尘爆炸的预防措施。

　　（5）空气中氧的含量

　　空气中氧的含量高时，点燃煤尘的温度可以降低；氧的含量低时，点燃煤尘云困难，当氧含量低于 17% 时，煤尘就不再爆炸。空气中含氧高，爆炸压力高；空气中含氧低，爆炸压力小。

　　（6）引爆热源

　　引爆热源的温度越高，能量越大，越容易点燃煤尘，而且煤尘初始爆炸的强度也越大；反之温度越低，能量越小，越难点燃煤尘，且即使引起爆炸，初始爆炸的强度也较小。

　　从上述可知，影响煤尘爆炸的因素很多，而且十分复杂，许多方面尚待进一步研究。

3.5.4　煤尘爆炸性鉴定

　　按照《煤矿安全规程》规定，新矿井的地质精查报告中，必须有所有煤层的煤尘爆炸性鉴定资料。生产矿井每延深一个新水平，应进行 1 次煤尘爆炸性试验工作。

　　煤尘爆炸性的鉴定方法有两种：一种是在大型煤尘爆炸试验巷道中进行，这种方法比较准确可靠，但工作繁重复杂，所以一般作为标准鉴定用；另一种是在实验室内使用大管状煤尘爆炸性鉴定仪进行，方法简便，目前多采用这种方法。

　　大管状煤尘爆炸性鉴定仪如图 3-18 所示。它的主要部件有：内径 75～80 mm 的燃烧管 1，长 1 400 mm 的硬质玻璃管，一端经弯管与排尘箱 8 连接，在另一端距入口 400 mm 处径向对开的两个小孔装入有铂丝加热器 2，加热器是长 110 mm 的中空细瓷管（内径 1.5 mm，外径 3.6 mm），铂丝 11 缠在直径 0.3 mm 的管外；两端由燃烧管的小孔引出，接在变压器 T 上，铂铑热电偶 10，它的两端接上铜导线构成冷接点置于冷瓶 3 中，然后连到高温计 4 以测量火源温度；铜制试料管 5，长 100 mm，内径 9.5 mm，通过导管 6 与电磁气筒 7 连接，排尘管内装有滤尘板，并和小风机 9 连接。

　　试验的程序是：将粉碎后全部通过 75 μm 筛孔的煤样在 105 ℃温度时烘干 2 h，称量 1 g 尘样放在试料管中；接通加热器电源，调节可变电阻 R 将加热器的温度升至 1 100±5 ℃，按压电磁气筒开关 K_2，煤尘试样呈雾状喷入燃烧管，同时观察大管内煤尘燃烧状态，最后开动小风机排除烟尘。

　　煤尘通过燃烧管内的加热器时，可能出现下列现象：① 只出现稀少的火星或根本没有火星；② 火焰向加热器两侧以连续或不连续的形式在尘雾中缓慢地蔓延；③ 火焰极快地蔓延，甚至冲出燃烧管外，有时还会听到爆炸声。

　　同一试样应重复进行 5 次试验，其中只要有一次出现燃烧火焰，就定为爆炸危险煤尘。在 5 次试验中都没有出现火焰或只出现稀少火星，必须重做 5 次试验，如果仍然如

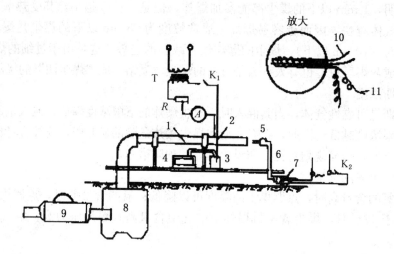

图 3-18　煤尘爆炸性鉴定仪示意图

1——燃烧管；2——铂丝加热器；3——冷瓶；4——高温计；5——铜制试料管；6——导管；
7——电磁气筒；8——排尘箱；9——小风机；10——铂铑热电偶；11——铂丝

此，定为无爆炸危险煤尘，在重做的试验中，只要有一次出现燃烧火焰，仍应定为爆炸危险煤尘。

　　对有爆炸危险的煤尘，还可进行预防煤尘爆炸所需岩粉量的测定。具体做法是将岩粉按比例和煤尘均匀混合，用上述方法测定它的爆炸性，直到混合粉尘由出现火焰刚转入不再出现火焰，此时的岩粉比例，即为最低岩粉用量的百分比。

　　矿井中只要有一个煤层的煤尘有爆炸危险，该矿井就应定为有煤尘爆炸危险的矿井。根据煤尘爆炸性试验，我国有80％左右的煤矿属于开采有煤尘爆炸危险煤层的矿井。

3.6　防治煤尘爆炸的技术措施

　　防治煤尘爆炸的技术措施包括综合防尘技术、消除积尘、撒布岩粉、防止煤尘引燃措施和隔爆措施等。其中综合防尘措施前面已述，这里着重阐述后四种措施。

3.6.1　消除积尘

　　通常情况下，井巷空气中的浮尘一般达不到煤尘爆炸的下限浓度，但当沉积在巷道四周的煤尘，一旦受到振动和冲击再度飞扬起来，将为煤尘爆炸创造条件。据计算，巷道断面 4 m² 时，当巷道四周沉积的煤尘厚度为 0.04 mm 时，受到振动和冲击的影响，使其成为悬浮煤尘，即足以达到爆炸下限浓度。因此，按照《煤矿安全规程》规定，必须及时清除巷道中的浮煤，清扫或冲洗沉积煤尘，定期对主要大巷刷浆，从而避免煤尘爆炸或煤尘连续爆炸的发生。

3.6.2　撒布岩粉

　　撒布岩粉是指定期在井下某些巷道中撒布惰性岩粉，增加沉积煤尘的灰分，抑制煤尘爆炸发生和传播。在开采有煤尘爆炸危险的矿井中，应该撒岩粉的地点有：采掘工作面的运输巷和回风巷；煤层经常积聚的地点；有煤尘爆炸危险煤层和无煤尘爆炸危险煤层同时开采时，连接这两类煤层的巷道。

惰性岩粉一般为石灰岩粉和泥岩粉。对惰性岩粉的要求是：

（1）可燃物含量不超过 5％，游离二氧化硅含量不超过 10％；

（2）不含有害有毒物质，吸湿性差；

（3）粒度应全部通过 50 号筛孔（即粒径全部小于 0.3 mm），且其中至少有 70％能通过 200 号筛孔（即粒径小于 0.075 mm）。

撒布岩粉时要求把巷道的顶、帮、底及背板后侧暴露处都用岩粉覆盖；岩粉的最低撒布量在做煤尘爆炸鉴定的同时确定，但煤尘和岩粉的混合煤尘，不燃物含量不得低于 80％；撒布岩粉的巷道长度不小于 300 m，如果巷道长度小于 300 m 时，全部巷道都应撒布岩粉。对巷道中的煤尘和岩粉的混合粉尘，每 3 个月至少应化验一次，如果可燃物含量超过规定含量时，应重新撒布岩粉。

3.6.3 防止煤尘引燃爆炸的措施

防止煤尘引燃爆炸的原则是对一切非生产必需的热源坚决禁绝，生产中可能发生的热源，必须严加管理和控制；特别注意的是瓦斯爆炸往往会引起煤尘爆炸；同时，煤尘在特别干燥条件下可产生静电，放电时产生的火花也能自身引爆；井下热源一般有明火火源、爆破火焰、电气及机械摩擦火花等，应针对不同热源采取相应措施加以控制。

（1）加强明火管理，提高防火意识。

（2）防止爆破火源，严格执行爆破规程。

（3）防止电气火源和静电火花。

（4）防止摩擦和撞击火花。

3.6.4 隔绝煤尘爆炸的措施

按照《煤矿安全规程》规定，开采有煤尘爆炸危险煤层的矿井，必须有预防和隔绝煤尘爆炸的措施。矿井的两翼、相邻的采区、相邻的煤层、相邻的采煤工作面间，煤层掘进巷道同与其相连的巷道间，煤仓同与其相连通的巷道间，采用独立通风并有煤尘爆炸危险的其他地点同与其相连通的巷道间，必须用水棚或岩粉棚隔开。

隔爆煤尘爆炸的措施主要是采用设置隔爆装置（包括岩粉棚、水棚和自动隔爆棚）的方法。

隔爆装置隔爆原理就是利用冲击波与火焰的速度差而设置的，借助于已经形成的爆炸冲击波或爆风的冲击力，使隔爆装置动作（倾倒或破碎），将消焰剂（岩粉、水等）弥散于巷道空间，阻隔（或熄灭）爆炸火焰的传播，实现隔绝煤尘连续爆炸的目的。隔爆装置根据其动作方式的不同可分为被动式隔爆装置和自动抑爆装置。

1）被动式隔爆装置

被动式隔爆装置是借助于爆炸冲击波的作用来喷洒消焰剂，而本身无喷洒动力源。

被动式隔爆装置的动作原理决定了其结构和安装必须符合一定的要求。首先，隔爆装置的材质、结构需在较低的爆炸压力下动作且有利于消焰剂的飞散（MT 157—1996 标准规定隔爆水槽的动作压力不大于 16 kPa、隔爆水袋的动作压力不大于 12 kPa）。其次，隔爆装置的安装位置必须在其有效隔爆范围内。如果隔爆装置距爆源太近，因爆炸压力太小不足以使其有效动作，同时爆炸冲击波和火焰传播时间间隔太小，使得爆炸火焰到达时隔爆装置来不及动作，影响其隔爆的有效性；如隔爆装置距爆源太远，则爆炸压力波和火焰传播时间间隔过大，使得爆炸火焰到达隔爆装置位置时，消焰剂已沉降到巷道底板，同样影响其隔爆效果。这是在使用中必须给予足够重视的问题。

(1) 水棚

水棚包括水槽棚和水袋棚两种。根据其作用方式，水棚又可分为主要隔爆棚组和辅助隔爆棚组。水棚设置应符合以下基本要求：

① 主要隔爆棚组应采用水槽棚，水袋棚只能作为辅助隔爆棚组。② 水棚组应设置在巷道的直线段内。其用水量按巷道断面计算，主要隔爆棚组的用水量不小于 400 L/m²（高度大于 4 m 的巷道，应设置双层棚子，上层水棚用水量按 30 kg/m² 计算，下层水棚用水量按 400 kg/m² 计算），辅助水棚组不小于 200 L/m²。③ 相邻水棚组中心距为 0.5～1.0 m，主要水棚组总长度不小于 30 m，辅助水棚组的不小于 20 m。④ 首列水棚组距工作面的距离，必须保持在 60～200 m 范围内。⑤ 水槽或水袋距顶板、两帮距离不小于 0.1 m，其底部距轨面不小于 1.8 m。⑥ 水内如混入煤尘量超过 5% 时，应立即换水。

水槽由改性聚氯乙烯塑料制成，槽体质硬、易碎，其半透明性便于直观槽内水位，有利于维护管理。我国使用的水槽主要有 40 L 和 80 L 两种规格。水槽在巷道内布置形式有悬挂式、放置式和混合式三种。悬挂式水槽是将水槽的整个边沿放置在框架内，框架嵌入巷道壁内；放置式水槽是将水槽放置在水槽托架上；混合式水槽则是上述两种形式的组合。

吊挂水袋隔爆是日本最先采用的一种形式独特的隔爆方法。具体做法是把水装在容量约 30 L 的双抗涂敷布制作的近似半椭圆形的隔爆水袋里，袋子上部两侧开有吊挂孔，水袋一个一个横向挂于支架的钩上，沿巷道方向横着挂几排，在爆炸冲击波的作用下，水袋迎着冲击波的那一侧脱钩，水从脱钩侧猛泻出去，成雾状飞散，从而扑灭爆炸火焰。水袋的吊挂巷道长度一般为 15～25 m。水袋棚是一种经济可行的辅助性隔爆设施，我国已设计出 GBSD 型开口吊挂式水袋，容积分为 30 L、40 L 和 80 L 三种。

自 20 世纪 80 年代以来，我国针对不同用途和使用环境开发了多种隔爆水棚。

① PGS 型隔爆水槽棚

PGS 型隔爆水槽棚是由若干个 PGS-40 或 PGS-60 型隔爆水槽（采用泡沫塑料制作）组装而成。当瓦斯煤尘爆炸时，冲击波击碎水槽，水被扬起形成水雾抑制带，扑灭爆炸火焰。其特点是制作简单，质量轻，成本低，运输、使用中不易损坏；既可用于主要隔爆棚组，也可用于辅助隔爆棚组。

② KYG 型快速移动式隔爆棚

KYG 型快速移动式隔爆棚安设在综采工作面顺槽和掘进巷道中。这类隔爆棚因安装方便，能随工作面推进而迅速移动，始终把未保护段控制在最小距离。它作为现有固定式安装隔爆水棚的补充措施，适合在需频繁移动的巷道中安装使用，作为辅助隔爆棚组。

KYG 型快速移动式隔爆棚，主要由单轨、移动装置、水槽组合棚架和 PGS-60 型泡沫隔爆水槽组成。单轨和水槽架通过移动装置连接，如图 3-19 所示。从巷道横向看，靠巷道两帮的两个水槽纵向嵌入，中间两个水槽横向嵌入。该隔爆棚与不同夹持器配合，可在不同支护方式的巷道中安装。设计有底部放水孔的 PGS-60 型专用水槽。底部放水孔在移动前可快速放水（单个水槽放水用时仅 40 s），每组隔爆棚移动 1 次需 2 h 左右。移动时水槽架可收叠，移动时可避开巷道中其他吊挂物（如风筒等）。

③ XGS 型隔爆棚（容器）

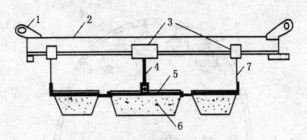

图 3-19 KYG 型快速移动式隔爆棚（1 架）
结构示意图（巷道纵向视图）

1——单轨吊环；2——单轨；3——移动装里；

4——支撑杆；5——水槽架；6——水槽；7——钢丝绳

已在煤矿大量使用的隔爆水槽棚和隔爆水袋棚，在高度有限的架线机车巷、斜巷和断面不规则巷道内安装不够方便，有的则无法安装；另外原被动式隔爆棚距爆源的最小距离不能小于 60 m。为了解决上述技术难题，又研究成功 XGS 型隔爆棚。该隔爆棚由若干个 XGS 型隔爆容器组装而成。每个容器吊挂在 1 个倒 T 字形架上，当瓦斯煤尘爆炸时，爆压作用使容器脱勾，容器中的水飞散形成水雾抑制带，扑灭爆炸火焰。

XGS 型隔爆容器，采用阻燃聚氯乙烯制作，周边用吊带固定 8 个吊环，安装时将吊环分挂在倒 T 字形架两侧，如图 3-20 所示。XGS 型隔爆容器特点是安装适应性强，能利用倒 T 字形架配合不同的夹持器在不同支护方式、不同形状的巷道中点式或线式安装（见图 3-21 和图 3-22）。能在条件较复杂的巷道中替代现有隔爆水袋棚，作为辅助隔爆棚。XGS 型隔爆容器组装成的隔爆水棚（集中式）有效保护范围宽：距爆源 40～240 m，能抑制火焰速度大于 37 m/s 的弱爆炸，同时也能抑制强爆炸。隔爆容器与隔爆容器、巷道壁、支架间的垂直距离不得小于 10 cm，距顶板（梁）的距离不得大于 1 m。集中式布置隔爆棚用水量按 200 L/m³ 计算，棚区长度不小于 20 m；分散式布置隔爆棚的用水量按 1.2 L/m³ 计算，棚区长度不小于 120 m。

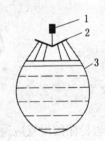

图 3-20 XGS 型隔爆容器
吊挂示意图

1——夹持器；2——倒 T 字形架；3——隔爆容器

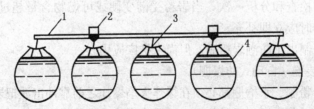

图 3-21 线式安装示意图

1——支撑杆；2——夹持器；3——倒 T 字形架；4——隔爆容器

（2）岩粉棚

岩粉棚分为轻型和重型两类。如图 3-23 所示，它是由安装在巷道中靠近顶板处的若干块岩粉台板组成，台板的间距稍大于板宽，每块台板上放置一定数量的惰性岩粉，当发

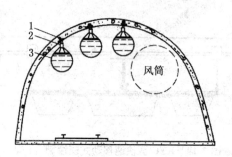

图 3-22 点式安装示意图
1——锚杆；2——夹持器；3——隔爆器

生煤尘爆炸事故时，火焰前的冲击波将台板震倒，岩粉即弥漫于巷道中，火焰到达时，岩粉从燃烧的煤尘中吸收热量，使火焰传播速度迅速下降，直至熄灭。

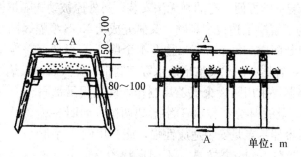

图 3-23 岩粉棚

岩粉棚的设置应遵守以下规定：① 按巷道断面积计算，主要岩粉棚的岩粉量不得少于 400 kg/m²，辅助岩粉棚不得少于 200 kg/m²；② 轻型岩粉棚的排间距为 1.0~2.0 m，重型的为 1.2~3.0 m；③ 岩粉棚的平台与侧帮立柱（或侧帮）的空隙不小于 50 mm，岩粉表面与顶梁（顶板）的空隙不小于 100 mm，岩粉板距轨面的空隙不小于 1.8 m；④ 岩粉棚距可能发生煤尘（瓦斯）爆炸的地点不得小于 60 m，也不得大于 300 m；⑤ 岩粉板与台板及支撑板之间，严禁用钉固定，以利于煤尘爆炸时岩粉板有效地翻落；⑥ 岩粉棚上的岩粉每月至少检查和分析一次，当岩粉受潮变硬或可燃物含量超过 20% 时，应立即更换，岩粉量减少时应立即补充。

近年来我国研制出了防潮岩粉棚，但尚未推广应用。

2）自动隔爆装置（自动式防爆棚）

试验表明，岩粉棚、水槽棚都必须在爆炸火焰爆炸之前靠冲击波把岩粉或水吹开，因此，必须将其设置于距火源较远的位置上，因为当高威力的煤尘爆炸时，爆炸火焰以极快的速度传播，以致火焰穿过了岩粉棚时它们还没发生作用，因此不能扑灭火焰隔绝爆炸。近年来，许多国家先后研制了各种形式的自动隔爆装置，又称自动式防爆棚。

自动式防爆棚的主要特点是利用各种传感器测量煤尘爆炸所产生的各种物理参数并迅速的转换成电信号，指令机构的演算器根据这些信号准确的计算出火焰的传播速度并在最恰当的时候发出动作信号，让抑制装置强制喷洒岩粉、水或其他消火剂，准确、可靠地扑灭爆炸火焰，阻止煤尘爆炸蔓延。

各国所使用的传感器是根据爆炸火焰产生红外线、紫外线，产生的温升、压力波等参数研制而成。它们有红外线传感器、紫外线传感器和温度传感器。

自动防爆棚所使用的消火材料有：水、岩粉、重碳酸钙、重碳酸钠、重碳酸钾和磷酸铵及氮气、二氧化碳等惰性气体。

自动式防爆棚的种类有：自动岩粉棚、自动水棚、自动水袋、自动水幕及自动式岩粉分散装置等。

我国已先后研制出聚氯乙稀隔爆水槽、泡沫塑料隔爆水槽以及 ZGB-Y 型自动隔爆装置等。

3.7　矿尘测定与监测管理

矿山要经常进行测尘工作，以便及时了解作业场所的矿尘状况，监测与评价劳动卫生条件，检查通风防尘措施的效果，为研究改进防尘技术提供数据。矿尘测定项目主要有矿尘浓度、分散度和游离二氧化硅含量。

3.7.1　矿尘浓度测定

我国以质量浓度为标准，采用滤膜测尘方法。

1）滤膜测尘系统及浓度计算

滤膜测尘系统如图 3-24 所示。在抽气机作用下，使一定体积（用流量计测定）的含尘空气，通过滤膜，矿尘被阻留于滤膜上，用下式计算空气中矿尘浓度 C。

$$C = \frac{m_2 - m_1}{QT} \times 1\,000 \tag{3-2}$$

式中　m_1——采样前滤膜的质量，mg；

　　　m_2——采样后滤膜与矿尘的质量，mg；

　　　Q——采样流量，L/min；

　　　T——采样时间，min。

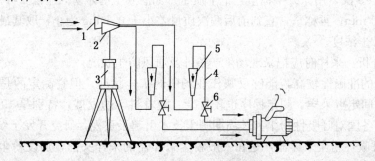

图 3-24　滤膜测尘系统示意图

1——滤膜；2——采样头；3——三角架；4——胶管；5——转子流量计；4——螺旋夹；7——抽气机

2）主要器材

（1）滤膜是用超细合成纤维制成的，有直径 40 mm 与 75 mm 两种规格，表面呈细绒状，有明显的带负电性及疏水性和耐酸碱性，其阻尘率大于 99%，阻力（流量 20 L/min、面积 80 cm^2）不大于 980 Pa。

（2）采样头是由采样漏斗和滤膜夹两部分组成，一般用塑料组成。初次使用时，应检查气密性。

（3）流量计的常用流量为 15～40 L/min，精密度达到 ±2.5%，每年应进行校准。

（4）抽气装置，主要用电动抽气机，也有用压气（水）引射器的。

（5）天平。采用感量为 0.000 1 g 的分析天平，每年检定一次。

（6）干燥器。干燥器内装硅胶或氯化钙。

（7）采样器是由采样头、流量计、抽气机、调节夹等组装而成的。我国生产有多种型号的粉尘采样器。

3）测定工作

（1）准备滤膜

将干燥器中的待用滤膜，用镊子取下面的衬纸，置于天平上称量，记下初始质量，然后装入滤膜夹，放入带编号的样品盒内，备用。

（2）采样

到采样地点，架好采样器，将准备好的滤膜夹，固定在采样漏斗中。

① 采样位置，一般在工人呼吸带，采场、平巷作业在距工作面 5 m 左右的下风侧，天井在安全棚下回风流中，采样高度距底板 1.5 m 左右。

② 采样头方向，入口迎向风流，特殊情况（如天井有飞溅泥水）可垂直于风流。

③ 采样开始时间，连续产尘作业开始 20 min 后，阵发性产尘作业，应在工人工作时采样。

④ 采样流量和时间，应使所采矿尘量不少于 1 mg，小号（直径 40 mm）滤膜采样量不大于 10 mg，直径 75 mm 漏斗状滤膜粉尘增重不受此限；一般采样时间不应小于 10 min，流量为 15～40 L/min，并保持稳定。

（3）矿尘浓度计算及统计分析

① 称量。采样后滤膜连同滤膜夹一起放于干燥器中，称量时，用镊子取下，受尘面向上，对折 2～3 次，用原天平称量，记下质量。如滤膜上有水雾，干燥 2 h 后称量一次，然后再干燥 30 min，再称量，直到前后两次质量差小于 0.1 mg 为止，取其最小值。

② 计算矿尘浓度。

③ 统计分析。采样时应记录现场生产条件及通风防尘状况。

滤膜测尘的准确性较高，能够反映作业场所的矿尘状况，但它测定的是全尘质量浓度，且是短时间定点采样，测定程序也较复杂。随着科学的发展，特别是 1959 年国际尘肺会议之后，各国对呼吸性粉尘和长周期测尘技术引起了重视，研究开发了新的测尘方法和仪器：① 呼吸性粉尘采样器，是在一般粉尘采样器的采样头前，加设粉尘分离器，依照呼吸性粉尘定义及沉积率，将非呼吸性粉尘分离，只采集呼吸性粉尘；也有可同时采集呼吸性粉尘和总粉尘的两极粉尘采样器。② 个体粉尘采样器，是一种小型、轻便，佩戴于工人身上的粉尘采样器，可连续测定一个工作班所接触的平均粉尘浓度，多测定呼吸性粉尘浓度。③ 快速测尘仪，根据粉尘的力学、光学和电学等性质研制，可瞬时采样，给出测定结果，但这些方法是间接测定方法，且受环境条件的影响。

3.7.2　矿尘分散度测定

矿尘分散度的测定方法和仪器类别很多。按测定原理分，其有筛分法、显微镜法、沉降法、细孔通过法等。测定数量分散度常用显微镜法，质量分散度常用沉降法。目前矿山普遍采用的是显微镜观测法，现介绍如下。

（1）样品制备

① 滤膜涂片法。利用滤膜可溶于有机溶剂而矿尘不溶的原理，将采样后的滤膜，按均分法取有代表性的一部分，放于瓷坩埚（或其他器皿）中，加 1～2 mL 醋酸丁酯溶剂，使溶解并充分搅拌制成均匀的悬浮液；取一滴加于载物玻璃片的一端，再用玻璃片推片，1 min 后形成透明薄膜，即为样品。如尘粒过于密集，可再加入适量的增溶剂，重做样品。

② 滤膜透明法。将采样后滤膜，受尘面向下，铺于载物玻璃片上，在中心部位滴一小滴二甲苯（或醋酸丁酯），溶剂向周围扩散并使滤膜溶解形成透明薄膜，即为样品。滤膜上积尘过多时，则样品不便观测。

（2）观测

① 显微镜放大倍数的选择。一般选取物镜放大倍数为 40 倍，目镜放大倍数为 10～15 倍，总放大倍数为 400～600 倍，也可用更高些放大倍数。

② 目镜测微尺的标定。目镜测微尺是测量尘粒大小的尺度，置于目镜镜筒中。常用的目镜测微尺如图 3-25 所示。它每一分格所度量尺寸的大小，与显微镜的目镜与物镜放大倍数有关，使用前必须用标准尺（物镜测微尺）标定。

物镜测微尺是一标准尺度。如图 3-26 所示，每一小刻度为 10 μm。

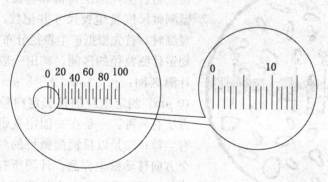

图 3-25　目镜测微尺

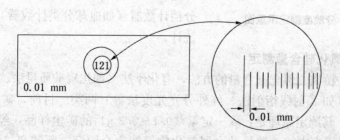

图 3-26　物镜测微尺

标定时，将物镜测微尺放在显微镜载物台上，选定目镜并装好目镜测微尺。先用低倍物镜找到物镜测微尺刻度线并调到视野中心，然后换为选用倍数的物镜，调整焦距（先将

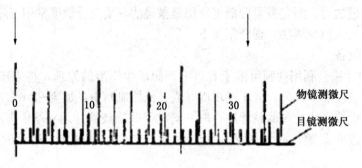

图 3-27　目镜测微尺标定示意图

物镜调至低处，注意不使碰到测微尺，然后目视目镜，缓慢向上调整），直到刻度清晰。再调整载物台，使物镜测微尺的一个刻度线与目镜测微尺的一个刻度线对齐，同时找出另一相互重合的刻度线，分别数出该区间两个尺的刻度数，即可算出目镜测微尺的一个刻度的度量尺寸。如图 3-27 所示，两尺的 0 线对齐，另一重合线为目镜测微尺的 32 格与物镜测微尺的 14 格，则目镜测微尺每一刻度所度量的长度为：

$$\frac{14 \times 10}{32} = 4.4 \ \mu m$$

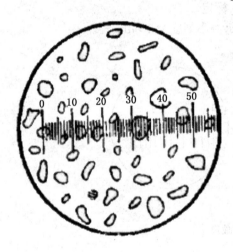

图 3-28　分散度测定示意图

③ 测定。取下物镜测微尺，将样品放在显微镜载物台上，选定目镜和物镜，调好焦距，用目镜测微尺度量尘粒尺寸并记数，如图 3-28 所示。观测时，首先根据矿尘粒径分布状况及测定要求，划定计测粒径的区间。矿山一般是划分四个粒径计测区间：$< 2 \ \mu m$；$2 \sim 5 \ \mu m$；$5 \sim 10 \ \mu m$；$> 10 \ \mu m$。测定尘粒的投影定向粒径，常用的观测方法有两种：一是在一固定视野范围内，计测所有尘粒；二是以目镜测微尺的刻度为基准，向一个方向移动粉尘样品，计测所有通过刻度尺范围内的尘粒。观测时对尘粒不应有所选择，每次需计测 200 粒以上，至少测两次。计数时，最好用分挡计数器（如血球分类计数器）进行分挡计数、统计。

3.7.3　游离二氧化硅含量测定

测定矿尘中游离二氧化硅含量的方法，有化学法（如焦磷酸质量法、碱熔钼蓝比色法等）和物理法（如 X 射线衍射法、红外分光光度法等）两类。目前，矿山普遍采用的是焦磷酸质量法，其测定原理是：取一定量（$0.1 \sim 0.2$ g）的矿尘样品，经焦磷酸在 $245 \sim 250 \ ℃$ 处理，则矿尘中的硅酸盐及金属氧化物等能完全溶解，而游离二氧化硅则几乎不溶，称量处理后的残渣质量，即可算出游离二氧化硅含量，以质量百分数表示。焦磷酸质量法适用于大多数矿尘，但焦磷酸不能溶解少数矿物，如绿柱石、黄玉、碳化硅、硅藻土等。对含有焦磷酸不能溶解物质的矿尘，可对焦磷酸处理后的残渣（包括游离二氧化硅和未溶解物质）再用氢氟酸处理，使残渣中的游离二氧化硅溶解，再称量残渣的质量，可求出游离二氧化硅含量。焦磷酸质量法适用范围广，可靠性较好，但分析程序复杂，需要一定的熟练技术。

3.7.4 矿尘浓度的监测工作

矿尘监测是为了监督、检查煤矿有关职业危害防治及劳动安全法规的贯彻执行清况，评价矿尘危害程度和防尘设施的降尘效果。

1) 矿尘的卫生标准

该标准是指在正常工作条件下，对工人经常停留的工作地点，任何一次有代表性的采样测定中，总粉尘浓度均不得超过规定的最高允许浓度。它表示在整个工作期间，作业工人在该浓度下长期接触不会引起尘肺病。

2) 煤矿矿尘监测管理制度

做好煤矿矿尘监测工作，各煤矿必须设立测尘组织机构，建立测尘管理制度和测尘数据报告制度，并配备专职测尘人员。煤矿企业必须按国家规定对生产性粉尘进行监测，并遵守下列规定：

（1）总粉尘的测定：① 作业场所的粉尘浓度，井下每月测定 2 次，地面及露天煤矿每月测定 1 次。② 粉尘分散度，每 6 个月测定 1 次。

（2）呼吸性粉尘的测定：① 工班个体呼吸性粉尘监测，采、掘工作面每 3 个月测定一次，其他工作面或作业场所每 6 个月测定一次，每个采样工种分 2 个班次连续采样，1 个班次内至少采集 2 个有效样品，先后采集的有效样品不得少于 4 个。② 定点呼吸性粉尘监测每月测定一次。

（3）粉尘中游离二氧化硅量，每 6 个月测定 1 次，在变更工作面时也必须测定 1 次；各接尘作业场所每次测定的有效样品数不得少于 3 个。

（4）各煤矿企业应认真执行测尘结果报告制度。

3.8 煤尘事故典型案例剖析

3.8.1 断绳跑车拖断电缆接头产生电弧引发煤尘爆炸

1991 年 1 月 10 日 9 时 20 分，某矿八井右六片采煤工作面运输巷发生爆炸，造成 26 人死亡、14 人受伤，见图 3-29。

八井是该矿的直属井，井口为片盘斜井开拓方式，刀柱式回采。地面设有主要通风机，采用负压通风。该井回采煤层为 48 号煤层，煤尘爆炸指数为 32.19%。

1991 年 1 月 10 日早调度会，生产井长布置了当天的生产任务，具体安排了各生产队组的安全工作。8 时 30 分，全井当班出勤 53 名。9 时 10 分左右，工人在该井右六片的采煤工作面装满了一列矿车，9 时 20 分左右，开始往一水平车场提车，当提车至距一水平150 m 时，绞车钢丝绳因使用时间过长，磨损严重超限，发生断绳，矿车顺着绞车道跑下去，将巷道长时间没有冲洗的浮尘激起，又将巷道吊挂的电缆接头拖开，电缆短路产生电弧，与激起的煤尘相遇发生了爆炸。爆炸产生的冲击波和有害气体波及全井，入井 53 人没有一人佩戴自救器，导致 26 人死亡、14 人受伤。

点评： 这起事故从表面上看是由于绞车断绳跑车引起的，实际上是巷道不进行定期清洗煤尘造成的。如果该矿井能够定期对绞车道积尘进行清洗，巷道没有了积尘，再怎么跑

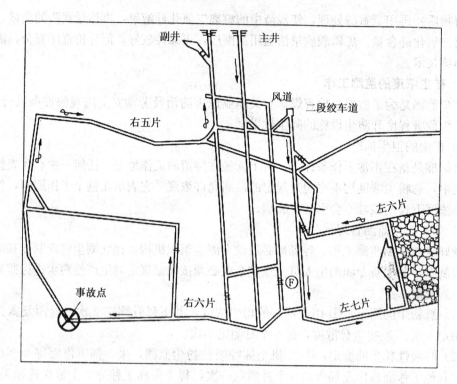

图3-29　断绳跑车拖断电缆接头产生电弧引发煤尘爆炸事故示意图

车也不会造成煤尘爆炸。再者，绞车使用的钢丝绳应该定期检查，磨损超限就要更换，为什么不换，就是为了节省成本，能对付就对付，结果造成了断绳。这起事故教训深刻，多种违章行为促成了事故的发生。如能把住其中的一道关口，事故也不可能发生，一旦各种因素都出现了失误或缺陷，事故就离之不远了。

3.8.2　落石砸断压风管引起煤尘爆炸事故

1989年2月10日11时，某矿第二采煤区下东一区一道南七采煤工作面运输巷，发生重大煤尘爆炸事故（图3-30），死亡4人，伤14人。

该矿属于高瓦斯矿井，煤尘爆炸指数为42.9%，通风方式为对角抽出式。

下东一区一道南七采煤工作面，采用仓储式采煤方法，工作面运输巷长260 m，回风巷长250 m，倾角为45°，工作面供风量为255 m³/min，瓦斯浓度为0.2%。防尘系统、喷雾洒水装置齐全，工作面巷道设有隔爆岩棚及4个瓦斯监测探头。2月10日白班，也是春节后第一个生产班，采煤队共出勤26人。当班任务是工作面扩二仓、三仓，两仓连续进行了8次爆破。因爆破震动使运输巷顶板一块重5.2 t的岩石冒落，正好砸在吊挂在巷道帮上的压风管上，将压风管砸断，在强大气流冲击下，将巷道壁上附着的煤尘和运输过程中散落在底板上的煤尘吹起，顿时工作面运输巷一片狼藉，在工作面运输巷的班长见状，一面让一名工人速到压风处通知停风，一面找东西试图堵管，但堵了几次也没堵上。11时左右，在三仓储开切眼作业，最后一次爆破引起煤尘爆炸。

点评： 这起事故是因顶板落石砸断压风管，强大的压风气流吹起巷道煤尘而引发的事故。能够达到煤尘爆炸浓度的环境，显然能见度很低，现场作业人员应该能感觉到，也应

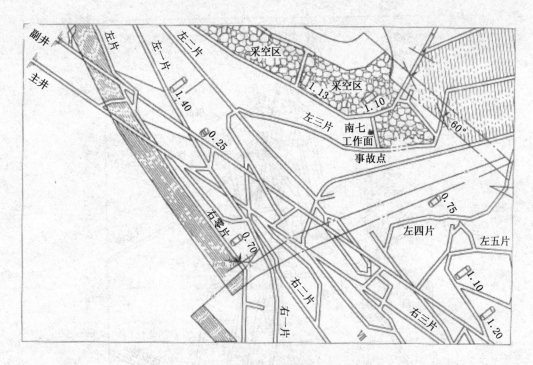

图 3-30　落石砸断压风管引起煤尘爆炸示意图

该意识到一旦产生火花，就有造成爆炸的可能性。但就是在这种情况下，工作面的工人还进行爆破作业，这等于拿火点燃煤尘嘛！这个事例说明，该矿井对员工的安全教育培训是不够的。工人不懂得在煤尘飞扬的环境中作业的危害性，更不知道如何避免这种危害对自己造成伤害。虽然对于岩石冒落砸断压风管这种偶然性在一定程度上很难控制，但消除煤尘，不让煤尘飞扬是能够做到的。

3.8.3　爆破处理煤仓引发煤尘爆炸事故

2005 年 11 月 27 日 21 时 22 分，某矿在爆破处理煤仓时引发特别重大煤尘爆炸事故，造成多人伤亡，直接经济损失达 4 000 多万元。

该矿井开拓方式为斜井和立井混合多水平开拓，共有 5 个井筒：1 个立井，4 个斜井。一水平和二水平上山已经开采结束，事故发生时，生产水平为二水平下山采区。井下 -200 m 标高设 2 条主运石门、4 条主要采区大巷，分别通往一采区、二采区、三采区 3 个生产采区。采区分别设有轨道下山、回风下山和箕斗下山。矿井由双电源供电，主提升为胶带斜井集中运，水平大巷采用 10 t 架线电动车、3 t 底卸式矿车运输。

该矿为高瓦斯矿井，矿井绝对瓦斯涌出量为 22.28 m³/min，相对瓦斯涌出量为 18.14 m³/min。矿井装备有 KFJ-2000 型矿井安全生产综合监控系统。矿井消防系统健全。

煤尘爆炸事故示意图如图 3-31 所示。2005 年 11 月 27 日，该矿值班领导为矿总工程师姜某、机电副总工程师李某。27 日 21 点 22 分，调度王某听到一声巨响，随即矿井停电，井上下通信中断。王某立即向矿值班领导汇报，同时汇报给矿调度室主任牟某，牟某立即赶往矿调度室。在赶往矿调度室的路上，牟某向矿长马某、总工程师姜某、安全矿长

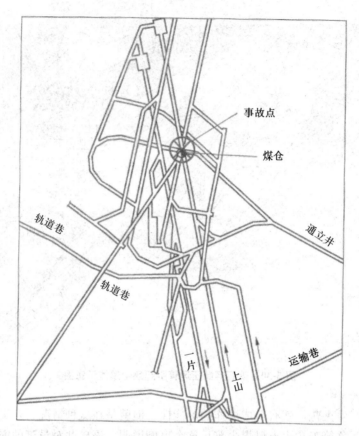

图 3-31　爆破处理煤仓引发煤尘爆炸事故示意图

李某等矿领导汇报，说明矿上出事了，让矿领导立即赶往煤矿。牟某于 21 时 37 分左右赶往调度室，陪同值班领导察看情况。22 时 05 分左右，矿长马某赶到煤矿，随即赶到胶带井、回风立井等现场查看情况，发现胶带斜井提升机房被摧毁，井颈塌陷，回风立井主要通风机停止了运转，防爆门被冲开，反风设施被毁坏，当即判断井下可能发生了瓦斯爆炸事故，立即回办公楼向分公司调度室汇报，通知分公司调度和所有分公司领导。22 时 30 分分公司救护大队接到分公司调度电话，22 时 32 分分公司救护大队直属中队和新建中队出动，而在之前 22 时 11 分市救护队已经接到事故救援电话。22 时 45 分分公司总工程师赵某、副总经理王某等领导首先赶到了该矿。22 时 57 分分公司救护大队直属中队、新建中队到达该矿，并立即组织力量投入事故抢险救灾。23 时 05 分分公司董事长、总经理曲某等领导陆续赶到该矿。

爆炸后，井下一采区、二采区和三采区全部是灾区，巷道冒落 20 余处，有的冒落区长达 50 m，采区通风设施基本上被摧毁，通风系统被破坏，采区变电所、运输系统被摧毁。事故涉及 3 个采区的 22 个采掘工作面、机电硐室及胶带井、副斜井、人车井、入风斜井、回风立井、地面胶带机房等。

经事故调查组调查认定，这起事故发生的直接原因是：工人在处理 275 胶带道主煤仓堵塞时违规爆破，导致煤仓给煤机垮落，煤仓内的储煤突然倾出，带出大量煤尘并造成巷道内的积尘飞扬，使得巷道内煤尘达到爆炸界限，爆破火焰引起煤尘爆炸。

　　点评：这起事故的爆源点位于矿井的主要入风道中，爆炸的当量很大，因此爆炸波及全矿井。而爆炸的主要原因是巷道积尘。虽然 275 胶带道及井底煤仓安装了入风净化及洒水消尘管路等设施，但入风净化基本上处于常年关闭状态，只起着应付检查的作用，而用洒水管路定期清洗岩帮，虽然有制度规定但执行得不好，致使 275 胶带道煤尘堆积。对于煤尘堆积这一现象，在事故前的 3 天矿安检部门已经发现，并按规定采取"安检日报"的形式在次日早矿调度会上作了通报，但未引起有关领导的重视，没有做任何安排。而 275 胶带井底煤仓，采用的是往复式给煤机，有点石头就会发生堵仓现象；而这个矿的 3303 炮采工作面，有一层伪顶留不住，管理不好就溜进了仓内，所以这个煤仓经常会产生被堵的现象。

　　因此，经常采用炸药崩仓，一个月崩仓达 10 次之多。由于崩仓的人员不懂崩仓可能引起煤尘与瓦斯爆炸的危害，没有采取洒水降尘的措施，爆破时将煤尘扬起，遇火造成爆炸。因此，从这起事故可看出，用炸药处理煤仓是违章的，但如果 275 胶带道没有煤尘堆积，就不会发生爆炸，如果爆破时在爆破地点附近采取洒水消尘等措施防止煤尘飞扬，此次事故也不会发生。如果采用专用被筒炸药，如果采用先进的处理煤仓被堵的工具，如果矿有关领导能够重视安检部门发现的隐患，那么此次事故也就不会发生。任何一起事故的发生都是多种因素同时作用的结果，可以说，只要把握住了其中一个环节，都可起到控制事故发生的作用。

📖 复习思考题

　　1. 什么叫矿尘？它如何进行分类？

　　2. 矿尘含量的计量指标有哪些？

　　3. 矿尘的危害有哪些？

　　4. 什么叫尘肺病？它分为哪几类？

　　5. 影响尘肺病发病的主要因素有哪些？

　　6. 何谓综合防尘？

　　7. 常见的减尘措施有哪些？

　　8. 影响煤层注水效果的因素有哪几个方面？

　　9. 煤尘爆炸的实质及其危害。

　　10. 煤尘爆炸为什么容易形成连续爆炸？

　　11. 煤尘爆炸和瓦斯爆炸有什么不同点？

　　12. 预防煤尘爆炸的主要措施有哪些？

　　13. 为什么要对煤尘爆炸进行鉴定？

　　14. 岩粉棚和水棚的隔爆原理是什么？

　　15. 矿尘浓度如何进行测定？

第4章　矿井火灾防治与案例分析

4.1　矿井火灾及其分类

矿井火灾是煤矿五大灾害之一，矿井火灾一旦发生，轻则影响安全生产，重则烧毁煤炭资源和物资设备，造成人员伤亡，甚至引发瓦斯、煤尘爆炸。我国是一个矿井火灾灾害较严重的国家，据统计，我国国有煤矿中，56％的煤层具有自燃倾向。据2000年全国425对国有煤矿的不完全资料统计，共发生火灾168次，其中内因火灾154次，外因火灾14次，封闭采区或工作面59个，影响煤量3 080 Mt，冻结煤量4 217 Mt，发火率为0.318次/Mt。由于我国煤矿开采条件复杂、安全管理、技术水平等多方面原因，致使我国每年都有多起矿井火灾恶性事故发生，损失惨重，社会影响巨大。例如，1961年3月16日，辽宁抚顺矿务局胜利煤矿－280 m水泵房，因高压配电室电容爆炸，引起特大电气火灾，死亡110人，重伤6人，轻伤25人，是我国采矿史上罕见的惨重火灾事故。2008年9月20日3时30分，黑龙江鹤岗市兴山区富华煤矿，井下发生一起火灾事故，当班入井44人，事故发生后13人升井，31人遇难。2010年7月17日20时10分，陕西渭南市韩城市小南沟煤矿副斜井井底动力电缆着火发生火灾事故，造成28人死亡。

因此，为确保煤矿生产和矿山职工生命安全，减少国家财产损失，必须做好防灭火工作。

4.1.1　矿井火灾的概念

凡是发生在矿井井下或地面，威胁到井下安全生产，造成损失的非控制燃烧均称为矿井火灾。如地面井口房、通风机房失火或井下输送带着火、煤炭自燃等都是非控制燃烧，均属矿井火灾。

4.1.2　矿井火灾发生的必要条件

矿井火灾的发生必须满足三个条件：

（1）热源。具有一定温度和足够热量的热源才能引起火灾。煤的自燃、瓦斯或煤尘爆炸、爆破作业、机械摩擦、电流短路、吸烟、电（气）焊以及其他明火等都可能成为引火的热源。

（2）可燃物。煤本身就是一种普遍存在的大量的可燃物。另外，坑木、各类机电设备、各种油料、炸药等都具有可燃性。

（3）空气。燃烧就是剧烈的氧化反应。空气的供给是维持燃烧不可缺少的条件。实验证明，在氧浓度为3％的空气环境里，燃烧不能维持；空气中的氧浓度在12％以下，瓦斯就失去爆炸性；空气中氧浓度在14％以下，蜡烛就要熄灭。

上述三个条件，必须同时具备，缺一不可，否则火灾不能发生，如图4-1所示。

4.1.3　矿井火灾的分类

为了正确地分析矿井火灾发生原因、发生规律和有针对性地制定防灭火的对策，将矿井火灾进行分类是非常必要的。

（1）根据不同引火热源，矿井火灾可分为外因火灾和内因火灾。

外因火灾——由于外界热源引起的火灾。煤矿常见的外部热源有电能热源、摩擦热、各种明火（如液压联轴器喷油着火、吸烟、焊接火花）等，多发生在井口房、井筒、井底车场、石门及机电硐室和有机电设备的巷道等地点。外因火灾具有火源明显、发生突然、来势凶猛等特点，若发现不及时，则可能酿成重大事故。由于外因火灾往往是由表及里进行的，若发现及时，还是容易扑灭的。

图 4-1　矿井火灾发生必要条件示意图

矿井外因火灾所占的比重一般都比较小，但近几年随着机械化程度的提高，所占比重有上升趋势。

内因火灾——由于煤炭等易燃物质在空气中氧化发热并集聚热量而引起的火灾。它不存在外部引燃的问题，因此，又称自燃火灾。在煤矿中自燃物主要是具有自燃倾向性的煤炭。在整个矿井火灾事故中，内因火灾占的比例很大。在我国 1953～1984 年 32 年矿井火灾统计资料中，自燃火灾占 94%。自燃火灾大多发生在采空区、遗留的煤柱、破裂的煤壁、煤巷的高冒以及浮煤堆积的地点。自燃火灾具有发生和发展缓慢、须经历一段时间、有预兆和火源比较隐蔽等特点。

（2）矿井火灾按其发火地点可分为：地面火灾和井下火灾。

地面火灾——发生在矿井工业广场范围内地面上的火灾称为地面火灾。地面火灾可以发生在行政办公楼、井口楼、选煤厂楼以及贮煤场、矸石山等地点。地面火灾外部征兆明显，易于发现，空气供给充分，燃烧完全，有毒气体发生量较少，地面空间宽阔，烟雾易于扩散，与火灾斗争回旋余地大。

井下火灾——发生在井下的火灾以及井口附近而威胁到井下安全，影响生产的火灾统称为井下火灾。井下火灾可以发生在井口楼、井下巷道和硐室、采煤和掘进工作面等地点。

（3）根据燃烧物不同，矿井火灾可分为机电设备火灾、火药燃烧火灾、油料火灾、坑木火灾、瓦斯燃烧火灾和煤炭自燃火灾。

（4）根据发火性质不同，矿井火灾可分为原生火灾与次生（再生）火灾。原生火灾即开始就形成的火灾。次生火灾是由原生火灾引起的火灾，即原生火灾发展过程中，含有可燃物的高温烟流，由于缺氧而未能完全燃烧，在排烟的过程中，一旦遇到新鲜空气就会发生新的燃烧，形成次生火灾。

（5）根据发火地点相对矿井通风的影响又可分为三类：上行风流火灾，下行风流火灾和进风流火灾。

上行风流火灾——上行风流是指沿倾斜或垂直井巷、回采工作面自下而上流动的风流。发生在这种风流中的火灾，称为上行风流火灾。当上行风流中发生火灾时，因热力作用而产生的火风压，其作用方向与风流方向一致，亦即与矿井主要通风机风压作用方向一致。这种情况下，它对矿井通风的影响主要特征是主干风路（从进风井经火源到回风井）的风流方向一般将是稳定的，即具有与原风流相同的方向，烟流将随之排出，而所有其他与主干风路并联或者在主干风路火源后部汇入的旁侧支路风流，其方向将是不稳定的，甚至可能发生逆转，形成风路紊乱事故。因此，所采取的防火措施应力求避免发生旁侧支路风流逆转。

下行风流火灾——下行风流是指沿倾斜或垂直井巷、回采工作面自上而下流动的风流。发生在这种风流中的火灾，称为下行风流火灾。在下行风流中发生火灾时，火风压的作用方向与矿井主要通风机风压的作用方向相反。因此，随火势的发展，主干风路中的风流，很难保持其正常的原有流向。当火风压增大到一定程度，主干风路的风流将会发生反向，烟流随之逆退，从而酿成又一种形式的风流紊乱事故。在下行风流内发生火灾时，通风系统的风流由于火风压作用所发生的再分配和流动状态的变化，要比上行风流火灾时复杂得多，因此，需要采用特殊的救灾灭火技术措施。

进风流火灾——发生在进风井、进风大巷或采区进风风路内的火灾，称为进风流火灾。发生在进风风流内的煤的自燃火灾，一般不易早期发现，发生后又因供氧充分，发展迅猛，不易控制。而井下采掘人员又大都处于下风流中，极易造成高温火烟的危害，造成中毒伤亡事故。对于这种火灾，除了根据发火风路的结构特性（上行还是下行），使用相应的控制技术措施外，更应根据风流是进风流的特点，使用适应这种火灾防治的技术措施，如全矿反风或局部反风等。

值得注意的是，随着机械化程度的提高，井下使用的机械和电气设备日益增多，由机械能和电能转化的热引起火灾的事故也日益增多。因此，预防这类火灾的发生，非常重要。

4.2 矿井火灾的危害

矿井火灾的发生具有严重的危害性，主要表现在以下几个方面：

（1）造成人员伤亡。当煤矿井下发生火灾以后，煤、坑木等可燃物质燃烧，产生大量高温火烟及有毒有害气体，造成人员中毒或死亡。此外，火灾会诱发瓦斯、煤尘爆炸，对人员会造成机械性伤害（冲击、碰撞、爆炸飞岩砸伤等）。

（2）造成巨大的经济损失。有些矿井火灾火势发展很迅猛，往往会烧毁大量的采掘运输设备和器材，暂时没被烧毁的设备和器材，由于火区长时间封闭和灭火材料的腐蚀，也都可能部分或全部报废，造成巨大的经济损失。另外，白白烧掉的煤炭资源和被冻结的煤炭资源、矿井的停产都是巨大的经济损失。

（3）矿井生产接续紧张。井下火灾，尤其是发生在采空区或煤柱里的内因火灾，往往在短期内难以消灭。在这种情况下，一般都要采取封闭火区的处理方法，从而造成大量煤炭冻结，矿井生产接续紧张。对于一矿一井一面的集约化生产矿井，这种封闭会造成全矿停产。

（4）污染环境。矿井火灾产生的大量有毒、有害气体，如 CO、CO_2、SO_2、烟尘等，会造成环境污染。特别是像新疆等地的煤层露头火灾，由于火源面积大、燃烧深度深、火区温度高以及缺乏足够资金和先进的灭火技术，使得火灾长时间不能熄灭，不但烧毁了大量的煤炭资源，还造成大气中有害气体严重超标，形成大范围的酸雨和温室效应。

（5）产生火风压，破坏通风系统。矿井发生火灾，产生火风压，引起矿井风流紊乱，风流逆转，造成风流不稳，破坏通风系统，使灾害进一步扩大。

（6）扑灭火灾要耗费大量的人力物力财力，且扑灭火灾的人员生命安全难以保证；同时，火灾扑灭后的生产恢复仍需要很高的成本。

4.3　矿井外因火灾及其预防

矿井外因火灾是由于外界热源引起的火灾。与内因火灾相比，外因火灾的发生及发展比较突然、来势凶猛，并伴有大量烟雾和有毒有害气体。同时外因火灾发生时往往出于人的意料之外，正是这种突发性和意外性，常常使人们惊慌失措，造成处理不当、扑救不及时，贻误战机。最主要的是外因火灾发生后，还可引发其他煤矿重大灾害，如瓦斯、煤尘爆炸。所以，尽管外因火灾所占的比重比较小，但所造成的人员伤亡、财产损失却比较严重。

4.3.1　外因火灾的发火原因

发生外因火灾的原因归纳如下：

（1）明火（包括火柴点火、吸烟、明火灯等，或使用电焊、气焊时措施不当）所引燃的火灾。

（2）油料（包括润滑油、变压器油、液压设备用油、柴油设备用油、维修设备用油等）在运输、保管和使用时粗心大意所引起的火灾。

（3）瓦斯、煤尘燃烧或爆炸引起的火灾。

（4）炸药在运输、加工和使用过程中所引起的火灾。如采用不安全的爆破方法——明火或动力线爆破、放糊炮、炮泥装得少或炸药变质。

（5）机械作用（包括摩擦、震动、冲击等）所引起的火灾。

（6）电气设备（包括动力线、照明线、变压器、电动设备等）的绝缘损坏和性能不良所引起的火灾。

其中以电气设备和带式输送机引起的火灾较为严重。

4.3.2　外因火灾的预防

预防矿井火灾的基本原则是"预防为主、消防并举"。

矿井火灾的防治可以采取下列三个对策：

（1）技术对策：

①灾前对策——防止起火、防止火灾扩大。

②灾后对策——报警、控制、灭火、避难。

（2）教育对策——知识、技术、态度。

（3）管理对策——制定各种规程、规范和标准，且强制性执行。

这三种对策前两者是防火的基础，后者是防火的保证。

4.3.3　预防外因火灾的技术措施

预防火灾发生有两个方面措施：一是防止火灾产生；二是防止已发生的火灾事故扩大，以尽量减少火灾损失。

1）预防外因火灾产生的措施

（1）防止失控的高温热源产生和存在。按《煤矿安全规程》及其执行说明要求，严格对高温热源、明火和潜在的火源进行管理。

（2）尽量不用或少用可燃材料，不得不用时应与潜在热源保持一定的安全距离。

（3）防止产生机电火灾。

（4）防止摩擦引燃：①防止胶带摩擦起火。胶带输送机应具有可靠的防打滑、防跑偏、超负荷保护和轴承温升控制等综合保护系统；② 防止摩擦引燃瓦斯。

（5）防止高温热源和火花与可燃物相互作用。

2）预防外因火灾蔓延的措施

限制已发生火灾的扩大和蔓延，是整个防火措施的重要组成部分。火灾发生后利用已有的防火安全设施，把火灾局限在最小的范围内，然后采取灭火措施将其熄灭，对于减少火灾的危害和损失是极为重要的。

其措施有：（1）在适当的位置建造防火门，防止火灾事故扩大；（2）每个矿井地面和井下都必须设立消防材料库；（3）每一矿井必须在地面设置消防水池，在井下设置消防管路系统；（4）主要通风机必须具有反风系统或设备，并保持其状态良好。

4.4　煤炭自燃的理论基础

破碎的煤炭及采空区中的遗煤接触空气后，氧化生热，当热量积聚、煤温升高、超过临界温度时，最终导致着火，此种现象称为煤的自燃。煤的自燃过程是极其复杂的，此过程的发生、发展与化学热力学（表面现象、热效应、相平衡等）、化学动力学（反应速度与反应机理）、物质结构（内部结构及其性质和变化）等理论有关，至今对煤在低温时的氧化机理还没有统一的认识。

4.4.1　煤炭自燃机理

对煤炭自燃机理的解释，人们提出了一系列学说，其中主要的有黄铁矿作用学说、细菌作用学说、酚基作用学说以及煤氧化合学说等。

随着科学技术的进步和生产的发展，人们发现虽然在高变质富含黄铁矿的煤层发生自燃，但完全不含黄铁矿的煤也发生自燃；即使煤在真空中细菌充分死亡的条件下，其自然发火危险性也未降低，这说明用黄铁矿作用假说和细菌作用假说解释煤的自然发火现象是不完备的。酚基作用假说认为：煤中不饱和的化合物与空气中氧的作用，是引起煤炭自燃的主要原因。有人认为酚基作用假说实际上是煤氧复合作用，或者是煤氧作用假说的补充。目前，煤氧复合作用假说已被较多的人们所接受，其主要观点：煤在常温下吸收了空气中的氧气，产生低温氧化，释放微量的热量和初级氧化产物；由于散热不良，热量聚积，温度上升，促进了低温氧化作用的进程，最终导致自然发火。其过程如图 4-2 所示。煤炭自燃一般要经过三个时期：

（1）潜伏（或准备）期。煤暴露于空气中后，由于其表面具有较强的吸附氧的能力，会在煤的表面形成氧气吸附层，煤与氧相互作用形成过氧络合物。此期间煤的氧化处于缓慢状态，生成的热量及煤温的变化都微乎其微，吸附了氧的煤重量略有增加，煤被活化，煤的着火温度降低。通常把这个阶段称为潜伏期。潜伏阶段的长短取决于煤的变质程度和外部条件，如褐煤几乎没有潜伏阶段，而烟煤则需要一个相当长的潜伏阶段。

（2）自热期。经过潜伏期后，被活化了的煤能更快地吸附氧气，氧化速度加快，氧化产生的热量较大，如果不能及时散发，则煤的温度逐渐升高，自温度开始升高至其温度达到燃点的过程称为煤的自热期。当煤的温度超过自热的临界温度 T_1（60～80 ℃）时，煤的吸氧能力会自动加速，导致煤氧化过程急剧加速，煤温上升急剧加快，开始出现煤的干馏，生成 CO、CO_2、H_2、烃类气体和芳香族碳氢化合物等可燃气体，并散发出煤油味和其他芳香气味；有水蒸气生成，火源附近出现雾气，遇冷会在巷道壁面上凝结成水珠，即

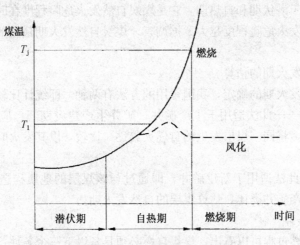

图 4-2　煤自燃发展过程示意图

出现所谓"挂汗"现象，微观结构发生变化。在此阶段内使用常规的检测仪表能够测量出来，甚至于被人的感官所察觉。在自热期，若改变了散热条件，使散热大于生热，或限制供风，使氧浓度降低至不能满足氧化需要，则自热的煤温度降低到常温，称之为风化。风化后煤的物理化学性质发生变化，失去活性，不会再发生自燃。

（3）燃烧期。当自热期的发展使煤温上升到着火点温度 T_j 时，即引发煤炭自燃而进入燃烧期。此时会出现明显的着火现象（如明火，烟雾，产生 CO、CO_2 及其他可燃气体），并会出现特殊的火灾气味（如煤油味、松节油味或煤焦油味）。着火后，火源中心的温度可达 1 000～2 000 ℃。煤的着火温度因煤种不同而异，一般认为无烟煤为 400 ℃左右，烟煤为 320～380 ℃，褐煤为 210～350 ℃。

如果煤温不能上升到临界温度 T_1，或上升到这一温度后由于外界条件的变化煤温又降了下来，则煤的增温过程就自行放慢而进入冷却阶段，并继续氧化至惰性的风化状态，如图 4-2 虚线所示，已经风化的煤炭就不能自燃了。

4.4.2　自然发火与自然发火期

煤炭自然发火是一渐变过程，要经过潜伏期、自热期和燃烧期三个阶段，因此，具有自燃倾向性的煤层被揭露后，要经过一定的时间才会自然发火。

（1）自然发火的定义：有自燃倾向性的煤层被开采破碎后在常温下与空气接触发生氧化，产生热量使其温度升高，出现发火和冒烟的现象。

在《矿井防灭火规范》中规定出现下列现象之一，即为自然发火：① 煤因自燃出现明火、火炭或烟雾等现象；② 由于煤炭自热而使煤体、围岩或空气温度升高至 70 ℃以上；③ 由于煤炭自热而分解出 CO、C_2H_4（乙烯）或其他指标气体，在空气中的浓度超过预报指标，并呈逐渐上升趋势。

（2）自然发火期：从煤层被开采破碎接触空气之日起，至出现《矿井防灭火规范》中定义的有关现象之一，或温度上升至燃点为止所经历时间。以月或天为单位。

（3）煤层最短自然发火期：指在最有利于煤自热发展的条件下，煤炭自燃需要经过的时间。

　　自然发火期等于潜伏期和自热期。它是煤炭自然发火危险程度在时间上的度量，发火期越短的煤层自然发火危险程度越大。据调查，煤炭自然发火期最短的只有十几天，最长者可达数年。

　　（4）煤层自然发火期的估算。

　　关于煤层自然发火期的确定，我国常用的方法有两种，即统计比较法和类比法。

　　① 统计比较法——此法适用于生产矿井，矿井生产建设期间，应对煤层自燃情况做认真的统计和记录，将同一煤层发生的自燃火灾逐一比较，以其发火时间最短者作为该煤层的自然发火期。

　　② 类比法——此法适用于新建矿井，即通过与该煤层的地质构造、煤层赋存条件和开采方法相似的生产矿井类比，估算煤层的自然发火期。

4.4.3　煤炭自燃条件

　　从煤的氧化自燃过程可以看出，煤炭自燃必须具备以下三个条件：

　　（1）煤炭具有自燃的倾向性，并呈破碎状态堆积存在。

　　（2）连续的通风供氧维持煤的氧化过程不断地发展。通风是维持较高氧浓度的必要条件，是保证氧化反应的前提。实验表明，氧浓度＞15％时，煤炭氧化方可较快进行。

　　（3）煤氧化生成的热量能大量蓄积，难以及时散失。空气流动速度的大小，是氧化热量能否积聚的重要条件。在采空区内如果渗流速度太大，热量则不能积聚，不易形成煤炭自燃；如果渗流速度过低，则会供氧不足，氧化非常缓慢，也不能形成自燃。煤炭自燃都是在风速比较适中的情况下发生的。大量事实证明，在采空区内，当风速由高变低或由低变高的区域，往往是容易发生煤炭自燃的区域。

　　上述第一条是最根本的，是内因，是煤的内部特性，它取决于成煤物质和成煤条件，表示煤与氧相互作用的能力。后两条是外因，决定于矿井的地质条件和开采技术条件。并且三者共存时间大于煤的自然发火期。

4.4.4　影响煤炭自然发火的因素

　　煤炭自然发火是一个复杂的物理化学过程，影响煤炭自然发火的因素较多，概括起来主要有如下几个方面：

　　（1）煤的自燃倾向性

　　煤的自燃倾向性是煤自燃的固有特性，是煤炭自燃的内在因素，是煤自然发火危险性评价的首要指标，它表征了煤层开采之前自然发火的可能程度，反映了煤自身的物理化学性质与其自然发火特征之间的关联性。

　　《煤矿安全规程》规定煤的自燃倾向性分为三类：Ⅰ类为容易自燃，Ⅱ类为自燃，Ⅲ类为不易自燃。

　　煤的自燃倾向性主要取决于以下几个方面：

　　① 煤的变质程度。各种牌号的煤（即不同化学成分的煤）都有自然发火的可能，一般认为煤的炭化程度越高、挥发分含量越低、灰分越大，其自燃倾向性越弱；反之则越强。

　　② 煤的孔隙率和脆性。煤的孔隙率越大，其吸附氧的能力也越大，因此孔隙率越大的煤越容易自燃。煤的脆性越大则越容易破碎，破碎后不但其接触氧的表面积大大增加，而且其着火温度明显降低，所以脆性越大的煤，越容易自然发火。因此，在矿井里最易发

生自燃火灾的地方都是煤体较为破碎与碎煤集中堆积的地点。

③煤岩成分。煤岩成分有丝炭、镜煤、亮煤和暗煤。其中，丝炭结构松散、吸氧能力强、着火温度低（190～270 ℃），是煤自热的中心，在自燃中起"引火物"的作用；镜煤和亮煤脆性大，易破碎，有利于煤炭自燃；暗煤硬度大，难以自燃。

④煤的水分。实验表明：煤中水分少时有利于煤的自燃；若水分大时则会抑制煤的自燃，当煤中的水分蒸发后其自燃危险性会增大。

⑤煤中硫和其他矿物质。煤中含有硫和其他催化剂，则会加速煤的氧化过程。统计资料表明，含硫大于 3％的煤层均为自然发火的煤层，其中包括无烟煤。但当含硫量小于 1％，其对自燃的影响则不大。

⑥煤中的瓦斯含量。煤层孔隙内的瓦斯能够占据煤的孔隙空间和内表面，减少了煤的吸氧量；瓦斯逸出后，使煤炭氧化更为强烈，自燃危险性增加。

（2）煤层的赋存地质条件

①煤层厚度与倾角。一般说来，煤层越厚，倾角越大，回采时会遗留大量浮煤和残煤；同时，煤层越厚，回采推进速度越慢，采区回采时间往往超过煤层的自然发火期，而且不易封闭隔绝采空区，容易发生自燃火灾。据统计，80％的自燃火灾是发生在厚煤层的开采中。

②地质构造。断层、褶曲、破碎带及岩浆侵入区等地质构造地带，煤层松软易碎、裂隙多，吸氧性强，也容易发生自燃火灾。

③煤层埋藏深度。煤层埋藏深度越大，煤体的原始温度越高，煤中所含水分则较少，自燃危险性较大；但开采深度过小时又容易形成与地表的裂隙沟通，也会在采空区中形成浮煤自燃。

④围岩的性质。煤层围岩的性质对煤炭自然发火也有很大影响。如围岩坚硬、矿压显现大，容易压碎煤体，形成裂隙，而且坚硬的顶板冒落难以压实充填采空区；同时，冒落后有时会连通其他采区，甚至形成连通地面的裂隙；这些裂隙及难以压实充填的采空区使漏风无法杜绝，为煤炭自然发火提供了充分的条件。

（3）开拓系统

开采有自然发火危险的煤层时，开拓系统布置十分重要。有的矿井由于设计不周、管理不善，造成矿井巷道系统十分复杂，通风阻力很大，而且主要巷道又都开掘在煤层中，切割煤体严重，裂隙多、漏风大，因而造成煤层自然发火频繁。而有的矿井，设计合理、管理科学，使矿井的通风系统简单实用，在多煤层（或分层）开采时，采用联合布置巷道，将集中巷道（运输、回风、上山、下山等）开掘在岩石中，同时减少联络巷数目，取消采区集中上山煤柱等，对防止煤炭自然发火起到了积极作用。《煤矿安全规程》规定：对开采容易自燃和自燃的单一厚煤层或煤层群的矿井，集中运输大巷和总回风巷应布置在岩层内或不易自燃的煤层内；如果布置在容易自燃和自燃的煤层内，必须砌碹或锚喷，碹后的空隙和冒落处必须用不燃性材料充填密实，或用无腐蚀性、无毒性的材料进行处理。

（4）采煤方法

采煤方法对自然发火的影响主要有回采时间的长短、采出率的高低、采空区的漏风状况以及近距离煤层同时开采时错距和相错时间等。合理的采煤方法应该是使巷道布置简单、保证煤层切割与留设煤柱少、煤炭回收率高、工作面推进度快、采空区漏风少。这样可使煤炭自燃的条件难于得到满足，降低自然发火的可能性。《煤矿安全规程》规定：开采容易自燃和自燃的煤层（薄煤层除外）时，采煤工作面必须采用后退式开采，并根据采取防火措施后的煤层自然发火期确定采区开采期限。在地质构造复杂、断层带、残留煤柱等区域开采时，应根据矿山地质和开采技术条件，在作业规程中另行确定采区开采方式和开采期限。回采过程中不得任意留设设计外煤柱和顶煤。采煤工作面采到停采线时，必须采取措施使顶板冒落严实。

（5）漏风条件

只有向采空区不断地供氧，才能促使煤炭氧化自燃，即采空区漏风是煤炭自燃的必要条件。但是，当漏风风流过大时，氧化生成的热量可被风流带走，不会发展成为自燃火灾，所以，必须既有风流通过且风速又不太大时，煤炭才会自然发火。采空区中、压碎的煤柱以及煤巷冒顶和垮帮等地点，往往具备这样的条件，因此这些地点容易发生自燃火灾。

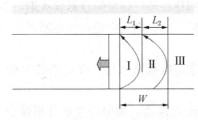

图 4-3　采空区散热、自燃、窒息三带分布示意图

对于"U"形通风系统的采空区，按漏风大小和遗煤发生自燃的可能性可分为三带（图 4-3）：散热带 I（宽度为 L_1）、自燃带 II（宽度为 L_2）和窒息带（不自燃带）III。靠近工作面的采空区内冒落岩石处于自由堆积状态，空隙度大，漏风大，氧化产生热量小而散发热量多，故不能发生自燃，叫做散热带。其宽度为 5～20 m。自燃带 II 中岩石的空隙度较小，因而漏风小，蓄热条件较好，如果该带的条件保持时间超过其自然发火期，就可能自燃。故此带称为自燃带。其宽度取决于顶板岩性、工作面推进速度、漏风通风压差，一般宽度为 20～70 m。自燃带向采空区内部延伸，便是窒息带 III。由于该带距工作面较远，漏风甚小或消失，氧浓度低，不具备自燃条件。故此带处于惰化状态，已经发生自燃的遗煤也能窒息，故叫做窒息（不自燃）带。

设自燃带的最大宽度为 L_1+L_2，工作面的推进速度为 v，自然发火期为 τ_s，在自燃带内煤暴露于空气的最长时间为 τ（月），当：

$$\tau_s \leqslant (L_1+L_2)/v \tag{4-1}$$

说明自燃带内有 $\Delta L = L_1 + L_2 - v\tau_s$ 宽度存在时间超过自然发火期，有自燃危险。而采空区自燃带最大宽度取决于顶板管理。根据顶板的岩石冒落特点，采用与岩性相适应的顶板管理方法，减小 L_1+L_2 之值，即可减小自然发火的危险性。

由此可见，采空区遗煤自燃与否主要取决于工作面的推进速度和自燃带最大宽度 L_1+L_2。另外，煤层群开采的顺序以及同采时的错距不合理会增大采空区自然发火的危险性。

有的学者通过研究引起煤炭自燃的风速值范围，认为风速为 0.4～0.8 m/min 时最容易引起自燃，并将其称为易自燃风速；另一些学者认为易自燃风速为 0.10～0.24 m/min。然而对于采空区，部分学者认为当其单位面积上漏风量大于 1.2 m³/(min·m²) 或小于 0.06 m³(min·m²) 时都不会自燃，最危险的漏风量是 0.4～0.8 m³/(min·m²)。

4.5　矿井火灾预测与预报

自然发火的预测技术是指在煤处于低温氧化阶段（即潜伏期），还未出现自然发火征兆之前，仅根据煤的氧化放热特性和实际开采条件，超前判断松散煤体自燃的危险程度、自然发火期及易自燃区域的一种技术。

根据煤田地质勘探或在矿井开采的过程中，所采集的煤样的分析化验结果和自然发火的统计资料，判定待开采煤层的自燃严重程度及其在空间上的分布规律，为合理确定矿井开拓方式、采煤方法以及有针对性制定防灭火措施提供可靠的依据。

4.5.1　煤层自燃倾向性的鉴定方法

《煤矿安全规程》规定"新建矿井的所有煤层的自燃倾向性由地质勘探部门提供煤样和资料，送国家授权单位作出鉴定，鉴定结果报省级煤矿安全监察机构及省（自治区、直辖市）负责煤炭行业管理的部门备案。生产矿井延深新水平时，也必须对所有煤层的自燃倾向性进行鉴定"。鉴定煤的自燃倾向性是判断煤自燃可能性的重要依据，也是合理确定矿井开拓方式、采煤方法，拟定防灭火措施的重要依据。

测定煤的自燃倾向性方法很多，我国从 20 世纪 50 年代至 80 年代，一直沿用着火温度降低值测定法；近年来我国主要采用吸氧量测定法，此外，近几年又出现一种新鉴定方法——煤自燃倾向性的氧化动力学鉴定方法，该方法已于 2007 年 11 月通过了中国安全生产标准化技术委员会煤矿安全分技术委员会专家的评审，被批准列入国家安全生产行业标准。

1）着火温度降低值测定法

着火温度降低值测定法是使用较普通的一种方法，它是根据煤低温氧化后，着火温度降低值的不同，确定煤的自燃倾向性指标。即：自燃倾向大的煤，易于氧化，它的着火温度降低值大；自燃倾向小的煤，较难氧化，它的着火温度降低值较小。用煤氧化前后的着火温度差作为煤的自燃倾向性指标。

2）吸氧量测定法

煤在一定温度时的吸氧量越大，表明越易被氧化，因此越易自燃。所以可以用定温下吸氧量的大小来衡量煤的自燃倾向性。

以每克干煤在常温（30 ℃）、常压（$1.013\ 3 \times 10^5$ Pa）下的吸氧量作为分类的主指标，配以工业分析等参数，确定煤的自燃倾向性指标，如表 4-1、表 4-2 所列。具体鉴定方法见《煤自燃倾向性色谱吸氧鉴定法》（GB/T 20104—2006）。

表 4-1　　　　　　煤样干燥无灰基挥发分 $V_{daf} > 18\%$ 时自燃倾向性分类

自燃倾向性等级	自燃倾向性	煤的吸氧量 $V_d/(cm^3/g)$
Ⅰ	容易自燃	$V_d > 0.70$
Ⅱ	自燃	$0.40 < V_d \leqslant 0.70$
Ⅲ	不易自燃	$V_d \leqslant 0.40$

表 4-2　　　　　　煤样干燥无灰基挥发分 $V_{daf} \leqslant 18\%$ 时自燃倾向性分类

自燃倾向性等级	自燃倾向性	煤的吸氧量 $V_d/(cm^3/g)$	全硫 $S_Q/\%$
Ⅰ	容易自燃	$V_d \geqslant 1.00$	$\geqslant 2.00$
Ⅱ	自燃	$V_d < 1.00$	
Ⅲ	不易自燃		< 2.00

3）氧化动力学测定法

该方法通过测试在程序升温条件下煤样温度达 70 ℃时煤样罐出气口氧气浓度和之后的交叉点温度，得出煤自燃倾向性的判定指数，根据该指数对煤自燃倾向性的分类作出鉴定。具体鉴定方法见《煤自燃倾向性的氧化动力学测定方法》（AQ/T 1068—2008）。

4.5.2　矿井火灾的预测预报

煤炭自然发火早期预测预报就是根据煤自然发火过程中出现的征兆和观测结果，判断自燃，预测和推断自燃发展的趋势，给出必要的提示和警报，以便及时采取有效的防治措施。煤自然发火早期预测预报最重要的是要体现一个"早"字，也就是要捕捉煤在低温氧化时所隐含的微弱变化的信息（这种信息可能是煤低温氧化时的升温速率或是某种标志气体的产生或变化特征，也可能是低温氧化时释放出气味的微弱变化等），并根据这些信息对煤自然发火进程进行预测预报。

矿井火灾预报的方法，按其原理可分利用人体生理感觉预报自然发火、气体成分分析法和测量井下发热体温度预测自然发火。

1）利用人体生理感觉预报自然发火

（1）嗅觉。可燃物受高温或火源作用，会分解生成一些正常时大气中所没有的、异常气味的火灾气体。例如煤炭自热到一定温度后出现具有煤油味、汽油味和轻微芳香气味非饱和碳氢化合物；橡胶、塑料制品在加热到一定温度后，会产生烧焦味。人们利用嗅觉嗅到这些火灾气味，则可以判断附近的煤炭和胶塑制品在燃烧。

（2）视觉。煤炭氧化自燃初期生成水分，往住使巷道内湿度增加，出现雾气或在巷道壁挂有平形水珠；浅部开采时，冬季在地面钻孔或塌陷区处发现冒出水蒸气或冰雪融化的现象。当然井下两股温度不同的风流汇合处也可能有雾气出现，同时透水事故的前兆也会有水珠出现。因此，在井下发现雾气或水珠时，要结合具体条件加以分析，得到正确的结论。

（3）温度感觉。煤炭自燃或自热、可燃物燃烧会使环境温度升高，因此，从该处流出的水和空气的温度较正常时高。

（4）疲劳感觉。煤炭氧化自燃过程中，从自热到自燃阶段都要放出有害气体（如二氧化碳、一氧化碳等），这些气体能使人头痛、闷热、精神不振、不舒服、有疲劳感觉。因此，当井下出现这种现象时，如果是多数人的感觉，那更要提高警惕，查明原因，以防煤层自然发火。

当上述征兆发展到较明显的程度时，人的感官是可以识别煤炭早期自燃的。但是，人的感觉总是带有相当大的主观性，同时，人的感觉与人的健康状况和精神状态也有很大关系，因此，人的直接感觉不是早期识别煤炭自燃的可靠方法，所以还必须使用仪器仪表来识别煤炭自燃的发生。

2）气体成分分析法

用仪器分析和检测煤在自燃和可燃物燃烧过程中释放出的烟气或其他气体产物，预报火灾。

（1）指标气体及其临界指标

能反映煤炭自热或可燃物燃烧初期特征的、并可用来作为火灾早期预报的气体称指标气体。指标气体必须具备如下条件：① 灵敏性，即正常大气中不含有，或虽含有但数量很少且比较稳定，一旦发生煤炭自热或可燃物燃烧，则该种气体浓度就会发生较明显的变化；② 规律性，即生成量或变化趋势与自热温度之间呈现一定的规律和对应关系；③ 可测性，可利用现有的仪器进行检测。

（2）常用的指标气体

① 一氧化碳（CO）。CO 生成温度低，生成量大，其生成量随温度升高呈指数规律增加，是预报煤炭自燃火灾的较灵敏的指标之一。在正常时若大气中含有 CO，则采用 CO 作为指标气体时要确定预报的临界值。确定临界值时一般要考虑下列因素：各采样地点在正常时风流中 CO 的本底浓度；临界值时所对应的煤温适当，即留有充分的时间寻找和处理自热源。

② Graham 系数 I_{co}。J. J. Graham 提出了用流经火源或自热源风流中的 CO 浓度增加量与 O_2 浓度减少量之比作为自然发火的早期预报指标。根据 Graham 指数预报矿井火灾时，不同的矿井有不同的临界指标。

③ 乙烯。实验发现，煤温升高到 80～120 ℃后，会解析出乙烯、丙烯等烯烃类气体产物，而这些气体的生成量与煤温成指数关系。一般矿井的大气中是不含有乙烯的，因此，只要井下空气中检测出乙烯，则说明已有煤炭在自燃了。同时根据乙烯和丙烯出现的时间还可推测出煤的自热温度。

④ 其他指标气体。国外有的煤矿采用烯炔比（乙烯和乙炔之比）和链烷比来预测煤的自热与自燃。

（3）连续自动检测系统

现在大多数矿井使用束管监测系统连续监测井下空气成分变化，图 4-4 为束管检测系统示意图。该系统利用抽气系统将井下测点气体经过束管抽到井上，经气体选取器依次将不同测点的气样送往色谱仪进行分析。

其优点为采取气样比较及时，能连续监测，分析数据比较精确可靠，现已成为自然发火早期预报的主要手段之一。

当然束管法也有不足之处，当输送井下气体到井上的管路长时，取样时间较长，且管理难度较大，管路易发生漏气、堵塞等情况，影响束管的使用效果。

为解决这些问题，束管技术又应用了电信号和光缆传输等新技术，即把抽气系统移到井下，使用传感器测量气体浓度，然后把电信号通过电缆或光缆传输到井上计算机进行实时显示。

3）测量井下发热体温度预测自然发火

煤炭自燃的过程中，在自热期后阶段，由于氧化加剧，产生热量增加，使煤体及其周围温度升高。因此，测量发热体及其周围的温度变化是确定煤炭自燃状态的重要参数。

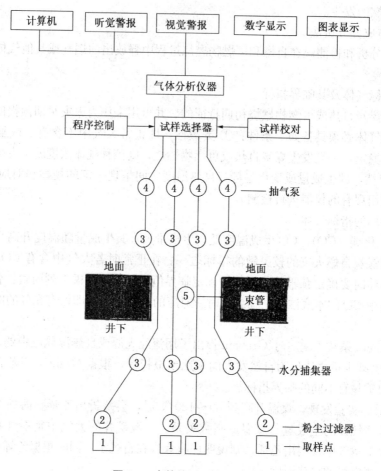

图 4-4　束管检测系统示意图

（1）直接测温法

就是在不破坏现有温度场的情况下，把温度传感器布置在煤炭的易自燃区域，观测煤体温度随时间的变化趋势，从而判断煤炭自燃的发展阶段和发展趋势。

直接测温法是通过人工，或在钻孔内安设的温度探测器，或在某些区域内布置的温度探头、热敏电缆及其无线电发射装置，根据测定的温度和接收到的信号变化来判断煤层是否发生自然发火。温度传感器的精度要高，并且稳定可靠，达到测温要求，而预测预报的关键是煤的自燃不能超过自热期。因此，温度传感器应根据这一要求选择，即在 $0 \sim 150\ ℃$ 之间。目前，用于煤炭自燃测温的传感器主要有热电偶、铂电阻、半导体传感器等。

（2）红外线探测火源

红外探测技术的原理：发光物体在发出可见光的同时，还发出一系列不可见的其他电磁波，如红外电磁波等，火源也是如此。在隐蔽地点，当煤自燃的条件形成后，煤层温度逐渐增高的同时，其红外辐射场的强度也在逐渐增大。

依据红外探测技术的原理研制出来的仪器不同于一般的直读式仪器，它不能够直接读出某一测定的温度，只能读出该测点的红外辐射场强度，还必须对根据各探测点的位置和测得的红外场强度画出曲线，并对之进行分析和解释。

红外探测技术在矿井防灭火中方便实用、准确性较高。它的作用，一是进行防火预测，二是进行隐蔽火源探测。

4.6　矿井内因火灾防治技术

煤炭内因火灾的防治较为复杂。根据煤炭自然发火的机理和条件，通常从开采技术、通风措施、介质法防灭火三个方面采取措施进行预防。

4.6.1　开采技术预防自然发火

开采有自然发火危险的煤层时，正确的选择开拓系统和开采方法是提高矿井先天防火能力的关键措施。过去有些矿区由于开拓系统不正确，采煤方法不合理，自燃火灾不断出现，甚至有的矿区造成了"火烧联营"的局面，严重地影响了生产。后来，改革了开拓系统和采煤方法，扑灭了老火区，从根本上解决了减少了煤炭自然发火的内在因素，从而大大减少了发火次数，解放了因有自燃火灾危险而不能开采的煤量，使生产走上正轨。

1) 井下易于自燃的区域

根据统计分析，采空区、煤柱、断层附近、煤巷高冒处、煤巷巷帮和碹后、破碎带、上下隅角、地质构造破碎带和起采及停采线等地点都是自燃火灾的多发场所。其中，自然发火发生在采空区、巷道及其他地点的分别占 60%、29% 和 11%。

(1) 采空区。自燃火区主要分布在有碎煤堆积和漏风同时存在、时间大于自然发火期的地方。从已发生自燃的火区分布来看，多煤层联合开采和厚煤层分层开采时，采空区自燃火源多位于停采线和上、下顺槽附近，即所谓的"两道一线"；中厚煤层采空区的火区大多位于停采线和进风道。当采空区有裂隙与地表或其他风路相通时，在有碎煤存在的漏风路线上都有可能发火。

(2) 煤柱。尺寸偏小、服务期较长、受采动压力影响的煤柱，容易压酥碎裂，其内部产生自然发火。

(3) 巷道顶煤。采区石门、综采放顶煤工作面沿底掘进的进回风巷等，巷道顶煤受压时间长，压酥破碎，风流渗透和扩散至内部（深处），便会发热自燃。综采放顶煤开采时上下巷顶煤发火较严重。

(4) 断层和地质构造附近。工作面搬家和不正常推进以及工作面过地质构造带或破碎带都是煤自燃发生频率较高的区域。

2) 开拓开采技术预防自然发火的措施

从防止矿井自然发火的角度出发，开拓开采技术总的要求是：① 提高回采率，减少丢煤，即减少或消除自燃的物质基础。② 限制或阻止空气流入和渗透至疏松的煤体，消除自燃的供氧条件。对此，可从两方面着手：一是消除漏风通道，二是减小漏风压差。③ 使流向可燃物质的漏风，在数量上限制在不燃风量之下，在时间上限制在自然发火期以内。为满足上述要求，通常应采取以下技术措施：

(1) 合理确定开拓方式

① 尽可能采用岩石巷道。开采有自燃倾向性的煤层，应尽可能采用岩石巷道，以减少煤层切割量，降低自然发火的可能性。对于集中运输巷和回风巷、采区上山和采区下山等服务年限长的巷道，如果布置在煤层里，一是要留下大量的护巷煤柱；二是煤层受到严

重的切割，其后果是增大了煤层与空气接触的暴露面积，而且煤柱容易受压碎裂，自然发火几率必定增加。

②分层巷道垂直重叠布置。厚煤层分层开采时，如果分层区段平巷采用倾斜布置的方式（内错式或外错式），容易给自然发火留下隐患。因此，各分层巷道应采用垂直重叠方式布置，即各分层区段平巷沿铅垂线呈重叠式布置。这种布置方式的优点是：可以减小煤柱尺寸甚至不留煤柱，消除区段平巷处煤体自燃的基本条件；区段巷道受支承压力的影响较小，维护比较容易。

③分采分掘布置区段巷道。在倾斜煤层单一长壁工作面，过去习惯于采用双巷掘进方式，即同时掘出上区段的运输平巷和下区段的回风平巷，且在两条巷道之间的护巷煤柱中一般每隔 80~100 m 开一条联络巷（见图 4-5）。随着工作面的推进，这些联络巷被封闭遗留在采空区内。护巷煤柱经联络巷的切割和采动的影响，极容易受压破裂，加之联络巷很难严密封闭，致使处于采空区的区段煤柱极易自然发火。因此，从防火角度出发，区段平巷应分采分掘，即准备每一区段时只掘出本区段的区段平巷，而下区段的回风平巷等到准备下一区段时再进行掘进。同时，上下区段的区段平巷间不应掘联络巷（见图 4-6），这样，可减少上区段间的漏风，减少自然发火的机会。

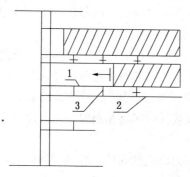

图 4-5　上下区段分采同掘

1——工作面运输巷；2——下区段
工作面回风巷；3——联络巷

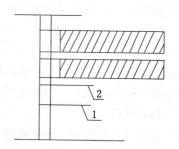

图 4-6　上下区段分采分掘

1——工作面运输巷掘进头；
2——下区段工作面回风巷掘进头

④推广无煤柱开采技术。采用留煤柱护巷时，不但浪费煤炭资源，而且遗留在采空区中的煤柱也给自然发火创造了条件。采用无煤柱护巷时，取消了煤柱，也就消除了由此带来的煤炭自燃隐患。近年来，无煤柱护巷方式已获得广泛应用，将阶段大巷和采区上（下）山设在煤层底板岩层中，采用跨越式开采，不留大巷煤柱和上（下）山煤柱；区段巷道采用沿空掘巷或沿空留巷，取消区段煤柱和采区区间煤柱等措施，对抑制煤柱自然发火起了十分重要的作用，使自然发火率明显降低。

在确定开拓方式和采取巷道布置时，还要考虑有利于通风系统防火及均压防灭火等有关通风系统管理的要求。

2）选择合理的采煤方法

（1）长壁式采煤方法的巷道布置简单，采出率高，有较大的防火安全性，特别是综合机械化的长壁工作面，回采速度快、生产集中、单产高，在相同产量的条件下煤壁暴露的时间短、面积小，对于防止自然发火非常有利。应用综合机械化采煤，这样既可提高煤炭产量，又可在空间上、时间上减少煤炭的氧化。

（2）在合理的采煤方法中也应包括合理的顶板管理方法。我国长壁式开采一般采用全部垮落法管理顶板，在顶板岩性松软、易冒落、碎胀比大，且很快压实形成再生长顶板的工作面，空气难以进入采空区，自燃危险性小。但如果顶板岩层坚硬，冒落块度大，采空区难以充填密实，漏风与浮煤堆积易造成自燃火灾。可通过灌浆或用水砂充填等充填法管理顶板，以减小煤的自燃危险性。

（3）选择先进的回采工艺和合理的工艺参数，以便尽可能提高回采率，加快回采进度。要根据煤层的自燃倾向、发火期，采矿、地质开采条件以及工作面推进长度，合理确定回采速度，以期在自然发火期以内将工作面采完，且在采完后立即封闭采空区。

（4）合理确定近距离相邻煤层（下煤层顶板冒落高度大于层间距）和厚煤层分层同采时两工作面之间的错距，防止上、下采空区之间连通。

（5）选择合理的开采顺序。

合理的开采顺序是：煤层间采用下行式，即先采上煤层，后采下煤层；上山采区先采上区段，后采下区段，下山采区与此相反；区段内先采上区段，后采下区段。而反常规的短期行为往往是先吃"肥肉"，后啃"骨头"，其结果是采区内巷道维护困难，通风管理难度大，采空区漏风严重，并易形成"孤岛"工作面，对防止煤炭自然发火十分不利。

4.6.2　通风措施防治自然发火

通风措施防治自然发火的原理就是通过选择合理的通风系统和采取控制风流的技术手段，以减少漏风，消除自然发火的供氧条件，从而达到预防和消灭自然发火的目的。

1）选择合理的通风系统

合理的通风系统可以大大减少或消除自然发火的供氧因素，无供氧蓄热条件煤是不会发生自燃的；通风不良，通风系统混乱，漏风严重的地点往往容易发生自燃火灾。因此，正确选择通风系统，减少漏风，对防止自然发火有重要作用。其措施如下：

（1）选择合理的通风系统。从全矿井来看，开采自燃煤层的大中型矿井，以中央分列式和两翼对角式通风为好。这种方式一是有利于防火，因为采区封闭后可以调节其压力，消除主要通风机风压的影响；二是便于灾变时，进行通风控制，防止主井进风流发火影响全矿井。通常情况下，结合既定的开拓方案和开采顺序，选择合适的通风方式。如前进式回采，则选用对角式通风〔图 4-7（a）〕；后退式回采，则选用中央式通风〔图 4-7（b）〕，可以减少采空区漏风，从而减少自然发火的可能性。

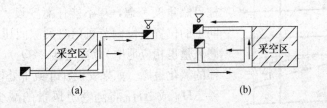

图 4-7　通风系统的选择

(a) 前进式；(b) 后退式

（2）实行分区通风。每一生产水平，每一采区都布置单独回风巷道，实行分区通风。这样既可以降低矿井通风阻力、增大矿井通风能力，减少漏风，也便于调节风量和发生火灾时控制风流、隔绝火区。当一个采区发生火灾时，能够根据救灾的需要，做到随时停风、减风或反风。这样，一旦一个采区发生火灾，就有条件防止火灾气体侵入其他采区，避免扩大事故范围。在巷道布置上，要为分区通风和局部反风创造条件。

（3）选择合理的采区和工作面通风系统。选择采区和工作面通风系统的原则也是尽量减少采空区的漏风压差，不要让新、乏风从采空区边缘流过。如采空区漏风较为严重的工作面，工作面较短时可采用后退式 U 形通风系统（见图 4-8），工作面较长时可采用后退式 W 形通风系统（见图 4-9）。

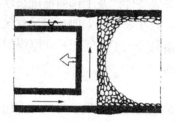

图 4-8　U 形通风系统

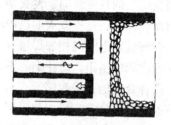

图 4-9　W 形通风系统

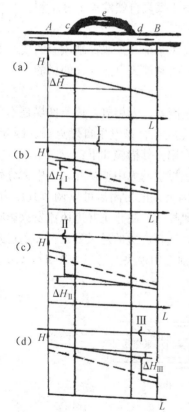

图 4-10　通风构筑物安设位置

2）增阻减少漏风防灭火

根据通风阻力定律，漏风区域的漏风量随漏风风阻的增大而减少。因此，通过增加漏风阻力减少漏风，从而起到防灭火作用也是也是常用的措施之一。

（1）合理确定通风构筑物的位置

在井下安设通风构筑物（风窗、风门、密闭墙）和辅助通风机时，应注意其位置的选择。如果位置选择不当，则会增大煤柱裂隙或采空区的漏风量，促进自燃。例如，图 4-10 的巷道 AB 间煤柱内有裂隙 ced，构成漏风通路。正常情况下因 c、d 两点间的压差（ΔH）很小，漏风量（Q_L）不大，没有引起煤柱的自燃。如因生产需要，须设置调节风门减少 AB 间的风量，那么调节风门安设在何处合适呢？从调节风量的角度考虑，安设在 AB 中的任何位置都可以。但从减少漏风、防止煤柱自燃角度考虑，却不能任意安设。因为，如果在 cd 间 I 的位置安设调节风门时裂隙间压差将增大为 ΔH_I，漏风量也相应地增为 Q_{LI}（$Q_{LI} > Q_L$），就有可能促进煤柱的氧化自燃。如果安设在 II 或 III 处，裂隙 ced 间的压差 ΔH_{II} 或 ΔH_{III} 将随巷道风量的减少而减少（$\Delta H > \Delta H_{II} = \Delta H_{III}$），漏风量也将相应地减少。一切控制风流的装置都应设在围岩坚固、地压稳定的地点，不得设在裂隙带和冒顶区内，以免增大漏风量引起自燃。

（2）堵漏措施

①沿空巷道挂帘布。在沿空巷道中挂帘布是一种简单易行的防止漏风技术，在国外

的一些煤矿中已得到应用，我国在井下进行的试验也取得了良好效果。

帘布采用耐热、抗静电和不透气的废胶质（塑料）风筒布。其铺设方法有两种：其一是在使用木垛维护巷道时，在木垛壁面与巷道支架的背面之间铺设风筒布；其二是在使用密集支柱维护巷道时，将风筒布铺设在密集支柱上。

② 利用飞灰充填带隔绝采空区。飞灰是火力发电厂在烟道中排出的尘埃。在日本、波兰、美国各国除将飞灰广泛用做防止密闭墙漏风的充填充材料外，还将它作为防治采空区周壁漏风的充填隔离带材料。波兰把飞灰填入木垛内形成隔墙；或者先在沿空巷道的支架表面喷涂一层水泥白灰浆，待其固化后，打眼插上注灰管压注飞灰，最后在巷道表面喷涂含灰砂浆。

③ 利用水砂充填带隔绝采空区。在采煤过程中，随采随即将开切眼附近、采面后部的上下平巷等处依次利用水砂浆进行充填。待工作面推进到停采线后，在停采线处也予以充填，利用水砂充填带将整个采空区隔绝。

④ 喷涂空气泡沫防止漏风。泡沫堵漏的材料很多，有二相泡沫，也有三相泡沫。二相泡沫如惰气泡沫、聚氨酯泡沫、脲醛泡沫、水泥泡沫等。近年来研制的无机固体三相泡沫对煤、岩石、木材、金属和其他材料都能很好胶结，在地压发生变动时仍能保持隔绝性能。

⑤ 凝胶堵塞漏风。凝胶是通过压注系统将基料和促凝剂两种材料按一定比例与水混合后，注入到煤体中凝结固化，起到堵漏和防火的目的。

3）均压减少漏风防灭火

均压减少漏风防灭火常简称为均压防灭火，又称为调压防灭火。其实质是利用风窗、风机、调压气室和连通管等调压设施，改变漏风区域的压力分布，降低漏风压差，减少漏风，从而达到抑制遗煤自燃、惰化火区，或熄灭火源的目的。

（1）不同调压设施局部调压的原理

① 调节风窗调压的原理

如图 4-11（a）所示，在并联风路 I 分支中安装调节风窗后，由于风路中增加了风阻，使其风量减少。风量变化引起本分支和相邻分支压力分布改变。在图 4-11（b）中，aob 和 $a'codb'$ 分别为安装风窗前、后的压力坡度线，对比两者可见：

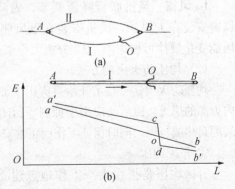

图 4-11　调节风窗调压的原理

对于 I 分支，风窗上风侧风流压能增加，下风侧风流压能降低；A 点风流压能增加，B 点风流压能降低，其增加和降低的幅度取决于风窗的阻力和该分支在网路中所处的地位；

对于 II 分支，因风量减小，风窗前后风路上的压力坡度线变缓。

由上述分析可见，风窗调压的实质是增阻减风，改变调压风路上的压力分布，达到调压目的。因此，其应用是以本风路风量可以减少为前提条件。

② 风机调压的原理

在需要调压的风路上安装带风门的风机（实质上是辅助通风机），利用风机产生的增

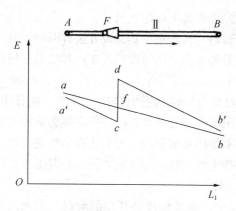

图 4-12　风机调压的原理

风增压作用，改变风路上的压力分布，达到调压目的。若在图 4-11（a）的Ⅱ分支上安装带风门的风机，且使其风量大于原来风量。调压前后Ⅱ分支压力坡度线如图 4-12 所示。afb 和 $a'cfdb'$ 分别为调压前后的压力坡度线。对比两者可见：

对于Ⅰ分支，风机的上风侧（AF 段）风流的压能降低，下风侧（FB 段）风流的压能增加；其降低和增加幅度随距风机的距离增大而减小。

对于Ⅱ分支，因风路上风量增加，故其压力坡度线变陡；在Ⅱ分支上安装风机后，对与其并联的Ⅰ分支将产生下列影响：风量减小，但减小值小于Ⅰ分支的风量增加值，减小程度取决于所安装风机的能力及其该分支在网路中的地位；压力坡度线的坡度变缓。

应该指出的是，单独使用调压风机调压是以增加风量为前提的。

③ 风窗—风机联合调压的原理

使用风窗和风机联合调压时，有增压调节和降压调节两种。

a. 风窗—风机增压调节。所谓增压调节是指使两调压装置中间的风路上风流的压能增加。为此，风机安装在风窗的上风侧。增压调节又可分为风量不变和减少两种。图 4-13（a）、（b）分别表示风量不变和风量减少时压力分布变化特点。

b. 风窗—风机联合降压调节。做降压调节时，风窗安装在上风侧，风机安装在下风侧。调压前后压能变化规律可根据图 4-13 分析做类似分析。

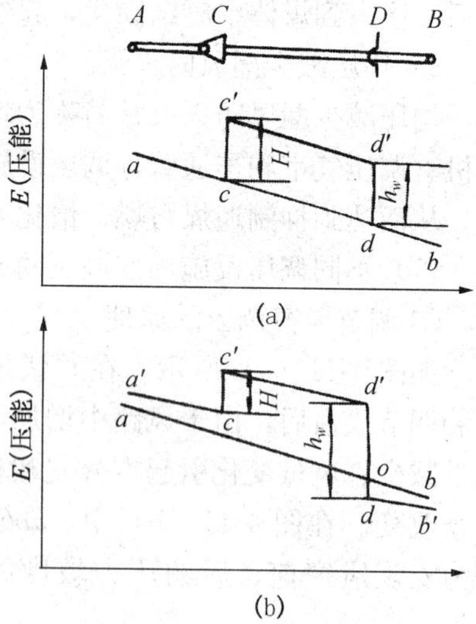

（2）均压防灭火的方法

均压防灭火这一技术开始只应用于加速封闭火区内火源的熄灭，以后又应用于抑制非封闭采空区里煤炭的自热或自燃，同时保证工作面正常安全生产。

① 开区均压

开区均压是指在生产工作地点建立均压系统，

图 4-13　风窗—风机联合增压调节

以减少采空区漏风，抑制遗煤自燃，防止一氧化碳等有毒有害气体超限聚集或者向工作区涌出，从而保证生产正常进行。生产工作面采空区煤炭自燃高温点产生的位置取决于采空区内堆积的遗煤和漏风分布。因此，采用调压法处理采空区的自燃高温点之前，必须首先了解可能产生自燃高温点的空间位置及其相关的漏风分布，以便进行有针对性的调节。常见的开区均压方法有并联漏风的均压、角联漏风的均压和复杂漏风的均压。

a. 并联漏风的均压

并联漏风是后退式回采 U 形通风系统工作面采空区扩散漏风的简化等效风路，如图 4-14 所示。

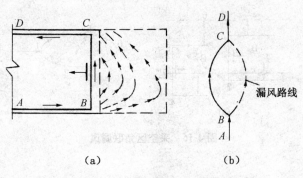

图 4-14　采空区并联漏风

在采取调压处理之前，首先应判断自燃高温火点在漏风带中的大致位置。

当自燃高温火点处于如图 4-3 所示的自燃带Ⅱ中后部（靠近窒息带）时，则可用降低漏风压差（工作面通风阻力）的方法，减小漏风带宽度，使窒息带覆盖高温点。其措施有：在工作面进风或回风中安设调节风窗，或稍稍启开与工作面并联风路中的风门 d（见图 4-15），在工作面下端设风障或挂风帘。这种方法对于减少采空区的瓦斯涌出也是有利的。

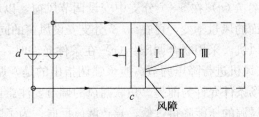

图 4-15　工作面下端挂设风帘后三带分布

高温点位于自燃带的前部（靠近散热带附近）时，采用减小风量的方法不能使其被窒息带覆盖时，一般也可采用在工作面下端挂风帘的方法来减小火源所在区域内的漏风，同时加快工作面的推进速度，使窒息带快速覆盖高温点。

如果高温点位置不好判断时，可以在工作面进风或回风中安设调节风窗，或稍稍启开与工作面并联风路中的风门。

b. 角联漏风的调压

采空区内除存在并联漏风外，还有部分漏风与其他风巷或工作面发生联系，这种漏风叫角联漏风。如图 4-16（a）所示，当同时开采层间距较近两层煤时，因两工作面间的错距较小，造成上下工作面采空区相互连通，而产生对角漏风。实际上，对角漏风可能发生在采空区的一个条带上，在研究问题时为方便起见，漏风路线简化为对角支路，如图 4-16（b）中 2—5 虚线所示。

调节角联漏风要在风路中适当位置安装风门和风机等调压装置，降低漏风源的压能，提高漏风汇的压能。如图 4-17 所示，3—6 和 4—5 为工作面，采空区内漏风通道即为角联分支，漏风方向 3→5。为了消除对角漏风，可改变相邻支路的风阻比，使之保持：

$$\frac{R_{23}}{R_{37}} = \frac{R_{25}}{R_{57}}$$

$$(4-2)$$

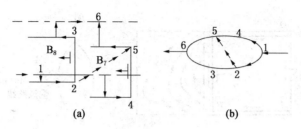

图 4-16　采空区角联漏风

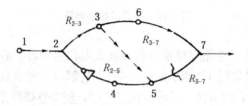

图 4-17　角联漏风的调压

据此可实施下列方案：（a）在 5—7 分支中安设调节风窗，以增大 R_{57}，提高 5 点压能。（b）如果要求工作面的风量不变，可在 5—7 分支安设风窗的同时，在 2—4 分支（工作面进风巷）安设调压风机，采用联合调压。（c）在条件允许时，还可在进风巷 2—3 安风窗，在回风巷 5—7 安风机进行降压调节。应该强调指出的是，调压所采用的各种措施应以保证安全生产和现场条件允许为前提。角联漏风的调节要注意调节幅度，防止因漏风汇的压能增加过高或漏风源的压能降得过低，导致漏风反向。为了防止盲目调节，可在进行阻力测定的基础上，根据调节压力，预先对调节风窗的面积进行估算，并在调压过程中注意火区动态监测，掌握调压幅度。

（c）复杂漏风

采空区内除存在并联漏风外，还有部分漏风与其他不明区域发生联系，但难以判断其等效风路形式，这种漏风均属复杂漏风。如具体可分为从不明区域漏入和漏出两种形式。

图 4-18 所示为风从不明区域漏入，消除这类漏风，抑制采空区遗煤自燃，通常的做法是在回风巷安设调节风门，提高工作面空气的绝对压力，为了不减少工作面的供风量，可在工作面进风巷安设风机。需要指出的是，工作面空气压力的提高应与不明区域漏风源的绝对压力平衡，以避免工作面向采空区后部漏风。

对于从工作面向不明区域漏出的情况，消除漏风，通常的做法是在进风巷安设调节风门，降低工作面空气的绝对压力，为了不减少工作面的供风量，可在工作面回风巷安设风机。

② 闭区均压

闭区均压就是在有可能发生煤炭自燃而已经密闭的区域，采取均压措施以防止煤炭自燃的发生。在已封闭的火区采取均压措施可以加速火源的熄灭。

实现闭区均压的方法很多，主要有风门或风窗调节法、调压气室法和调整通风系统法。

a. 风门、风窗调节法

　　如图 4-19 所示，在并联网路中一个分支有火区存在，可以在如图 4-19（a）所示的 1—2 分支上或如图 4-19（b）所示的 3—4 分支上安设调压风窗来减少火区两侧的压差。实际上是减少并联网路的总风量，从而降低火区两端的风压差。当然，这也会减少与火区并联网路上的分支风量。

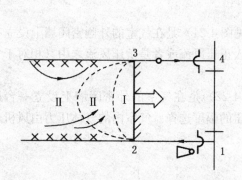

图 4-18　采空区复杂漏风

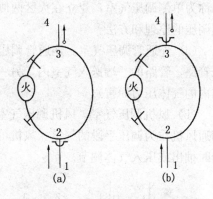

图 4-19　调压风窗对火区影响示意图

　　b. 风筒风机调节法

　　在某些情况下，防火墙 T_1 和 T_2 相距较近，如要调节封闭区域 T_1 或者 T_2 中的风压，可以使用风筒风机调节。如图 4-20 所示，如果只需要调节密闭墙 T_1（进风侧密闭墙）的风压，可以把风机设在防火墙 T_1 外部，并在风机前接上风筒，同时使风筒的出口超越密闭墙 T_2 所在分支一段距离（设在分支 2—3 中），这样不会影响防火墙 T_2 处的风压状态，如图 4-20（a）所示。如果只需调节防火墙 T_2 处的压力状态，可以在风机的后方联上风筒，而将风机设于防火墙 T_2 外部分支中，风筒的吸风口则设于分支 1—2 中不影响防火墙 T_1 的风压状态的地方，如图 4-20（b）所示。

　　c. 调压气室均压法

　　在封闭火区的密闭墙外侧建立一道辅助密闭墙，并在辅助密闭墙上设置调压装置调节

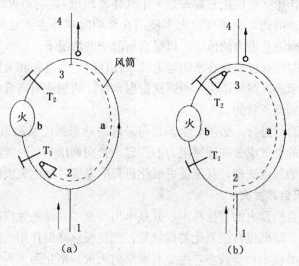

图 4-20　风筒风机调节法示意图

两密闭墙之间的气体压力，使之与火区内空气压力趋于平衡，为此目的而构筑的气室，称之为调压气室。调压气室根据使用调压设备不同，分为连通管调压气室和风机调压气室两种。

为了保证调压气室的可靠性，调压气室一般采用砖石砌筑。调压气室建立在火区一侧的称为单侧调压气室，建立在火区两侧的称为双侧调压气室。以下以单侧调压为例介绍气室调压的原理和方法。

（a）连通管调压气室。连通管调压气室（见图4-21）是在气室的外侧密闭墙上设立一条管路，管路的一端送入气室内，另一端则送入正压风流或者是负压风流之中（相对于气室内的气体压力而言）。

（b）风机调压气室。风机调压气室（见图4-22）是在气室的外密闭墙上设立一台局部通风机作为调压手段的气室。风机可根据调压的幅度选择。气室内的气体压力由风机运转时抽出或压入气体调节。

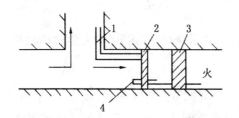

图 4-21　连通管调压气室示意图
1——调压管；2——辅助密闭；
3——密闭；4——压差计

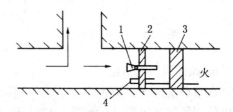

图 4-22　风机调压气室示意图
1——风机；2——气室密闭；
3——永久密闭；4——压差计

两种调压气室，以连通管调压气室较简便、经济。调压气室在实际应用中，其长度大多数情况下都不超过 10 m，一般为 5～6 m。

它的作用是使火区密闭墙里两端的压差接近于零，减少或杜绝向火区的漏风。实质上也是一个密闭墙的作用（可以把它看做是一个气体密闭墙），它对火区附近巷道内的压力状态没有什么影响。因此，调压气室大多使用在要消除矿井主要通风机对火区的直接影响，而又不对火区附近巷道内的风压、风量有所改变的情况下。

调压气室均压时可通过安设在密闭墙上的水柱计测定气室和和火区间的压差。当水柱计的示值为零时表示火区漏风消失，否则应根据水柱计两侧液面高低和变化，采取相应的措施进行调整，达到调压目的。

为了避免调压盲目进行，必须对全矿井与采区的通风系统及漏风风路有清楚的了解，并且经常进行必要的空气成分和通风阻力的测定。否则调压不当时能造成假象，使火灾气体向其他不易发现的地点流动，甚至促进氧化过程的发展，加速火灾的形成。

4.6.3　介质法防灭自然发火

介质法是防灭自然发火的直接技术，其基本出发点：一是消除或破坏煤自然发火基本条件中的供氧条件，降低煤自燃氧化的供氧量；二是吸热降温作用，延缓和彻底阻止煤自然发火的进程。这类技术种类较多，主要有灌浆防灭火、惰化防灭火、阻化防灭火、凝胶防灭火以及泡沫防灭火等技术。

1) 灌浆防灭火

《煤矿安全规程》规定：开采容易自燃和自燃的煤层时，必须对采空区、突出和冒落孔洞等空隙采取预防性灌浆等措施。

灌浆就是把黏土、粉碎的页岩、电厂飞灰等固体材料与水混合、搅拌，配制成一定浓度的浆液，借助输浆管路注入或喷洒在采空区里，达到防火和灭火的目的。

(1) 灌浆防灭火的机理

① 泥浆中的沉淀物将碎煤包裹起来，隔绝或减小煤与空气的接触和反应面；

② 浆水浸润煤体，增加煤的外在水分，吸热冷却煤岩，减缓其氧化进程；

③ 沉淀物充填于浮煤和冒落的岩石缝隙之间，堵塞漏风通道，减少漏风。

灌浆防火的实质是，抑制煤在低温时的氧化速度，延长自然发火期。

(2) 灌浆系统

灌浆系统由制浆设备、输浆管道和灌浆钻孔三部分组成。

① 浆液的制备

a. 制浆材料的选取。制浆材料必须满足下述基本要求：不含可燃或自燃成分；不含催化物质；粒度不大于 2 mm，粒度小于 1 mm 的细小颗粒所占比例要达到 75％；相对密度一般要求为 2.5～2.6；收缩量尽可能小，含砂量不超过 30％；易于加水制成泥浆；易于脱水，同时还具有一定的稳定性。

选取的材料除满足上述的基本性能要求外，还要求其来源丰富，运输和加工成本低廉，尽量不占或少占耕地和良田。

煤矿中应用最多的灌浆材料是黄土；在无土可取时，可采用破碎后的页岩、破碎后的矸石、热电厂的炉灰等作为代用材料，在实践中也取得了很好的防灭火效果。

b. 浆液的制备工艺。泥浆的制备由搅拌机完成，按搅拌机的运动方式可分为固定式和行走式两种。泥浆搅拌池应分成两格，一池浸泡，一池搅拌，轮换使用。浆池的容积，一般按 2 h 灌浆量计算，其底部有向出口方向 2％～5％ 的坡度，在泥浆引灌浆管前应设两层过滤筛子（孔径分别为 15 mm 和 10 mm），在注浆时应及时清除筛前的渣料。

② 浆液的输送

a. 输浆压力与输浆倍线。输送浆液的压力有两种，一是利用浆液自重及浆液在地面入口与井下出口之间高差形成的静压力进行输送，叫静压输送；当静压不能满足要求时应采用加压输送。前者使用较多。输浆倍线表示输浆管路阻力与压力之间关系，用 N 表示。

静压输送时：
$$N=\frac{L}{H} \tag{4-3}$$

加压输送时：
$$N=\frac{L}{H+h} \tag{4-4}$$

式中　L——浆液自地面管路的入口至灌浆区管路的出口管线总长度，m；

　　　H——浆液入出口之间的高差，m；

　　　h——泥浆泵的压力，m。

倍线一般控制在 3～8 之间。过大时，应加压；过小时，容易发生裂管跑浆事故，可在适当的位置安装闸阀进行增阻。

b. 灌浆管道的选择。当管道中浆液恰好处于无沉积的悬浮状态时的流速称为临界流速（V_c），也叫不淤流速。在这个流速下输送浆液，既能保证不淤积、不堵管，而且消耗的能量又最小。因此，临界流速是重要参数。与临界流速对应的管径叫做临界管径 d_c，两者的关系为：

$$V_c = \frac{4Q_m}{3\,600\pi d_c^2} \quad \text{或} \quad d_c = \frac{1}{30}\sqrt{\frac{Q_m}{\pi V_c}} \tag{4-5}$$

灌浆量 Q_m 值一定时，与 Q_m 对应的（d_i，V_i）有很多组，可采用试算法确定 d_c。

c. 灌浆钻孔。利用钻孔代替矿井输浆干管具有选点灵活，节省干管，投资少，维护费用低等优点，在岩层条件好、埋藏较浅时，应优先考虑采用，在有裂隙的岩层，应下套管。

（3）灌浆防火方法

按与回采的关系分，预防性灌浆有：采前预灌、随采随灌和采后封闭灌浆等三种。

① 采前预灌

所谓采前预灌即是在工作面尚未回采前对其上部的采空区进行灌浆。这种灌浆方法适用于开采老窑多的易自燃、特厚煤层。这种灌浆方法是针对开采煤层特厚，老空过多，极易自燃的矿区发展起来的。采前预灌浆的方法有：利用小窑灌浆、掘进消火道灌浆，后来发展到布置钻孔灌浆。其目的是充填小窑老空、消灭老空蓄火、降温、除尘、排出有害气体、黏结碎煤、实现老空复采。

② 随采随灌

随采随灌是指在采煤工作面推进的同时向采空区灌注泥浆。其形式又分为：钻孔灌浆、小巷道钻孔灌浆、埋管灌浆及洒浆等。

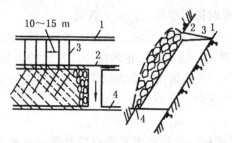

图 4-23　钻孔灌浆示意图
1——底板消火道；2——回风道；
3——钻孔；4——工作面进风巷

a. 钻孔灌浆。该方法是在开采煤层附近已有的巷道或是专门开凿的灌浆巷道中，每隔 10～15 m 向采空区打钻孔灌浆，如图 4-23 所示。钻孔直径一般为 75 mm。

b. 小巷钻孔灌浆。该方法是为了减少钻孔深度，沿灌浆巷道每隔 20～30 m 开一小巷道，在此小巷道内向采空区打钻孔灌浆，如图 4-24 所示。

c. 埋管灌浆。该方法是在放顶前沿回风巷道在采空区预先铺好灌浆管，放顶后立即进行灌浆。随着工作面的推进，按放顶步距用回柱绞车逐渐向外牵引灌浆管，牵引一定距离灌一次浆。

d. 洒浆。该方法是从灌浆管接出一段胶管，沿工作面方向向采空区均匀地洒浆。洒浆量要充足，使采空区新冒落的矸石能被泥浆均匀地包围。洒浆通常作为管道灌浆的一种补充手段，使整个采空区，特别是采空区下半部分也能灌到足够的泥浆。

e. 综采工作面插管灌浆。该方法是注浆主管路沿工作面倾斜铺设在支架的前连杆上，每隔 20 m 左右预留一个三通接头，并安装分支软管和插管，将插管插入支架掩护梁后面的垮落岩石内灌浆，如图 4-25 所示，插入深度应不小于 0.5 m。工作面每推进两个循环，注浆一次。

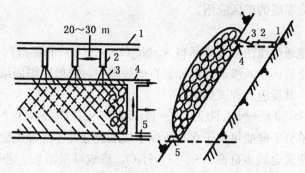

图 4-24　小巷道钻孔灌浆示意图

1——底板消火道；2——钻窝巷道；3——钻孔；

4——回风道；5——工作面进风巷

随采随灌法灌浆能及时将顶板冒落线后的采空区灌足泥浆，防火效果比较好，特别适用于发火期短的煤层。但是该方法缺点是：管理不好会使运输巷道积水，泥浆进入工作面等，恶化工作面环境，影响生产。

③ 采后灌浆

采后灌浆，即在工作面采完封闭后进行灌浆。采后灌浆充填封闭的采空区，特别是最易自然发火的停采线，可防止发生自燃火灾。采后灌浆可以在封闭停采线的上部密闭墙上

图 4-25　综放面插管灌浆

插管灌浆，也可以由邻近巷道向采空区上、中、下三段分别打钻灌浆。采后灌浆适用于发火期较长的煤层，灌浆工作在时间上和空间上都不受回采工作的限制。

（4）预防性灌浆注意事项

有的矿井在灌浆区采掘时曾发生过溃浆事故，造成严重损失。为了防止这类事故发生，灌浆时应注意下列事项：

① 经常观察水情。采空区灌入水量与排出水量均应详细记录，若排出水量很少时，则表明灌浆区内可能有大量泥浆水积存，应停止灌浆，采取放水措施。若排出的水中泥砂量增大，则说明采空区中可能形成了泥浆通道，使泥浆不能均匀充填煤矸间空隙，而直接流到采空区下部被排出，此时应在泥浆中加入砂子和石灰填塞通道。

② 灌浆后应再灌几分钟清水，清洗管道，以免泥浆在管道内沉淀。

③ 设置滤浆密闭。在灌浆区下部巷道中必须用滤浆密闭将灌浆区和工作区隔开，而且要求滤浆密闭有一定的强度，防止崩浆事故发生。

④ 防止地表水流入井下。在煤层浅部灌浆时，要及时填塞地表塌陷坑及钻孔，防止地表水流入井下。

⑤ 灌浆区下部采掘。在灌浆区下部进行采掘前，必须对灌浆区进行检查，一旦发现有积水，必须打钻放水后，才能进行采掘工作。

2）凝胶防灭火

凝胶防灭火技术是 20 世纪 90 年代在我国广泛应用的新型防灭火技术。多用于井下局部煤体高温或发火的防灭火处理，由于其工艺简单，操作方便，防灭火效果较好，很快在

全国开采有自燃危险煤层的矿区应用。

（1）原理

凝胶防火技术是通过压注系统将基料（$x\mathrm{Na_2O \cdot ySiO_2}$）和促凝剂（铵盐）两种材料按一定比例与水混合后，注入渗透到煤和岩石的裂隙中，成胶后则固结在煤体中，起到堵漏和防灭火的目的。其反应方程式如下：

$$\mathrm{Na_2SiO_3 + NH_4HCO_3 = H_2SiO_3 + Na_2CO_3 + NH_3 \uparrow}$$

刚开始生成的单分子硅酸可溶于水，所以生成的硅酸并不立即沉淀。随着单分子硅酸生成量的增多，逐渐聚合成多硅酸 $x\mathrm{SiO_2 \cdot yH_2O}$，形成硅酸溶胶。若硅酸浓度较大或向溶液中加入电解质时，溶液丧失流动性，形成胶冻状凝胶。凝胶防灭火具有如下特点：

① 吸热降温作用。凝胶的生成反应是吸热反应，据测定，1 m³ 凝胶的吸热量大于 4 MJ；凝胶的含水量大于 90%，25 ℃时水的汽化热为 2.5 MJ/kg。因此，凝胶对煤体可起到吸热降温作用。

② 堵漏风作用。凝胶成胶时间可调。成胶前具有良好的流动性，可以充分渗透到煤的缝隙中；成胶后具有固体性质，有一定强度，一般大于 2 kPa，能堵住漏风通道，防止漏风。

③ 保水作用。凝胶的含水量大于 90%，硅酸所形成的立体网状结构能有效地阻止水的流失。在井下潮湿封闭条件下，凝胶一个月的体积收缩率小于 20%，一定时期内能有效地起着堵漏风作用。

④ 阻化作用。凝胶无论其原料还是最终产物都对煤体具有阻化作用，尤其是成胶后能覆盖于煤体表面，阻止其氧化。

⑤ 成胶材料来源广泛，成本低廉，压注工艺简单，操作方便。

（2）凝胶防灭火工艺

水玻璃与水混合形成 A 液，促凝剂与水混合形成 B 液，两液按一定比例混合后利用地面灌浆系统注入使用地点。注胶结束后，立即用清水冲洗溶液箱及管路。其工艺主要有以下两种。

① 双箱双泵工艺

如图 4-26 所示。A 液箱中注入水玻璃溶液（浓度一般为 8%～10%），B 液箱中注入促凝剂溶液（浓度一般为 5%～6%），A 液、B 液分别由 A 泵、B 泵压出，调节 A、B 两泵出口压力和流量，使 A 液、B 液在混合器处按一定比例混合均匀，最后注入充填地点。

② 双箱单泵工艺

其工艺流程如图 4-27 所示。A、B 两液箱分别注入水玻璃溶液和促凝剂溶液，依靠泵的吸力吸入 A 液、B 液，通过调节 A、B 两液的吸入阻力控制其流量，使之按一定比例吸入泵中，在泵及出口管路中混合后注入充填地点。

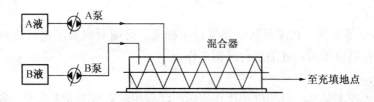

图 4-26　凝胶防灭火双箱双泵工艺原理示意图

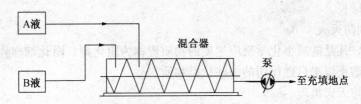

图 4-27　凝胶防灭火双箱单泵工艺原理示意图

凝胶注浆设备目前已经有系列产品出现，如图 4-28 所示为常见的轻型移动式胶体压注机，适用于井下小范围煤体自燃火灾的防治。与地面灌浆系统相配合，可进行大流量胶体泥浆压注。

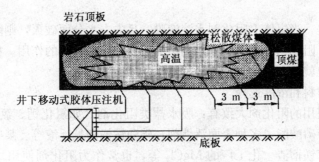

图 4-28　井下轻便型移动式注胶工艺流程

（3）凝胶配方存在的问题和改进

① 配方存在的问题

凝胶防灭火技术已在我国煤矿得到广泛应用，但在实践中也暴露出诸多问题：

a. 胶形成过程中释放出氨气，污染井下空气，危害工人健康。

b. 胶的强度较低，而且呈刚性，一旦被破坏就不能恢复，因此在压注完成后，遇矿压会压裂，影响堵漏风效果。

c. 凝胶成本一般都在 60 元/m³ 以上，高于黄泥灌浆、水砂充填等的成本，不适合大面积充填防灭火使用。

② 改进型配方

针对传统凝胶存在的诸如胶形成过程中释放出氨气、胶的强度较低且呈刚性、凝胶成本较高等问题，近年来改进型配方主要有以下几种：

a. 无氨味凝胶配方。它选用铝盐作为促凝剂，添加成胶速度调节剂，成胶时间可调、强度较高。

b. 分子结构型膨胀凝胶。以水玻璃为基料，加入膨润土等添加剂形成触变性胶体，当遇到超过其屈服强度的外力压迫时恢复流动性，外力消失后又变成稳定胶体，可对矿压等造成的新裂隙进行二次封堵。该凝胶脱水率降低，寿命更长久。该新型凝胶已在龙口矿区得到应用。

c. 粉煤灰胶体。粉煤灰作为一种粒度分布均匀的细小颗粒物，能均匀分散在水中形成泥浆，其比表面积大，又能与胶体间形成多种化学键和分子间力，使胶体强度增加，脱水缓慢，寿命增长。

3）阻化剂防灭火

在化学上，凡是能减小化学反应速度的物质皆称为阻化剂。阻化剂亦称阻氧剂，是具有阻止氧化和防止煤炭自燃作用的一些盐类物质。

（1）阻化防灭火机理

阻化剂只有与水混合成一定浓度的水溶液后才能抑制和起到防火作用，其防灭火机理为：

① 增加煤在低温时的化学惰性，使煤炭和氧的亲合力降低，或提高煤氧化的活化能，形成液膜包围煤块和煤的表面裂隙面；② 充填煤柱内部裂隙；③ 增加煤体的蓄水能力；④ 水分蒸发吸热降温。阻化剂防灭火的实质是降低煤在低温时的氧化速度，延长煤的自然发火期。

但应注意的是，当煤体上阻化剂水溶液膜一旦失去水分而破灭，则阻止氧化的作用将停止。由此看出，阻化剂防火实际上是利用和扩大了以水防火的作用。如果离开了水，阻化剂的阻化作用也就没有了。

（2）阻化剂材料和浓度选择

目前国内外使用的阻化剂大致有：吸水盐类阻化剂（如氯化钙、氯化镁、岩盐），石灰水、水玻璃，亚磷酸脂，多种表面活性剂，碳酸铵饱和悬浮液等。某些工厂的废液及副产品，如铝厂的炼镁槽渣、化工厂的 $MgCl_2$ 等，也常作为阻化剂使用。或硼酸废液以及造纸厂和酿酒厂的废液等，也可以选择使用。

① 阻化材料选择。选择阻化剂的原则是：阻化防火效果好，来源广泛，使用方便，安全无害，对设备无腐蚀，防火成本低。从目前的应用结果来看，氯化钙、氯化镁、氯化铝、氯化锌等氯化物对褐煤、长焰煤和气煤有较好的阻化效果；对于高硫煤，以选用 $xNa_2O \cdot ySiO_2$ 作阻化剂最佳，$Ca(OH)_2$ 次之。

② 药液浓度。阻化剂的药液浓度是使用阻化剂防火的一个重要参数，浓度大小既决定防火效果的好坏，又直接影响着吨煤成本。采用单一的 $CaCl_2$ 或 $MgCl_2$ 作为阻化剂，浓度为 20％时，阻化剂阻化率较高，防火效果较好。所以，阻化剂的药液浓度可控制在 15％～20％之间，最低不要低于 10％。实际应用中，还可以将阻化剂掺入泥浆，制成"阻化泥浆"，用于防灭火工作。例如，可在黄泥浆中掺入 5％的 $CaCl_2$，由灌浆系统将其灌注到井下采空区等处。

（3）阻化防火工艺

阻化防火的管路系统有：临时性、半永久性和永久性 3 种形式。临时性管路系统其储液池一般用矿车或专用的储液箱做成，管路临时铺设；半永久性管路系统其储液池一般建在采区内，常用水泥料石砌筑；永久性管路系统其储液池一般建在水平或地面，有固定的主线管路。

应用阻化剂防火的主要工艺方式有：压注阻化剂溶液、汽雾阻化、喷洒阻化剂溶液。

① 压注阻化剂溶液

为防止煤柱、工作面起采线、停采线等易燃地点发火，需要打钻孔进行压注阻化剂处理。应用阻化剂处理高温点和灭火，首先打钻测温并圈定火区范围，然后从火区边缘开始向火源通过钻孔压注低浓度阻化剂水溶液，逐步逼近火源进行降温处理。

a. 压注工艺

阻化剂压注工艺可分为短钻孔注入和长钻孔注入。

短钻孔注入适用于处理巷道周围煤柱的自燃点。一般利用煤电钻打孔，孔深 2～3 m，孔距 2～3 m，孔径 42 mm，使用橡胶封孔器封孔，再用 3D-5/40 型泵压注，以煤壁见液即可。

长钻孔注入适用于采空区和煤层回采前的防火处理。其方法是沿煤层向上或向下打钻孔，布孔原则是尽可能使煤体都能得到阻化处理。一般孔径取 50～75 mm，孔深为工作面斜长的 2/3，孔间距为 15～20 m。封孔后用压力泵注入阻化液。

具体应用时，钻孔间距根据阻化剂对煤体的有效扩散半径确定。钻孔深度应视煤壁压碎深度确定。钻孔的方位、倾角要根据火源、高温点的正确位置而定。压注之前首先将固体阻化剂按需要的浓度配制成阻化剂溶液，开动阻化泵，将药液吸入泵体，再由排液管经封孔器压入煤体。

b. 注液量

注液量的大小与注液控制范围煤量成正比。其计算公式如下：

$$T = KDV \tag{4-6}$$

式中　T——日注液量，t；

　　　K——吨煤用液量，t/t；

　　　D——实体煤容重，t/m³；

　　　V——注液控制煤体体积，m³；

阻化剂的吨煤用液量使用数量由遗煤的破碎程度、遗煤量和采煤方法等因素综合确定，并应在防火实践中进行调整。

② 汽雾阻化

汽雾阻化防火其实质就是将一定压力下的阻化剂水溶液通过雾化器雾化成为阻化剂汽雾。汽雾发生器喷射出的微小雾粒可将漏风风流作为载体飘移到采空区漏风所到之处，从而达到采空区防火目的。

a. 汽雾阻化系统

汽雾防火系统包括雾化器、雾化泵、储液箱、过滤器、电器开关以及管路系统。管路系统由高压胶管、球阀及接头组成。雾化器是雾化阻化剂的装置，其关键部位是喷嘴。雾化器的选择主要依据雾化率的大小以及日处理煤量等因素。雾化泵的选择参数主要有两个，即流量和压力。流量以雾化器流量和同时工作的雾化器个数为依据；压力以雾化器达到最佳雾化效果为准则。一般雾化泵的流量应达到 2.0 m³/h 以上。

如图 4-29 所示为某矿阻化汽雾预防综采工作面采空区煤炭自燃的工艺系统。阻化剂溶液贮存容器 1（矿车）置于回风巷内，用 YHB-2 型泵 2 沿高压软管 4 将阻化剂溶液输送到雾发生器 7，泵上安有压力计以便于控制输送压力。装在工作面与运输巷交接处的雾发生器，在高压（3 MPa）作下喷出阻化汽雾，溶液的 85% 被分散为直径 30 μm 的雾粒，并由风流带向采空区内。为了防止雾发生器喷嘴堵塞，在供液管路中装有自动过滤器 3。

向采空区喷送雾状阻化剂之前，应进行采区内的阻力测定，确定其漏风量和漏风方向。为了减少喷射阻化剂对采空区空气动力状态的影响，雾化发生器引射的风量不应大于自然漏风量。

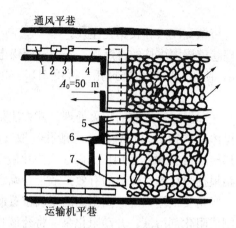

图 4-29　采空区喷送雾状阻化剂系统
1——阻化剂溶液箱；2——输液泵；3——自动过滤器；4——高压软管；
5——支架；6——漏风方向；7——雾化发生器

b. 喷雾量

喷雾量的大小与采空区丢煤量成正比。其计算公式如下：

$$T=KADLHS/R \tag{4-7}$$

式中　T——日喷雾量，t；

　　　R——雾化率，%；

　　　K——吨煤用液量，t/t；

　　　D——实体煤容重，t/m³；

　　　L——工作面长度，m；

　　　H——工作面采高，m；

　　　S——日进尺，m；

　　　A——丢煤率，%。

关于喷雾量的计算还要考虑采煤方法的不同：厚煤层开采，留有护顶煤时，采空区内丢煤量大，参照式（4-7）计算需喷雾量时，要考虑遗煤厚度和喷洒长度；分层开采工作面，计算第二分层工作面所需喷雾量时，要考虑顶板积存的浮煤。另外，除喷雾量外，对上分层已形成的高温点要打钻压注液量，其用量根据具体情况增加。

③喷洒阻化剂

喷洒阻化剂是指利用喷雾装置将阻化液直接喷洒在煤的表面。这种方法简单、灵活性强，适用于巷道、煤柱壁面、浮煤及分层工作面采空区的喷洒。常用3D-5/40型往复泵将阻化剂沿5 cm直径铁管和2.5 cm直径胶管送往喷洒地点。

我国某些煤矿向采空区喷洒阻化剂溶液的工艺系统如图4-30所示。由供水管1向永久溶液池2供水，池内的阻化剂溶液，通过水泵3经压力表4、铁管5和阀门6及流量计9，由胶管7送到工作面上下口，然后用喷枪8向采空区喷洒。当所需阻化剂溶液量不大时（如向煤堆上喷洒）可用矿车代替溶液池。

阻化剂防火技术具有工艺简单、需用设备少、药源广、成本低、防火效果好等优点，特别对缺土的矿区尤为适用。其缺点是对采空区再生顶板的胶结作用不如泥浆好；对金属

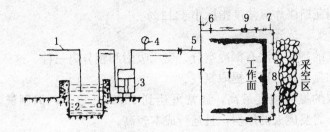

图 4-30　喷洒阻化剂工艺系统

1——供水管；2——永久溶液池；3——水泵；4——压力表；5——铁管；

6——阀门；7——胶管；8——喷枪；9——流量计

有一定腐蚀作用，且阻化效果受阻化剂寿命影响较大。

4）惰气防灭火技术

惰气是指不可燃气体或窒息性气体，主要包括氮气、二氧化碳以及燃料燃烧生成的烟气（简称燃气）等。

惰气防灭火原理：惰气防灭火就是将惰气注入已封闭的或有自燃危险的区域，降低其氧的浓度，从而使火区因氧含量不足使火源熄灭；或者使采空区中因氧含量不足而使遗煤不能氧化自燃。

（1）氮气防灭火技术

由于氮气是空气的主要成分，在空气中所占的体积百分比为 79%，且无味、无臭、无毒，与空气易于混合，因此，目前是惰气防灭火的主要方法。

根据氮气的状态，注氮防灭火可分为气氮防灭火和液氮防灭火。液氮防灭火一是直接向采空区或火区中注入液氮防灭火；二是先将液氮汽化后，再利用气氮防灭火。由于液氮输送不如气氮方便，目前，现场多用气氮防灭火。

① 氮气防灭火机理与惰化指标

a. 氮气防灭火机理

（a）采空区内注入大量高浓度的氮气后，氧气浓度相对减小，氮气部分地替代氧气而进入到煤体裂隙表面，这样煤表面对氧气的吸附量便降低，在很大程度上抑制或减缓了遗煤的氧化放热速度。

（b）采空区注入氮气后，提高了气体静压，降低了漏入采空区的风量，减少了空气与煤炭直接接触的机会。

（c）氮气在流经煤体时，吸收了煤氧化产生的热量，可以减缓煤升温的速度和降低周围介质的温度，使煤的氧化因聚热条件的破坏而延缓或终止。

（d）采空区内的可燃、可爆性气体与氮气混合后，随着惰性气体浓度的增加，爆炸范围逐渐缩小（即下限升高、上限下降）。当惰性气体与可燃性气体的混合物比例达到一定值时，混合物的爆炸上限与下限重合，此时混合物失去爆炸能力。这是注氮防止可燃、可爆性气体燃烧与爆炸作用的另一个方面。

b. 注氮防灭火惰化指标

（a）采空区惰化氧浓度指标不大于煤自燃临界氧浓度，一般氧含量应小于 7%～10%。

（b）惰化灭火氧浓度指标不大于 3%。

（c）惰化抑制瓦斯爆炸氧浓度指标小于12％。

② 制氮方法

用于煤矿氮气的制备方法有深冷空分、变压吸附和膜分离三种。这三种方法的原理都是将大气中的氧和氮进行分离以提取氮气。

深冷空分制取的氮气纯度最高，通常可达到99.95％以上，但制氮效率较低，能耗大，设备投资大，需要庞大的厂房，且运行成本较高。

变压吸附的主要缺点是碳分子筛在气流的冲击下，极易粉化和饱和，同时分离系数低，能耗大，使用周期短，运转及维护费用高。

膜分离制氮的主要特点是整机防爆，体积小，可制成井下移动式，相对所需的管路较少，维护方便，运转费用较低，但氮气纯度仅能达97％左右，且产氮量有限。

制氮设备有两种形式：一是地面固定或移动设备，借助于灌浆管路或专用胶管送往井下火区；另一种是井下移动设备。

③ 注氮防灭火工艺

注氮方式从空间上分为开放式注氮和封闭式注氮，从时间上分为连续性注氮和间断性注氮，从输送通道上分为采空区埋管注氮和钻孔注氮。工作面开采初期和停采撤架期间，或因遇地质破碎带、机电设备等原因造成工作面推进缓慢，宜采用连续性注氮；工作面正常回采期间，可采用间断性注氮。

a. 开放式注氮

当自然发火危险主要来自回采工作面的后部采空区时，应该采取向本工作面后部采空区注入氮气的防火方法。具体方式有两种：

（a）埋管注氮。在工作面的进风侧采空区埋设一条注氮管路。当埋入一定长度后开始注氮，同时再埋入第二条注氮管路（注氮管口的移动步距通过考察确定）。当第二条注氮管口埋入采空区氧化带与冷却带的交界部位时向采空区注氮，同时停止第一条管路的注氮，并又重新埋设注氮管路。如此循环，直至工作面采完为止。

（b）拖管注氮。在工作面的进风侧采空区埋设一定长度（其值由考察确定）的注氮管，它的移动主要利用工作面的液压支架，或工作面运输机头、机尾，或工作面进风巷的回柱绞车作牵引。注氮管路随着工作面的推进而移动，使其始终埋入采空区氧化带内。

无论是埋管注氮还是拖管注氮，注氮管的埋设及氮气释放口的设置应符合如下要求：

（a）对采用U形通风方式的采煤工作面，应将注氮管铺设在进风顺槽中，注氮释放口设在采空区中，如图4-31所示。

（b）氮气释放口应高于底板，以90°弯拐向采空区，与工作面保持平行，并用石块或木垛等加以保护。

（c）氮气释放口之间的距离，应根据采空区"三带"宽度、注氮方式和注氮强度、氮气有效扩散半径、工作面通风量、氮气泄漏量、自然发火期、工作面推进度以及采空区冒落情况等因素综合确定。第一个释放口设在起采线位置，其他释放口间距以30 m为宜。当工作面长度为120～150 m时，注氮口间距宜采用50 m。

（d）注氮管一般采用单管，管道中设置三通阀，从三通阀上接出短管进行注氮。

b. 封闭式注氮

（a）旁路注氮。旁路注氮就是在工作面与已封闭采空区相邻的顺槽中打钻，然后向已

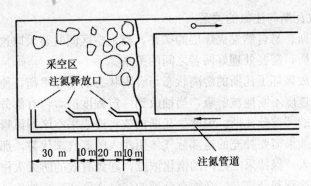

图 4-31　注氮管埋设及释放口位置

封闭的采空区插管注氮，使之在靠近回采工作面的采空区侧形成一条与工作面推进方向平行的惰化带，以保证本工作面安全回采的注氮方式。

（b）钻孔注氮。在地面或施注地点附近巷道向井下火区或火灾隐患区域打钻孔，通过钻孔将氮气注入火区。

（c）插管注氮。工作面起采线、停采线或巷道高冒顶火灾，可采用向火源点直接插管进行注氮。

（d）墙内注氮。利用防火墙上预留的注氮管向火区或火灾隐患的区域实施注氮。

④ 防止采空区氮气泄漏的措施

采空区漏风状态决定了氮气在采空区内的滞留时间，同时也决定着间歇式注氮时的注氮周期。采空区的漏风强度越小，两次注氮的间歇时间就越长，此时的注氮效果好且比较经济。因此，采取措施减少采空区氮气泄漏也是提高采空区注氮效果的有效途径。

a. 直接堵漏措施。常见的采空区直接堵漏措施是每隔一定距离在采空区上隅角垒砂袋、注河砂或喷涂聚氨脂酯。

b. 均压措施。均压措施则是利用开区均压的原理，降低工作面两端（即进、回风侧）压差，从而减少漏风，起到防止或减少采空区氮气泄漏的作用。

⑤ 日常管理应注意的事项

a. 注氮量的多少，应根据采空区中的气体成分来确定，以距工作面 20 m 处采空区中的氧浓度不大于 10% 作为确定的标准。如果采空区中 CO 浓度较高（>50 ppm），或者工作面 CO 浓度超限，或出现高温、异味等自燃征兆，都应加大注氮强度。

b. 合理设置监测传感器，加强对采空区、工作面和回风平巷中 O_2、N_2 和 CO 的监测；同时，由瓦斯检查员随时对工作面及其回风平巷的 O_2、CO 和 CH_4 浓度进行检查，要保证工作面风流中的氧气浓度。发现工作面氧气浓度降低，应暂停注氮或减少注氮强度。

c. 注入氮气的纯度不得低于 97%。

d. 注意检查工作面及回风平巷风流中的瓦斯涌出情况，若发现采空区大量涌出瓦斯，风流瓦斯超限时，可适当降低注氮强度或采用采空区抽放瓦斯的方法进行处理。

e. 第一次向采空区注氮，或停止注氮后再次注氮时，应先排出注氮管内的空气，避免将空气注入采空区中。

f. 在注氮过程中，工作场所的氧浓度不得低于 18.5%，否则停止作业并撤除人员，同时降低注氮流量或停止注氮，或增大工作场所的通风量。

⑥ 处理好抽放瓦斯与注氮的关系

对于开采高瓦斯、易自然发火煤层的矿井，当采空区同时要采取这两种措施时，它们之间存在着相互矛盾，需要处理好两者之间的关系。

采空区瓦斯抽放破坏了瓦斯的游离状态与吸附状态的动态平衡，使一部分吸附状态的瓦斯按一定的衰减速度不断地被解吸，当抽放到一定程度后，将有部分气体进入采空区来补充采空区被抽走的那部分瓦斯。因此，瓦斯抽放将造成采空区漏风量增加，其值等于抽放量减去解吸量。如果需要补充的这部分气体用注入的氮气来代替，那么，将能阻止新鲜风流向采空区的漏入，保持采空区内的惰化浓度，起到有效的防灭火作用。要使这两种相互矛盾的技术措施达到和谐统一，必须有合理的注氮强度和瓦斯抽放强度相匹配，同时注氮位置和抽放位置也要相对合理。一般注氮口位置通常设置在进风侧氧化带，而瓦斯抽放口则应布置在采空区窒息带中。

采空区瓦斯抽放所引起的氮气损失量按下式计算：

$$\Delta Q_c = Q[C_2(1-C) - (C_3 + C_4)C] \tag{4-8}$$

式中　Q_c——抽放瓦斯所引起的采空区氮气损失量，m^3/min；

　　　Q——采空区抽放量，m^3/min；

　　　C——矿井大气中氮气浓度，%；

　　　C_2——采空区氮气浓度，%；

　　　C_3——采空区氧气浓度，%；

　　　C_4——采空区抽放量中二氧化碳浓度，%。

同时采取采空区注氮和采空区瓦斯抽放时，由瓦斯抽放所引起的氮气损失量应等于注氮调整时应补充的注氮量，如下式所示：

$$\Delta Q_c = Q_n \tag{4-9}$$

式中　ΔQ_n——补充采空区氮气损失所增加的注氮量，m^3/min。

因此，瓦斯抽放量与注氮量的关系为：

$$Q = \frac{Q_N - Q_O}{C_2(1-C) - (C_3 - C_4)C} \tag{4-10}$$

式中　Q_O——原注氮流量，m^3/h；

　　　Q_N——调整后的注氮量，m^3/h。

（2）湿式惰气灭火

湿式惰气是燃料油与一定比例的空气混合在惰气发生装置（机）内经充分燃烧后产生的烟气，主要成分为：N_2、CO_2、CO、水蒸气和 O_2，其中 O_2 含量一般不超过 2%。由于烟气中基本上是惰性气体或不可燃气体，因此，将其压入火区后，可起到惰化火区、窒息火源的作用；压入正在密闭的火区可起到阻爆作用。目前，我国矿山救护队装备有用燃油燃烧的惰气发生装置，是灭火的主要装备之一。

5）泡沫防灭火

应用泡沫充填剂是矿井充填堵漏风防灭火的主要技术手段之一。泡沫是不溶性气体分散在液体或熔融固体中所形成的分散物系。泡沫可以由溶体膜与气体所构成，也可以由液体膜、固体粉末和气体所构成，前者称为二相泡沫，后者称为三相泡沫或多相泡沫。

二相空气泡沫、二相惰气泡沫、聚氨酯泡沫、脲醛泡沫、水泥泡沫等在煤矿防灭火中虽已得到应用，但由于二相泡沫稳定性差，聚氨酯泡沫、脲醛泡沫、水泥泡沫成本高，对人体健康有害，应用受到限制。二相泡沫添加固体粉末形成三相泡沫后其稳定性增加，从目前泡沫防灭火技术发展趋势看，煤矿井下巷道顶板冒落空洞及沿空侧空洞、裂隙充填正在朝着轻质无机固化三相泡沫方向发展。下面重点介绍无机固体三相泡沫防灭火技术。

（1）无机固体三相泡沫的形成机理

无机固体三相泡沫由气源、泡沫液、无机固体粉末组成，其形成过程极为复杂。气源可以是空气，也可以是惰气。泡沫液由水添加起泡剂、稳定剂和悬浮剂等组成。无机固体干粉包括：固体废弃物（粉煤灰、矸石粉等）、起固结作用的水泥及添加剂等惰性粉料。其中泡沫液和气源提供的气体共同产生两相泡沫作为固体粉末载体，由无机固体粉末固结提供骨架支撑而形成有一定强度的固态泡沫体，从而使三相泡沫不收缩、不破坏，以达到防灭火的目的。

（2）无机固体三相泡沫的特点

同国内外目前正在使用的有关堵漏防灭火材料性能比较，无机固体三相泡沫具有如下特点：

① 堵漏风效果好，防灭火效果明显，适用于煤矿井下各种堵漏风的防灭火；

② 防火泡沫流动性好，堵漏风充填可靠，灭火泡沫胶凝早，强度增长快，强度高，适宜巷道空洞直接堆积垛起，可快速熄灭高顶火灾；

③ 成本降低 50% 以上；

④ 材料易取，尤其是利用粉煤灰可改善电厂环境，降低除灰成本；

⑤ 安全性、环保性好。氨类凝胶等物质有毒有味，固体有机高分子泡沫有毒、易燃、安全性差，而该无机固体三相泡沫无毒、无味、无污染、不燃烧，是绿色防灭火材料。

（3）无机固体三相泡沫物理性能调控

井下不同地点对无机固体三相泡沫物理性能的要求不同。无机固体三相泡沫的流动性、初凝时间、胶凝速度、强度等可通过配料进行控制。

用于防火堵漏风时，用的泡沫要求流动性好，且强度不宜太高，一般控制在初凝时间 5～7 min，3 d 强度可达 10 kPa 以上，堵漏风率在 85% 以上。用于灭火时，要求泡沫具有胶凝速度快、强度增长速度快、强度高等特点，可在巷道或空洞直接垛起。

无机固体三相泡沫在用于对材料强度要求不高的防灭火充填封堵作业时，可适当增加固体废弃物用量以降低成本；适当提高流动性，使之能被压入所有漏风通道，堵住漏风。而用于对材料强度要求较高的高顶冒落空洞防灭火充填作业时，应减少固体废弃物的添加量，提高凝固速度以缩短无机固体三相泡沫的凝胶时间，提高初期强度增长速度，以利于无机固体三相泡沫的堆积，从而达到密闭支护空洞，窒息着火点。

含惰气的无机固体三相泡沫不仅有普通无机固体三相泡沫的作用，而且在无机固体三相泡沫遇意外情况破灭（如灭火初期遇高温破灭，充填后遇突然来压破灭等）时，能释放出惰气，稀释该地点瓦斯、氧气等浓度，促进着火点窒息，防止瓦斯爆炸。

（4）无机固体三相泡沫的充填工艺

① 高冒顶充填作业工艺（如图 4-32 所示）

a. 沿空洞中心位置依次向巷道纵向两个方向打钻下套管，根据泡沫流动性确定最小管径，根据泡沫堆积性确定最大管距，管顶距空洞顶留有 0.2～0.5 m 距离，管底伸出巷顶 0.1~0.2 m，且具有与胶管快速插接之结构。对于巷顶空洞扩展到巷侧壁上方一定深度的情况，此钢管可沿巷顶向空洞深度倾斜，其管顶倾斜距离应不超过管距为宜。

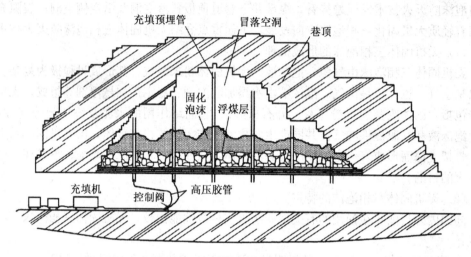

图 4-32　高冒顶空洞充填示意图

b. 充填时沿中心位置的预埋管依次向四周充填，每个位置每次充填一定时间，如此循环可使泡沫有效初凝和增长强度，有利于泡沫的稳定。因此要求充填机泡沫输送胶管具有一定长度（100 m 以上），且在充填端设有分支及控制阀门，以实现充填点移动过程中的连续作业。

c. 如此循环作业直至下一个钢管排出泡沫时，说明此位置已被充填至空洞顶。

② 沿空侧空洞充填作业工艺（如图 4-33 所示）

由于无机固化三相泡沫有良好的堆积性能，可手持胶管向空洞内直接充填，无需其他准备工作。充填时应沿巷道纵向移动充填，移动速度视堆积情况而定，且同时应向空洞深

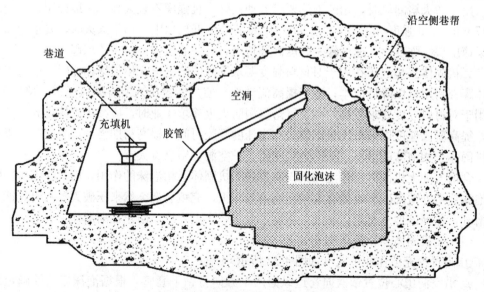

图 4-33　沿空侧空洞充填示意图

度往返移动。当泡沫沿巷壁位置堆积一定高度时，只需做些简单的遮挡即可实现泡沫的堆积，工艺十分简单。

三相泡沫防灭火技术充分利用粉煤灰（黄泥）的覆盖性、氮气的窒息性和水的吸热降温特性来防治煤炭自燃与灭火，并将这三相作为一个有机的整体长时间地保留在采空区，充分发挥三相材料的防灭火功能，从而更有效地防治煤炭自燃。

4.7 矿井火灾时期通风

矿井火灾时期通风调度决策正确与否对救灾工作的成败极为重要。实践证明，当矿井发生火灾时，正确地稳定风流，对保证井下人员安全撤出，防止瓦斯爆炸，阻止火灾和烟气蔓延扩大，以及对灭火工作都是十分重要的。

4.7.1 火风压的产生及其影响

火灾发生初期，火灾烟气沿着风流方向流动，火势逐渐发展后，火灾所波及的巷道内，空气成分将发生变化，气温要升高。当高温烟流流经垂直或倾斜的巷道时要形成与自然风压作用相仿的火风压。井下发生火灾时，高温烟流流经有高差的井巷所产生的附加风压称为火风压。火风压是因火灾引起风流温度升高和空气成分变化，导致自然风压的变化量。火风压产生于烟流流过的有高差的倾斜或垂直巷道中，高温气体流经的巷道始末两端高差越大，产生的火风压值越大；火势越大、温度越高，产生的火风压也越大。

1）火风压的计算方法

在如图 4-34 所示的模型化的通风系统中，在 F 点发火，由于火源下风侧 3—4 风路的风温和空气成分发生变化，从而导致其密度减小，该回路产生火风压，根据火风压定义可得：

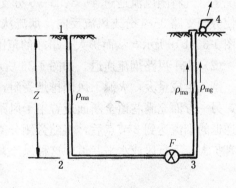

$$H_f = Zg(\rho_{ma} - \rho_{mg}) \qquad (4\text{-}11)$$

式中 H_f——火灾时 1—2—3—4—1 回路的火风压，Pa；

    Z——1—2—3—4—1 回路的高差，m；

    ρ_{ma}，ρ_{mg}——3—4 分支火灾前后空气和烟气的平均密度，kg/m³。

图 4-34 模型化的通风系统

由式（4-11）可见，所谓火风压就是指烟流流经有高差巷道时，由于风流温度升高和空气成分变化等原因而引起该巷道位能差变化值。

2）火风压的特性

（1）火风压产生于烟流流过的有高差的倾斜或垂直巷道中；

（2）火风压的作用相当于在高温烟流流过的风路上安设了一系列辅助通风机；

（3）火风压的作用方向总是向上。

因此，当其产生于上行风巷道时，作用方向与主要通风机风压相同；产生于下行风巷道时与主要通风机风压作用方向相反，成为通风阻力，称之为负火风压。火风压的大小和方向取决于：烟气流过巷道的高度、通过火源的风量、巷道倾角、火源温度和火源产生的位置。

鉴于上述分析结果，当井下发生火灾时，应迅速了解火源的位置，根据燃烧物的分布、燃烧规模、火源温度、流经巷道的特征（是上行还是下行）、风量大小，估算火风压大小及其对通风系统的影响，以便采取有效措施，保证矿井通风网路中风流稳定。

3）火风压的影响

矿井火灾时风流状态的影响即火风压的影响表现为"节流效应"和"浮力效应"。

节流效应：由于火灾生成的燃烧产物和水蒸气加上引起的风流质量和体积流量的增加，以及气流温度变化的影响引起的风流体积流量的进一步增加，而导致的风流流动阻力增加的现象，称为节流效应。节流力即热阻力，由于其方向始终与风流方向相反，所以增大了风流流动阻力。

浮力效应：火灾引起风流温度的增加、空气密度减小，使风流自行上浮流动的现象，称为浮力效应。浮力效应作用于有高差的巷道中。烟囱中热烟在没有其他外加动力的情况下自动上升至大气，就是浮力效应作用所致。

4）风流的紊乱形式

矿井火灾产生的浮力和节流效应，引起矿井风流状态的紊乱变化。风流紊乱形式主要有旁侧支路风流逆转、主干风路烟流逆退和火烟滚退三种形式。

（1）旁侧支路风流逆转。当火势发展到一定的程度时，通风网路中与火源所在排烟主干风路相连的某些旁侧分支的风流可能出现与正常风向相反的流动，在灾变通风中把这种现象叫做旁侧支路风流的逆转。如图4-35(a)所示，设在2—4分支内发生了火灾，正常情况下烟气将随风流通过4—5、5—6分支排出地面。但是，当火势发展到一定程度时，会使旁侧支路3—4分支风流反向，烟流从主干风路流向旁侧风路侵入4—3、3—5分支，如图4-35(b)所示，从而扩大了事故的范围。

（2）主干风路烟流逆退。如图4-36所示，在分支2—4内的一点产生火源，若火势迅猛，烟气生成量大，火源下风侧排烟受阻，烟气一方面沿主干风路的回风系统4—5—6排出，另一方面充满巷道全断面逆着主干风路的进风流向2节点，这种现象叫做烟流逆退。当逆退的烟流达到2节点后，将随旁侧分支2—3、3—5的风流侵袭更大的范围，从而使危害扩大。下行风或水平巷道中这种风流紊乱现象更为常见。

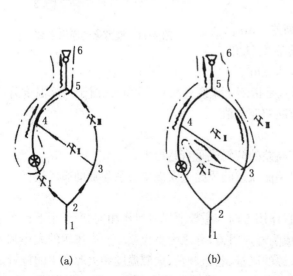

图4-35　旁侧支路风流逆转

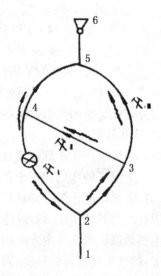

图4-36　主干风路烟流逆退

（3）火烟滚退。在火源上风侧附近的巷道断面上出现两种不同的流向：即巷道上部烟气逆风流动，经过一定的距离后又与下部风流一起按原方向流动，如图 4-37 所示。烟气生成量越大、火源温度越高、巷道风速越低，发生滚退的概率越大。滚退现象导致火源上风侧烟流与新鲜风流掺混后，再

图 4-37　火烟滚退示意图

逆流回火源，在一定条件下能诱发瓦斯爆炸。烟流滚退对火源上风侧从事直接灭火的人员也构成直接威胁。烟气的滚退，往往是主干风路风流的逆退和旁侧支路逆转的前兆。

当井下发生火灾时，应迅速了解火源的位置，根据燃烧物的分布、燃烧规模、火源温度、流经巷道的特征（是上行还是下行）、风量大小，估算火风压大小及其对通风系统的影响，以便采取有效措施，保证矿井通风网路中风流稳定。

5）风流紊乱的原因、规律、危害及其防治

矿井发生火灾时，造成风流混乱的一个很重要的原因是火灾形成的火风压。火风压的作用方向可能与通风机风压方向相同，使矿井总风量增加；也可能与通风机风压方向相反，使矿井总风量减少。此外，火风压还可能造成井下局部地区或全矿井的风流逆转，破坏矿井正常的通风系统，给矿井带来极大危害。

（1）上行风路产生火风压

发生风流逆转的原因主要是：① 因火风压的作用使高温烟流流经巷道各点的压能增大；② 因巷道冒顶等原因造成火源下风侧风阻增大，导致主干风路火源上风侧风量减小，沿程各节点压能降低。

风流逆转的规律是，上行风路产生火风压，旁侧支路风流逆转，见图 4-35（b）。旁侧支路风流是否发生逆转，与本分支的风阻大小无关。风流逆转的过程一般是，风量先逐渐减小，至停止，到反向。旁侧支路风量减小，则可能是逆转的前兆。

风流逆转的危害是，给人员撤退和救灾工作造成更大的困难，带来更大的危险。

① 逆转风流携带大量有毒有害气体，蔓延至更大区域，甚至污染进风区域，扩大受灾范围，甚至威胁整个矿井。

② 风流逆转经历减风—停风—反风的过程。在减风和停风阶段，易形成纵向和横向的局部瓦斯聚集带，可能引起爆炸。

③ 风流逆转使火源下风侧富含挥发物的风流或局部瓦斯聚集带的污风再次进入着火带的可能性增大，从而增加了爆炸的可能性。

为了防止旁侧风路风流逆转，主要措施有：① 降低火风压；② 保持主要通风机正常运转；③ 采用打开风门、增加排烟通路等措施减小排烟路线上的风阻。

（2）下行风路产生火风压

在下行风路中产生火风压，其作用方向与主要通风机作用风压方向相反。当火风压等于主要通风机分配到该分支压力时，该分支的风流就会停滞；当火风压大于该分支的压力时，该分支的风流就会反向。主干风路风阻及其产生的火风压一定时，风量越小，越容易反向。

防止下行风路风流逆转的途径有：减小火势，降低火风压；增大主要通风机分配到该分支上的压力。

（3）风流逆退的原因、规律、危害及其防治

由于火源处产生大量烟气以及风流加热后体积膨胀，类似于在火源处增加了一条风路（可称之为虚拟风路）。其体积流量超过原来风量，会导致烟流逆退。

发生逆退的原因是：烟气的增量过大，主通风机风压作用于主干风路的风压小。

风流逆退的危害：风流逆退对火源上风侧直接灭火人员造成直接威胁。烟流与进风混合再次进入火源，在一定条件下能诱发瓦斯爆炸。烟流逆退致使烟流进入其他巷道，可能造成与风流逆转相似的结果。

防止逆退措施是：减小主干风路排烟区段的风阻；在火源的下风侧使烟流短路排至总回风；在火源的上风侧、巷道的下半部构筑挡风墙，迫使风流向上流，并增加风流的速度（图 4-38），挡风墙距火源 5 m 左右；也可在巷道中安带调节风窗的风障，以增加风速（图 4-39）。

图 4-38　挡风墙

图 4-39　风障

4.7.2　矿井火灾时期的风流控制

矿井火灾时风流控制是一个比较复杂的技术问题，需要灾变通风理论和一定的事故处理经验为指导。

矿井发火时对通风制度的基本要求是：① 保护灾区和受威胁区域的职工迅速撤至安全地区或井上；② 有利限制烟流在井巷中发生非控制性蔓延，防止火灾范围扩大，创造接近火源直接灭火的条件；③ 不得使火源附近瓦斯聚积到爆炸浓度，不容许流过火源的风流中瓦斯达到爆炸浓度，或使火源蔓延到有瓦斯爆炸的地区；④ 为救护创造条件。

风流的控制可以是区域性的，也可以是全矿范围内的。控制的方法可以借助于主通风机、局部通风机以及通风装置；也可以只使用通风设施，如风门、临时密闭和调节风窗等，或者几种结合起来使用。火灾时常用的通风方法有以下几种：

1）维持正常通风，稳定风流

这一制度的适用条件是：① 火源位于采区内部，烟流已弥蔓较大范围，井下人员分布范围大；② 通风网路复杂的高瓦斯矿井，采用其他通风制度有发生瓦斯和煤尘爆炸危险，或使灾情扩大；③ 火源位于独头掘进巷道内，不能停运局部通风机；④ 火源位于采区或矿井主要回风巷，维持原风向有利于火烟迅速排出；⑤ 减少向火源供风抑制火势发展。但应注意的是，减小风量不要引起瓦斯爆炸；若火源下风侧有人员未撤出，则不能减风。

保持火灾时期正常通风都是以抢救遇险人员，防止发生爆炸事故和创造直接灭火条件为前提的。每一个救灾指挥员在没有理由对矿井通风系统进行调整的情况下，一般都应采取正常通风，特别在以下情况下更应如此：

（1）当矿井火灾的具体位置、范围、火势、受威胁地区等没有完全了解清楚时，应保持正常通风。

（2）当火源的下风侧有遇险人员尚未撤出或不能确认遇险人员是否已牺牲，且矿井又不具备反风和改变烟流流向的条件时，保持正常通风。

（3）当火灾发生在矿井总回风巷或者发生在比较复杂的通风网络中，改变通风方法可能会造成风流紊乱、增加人员撤退的困难、出现瓦斯积聚等后果时，应采取正常通风。

（4）当采煤、掘进工作面发生火灾，并且实施直接灭火时，要采取正常通风。

（5）当减少火区供风量有可能造成火灾从富氧燃烧向富燃料燃烧转化时，应保持正常通风。

矿井火灾由于受井下特殊环境的限制，其火灾的燃烧和蔓延形式分为两种，即富氧燃烧和富燃料燃烧。

（1）富氧燃烧也被称做非受限燃烧，即火灾产生的挥发性气体在燃烧过程中已基本耗尽，无多余炽热挥发性气体与主风流汇合并预热下风侧更大范围内的可燃物。燃烧产生的火焰以热对流和热辐射的形式加热邻近可燃物至燃点，保持燃烧的持续和发展。其火焰范围小、火势强度小、蔓延速度低、耗氧量少，致使相当数量的氧剩余。下风侧氧浓度一般保持在15%（体积浓度）以上，富氧燃烧火灾处理过程中发生爆炸的危险性相对较小。

（2）富燃料燃烧时，火势大、温度高，火源产生大量炽热挥发性气体，不仅供给燃烧带燃烧，还能与被高温热源加热的主风流汇合形成炽热烟流预热火源下风侧较大范围的可燃物，使其继续生成大量的挥发性气体；另一方面，燃烧位置的火焰通过热对流和热辐射加热邻近可燃物使其温度升至燃点。由于保持燃烧的两种因素的持续存在和发展，此类火灾使燃烧在更大范围进行，并以更大速度蔓延，致使主风流中氧气几乎全部耗尽。所以，此类火灾蔓延受限于主风流供氧量，故也称受限火灾。这种燃烧的下风侧烟流常为高温预混可燃气体，与旁侧新鲜风流交汇后易形成再生火源或发生爆炸，特别是下风侧高温烟气产生节流效应使着火巷道发生风流紊乱，上风侧出现烟流逆退与新鲜空气混合形成预混气体，当再次进入火源时可发生爆炸。可见，富燃料火灾极易转化为爆炸事故，在处理中难度更大。

因此，当矿井火灾有转化为富燃料火灾的可能性时，首先应保持正常通风。具体地说有以下四种情况：

（1）火源点燃烧温度足够高，炽热烟气使下风侧可燃物分解出大量挥发性可燃气体（如碳氢化合物和氢气）和煤焦油等，以保持燃烧迅速发展。

（2）下风侧烟气中的氧浓度低于维持燃烧所需要的最小助燃浓度。

（3）由于巷道下风侧不同程度的阻塞，造成了热量和炽热气体、煤焦油等有积存条件，且由于烟气膨胀产生节流效应，使高温烟流有向上风侧逆退的趋势。

（4）回风流中 CO_2、CO 气体连续增大，且速度很快。

出现富燃料燃烧征兆时，除非有充分的减风、停风理由，否则必须维持火区正常通风或增大风量。

2）减少风量

当采用正常通风方法会使火势扩大，而隔断风流又会使火区瓦斯浓度上升时，应采取减少风量的办法。在减少灾区风量的救灾过程中，若发现瓦斯浓度在上升，特别是瓦斯浓度上升到达2%左右时，应立即停止使用此法，恢复正常通风，甚至增加灾区风量，以冲淡和排出瓦斯。

3）增加风量

在处理火灾过程中，如发现火区内及其回风侧瓦斯浓度升高，则应增风，使瓦斯浓度降至1%以下；若火区出现火风压，呈现风流可能发生逆转现象时，应立即增加火区风量，避免风流逆转；在处理火灾过程中，发生瓦斯爆炸后，灾区内遇险人员未撤出时，也应增加灾区风量，及时吹散爆炸产物、火灾气体及烟雾，保证人员的安全和有利于人员的撤退。

4）风流短路

火源位于矿井的主要进风系统，若不能及时进行反风或因条件限制不能进行反风时，可将进、回风井之间联络巷中的风门或密闭打开，使大部分烟流短路，直接流入总回风，减少流入采区烟流，以利人员避难和救护队进行救护。

5）反风

当井下发火时，利用反风设备和设施改变火灾烟流的方向，以使火源下风侧的人员，处于火源"上风侧"的新鲜风流中。按范围分，有全矿反风、区域反风和局部反风三种。

（1）全矿反风。通过主通风机及其附属设施实现。

（2）区域反风。在多进、多回的矿井中某一通风系统的进风大巷中发火时，调节一个或几个主通风机的反风设施，实现矿井部分地区风流反向的反风方式，称为区域性反风。

（3）局部反风。当采区内发生火灾时，主要通风机保持正常运行，调整采区内预设的风门开关状态，实现采区内部局部风流反向，这种反风方式称为局部反风。

一般而言，矿井进风井口、井筒、井底车场及其内的硐室、中央石门发生火灾时，一定要采取全矿反风措施，以免全矿或一翼直接受到烟侵而造成重大恶性事故。采区内部发生火灾，若有条件利用风门的启闭实现局部反风，则应进行局部反风。

此外，在实施多风机同时反风时，如果2台风机能力差距较大，则操作顺序必须是在2台风机都停运后，先启动能力较小的风机实施反风，然后再启动能力较大的风机反风；如相反，小风机可能开不起来。反风时，风机的反风风压比正常通风时的风压要小得多，此时，某区段的自然风压占优势时就达不到反风目的。因此，分析时要考虑自然风压的影响。

6）停止主要通风机

停止主要通风机运转的方法绝不能轻易采用，有把握时才用，否则会扩大事故。

在以下情况下可考虑：① 火源位于进风井口或进风井筒，不能进行反风；② 独头掘进面发火已有较长的时间，瓦斯浓度已超过爆炸上限，这时不能再送风；③ 主通风机已成为通风阻力时。停止主通风机时应同时打开回风井的防爆门或防爆井盖。

4.8　矿井火灾处理与火区管理

4.8.1　发生矿井火灾时应采取的措施

矿井发生火灾时，每个人都必须严守纪律、服从命令，决不能惊慌失措，擅自行动。最先发现火灾的人员，一定要采取一切可能的方法直接灭火，并迅速向矿井调度室报告火情，矿井调度室值班人员应立即按照《矿井灾害预防和处理计划》通知矿井负责人和各方有关人员。矿井负责人在火灾面前应果断地决策和迅速地行动，应根据火灾的具体情况，参照《矿井灾害预防和处理计划》采取下列措施。

1) 撤出及救护灾区人员

煤矿井下发生火灾时，矿领导及有关人员的首要任务是保护井下人员的安全，应迅速从危险区撤出与救灾无关的人员，同时采取一定的通风措施防止风流逆转。

危险区是指直接受到威胁的发火地点及其邻近的地区，以及烟气流向回风井所要经过的地区。在这些地区工作的人员，除参加救灾工作的人员以外，应当首先撤出。同时，要撤出可能发生风流逆转而被烟气弥漫的危险地区的人员。在编制《矿井灾害预防和处理计划》时，一定要考虑到井下任何地点发生火灾时，撤出遇险人员和有危险人员的最短和最安全的路线、报警方法和避灾路线等，并应根据井下巷道的变化情况，及时修订避灾路线。

矿井内发生火灾时，一般用照明信号及电话等手段通知井下人员。照明信号，一般采用多次切断照明电源的办法通知有关人员。必须使所有井下人员都知道安装电话的地点。

避难人员要迎着新鲜风流，选择安全的避灾路线，有秩序地撤离危险区，同时要注意风流的变化。当撤退路线已为火烟截断有中毒危险时，要立即戴上自救器，尽快通过附近风门进入新鲜风流内。确实无法撤退时，应进入附近避难硐室或筑建临时避难硐室等待救援。如该处有压风管路，应打开阀门或设法切开管路，放出压风维持呼吸。对独头掘进工作面，如发现烟气从风筒出口处排入工作面时，应立即将风筒出风口扎紧，截住烟气，撤出人员。当人员无法撤退时，应静卧在巷道中无烟气处等待救援。

在井下烟气弥漫的区域内，如仍有人员未撤出，或无法知道他们是否已撤出时，应考虑到他们可能在现有的避难硐室或临时避难硐室，不能中断送向这些地区的压风。为了使人员安全撤出灾区，必须控制风流，保证风流的稳定性，严防风流逆转。

2) 侦察火区

火灾发生后，应立即派出矿山救护队侦察火区。首先侦察是否有遇难人员，弄清火源的地点、火灾的性质及火灾的范围，为采取有效的灭火措施提供依据。同时，切断火区电源，派专人量风测气，观察顶板动态，注意风流的变化，防止事故扩大。

4.8.2　消灭矿井火灾的方法

灭火是破坏燃烧三个条件同时存在和消除燃烧三个条件（其中一个、两个或全部）的方法。灭火的实质就是把正在燃烧体系内的物质冷却，将其温度降低到燃点之下，使燃烧停止。灭火原理包括：① 冷却，把燃烧物质的温度降低到燃点以下；② 隔离和窒熄，使燃烧反应体系与环境隔离，抑制参加反应的物质；③ 稀释，降低参加反应物（液、气体）的浓度；④ 中断链反应。现代燃烧理论认为，燃烧反应是由于可燃物分解成游离状态的自由基与氧原子相结合，发生链反应后才能形成的。因此，阻止链反应发生或不使自由基与氧原子结合，就可以抑制燃烧，达到灭火目的。在实际灭火中，是以上几种原理的综合应用。

矿井常用的灭火方法有直接灭火法、隔绝灭火法和混合灭火法。

在选择灭火方法时，应该考虑火灾的特点、发生地点、范围，以及灭火的人力、物力。一般情况下，应该尽量采用直接灭火法。

1) 直接灭火法

由于发火地点和发火特征的差异，内因火灾与外因火灾在直接灭火时方法有所不同。内因火灾介质法直接灭火的有关技术前面已经介绍。下面，重点介绍外因火灾的直接灭火技术。

外因火灾直接灭火主要是用灭火剂（水、砂子和灭火器材）或直接挖除火源的方法把火直接扑灭。

（1）用水灭火

用水灭火，简单易行，经济有效。其作用和注意事项如下：

① 水的灭火作用。强力水流把燃烧物的火焰压灭，使燃烧物充分浸湿而阻止其继续燃烧；水有很大的吸热能力，能使燃烧物冷却降温；水遇火蒸发成大量水蒸气，能冲淡空气中氧的浓度，并使燃烧物表面与空气隔绝。因此，水有较强的灭火作用。

② 用水灭火的注意事项：

a. 火源要明确，水源、人力、物力要充足，瓦斯浓度不超过 2%；

b. 有畅通的回风巷，能排除火烟和水蒸气；

c. 当火势旺时，应先将水流射向火源外围，不要直射火源中心；

d. 任何情况下灭火人员都要站在火源的上风侧；

e. 水能导电，因此，用水扑灭电器火灾时，应先切断电源，然后灭火；

f. 水比油重，因此，水不能扑灭油类火灾。

经验证明，在井筒和主要巷道中，尤其是在胶带运输机巷道中装设水幕，当火灾发生时立即启动水幕，能很快地限制火灾的发展。

（2）用砂子（或岩粉）灭火

把砂子（或岩粉）直接撒在燃烧物体上能隔绝空气，将火扑灭。通常用来扑灭初起的电气设备火灾与油类火灾。

砂子成本低廉，灭火时操作简便，因此，在机电硐室、材料仓库、炸药库等地方均应设置防火砂箱。

（3）用化学灭火器灭火

目前煤矿上使用的化学灭火有两类：一类是泡沫灭火器，另一类是干粉灭火器。

① 泡沫灭火器。使用时将灭火器倒置，使内外瓶中的酸性溶液和碱性溶液互相混合，发生化学反应，形成大量充满二氧化碳的气泡喷射出去，覆盖在燃烧物体上隔绝空气。在扑灭电器火灾时，应首先切断电源。

② 干粉灭火器。目前矿用干粉灭火器是以磷酸铵粉末为主药剂的。磷酸铵粉末具有多种灭火功能，在高温作用下磷酸铵粉末进行一系列分解吸热反应，将火灾扑灭。磷酸铵粉末的灭火作用是：切断火焰连锁反应；分解吸热使燃烧物降温冷却；分解出氨气和水蒸气，冲淡空气中氧的浓度，使燃烧物缺氧熄灭；分解出浆糊状的五氧化二磷，覆盖在燃烧物表面上，使燃烧物与空气隔绝而熄灭。常见的干粉灭火器有灭火手雷和喷粉灭火器。

（4）用高倍数空气机械泡沫灭火

高倍数空气机械泡沫是用高倍数泡沫剂和压力水混合，在强力气流的推动下形成的。它的形成借助于一套发射装置，其工艺系统如图 4-40 所示。

泡沫剂经过引射泵被吸入高压水管与水充分混合形成均匀泡沫溶液。然后通过喷射器喷在锥形棉线发泡网上，经风机强力吹风，则连续产生大量泡沫。这就是空气机械泡沫。井下巷道空间很容易被大量泡沫所充满，形成泡沫塞推向火源，进行灭火。

高倍数空气泡沫灭火作用是：泡沫与火焰接触时，水分迅速蒸发吸热，使火源温度急

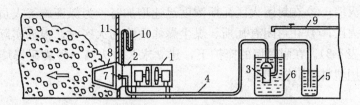

图 4-40 高倍数泡沫灭火装置

1——风机；2——泡沫发射器；3——潜水泵；4——管路；5——泡沫剂；6——水桶；

7——喷嘴；8——棉线网；9——水管；10——水柱计；11——密闭

骤下降；生成的大量水蒸气使火源附近的空气中含氧量相对降低，当氧的含量低于 16%，水蒸气含量上升到 35% 以上时便能够使火源熄灭；另外泡沫是一种很好的隔热物质，有很高的稳定性，所以它能阻止火区的热传导、对流和辐射等；泡沫能覆盖燃烧物，起到封闭火源的作用。

高倍泡沫发生装置有 GBP-200 型和 GBP-500 型。高倍空气机械泡沫灭火速度快、效果好，可以实现较远距离灭火，而且火区恢复生产容易。扑灭井下各类巷道与酮室内的较大规模火灾均可采用。

（5）挖除可燃物

直接灭火除了向火源喷射灭火剂以外，在有些条件下还可以挖除可燃物，挖除燃烧的物质基础。

挖除可燃物就是将着火带及附近已发热或正燃烧的可燃物挖除并运出井外。这是最简单、最彻底的方法，但应注意操作的环境条件，以保证灭火工作安全。挖除可燃物的条件是：

① 火源位于人员可直接到达的地区；

② 火灾尚处于初始阶段，波及范围不大；

③ 火区无瓦斯聚积，无瓦斯和煤尘爆炸危险。

挖除可燃物前要做好准备工作，备足充填、支护和覆盖可燃物的材料，确定可燃物运输和排风路线。在挖除时要随时检查温度、瓦斯浓度并配合用水降温，要注意加固周围巷道。

这种灭火方法存在一定危险性，应注意其应用条件，不仅需要进行周密的组织和及时、持续的行动，而且采用正确的安全技术措施和充分的物质准备也是成功的关键。

2）隔绝灭火法

隔绝灭火法是在通往火区的所有巷道中构筑防火密闭墙，阻止空气进入火区，从而使火逐渐熄灭的灭火方法。隔绝灭火法是处理大面积内、外因火灾，特别是控制火势发展的有效方法。灭火的效果取决于密闭墙的气密性和密闭空间的大小。

在下列情况下，采用隔绝方法和混合方法灭火：① 缺乏灭火器材或人员时；② 火源点不明确、火区范围大、难以接近火源时；③ 用直接灭火的方法无效或直接灭火法对人员有危险时；④ 采用积极灭火不经济时。

采用隔绝法灭火时，必须遵守下列规定：① 在保证安全的情况下，尽量缩小封闭范围；② 隔绝火区时，首先建造临时防火墙，经观察和气体分析表明灾区趋于稳定后，方可建造永久防火墙；③ 在封闭火区瓦斯浓度迅速增加时，为保证施工人员安全，应进行远距离的封闭火区；④ 在封闭有瓦斯、煤尘爆炸危险的火区时，根据实际情况，可先设置耐爆墙（见表4-3）。在耐爆墙的掩护下，建立永久防火墙。砂袋耐爆墙应采用麻袋或棉布袋，不得用塑料编织袋装砂。

表 4-3　　　　　　　　　　　　　　　各类耐爆墙的最小厚度

井巷断面/m²	水砂充填/m	石膏墙		砂袋墙	
		厚度/m	石膏粉/t	厚度/m	砂袋数量/袋
5.0	≤5	2.2	11	5	1500
7.5	5～8	2.5	19	6	2600
10.5	8～10	3	30	7	4200
14	10～15	3.5 以上	42	8	6400

（1）封闭火区的原则

封闭火区的原则是"密、小、少、快"四字。密是指密闭墙要严密，尽量少漏风；小是指封闭范围要尽量小；少是指密闭墙的道数要少；快是指封闭墙的施工速度要快。当防治火灾的措施失败或因火势迅猛来不及采取直接灭火措施时，就需要及时封闭火区，防止火灾势态扩大。火区封闭的范围越小，维持燃烧的氧气越少，火区熄火也就越快。因此火区封闭要尽可能地缩小范围，尽可能地减少防火墙的数量，并尽可能快地提高防火墙的施工速度、争分夺秒封闭火区。在选择密闭墙的位置时，首先考虑的是把火源控制起来的迫切性，以及在进行施工时防止发生瓦斯爆炸，保证施工人员的安全。密闭墙的位置选择合理与否不仅影响灭火效果，而且决定施工安全性。过去曾有不少火区在封闭时因密闭墙的位置选择得不合适而造成瓦斯爆炸。

（2）封闭火区的方法

封闭火区的方法分为三种：

① 锁风封闭火区。从火区的进回风侧同时密闭，封闭火区使之保持不通风。这种方法适用于氧浓度低于瓦斯爆炸界线（O_2 浓度 $<12\%$）的火区。这种情况虽然少见，但是如果发生火灾后采取调风措施，阻断火区通风，空气中的氧因火源燃烧而大量消耗，也是可以实现目的的。

② 通风封闭火区。在保持火区通风的条件下，同时构筑进回风两侧的密闭。这时火区中的氧浓度高于失爆界线（O_2 浓度 $>12\%$），封闭时存在着瓦斯爆炸的危险性。

③ 注惰气封闭火区。在封闭火区的同时注入大量的惰性气体，使火区中的氧浓度达到失爆界线所经过的时间比爆炸气体积聚到爆炸下限所经过时间要短。

后两种方法，即封闭火区时保持通风的方法在国内外被认为是最安全和最正确的方法，应用较广泛。

（3）防火墙的类型

根据所起的作用不同，防火墙可分为临时防火墙、永久防火墙及耐爆防火墙等。

① 临时防火墙

临时防火墙的作用是暂时遮断风流，防止火势发展，以便采取其他灭火措施。传统的临时防火墙是用浸湿的帆布、木板或木板夹黄土等构筑而成。近年来出现了一些新型的快速临时防火墙，如泡沫塑料快速临时防火墙、气囊快速临时防火墙及石膏防爆防火墙等。

② 永久防火墙

永久防火墙的作用在于长期严密地隔绝火区、阻止空气进入，因此要求其坚固、密实。它们根据使用材料不同可分为木段防火墙、料石或砖防火墙及混凝土防火墙等。

a. 木段防火墙是用短木（0.7～1.5 m）和黏土堆砌而成，适用于地压比较大而且不稳定的巷道内。

b. 料石或砖防火墙是用料石或砖及水泥沙浆等砌筑而成。它适用于顶板稳定地压不大的巷道内。为了增加耐压性，可以在料石或砖中加木块。

c. 混凝土和钢筋混凝土防火墙。当对隔绝密闭防火墙的不透气性、不透水性、耐热性及矿山压力稳定提出更高要求时，就要砌筑混凝土或钢筋混凝土防火墙。混凝土防火墙抗压性好，而钢筋混凝土防火墙不但抗压性好，而且抗拉性也强。

砌筑永久性防火墙时，要在墙周围巷道壁上挖 0.5～1 m 深的槽。为增加密闭的严密性，可在防火墙外侧与槽的四周抹一层黏土、砂浆或水玻璃、橡胶乳液等。巷道壁上的裂隙要用黏土封堵。防火墙内外 5～6 m 内应加强支护。在墙上、中、下三个部位插入直径为 35～50 mm 的铁管，作为采取气样、检查温度及放出积水之用。铁管外口要严密封堵，以防止漏风。

③ 耐爆防火墙

在封闭有瓦斯、煤尘爆炸危险的火区时，为了防止瓦斯、煤尘爆炸伤人，可以首先构筑耐爆防火墙。耐爆防火墙是由砂袋或石膏等砌成。在水砂充填矿井，也可以用水砂充填代替砂袋，构筑水砂充填耐爆防火墙。

耐爆防火墙构筑长度不得小于 5～6 m。在耐爆防火墙掩护下再构筑永久性防火墙。

（4）建立防火墙的顺序

火区封闭后必然会引起其内部压力、风量、氧浓度和瓦斯等可燃气体浓度变化；一旦高浓度的可燃气体流过火源，则就可能发生瓦斯爆炸。封闭火区的顺序一般是将对火区影响不大的次要风路的巷道先封闭起来，然后封闭火灾的主要进风、回风巷。就封闭进回风侧密闭墙的顺序而言，目前基本上有三种：一是先进后回（又称为先入后排），二是先回后进，三是进回同时。

① 先进后回。其优点：迅速减少火区流向回风侧的烟流量，使火势减弱，为建造回风侧防火墙创造安全条件。其缺点：进风侧构筑防火墙将导致火区内风流压力急剧降低，与回侧负压值相近，造成火区内瓦斯涌出量增大。在火区无瓦斯爆炸危险的情况下，应先在进风侧新鲜风流中迅速砌筑密闭，遮断风流，控制和减弱火势，然后再封闭回风侧，在临时密闭的掩护下构筑永久防火墙。

② 先回后进。其优点：燃烧生成物二氧化碳等惰性气体可反转流回火区，可能使火区大气惰化，且有助于灭火。其缺点：回风侧构筑防火墙艰苦、危险。虽有上述阻隔作用，火区内瓦斯涌出量仍较大，致使截断风流前，瓦斯浓度上升速度快，氧气浓度下降慢，火区中易形成爆炸性气体，可能早于燃烧产生的惰性气体流入火源而引起爆炸。这种封闭方法，一般在火势不大，温度不高，无瓦斯存在以及烟流不大的情况下实施，是为迅

速截断火源蔓延时采用的。在我国，很少采用先回后进的火区封闭顺序。

③ 进回同时。其优点：火区封闭期间短，能迅速切断供氧条件；防火墙完全封闭前还可保持火区通风，使火区不易达到爆炸危险程度。其缺点：同时封闭法的安全性与火区进回风端切实保证同步封闭有密切联系，但由于井下移动通讯的困难和井下条件的复杂性，较难按预定时间同时完成封闭的工作。在火区有瓦斯爆炸危险的情况下，应首先考虑瓦斯涌出量、封闭区的容积及火区内瓦斯达到爆炸浓度的时间等，慎重考虑封闭顺序和防火墙的位置。通常在进、回风侧同时构筑防火墙以封闭火区。这也是常用的一种封闭顺序。

3）混合灭火法

混合灭火法就是先用防火墙将火区封闭，然后再采取其他灭火手段，如灌浆、调节风压和充入惰性气体等加速火的熄灭。

4）高瓦斯矿井处理火灾时的注意事项

高瓦斯矿井处理火灾时，对灾区进行合理的通风，对防止瓦斯爆炸有决定性的作用。在火灾处理过程中，必须掌握瓦斯的变化，合理调度风流，其原则是有助于控制火势，又能冲淡瓦斯，及时排走瓦斯。不能随意减少或中断灾区的供风，必要时（瓦斯浓度上升）还应加大火区供风量。加强巷道维护，防止冒顶堵塞巷道切断风流，以避免瓦斯积聚而产生爆炸。具体应针对具体情况，采取相应的措施。

（1）上、下山和运输平巷发火时，如果在火源的上风侧有掘进头和废巷，应将积存瓦斯的巷道严密封堵。在火源的下风侧有冒高、废巷和掘进头积聚瓦斯时，对灭火人员威胁最大，为防止瓦斯爆炸应果断封闭火区，或者进行局部反风，将这些瓦斯库封闭后，再组织灭火。

（2）处理高瓦斯矿高冒处火灾时，必须在喷雾水枪的掩护下（迫使火源局限在高冒处），在火源的下风侧设水幕，然后在高冒处两端用水枪灭火。

（3）处理高瓦斯矿井独头巷道火灾时，不能停风，要在保持正常通风或加大风量的条件下处理火灾。但是，由于某种原因（如人员撤退时停掉局部通风机或火焰烧断风筒），风流中断或风机停转时，应检查巷道中瓦斯和烟雾情况，只有在瓦斯浓度不超过 2% 时才能进入数人灭火。特别是上山独头煤巷发火，如果风机已停转，在无需救人情况下，严禁进入侦察或灭火，应立即在远距离封闭。对于下山掘进煤巷迎头发火，在通风条件下、瓦斯浓度不超过 2% 时可直接灭火。若在下山中段发火时，无论通风与否，都不得直接灭火，要远距离封闭。

（4）当直接灭火无效或不可能时，应封闭火区。在高瓦斯矿封闭火区是相当危险的工作。应根据瓦斯涌出情况，通过加大风量将瓦斯浓度降到 2% 以下时，于火区的进风侧和回风侧同时建造防爆墙，并在三分之二高度处留有通风排气口，然后在统一指挥下同时封口。这种封闭方法，不易产生瓦斯爆炸，即使爆燃，人员安全系数也大。这是因为，防爆墙建毕后，火区氧气消耗快，可生成大量 CO_2，有助于抑制火势。同时，瓦斯上升慢，不易达到爆炸浓度。24 h 后，在防爆墙掩护下建筑永久密闭，完成火区的封闭工作。若有条件，在砌墙过程中（包括砌筑防爆墙）向火区内注入氮气等惰性气体或卤族化合物，将更能防止建墙过程中产生瓦斯爆炸。如果人力、物力不足时，也可先封闭火区进风，但密闭墙的位置应尽量靠近发火点，并且保证墙体绝对严密，否则由于入风侧空间过大或密闭质量不好，积存大量瓦斯，极易造成爆燃。当对多头巷道封闭时，应先封闭困难大的风路及分支风路（风量小的风路），然后封闭主要风道（风量大的风路）。进风侧封闭后，等待 1~3 d，待火区稳定后再封闭火区回风。实践证明，火区进风侧封闭后十几小时，回风侧的烟雾减少 70%，温度下降 50%，瓦斯浓度也有明显降低。这种封闭方法也是比较稳妥可靠，只是强调进风侧密闭要距发火点近和严密不漏风，否则易产生爆炸。同样，在砌墙过程中注入情性气体等，会更安全。

（5）封闭采区内的火区时，还应考虑某巷道封闭后，是否会造成邻近采空区内瓦斯被大量吸出通过火源引起爆炸？任何情况下（无论是高瓦斯矿、还是低瓦斯矿），不准先堵回风，后堵进风，否则会造成火烟逆退或发生瓦斯爆炸。

4.8.3 火区的管理与启封

火区封闭以后，虽然可以认为火势已经得到了控制，但是对矿井防灭火工作来说，这仅仅是个开始，在火区没有彻底熄灭之前，应加强火区的管理，待彻底熄灭后启封。

1）火区的管理

《煤矿安全规程》对火区的管理作了具体的规定：

（1）煤矿企业必须绘制火区位置关系图，注明所有火区和曾经发火的地点。每一处火区都要按形成的先后顺序进行编号，并建立火区管理卡片。火区位置关系图和火区管理卡片必须永久保存。

（2）永久性防火墙的管理应遵守下列规定：

① 每个防火墙附近必须设置栅栏、警标，禁止人员入内，并悬挂说明牌。

② 应定期测定和分析防火墙内的气体成分和空气温度。

③ 必须定期检查防火墙外的空气温度、瓦斯浓度，防火墙内外空气压差以及防火墙墙体。发现封闭不严或有其他缺陷或火区有异常变化时，必须采取措施及时处理。

④ 所有测定和检查结果，必须记入防火记录簿。

⑤ 矿井作大的风量调整时，应测定防火墙内的气体成分和空气温度。

⑥ 井下所有永久性防火墙都应编号，并在火区位置关系图中注明。

防火墙的质量标准由煤矿企业统一制定。

（3）不得在火区的同一煤层的周围进行采掘工作。在同一煤层同一水平的火区两侧、煤层倾角小于 35°的火区下部区段、火区下方邻近煤层进行采掘时，必须编制设计，并遵守下列规定：

① 必须留有足够宽（厚）度的煤（岩）柱隔离火区，回采时及回采后能有效隔离火区，不影响火区的灭火工作。

② 掘进巷道时，必须有防止误冒、透火区的安全措施。

煤层倾角在 35°以上的火区下部区段严禁进行采掘工作。

2）火区启封

（1）判别火区火熄灭的条件

按照《煤矿安全规程》规定，封闭的火区，只有经取样化验证实火已熄灭后，方可启封或注销。火区同时具备下列条件时，方可认为火已经熄灭：

① 火区内的空气温度下降到 30 ℃以下，或与火灾发生前该区的日常空气温度相同。

② 火区内空气中的氧气浓度降到 5.0%以下。

③ 火区内空气中不含有乙烯、乙炔，一氧化碳浓度在封闭期间内逐渐下降，并稳定在 0.001% 以下。

④ 火区的出水温度低于 25 ℃，或与火灾发生前该区的日常出水温度相同。

⑤ 上述四项指标持续稳定的时间在 1 个月以上。

现场应用时要注意以下几个问题：

① 火区内空气的温度、氧气浓度、一氧化碳浓度，都应在大气压力稳定或下降期间于回风侧防火墙内或钻孔中测取，并以最大值为准；

② 火区的出水温度应以火区所有出水的防火墙或钻孔中出水的最大温度为准；

③ 在上述地点测得的指标，应保持连续测定时间不少于 30 d，每天不少于 3 次。

需要说明的是，上述判断火区火是否熄灭的条件，是过去几十年一直沿用的基本条件，实际应用时往往不是如此简单，因此要结合前面所述的火区熄灭程度的标志气体指标综合分析，也就是说在启封前，火区内不应有乙烯、乙炔气体。另外，由于受火区漏风、火区内瓦斯涌出等其他因素的影响，虽然火区熄灭的上述条件都满足，但火却未真正熄灭。因此，在火区启封的过程中，要做好预防意外事故的措施，启封后应仔细巡查火情，只有在原火源点回风侧的气温、水温、一氧化碳浓度连续 3 d 以上无上升趋势，方可认定火区火已经熄灭。

（2）火区启封

经过长期地观测和综合分析，确认火区已经熄灭的情况下，就可以正式启封火区了。启封火区前，无论是高瓦斯矿井还是低瓦斯矿井，必须做好一切应急准备，做好启封火区后火灾复燃而重新封闭的准备工作。

火区启封可以采取锁风启封和通风启封的方法。

① 锁风启封火区

锁风启封火区也称分段启封火区。该方法适用于火区范围较大、难以确认火源是否彻底熄灭或火区内存积有大量的爆炸性气体的情况下。具体做法是：先在火区进风密闭墙外 5~6 m 的地方构筑一道带风门的临时密闭，形成一个过渡空间，习惯上称为"风闸"，并在这两道密闭之间储备足够的水泥、砂石和木板等材料，然后，救护队员进入风闸内，将风门关好，形成一个不通风的封闭空间。这时，救护队员可将原来的密闭打开，进入火区探查。确认在一定距离的范围内无火源后，再选择适当的地点（一般可距原密闭 100~150 m，条件允许时也可到 300 m）构筑新的带风门的密闭。新密闭建成后，就可将原来的密闭打开，恢复通风、处理和恢复巷道。如此重复，一段一段地打开火区，逐步向火源逼近。锁风启封火区时，一定要确保火区一直处于封闭、隔绝状态。启封的过程中，应当定时检查火区气体，测定火区气温，如发现有自燃征兆，要做出及时处理，必要时应重新封闭火区。

② 通风启封火区

通风启封火区也称为一次性打开火区。该方法适用于火区范围较小并确认火源已经完全熄灭的情况下。启封前要事先确定好有害气体的排放路线，撤出该路线上的所有人员，然后，选择一个出风侧防火墙，首先打开一个小孔进行观察，无异常情况后再逐步扩大，直至将其完全打开，但要严禁将防火墙一次性全部打开。打开进、回风侧防火墙后，应采用强风流向火区通风，以冲淡和稀释火区积存的瓦斯。为确保安全，启封火区时，应将工作人员撤出，待1~2h后，若未发生爆炸和其他异常情况，准备好直接灭火工具，选择一条最短、维护良好的巷道进入发火地点，进行清理、喷水降温、挖除发热的煤炭等工作。通风启封火区的过程中，应经常检查火区气体，如有异常情况应及时处理。

4.9　火灾事故典型案例剖析

4.9.1　开关自爆引起火灾造成工作面被毁事故

2003 年 8 月 24 日，某矿 4301 采煤工作面因控制刮板输送机机头开关的采区变电所的断路器整定值过高，刮板输送机负荷过大，造成刮板输送机机头开关过热崩开，喷出的火焰将开关附近的木支架引燃，进而引起浮煤及煤壁燃烧，造成火灾（图 4-41）。

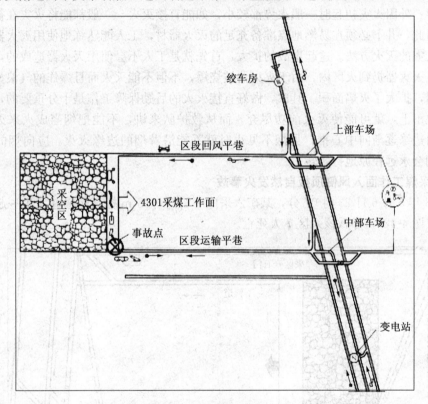

图 4-41　某矿开关自爆引起火灾事故示意图

初期时火灾不大，刮板输送机司机拿来附近的灭火器灭火，但因打不开灭火器，而将灭火器扔到了火中，灭火器被烤爆，造成火势蔓延开来。当班班长正领着工人在工作面刮板输送机机头处缩板，见烟后，立即迎烟到刮板输送机机头处，查明情况，但是，他没有组织工人抢救，而是领着人员撤离了。当班长跑到采区变电所时，将着火的情况向矿调度作了汇报。矿调度立即通知了矿领导，矿领导接到通知后，急忙赶到现场，因井下不具备用水灭火条件，使用了几个灭火器后，火势也不见减弱，此时矿领导才下令让矿调度向局调度汇报，请求局救护大队出动灭火。救护大队于 13 时 20 分赶到现场，发现火焰已逆风往上山滚退 50 余米，烟雾很大，温度很高，能见度很低，救护队开始沿着烟雾头打火，打了几个小时仍不见进展，烟雾仍在原地打转。后改变战术，水枪沿烟雾前方打去，这一办法果然奏效，烟雾逐渐下退，不到半小时就将烟雾逼退到刮板输送机机头处，此时火已往刮板输送机道方向烧了20多米。烧过的巷道发生了冒落，冒落的浮煤仍在燃烧。见此情况，救护队一方面用水枪继续直接灭火，一方面将现场的木料锯成短柱打在冒落的浮石上作为临时支护，掩护灭火人员前进灭火。约3 h后，20余米长的巷道明火全部被扑灭，大家松了一口气，除了留两个队员现场监护外，其余人员升井吃饭。但意料不到的是，在井下监护的救护队员发现往冒落区浇水的水枪没水了，随即向井上作了汇报，待井上查明原因，还没等水泵修好时，冒落区底部的隐燃火又着了起来，将新搭设的木柱全部烧掉了，待水泵修好后再次灭火时，因二次冒落更加严重，已失去直接灭火的条件，无奈将工作面封闭。

点评：外因火灾初起时一般火势都较小，如能直接灭火，一般都能将火灾在初始阶段灭掉。因此，井下必须在易燃地点准备充足的灭火器材，工人能熟练地使用灭火器材，掌握初始火灾的灭火方法。这起事故的扩大，首先就是工人不会使用灭火器造成的，最不应该的是将灭火器扔到火区内，由于灭火器被烧爆，不但不能灭火而且爆炸的气浪又将火抛向了四周，扩大了火焰面积。其次，做好直接灭火的后勤保障工作是十分重要的，一旦某些环节跟不上，就可能使灭火前功尽弃。而从救护队来讲，不能把烟当成火来灭，灭火时，应由边缘逐渐向中心推，见烟不见火时就不能沿着烟的边缘灭火，应向烟的前方灭火，否则会永远在原地打转转。

4.9.2　采煤工作面入风侧顶板自然发火事故

2003 年 5 月 6 日 23 时 07 分，某矿六采区一石门＋38 m 标高运输巷发生一起自然发火事故（图 4-42），导致该采区 7 人死亡。

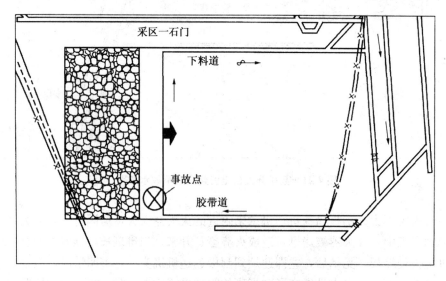

图 4-42　采煤工作面入风侧顶板自然发火事故示意图

5 月 6 日 23 时 07 分，在六采区一石门＋38 m 标高运输巷道中，立眼煤仓上口的刮板输送机司机发现进风巷中有烟，开始以为是煤仓下部崩煤仓口上来的烟，可过一会儿后，又发现风流中有火星，感到事情不妙，立即将情况汇报给矿调度。矿调度室在接到报告后立即通知 217 采煤工作面撤人，但没有通知受火灾影响的 61、62、65 这三个掘进工作面撤人。217 采煤工人接到通知后，立即沿着工作面下头的斜巷打开斜巷风门进入＋10 m 运输巷。但没想到的是 217 采煤工作面工人撤出时，由于慌乱忘记了关斜巷风门，结果煤烟分成两路：一路按照原路线进入采煤工作面，另一路顺打开的风门进入了＋10 m 运输巷，进而进入采区轨道巷。在 61、62 掘进工作面进行掘进作业的人员同时闻到烟味，并看见由风筒往外冒烟。62 掘进工作面的工人立即往外跑，进入了轨道巷。结果 7 人因一氧化碳中毒死亡。而 61 掘进工作面的工人立即切断了局部通风机电源，停止了局部通风机运转，断开风筒，用风筒打了一道临时密闭，等待救援。最终在救护队的救援下，安全脱险。

点评：这起事故直接受到威胁的是 217 采煤队，217 采煤队撤出后其他地点应该是不受火灾影响的。但井下事故，有时受现场环境影响会产生变化，所以一定要考虑多种预案。首先要考虑受火灾影响可能波及的作业地点立即撤人的问题。当掘进工作面人员发现局部通风机吸入火烟后，应该立即断开风筒或停掉局部通风机，人员不要向外撤离，或在原地采取自救措施等待救援。在风流系统受到有害气体威胁的人员，如果不能尽快进入新鲜风流摆脱火烟威胁，也应尽快进入掘进工作面，等待救援，千万不要慌乱，盲目乱跑。这次事故，调度未通知掘进人员并告知避险撤离路线就是一个教训。其次，人员在逃生过程当中，不要破坏通风系统，经过风门后一定要关闭风门，避免因逃生而扩大事故。要在井下弯道处设置逃生警示牌，按事先设计好的避灾路线逃生。

4.9.3 压风机电缆着火封堵工作面事故

2008 年 3 月 5 日 22 时，某矿井下压风机硐室电缆着火引燃木棚，造成 103 采煤工作面 13 人中毒死亡。

事故示意图如图 4-43 所示。据幸存者回忆，当天 22 时，副井五片压风机处的电缆着火。因该处无法断电，压风机司机跑到四片变电所断电。跟班的掘进队副队长因队里有事，晚下井了一会儿。刚到五片时，掘进副队长看到压风机电缆着火，于是，他一面让压风机司机去四片停电，一面立即由四片进入工作面回风巷通知撤人。当压风机司机停完电返回到压风机处时，发现火势迅速扩大，并向上逆风蔓延，压风机司机见状不妙，拔腿就跑，升井后将井下着火的情况向调度进行了汇报。调度立即向矿长作了汇报。矿长得知井下着火后，没有立即通知救护队，而是带领通风区区长等有关人员带了几个灭火器入井。到现场后，几个灭火器很快就用完了。因巷道无水管，无奈又返回井上，并通知了救护队。救护队赶到现场时，发现火已逆风烧到四片口以上，人员已无法到达四片口。随即用携带的灭火器灭火，但因数量有限，不一会也用完了，而此时的火势有增无减。指挥部决定打开三片风门，使其风流短路，减小火势，接设管路直接灭火。由于水源供应不足，虽然灭火前进了 20 m，但仍然接近不了 103 采煤工作面的回风巷风门。而从回风进入救人的小队，前进到四片回风口以里 50 m 远时，因烟大温度高被迫返回。针对这种情况，继续进行直接灭火，在水源没有充分保证的情况下，不但不能压制火势，而且还会出现反复，并且顶板随时有冒落的危险。于是指挥部决定利用充沙管路对入风侧五片火源点进行充沙，将火源点巷道充满，从而达到隔绝供氧熄灭火源的目的。同时，对回风侧蔓延的火源，采取接设管路充灰的办法进行灭火。井下救灾人员撤出，在地面进行充沙、充灰。为了控制火势继续发展，加速火区熄灭，在确认井下被困人员无生还希望的情况下，指挥部决定停止主要通风机运转，封闭井口，从消防站接设水管向火区注水，为防止注水后井下空气压力升高，促使有毒有害气体向地面逸散，指挥部加强了对附近居民住宅区有毒有害气体的检查。

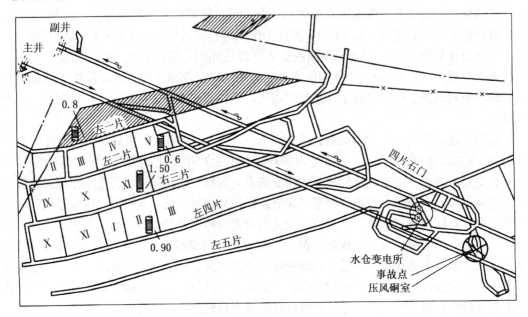

图 4-43　压风机电缆着火封堵工作面事故示意图

从 3 月 16 日开始，注入液态二氧化碳 50 t。至 3 月 29 日，连续观测结果，井下一氧化碳绝迹，指挥部决定开启主要通风机，开始井下灾后恢复工作。从事故后调查得知，这次事故之所以火势蔓延得这么快，一方面是因为压风机电缆不但没有吊挂，而且随便从地面铺过去，导致与压风机漏出的油混在一起，电缆爆裂产生火花引着机油所致；另一方面是因为巷道支护虽然采用的是钢栅，但背板却采用了木板，致使火势蔓延较快。

点评：分析事故原因，可以看出这起事故的发生是由于该矿一系列违章、违规、管理不善等众多因素共同作用形成的结果。如果其中一个方面做到了，这起事故就不可能发生。

（1）如果矿井人员具有较高的业务素质和技术素质，接班后认真检查压风机及机电设备，在故障初期及时进行处理，就不会有漏油现象和电缆爆裂现象的发生，也就不会有这次火灾事故的发生。

（2）如果矿井认真按操作规程进行作业，按规定将电缆吊挂，即使电缆爆裂，也不会引燃机油，也不会有这次事故的发生；如果矿井认真执行《煤矿安全规程》，按规定在压风机硐室设置灭火器、沙箱、铁锹等灭火工具，就可能在火灾初期将火势控制住并迅速予以扑灭，也不会发生这起事故。

（3）如果压风机司机具有较高的业务素质和工作经验，当电缆爆裂后不是马上去断电，而且利用现场一切条件进行灭火，火势也不会发展迅猛。

（4）如果矿井不是一味地盲目追求经济效益，而是遵循"安全第一"的原则，加大安全方面的投入，设置井下"应急储备物资库"，发现火情后，利用应急储备物资进行直接灭火，就不会导致灾情的扩大；如果井下消防管路接设到位，并且保证水源，就不会产生救护队灭火时现接水管、水源的时断时续问题；如果矿井给各作业地点设置了联系电话，那么井下作业人员就会在第一时间接到通知，马上撤离，就不会发生包括通知人员均被堵在工作面造成全部牺牲的惨剧；如果矿井对灾害预防及处理计划贯彻到位、入井人员学习到位，那么在主井一侧维修皮带的两名人员，发现险情后就可以返回几步，直接拐入三联络巷进入到入风井，就可避免遇难。

（5）如果矿井按规定在合理的地点设置应急避难硐室，当灾情发生后，工作面的人员迅速进入避难硐室躲避，就不会发生这次惨剧。

（6）如果矿井发现井下着火后，能在第一时间通知救护队前往救援，就可以及时救人，可以在最佳的救援时间内，将损失降到最低程度，达到最佳的抢险救援的目的。

（7）如果矿井职工都能正确地掌握自救器的使用方法，掌握正确的逃生知识，此次惨剧也可避免。

📖 复习思考题

1. 什么叫矿井火灾？它分哪几类？其各有何特点？

2. 矿井火灾发生的必要条件有哪些？

3. 外因火灾的发火原因有哪些？

4. 什么是煤炭自然发火？煤炭自然发火经过哪几个时期？

5. 煤炭自燃的条件是什么？

6. 煤炭自燃的影响因素有哪些？

7. 煤自燃倾向性鉴定的目的是什么？

8. 矿井火灾预报的方法，按其原理可分为哪几种？

9. 开采技术预防自然发火的措施有哪些？

10. 通风措施防治自然发火的原理是什么？主要有哪些技术途径？

11. 均压防灭火的实质是什么？均压防灭火的方法有哪些？

12. 介质法防灭自然发火的方法有哪些？其各自的原理是什么？

13. 简述火风压的概念及特性，如何计算火风压？

14. 简述发生火灾时风流调度方法和各方法的适用条件。

15. 消灭矿井火灾的方法有哪些？

16. 火区启封，判别火区火熄灭的条件有哪些？

17. 建立防火墙的顺序有哪几种？其各自适用条件是什么？

第5章　矿井水灾防治与案例分析

5.1　概　　述

矿井水灾是煤矿主要灾害之一，在煤矿建设和生产过程中，常常会遭到水的危害，轻则造成排水设备增加，排水费用增大，造成生产环境恶劣，原煤成本提高，采区接替紧张，影响生产建设的发展，重则直接危害职工生命安全和淹井事故，造成人员伤亡和国家巨大经济损失。

因此，必须掌握矿井水文地质基础知识，严格执行《煤矿安全规程》和《煤矿防治水规定》等有关防治水的规定，加强矿井水文地质条件的调查研究，做好防治水工作，杜绝水灾事故的发生。

5.1.1　地下水基本知识

1) 自然界中水的循环

自然界中的水在太阳辐射热和重力的作用下不断地循环着。水在太阳的照射下，从海洋、河、湖表面以及岩石表面和植物叶面上不断蒸发，变成水汽上升到大气圈中，在高空中凝结并形成各种不同形式的降水（雨、雪、冰雹等）而降落到地面上。降落下来的水一部分就地蒸发，一部分通过地表和地下径流的形式回归到河流、湖泊、海洋中，而后再度从其表面蒸发。水的循环可分为大循环和小循环两种（图5-1）。

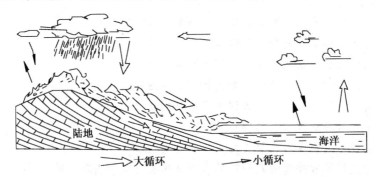

图5-1　自然界中水的循环

大循环或称外循环，它是指在全球范围内水分从海洋表面蒸发，上升的水汽随气流运移到陆地上空，凝结成雨点等降落到地表面，又以地表或地下径流的形式，最终流归海洋中，再度受到蒸发。

小循环又称内循环，它是指水从海洋表面蒸发，又降落到海洋表面；或者水从陆地上的湖泊表面、河流表面、地表以及植物叶面蒸发，又在当地降落。

2) 地下水的分类

地下水是赋存于地面以下岩土空隙中的水。自然界中有各种各样的地下水，有的埋藏很深，有的埋藏很浅；有的水量大，有的水量小；它们分别赋存于不同的含水介质空隙中。各种地下水在形成、分布、运动、水质、水量等方面都有所不同。目前，对地下水提出的分类方法有许多种，其中对煤矿生产有直接意义的有两种：一是按地下水的埋藏条件分类，可分为包气带水、潜水、承压水；另一个是按含水介质（空隙）类型分类，可分为孔隙水、裂隙水、岩溶水（见表 5-1 及图 5-2）。

表 5-1　地下水分类表

埋藏条件＼含水介质类型	孔隙水	裂隙水	岩溶水
包气带水（上层滞水）	土壤水局部黏土隔水层上季节性存在的重力水（上层滞水）及悬留毛细水及重力水	裂隙岩层浅部季节性存在的重力水及毛细水	裸露岩溶化岩层上部岩溶通道中季节性存在的重力水
潜水	各类松散沉积物浅部的水	裸露于地表的各类裂隙岩层中的水	裸露于地表的岩溶化岩层中的水
承压水	山间盆地及平原松散沉积物深部的水	组成构造盆地、向斜构造或单斜断块的被掩覆的各类裂隙岩层中的水	组成构造盆地、向斜构造或单斜断块的被掩覆的岩溶化岩层中的水

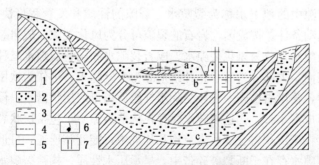

图 5-2　潜水、承压水及上层滞水

1——隔水层；2——透水层；3——饱水部分；4——潜水位；5——承压水测压水位；
6——泉（上升泉）；7——水井；a——上层滞水；b——潜水；c——承压水

（1）按地下水的埋藏条件分类

① 上层滞水（饱气带水）

一般认为，上层滞水是指埋藏在离地表不深的饱气带中局部隔水层上的重力水，见图 5-2 中 a。它分布局限，水量少，季节性明显，对煤矿生产无影响。

② 潜水

潜水是指埋藏在地表以下第一隔水层以上，且具有自由水面的重力水，见图 5-2

中 b。潜水的自由水面，称为潜水面；地表至潜水面的垂距，称为潜水埋藏深度；潜水面至其底板隔水层顶面间的距离，称为潜水含水层厚度；潜水面上任一点的标高，称为潜水位。潜水是矿井充水重要来源之一，必须重视。

③ 承压水

充满于上、下两个稳定隔水层之间的含水层中的重力水，称为承压水（图 5-2 中 c）。承压水由于有隔水顶板存在，故其补给区和分布区不一致，与季节变化的关系不甚明显，动态稳定，不易受污染；又因受其上、下隔水层的限制，故有一定的承压水头，其运动方式不是在重力作用下的自由流动，而是以传递静水压力的方式进行水的交替，就象自来水管中的水受供水水塔静水压力一样进行运动，故当地形条件适宜时，经钻孔揭露承压含水层后，承压水会喷出地表，因此承压水又称自流水。承压水是矿井充水重要来源之一，需高度重视。

（2）按地下水的含水介质（空隙）分类

① 孔隙水

储存于疏松岩层孔隙中的水，称为孔隙水。孔隙水的存在条件和特征取决于岩石的孔隙的发育情况。一般特征下，岩石颗粒大而均匀，则含水层孔隙大，透水性好、水量大、运动快、水质好；反之，则含水层孔隙小、透水性差、水量小、运动慢、水质也差。

孔隙水由于埋藏条件不同，可形成上层滞水、潜水和承压水。孔隙水对采矿的影响主要取决于孔隙含水层的厚度、岩层颗粒大小及其与煤层的相互关系。一般来说，岩石颗粒大且均匀，地下水运动快、水量大，井巷工程穿过时要加大排水能力。如果采煤工作面顶板为含孔隙水丰富的含水层，随着工作面的推进、顶板的破裂及冒落，孔隙水会大量进入工作面，造成工作面生产困难，甚至会引起水患事故。

② 裂隙水

赋存于基岩裂隙中的地下水称为裂隙水。裂隙的性质和发育程度决定了裂隙水的存在、富水性及其运动条件。按成因，岩石的裂隙可分为风化裂隙、成岩裂隙和构造裂隙三种类型；相应的裂隙水也分为风化裂隙水、成岩裂隙水和构造裂隙水三种类型。风化裂隙水多分布于基岩表面，大部分为潜水，补给来源为大气降水，可作为饮用水。成岩裂隙水多存在于火成岩中，喷出岩出露地表接受降水补给后可形成层状潜水；侵入岩与围岩接触部分裂隙发育，形成富水带。构造裂隙水赋存在构造裂隙中，包括层状裂隙水和脉状裂隙水。层状裂隙水存在于沉积岩、变质岩节理和片理中，能互相连通，可形成潜水，也可形成承压水。脉状裂隙水存在于断裂破碎带中，呈承压水性质。构造裂隙水对煤矿安全生产威胁很大。

③ 岩溶水

岩溶是发育在可溶性岩石地区的一系列独特的地质作用和现象的总称。这种地质作用包括地下水的溶蚀作用和冲蚀作用。其产生的地质现象就是由这两种作用所形成的各种溶隙、溶洞和溶蚀地形。埋藏于溶洞溶隙中的重力水，称为岩溶水或称喀斯特水，有时也称溶洞水。

岩溶发育必须具备的条件是：有透水的可溶性岩层（灰岩、石膏、盐岩及白云岩等）的存在；运动于可溶性岩层中的水具有侵蚀性，且水不停地流动。岩石的溶解度越大，透水性越好，水的侵蚀性越大，水的交替越强烈，则岩溶越发育。

　　岩溶在空间的发育有如下特点：褶皱轴部尤其是向斜轴部，往往是张开裂隙发育，又是地下水汇集的部位，流线在此格外密集，地下河系的主干往往沿此分布，在此部位如果有可溶性岩存在的话，岩溶较发育；断层带尤其时张性断层带，由于此处透水性好，流线密集，如果有可溶性岩存在的话，在此部位岩溶往往也很发育；在可溶性岩与下伏隔水层的接触面上往往会发育成层的溶洞，这是由于水流下方受阻，流线密集于接触界面上所致；气候湿热地区比气候寒冷干燥地区岩溶较发育。

　　在岩溶化岩石中的地下水，可以是潜水，也可以是承压水。一般在裸露的石灰岩分布区的岩溶水，主要是潜水；当岩溶化岩层被其他岩层覆盖时，岩溶潜水可转变为岩溶承压水。

　　岩溶的发育特点决定了岩溶水的特征。其主要特点是：水量大、运动快，在垂直和水平方向上都具有分布不均匀的特点；溶洞溶隙较其他岩石中孔隙、裂隙要大得多，降水易渗入，或几乎全部渗入地下；溶洞不但迅速地接受降水渗入，而且岩溶水在溶洞或暗河中流动很快，年水位高差有时可达数十米；岩溶水埋藏很深，在高峻的岩溶山区常缺少地下水露头，甚至地表也没有水，造成缺水现象；大量的岩溶水都以地下径流的形式流向低处，在谷地或与非岩溶化岩层接触处，以成群的泉水形式出露地表。

　　岩溶水的水量大、水质好，可作为大型供水水源，但岩溶水对煤矿生产安全构成严重威胁，尤其是岩溶化岩层厚度巨大时，如华北的奥陶纪灰岩水多是造成矿井重大水患的水源。

　　3）含水层与隔水层的概念

　　（1）含水层：是指既含地下水而又透水的岩层。

　　（2）隔水层：是指不透水的岩层。

　　但应指出，在自然界中并不存在绝对不透水的岩层，只是透水性能强弱不同而已，因而一般把透水性差、含水很少的岩层划为隔水层。

　　某些岩层，尤其是沉积岩，由于不同岩性层的互层，有的层位发育裂隙或溶洞，有的层位致密，因而在垂直层面的方向上隔水，但在顺层的方向上是透水的。

　　另外，隔水层的阻水能力取决于岩性、岩层结构及其稳定性。某些阻水能强的隔水层，在后期构造作用的破坏下，阻水能力可大大被削弱，甚至使其起不到隔水的作用。

5.1.2　矿井水灾区分布及特征

　　根据我国聚煤区的不同地质、水文地质特征，并考虑到矿井水对生产的危害程度，可将我国煤矿划分为六个矿井水害区：（1）华北石炭二叠系煤田的岩溶-裂隙水水害区；（2）华南晚二叠统煤田的岩溶水水害区；（3）东北侏罗系煤田的裂隙水水害区；（4）西北侏罗系煤田的裂隙水水害区；（5）西藏—滇西中生界煤田的裂隙水水害区；（6）台湾第三系煤田的裂隙—孔隙水水害区。

　　我国矿井水害主要分布在华北和华南两大区，其矿井水文地质条件极为复杂，水害十分严重。例如，华北石炭二叠系煤田的煤系基底中奥陶统岩溶—裂隙水水害，黄淮平原新生界松散层水的水害，华南晚二叠统煤田的煤系顶底板灰岩岩溶水水害。而东北侏罗系煤田虽然存在着裂隙水及第四系松散层水的危害，但不严重；西北侏罗系煤田处于干旱、半干旱气候区，区内严重缺水，存在着供水问题；西藏—滇西及台湾的中、新生代煤田的水文地质条件比较简单，水害问题也不严重。我国煤矿水害区的分布及特征如表 5-2 所列。

表 5-2　我国煤矿水害区的分布及特征

水害分区		气候大区年降水量及其覆盖面积的百分数	矿井水对生产危害程度	附注
编号	名称			
1	华北石炭二叠系岩溶—裂隙水害区	亚湿润—亚干旱气候区，600～1 000 mm 降水约占 70%，200～600 mm 降水约占 20%	涌水、突水较频繁，涌水量大或特大（1 000～123 180 m³/h）。常常影响生产或淹井，排水费用负担较大，矿井安全生产受到严重威胁，区内中深部下组煤有几百亿吨不能开采	煤田为分布范围大、可采煤层多、储量大、煤种齐全的焦煤和主焦煤重要产地，对国民经济影响重大
2	华南晚二叠统岩溶水水害区	湿润气候区，1 200～2 000 mm 降水占 95%以上	涌水、突水很频繁，经常影响生产或淹井，突水量大（2 700～27 000 m³/h），矿井正常涌水量大（3 000～8 000 m³/h）；负担巨额排水电费；地面塌陷严重，井下黄泥突出堵塞井巷；矿井安全受到严重威胁，雨季更危险	由于地面塌陷，每年矿区付出上百万元赔偿费；由于主巷布设在强含水层内，故突水、出水频繁，主要为底板茅口灰岩水
3	东北侏罗系裂隙水水害区	湿润—亚湿润气候区，400～600 mm 降水约占 60%，600～800 mm 降水占 25%	一般不影响生产，部分矿区受地表水和第四系松散层水的危害较重，有时造成淹井事故	局部（15%）为亚干旱区
4	西北侏罗系裂隙水水害区	干旱气候区，25～100 mm 降水占 80%，100～400 mm 降水占 20%	本区严重缺水，存在供水和生态系统与环境保护问题，仅小部分地区有地表水和老空水造成的煤矿水害	局部为亚干旱区
5	西藏—滇西中生界裂隙水水害区	湿润—亚湿润气候区，300～600 mm 降水约占 55%，800～1 000 mm 降水约占 35%，1 000～2 000 mm 降水约占 10%	西藏—滇西和台湾中、新生代煤田，煤炭储量仅占全国储量的 0.1%，水文地质条件比较简单，水害也不严重	小部分为亚干旱区
6	台湾第三系裂隙—孔隙水水害区	湿润气候区，1 800～4 000 mm 降水占 95%以上		

5.1.3　矿井水灾类型

造成矿井水害的水源有大气降水、地表水、地下水和老空水。地下水按储水的空隙特征又分为孔隙水、裂隙水和岩溶水等。现根据水源分类，我国矿井水害分为地表水、老空水、孔隙水、裂隙水和岩溶水五大水害类型（表5-3）。

表 5-3　矿井水害类型及特征

类别	水源	水源进入矿井的途径或方式	发生过突水、淹井的典型矿区
地表水水害	大气降水、地表水体（江、河、湖泊、水库、沟渠、坑塘、池沼、泉水和泥石流）	井口、采空冒裂带、岩溶地面塌陷坑或洞、断层带及煤层顶底板或封孔不良的旧钻孔充水或导水	2005 年 8 月 19 日，吉林舒兰矿业集团五井发生死亡 16 人的特大水害事故。发生在贵州水城汪家寨矿、内蒙古平庄古山矿等的透水事故均属地表水水害事故
老空水水害	古井、小窑、废巷及采空区积水	采掘工作面接近或沟通时，老空水进入巷道或工作面	2005 年 8 月 7 日，广东省梅州大兴煤矿发生特别重大透水事故，造成 121 人死亡。吉林蛟河腾达煤矿、山西陵川县关岭山煤矿等矿区水害事故均属于老空水水害
孔隙水水害	第三系、第四系松散含水层孔隙水、流沙水或泥沙等，有时为地表水补给	采空冒裂带、地面塌陷坑、断层带及煤层顶、底板含水层裂隙及封孔不良的旧钻孔导水	2004 年 3 月 7 日，新疆哈密煤业集团井采公司二井 W4105 工作面上顺槽发生涌水溃砂事故，导致 9 人死亡和矿井停产。发生在淮南孔集矿、徐州新河煤矿等矿区透水事故均属于孔隙水水害
裂隙水水害	砂岩、砾岩等裂隙含水层的水，常常受到地表水或其他含水层水的补给	采后冒裂带、断层带、采掘巷道揭露顶板或底板砂岩水，或封孔不良的老钻孔导水	徐州大黄山煤矿、韩桥煤矿、开滦范各庄矿等煤矿区都存在严重的裂隙水水害

类别		水源	水源进入矿井的途径或方式	发生过突水、淹井的典型矿区
岩溶水水害	薄层灰岩水水害	主要为华北石炭二叠纪煤田的太原群薄层灰岩岩溶水（山东省一带为徐家庄灰岩水），并往往得到中奥陶系灰岩水补给	采后冒裂带、断层带及陷落柱，封孔不良的老钻孔，或采掘工作面直接揭露薄层灰岩岩溶裂隙带突水	徐州青山泉二号井、淮南谢一矿、肥城大封煤矿均发生过薄层灰岩水水害
	厚层灰岩水水害	煤层间接顶板厚层灰岩含水层，并往往受地表水补给	采后冒裂带、采掘工作面直接揭露或地面岩溶塌陷坑	江西丰城云庄矿发生过厚层灰岩水水害
	厚层灰岩水水害	煤系或煤层的底板厚层灰岩水（在我国煤矿区主要是华北的中奥陶系厚层（500～600 m）灰岩水和南方晚二叠统阳新灰岩水），对煤矿开采威胁最大，也最严重	采后底鼓裂隙、断层带、构造破碎带、陷落柱或封孔不佳的老钻孔和地面岩溶塌陷坑吸收地表水	2005年10月4日，四川省华蓥山龙滩煤电有限责任公司龙滩矿井（在建）发生透水事故，死亡28人。焦作演马庄矿、淄博北大井、开滦范各庄矿等许多突水事故均属于此类型

注：① 表中矿井水害类型系指按某一种水源或某一种水源为主命名的。然而，多数矿井水害往往是由2～3种水源造成的。单一水源的矿井水害很少。

② 顶板水或底板水，只反映含水层水与开采煤层所处的相对位置，与水源丰富与否、水害大小无关。同一含水层水，既可以是上覆煤层的底板水，又同时是下伏煤层的顶板水。例如，峰峰矿区的大青灰岩水，既是小青煤层的底板水，又是大青煤层的顶板水。因此，不按此分类。

③ 断层、旧钻孔、陷落柱等都可能成为地表水或地下水进入矿井的通道（水路），它们可以含水或导水，但是以它们命名的水害，既不能反映水源的丰富程度，又不能表明对矿井安全危害和威胁的严重性。因为由它们导水造成的矿井水害有大有小，有的造成不了水害。其危害或威胁程度，决定于通过它们的水的来源丰富与否。

5.1.4 矿井水灾现状

凡影响、威胁矿井安全生产、使矿井局部或全部被淹没并造成人员伤亡和经济损失的矿井涌水事故都称为矿井水灾。

我国不仅是世界主要产煤国，而且也是受水灾危害最严重的国家之一。据不完全统计，从20世纪末至今的20多年里，有250多个矿井被水淹没，死亡9 000多人，经济损失高达350多亿元人民币。在我国煤矿重特大事故中，水灾事故在死亡人数上仅次于瓦斯事故，居第2位；在发生次数上，也紧随瓦斯和顶板事故之后，居第3位。1935年，山东淄博市北大井，由于巷道掘至与河水连通的断层带，造成突水，淹死矿工350人；1984年开滦范各庄矿2171工作面特大突水淹井事故最大突水量高达2 053 m³/min，造成经济损失近 5 亿元，损失煤炭产量近 8.5 Mt，是目前我国、也是世界上最大的煤矿突水事故。20 世纪 80 年代后煤矿突水事故一度呈现出逐年减少的趋势，近年来又频繁发生，危害程度甚至更加严重。特别是 2000 年以来，造成重大人员伤亡的恶性事故屡屡发生，并引起全社会的广泛关注。"十一五"期间发生 10 人以上重特大水灾事故 26 起（其中 2010 年发生了 6 起），死亡 506 人，发生 4 起特别重大透水事故，死亡 162 人，其中国有煤矿发生 3 起（2008 年 7 月 21 日，广西壮族自治区右江矿务局那读煤矿（国有地方）发生老空透水，造成 36 人死亡；2010 年 3 月 1 日，神华集团乌海能源有限公司骆驼山煤矿（中央企业）发生陷落柱底板奥陶系灰岩突水事故，造成 32 人死亡；2010 年 3 月 28 日，山西华晋焦煤公司王家岭煤矿（中央企业）发生老空透水事故，造成 153 人被困，经全力抢救，115 人获救，38 人死亡。特别是中央企业发生的两起特别重大透水事故，损失严重，社会影响巨大。可见，当前水灾防治形势十分严峻。

面临当前水灾形势，党中央、国务院高度重视煤矿防治水工作。重特大水灾事故发生后，中央领导同志都及时作出重要指示批示。2006 年 1 月 30 日，温家宝总理对煤矿防治水工作专门作出了重要批示；2007 年，时任国务委员兼国务院秘书长华建敏同志专程赶赴山东华源矿业公司"8·17"透水事故现场指导抢险救援和事故调查工作；2010 年 3 月，国务院副总理张德江同志赶赴现场指导骆驼山煤矿"3·1"和王家岭煤矿"3·28"透水事故的抢险救援和调查处理工作。2006 年 6 月 15 日，国家安全监管总局、国家煤矿安监局在北京召开了全国煤矿水害防治工作座谈会，时任安全监管总局局长李毅中、副局长王显政和煤矿安监局局长赵铁锤等领导出席会议并讲话。会议确定了煤矿水灾防治要坚持"预测预报、有疑必探、先探后掘、先治后采"的原则和"防、堵、疏、排、截"五项综合治理措施，极大地推动了煤矿防治水工作。为吸取事故教训，切实加强煤矿水灾防治工作，国家安监总局、国家煤矿安监局在 2006 年出台了《关于加强煤矿水害防治工作的指导意见》，2008 年出台了《关于预防暴雨洪水引发煤矿事故灾难的指导意见》和《关于进一步加强煤矿水害防治工作的意见》，2009 年以国务院安委会办公室名义下发了《关于防范煤矿水害事故的紧急通知》。2009 年正式颁布实施《煤矿防治水规定》（安监总局令第 28 号），2011 年颁布实施新修改的《煤矿安全规程》（防治水部分）。

由此可见，煤矿水灾已经成为影响煤炭安全生产的重大问题之一，对其进行防治具有现实意义和长远意义。

5.1.5　矿井水灾危害

矿井水灾对煤矿的影响主要表现在以下几个方面：

（1）造成井下人员伤亡

俗话说："水火无情"、"火烧一线，水漫一片"，煤矿一旦发生透水，可能造成大量井下人员伤亡。

（2）引起瓦斯积聚、爆炸和硫化氢中毒

矿井水灾发生，容易引起瓦斯积聚，条件具备时可能发生瓦斯爆炸事故；矿井水灾产生的硫化氢气体，可引起人员中毒事故。

（3）造成煤矿资源财产损失

煤矿一旦发生透水，还会造成矿山机电设备被淹，甚至淹没采掘工作面、采区或矿区，给煤矿资源财产带来巨大损失。

（4）增加排水费用，提高吨煤成本

由于矿井水的存在，在生产中必须进行排水工作，水量越大，排水费用越高，就会增加原煤成本。

（5）恶化生产环境

由于矿井水的影响，可造成顶板淋水、底板突水、两帮渗水等现象，使巷道内的空气湿度增高、顶板破碎、两帮松软，对工人劳动条件和生产效率有很大影响。

（6）缩短设备、管材等的使用寿命

因酸性矿井水的腐蚀作用，使井下机电设备、管材、钢轨、钢丝绳和金属支架等的使用寿命大大缩短。

（7）影响煤炭资源开采利用

为了预防煤矿透水事故带来的损失，煤矿在开采时必须留设相当规模的防隔水煤柱，使这些煤炭资源不能得到充分开采和利用，有时候甚至无法再进行开采。

（8）矿井大量排水使地下水位大幅度下降

在岩溶水矿区，由于矿井长期大量排水，使地下水位大幅度下降，产生大量的地表塌洞，这种塌洞直径由几米至几十米不等，造成农田塌陷、民房倒坍、河流中断、交通破坏等。

5.1.6　当前矿井水灾主要特点及发生原因

1）矿井火灾的主要特点

经过各有关方面的努力，我国水灾事故持续下降，但重特大水灾事故仍时有发生，老空水灾仍是防治水工作的重点。

（1）水灾事故持续下降。"十一五"期间（2006～2010年）全国共发生水灾事故306起、死亡1 325人，分别占同期煤矿事故的3%和7.9%；事故起数从2005年的104起下降到2010年的38起，死亡人数由593人下降到224人，分别下降63.5%和62.2%；较大事故（3～9人）由2005年的33起下降到2010年的13起，死亡人数由158人下降到60人，分别下降60.6%和62.0%。

（2）重特大水灾事故没有明显改善。"十一五"期间发生死亡10人以上重特大水灾事故26起，死亡506人，分别占同期全国煤矿重特大事故人数和死亡人数的17.4%和16.5%。重特大水灾事故平均每年发生5起左右，没有得到明显改善。

（3）乡镇煤矿水灾事故所占比例仍然较大。"十一五"期间，国有重点煤矿发生28起事故、死亡182人，占总数的9.1%和13.7%；国有地方煤矿发生40起、死亡180人，占总数的13.1%和13.6%；乡镇煤矿发生238起、死亡963人，占总数的77.8%和72.7%。乡镇煤矿仍是水灾事故的多发区。

（4）发生水灾事故的类型主要是老空水。据统计，"十一五"期间，全国发生死亡3人以上水灾事故140起、死亡1 083人，主要有老空水、地表水、岩溶水、冲积层水和其他水灾，其中老空水灾发生129起、死亡971人，占较大以上水灾事故的92.1%和89.7%；地表水灾发生7起、死亡55人，占较大以上水灾事故的5%和5.1%。

（5）国有煤矿重特大水灾事故时有发生。"十一五"期间，全国发生了4起特别重大透水事故，死亡162人，其中国有煤矿发生3起，特别是中央企业发生了两起特别重大透水事故，损失严重，社会影响巨大。

（6）个别地区水灾事故相对较多。"十一五"期间，共有10个地区发生重特大透水事故，其中，山西发生5起、死亡142人，黑龙江发生5起、死亡75人，贵州发生5起、死亡68人，河南发生4起、死亡64人，四省发生的重特大透水事故占全国73.1%和69%。

（7）发生了多起重大透水淹井和未遂事故。2006年12月16日河北省金能集团井陉矿务局临城煤矿，2009年1月8日河北省峰峰集团公司九龙煤矿，2010年7月25日河南省焦煤集团宝雨山公司何庄煤矿，2010年10月15日山西省大远煤业等矿井都发生过底板突水，造成矿井被淹。2009年3月25日，中煤平朔煤炭公司三号井工矿发生老空透水事故，矿井局部被淹；2009年4月18日，国投新集能源股份公司板集矿井筒发生透水涌砂事故，矿井被淹，当班入井622人，621人安全升井，1人死亡；2010年2月6日，江苏省徐州矿务集团旗山矿因邻近关闭破产矿井的老空水溃入矿井，部分巷道被淹，灾害还波及旗山矿周边六个矿井。2007年，山西孝义庆平煤矿有限公司（原招携煤矿）"7·26"透水事故（被困9人）、江西省丰城矿务局上塘镇榨一煤矿"8·16"透水事故（被困14人）和2010年四川内江市威远县八田煤矿"11·21"透水事故（被困29人），经奋力抢救，被困人员全部成功获救。2008年，河南平顶山郏县高门垌煤矿"11·17"透水事故涉险35人，在国家安全监管总局、国家煤矿安监局和地方党委、政府正确领导下，科学决策，成功救出33人。

（8）由自然灾害引发多起矿难。2006年7月2日，河南省平煤集团新峰一矿发生水库溃堤倒灌井下的事故，造成部分大巷被淹。2006年7月14日至16日，湖南省受第4号强热带风暴的影响，衡阳、郴州等地发生特大洪涝灾害，致使113对矿井被淹和138对矿井开采水平被淹，造成地面6人死亡、井下8人失踪。2007年7月22日，山西吕梁市兴县魏家滩镇马圐圙煤矿，因山洪暴发，造成河槽下采空区发生塌陷，沉陷面积约800 m²，洪水经采空区进入矿井，导致11人死亡。2007年7月29日，河南省三门峡市陕县支建煤矿由于洪水倒灌井下，造成69人被困，经全力抢救，全部获救。2007年8月17日，山东华源矿业有限公司因突降暴雨，山洪暴发，河水猛涨，河堤决口，溃水淹井引发事故灾难，致使172人死亡；与其相邻的新泰市名公煤矿也因洪水淹井，造成9名矿工遇难。

2）矿井水灾的主要原因

通过对"十一五"时期水害事故进行分析，反映出一些煤矿企业防治水工作不重视、责任不落实、措施不到位、管理不严格、安全投入不足，安全科技攻关不到位，科技成果推广力度不够，部门监管、监察和管理方面有漏洞，突出表现在以下几个方面：

（1）对防治水工作不重视。主要表现在防治水机构、防治水技术人员和探放水设备及队伍不到位；制度不健全、责任不明确；安全投入不足；应急预案不落实等。在小煤矿普遍存在防治水工作无人管、不会管的状态。

（2）防治水基础工作不扎实。矿井防治水必备的地质报告、图纸、台账等基础资料不健全；矿井及周边水文地质资料不清，制定的防治水措施针对性不强；水灾预测预报和水患排查治理制度不落实，水灾隐患不了解。防治水工作处于盲目状态之中。

（3）防治水措施不落实。一些矿井超层越界、非法违法违规开采，破坏防隔水煤（岩）柱，井下防水密闭设施不符合有关规定要求；在地质构造薄弱地带（如断层、裂隙、陷落柱等）开拓掘进或回采前没有进行注浆加固等措施；探放水措施不落实，用煤电钻代替探水钻机，达不到探水距离；对开采煤层底板高承压水的情况没有进行疏水降压；矿井排水系统不健全、不配套；雨季防洪截流措施不到位，灾害性天气预警预防机制不健全，对影响矿井安全的废弃老窑、地面塌陷坑、堤防工程等巡视检查不够；一些矿井虽然制定了防治水措施，但根本不落实，只是为了应付检查。

（4）水灾应急预案不健全。一些矿井根本没有水灾应急预案，发生透水后，束手无策；一些矿井虽有水灾应急预案，但从未进行应急演练；一些矿井水灾应急预案内容不全，没有应急设备，不具操作性。

（5）防治水职工队伍不适应。据统计，90％以上的透水事故都有透水征兆，但由于职工素质不适应，在透水征兆十分明显的情况下，仍违规组织生产或进行探放水，导致探水作业人员伤亡或整个矿井被淹；一些矿井执行防治水措施不到位，虽然进行了探放水，但未将水灾彻底根治；在暴雨洪水期间不执行有关部门停产撤人制度，未及时撤出井下所有受水威胁的作业人员，导致人员被困伤亡。

（6）监管监察和行业管理有漏洞。一些地区对防治水工作不重视，监管监察和行业管理存在薄弱环节。发生事故后，没有认真吸取教训，导致同一地区的透水事故接二连三发生，事故教训极为深刻。

5.2　矿井充水条件分析与水文地质条件分类

矿井充水条件分析主要包括三方面，即充水水源、充水通道和充水强度，正确认识矿井充水条件，对计算矿井涌水量、预测突水、有效开展防治水工作都有重要意义，同时也是进行矿井水文地质工作的基础。

5.2.1　矿井充水水源分析

矿井充水水源可分为天然充水水源和人为充水水源两大类。

1）天然充水水源

（1）大气降水

从天空降到地面的雨和雪、冰、雹等溶化的水，称为大气降水。大气降水，一部分再蒸发上升到天空；一部分留在地面，即为地表水；另一部分流入地下，即形成地下水。大气降水、地表水、地下水，实为互相补充，互为来源，形成自然界中水的循环。

大气降水是地下水的主要补给来源，所有矿井充水都直接或间接地与大气降水有关。但这里所讲大气降水水源，是指对矿井直接充水的大气降水水源。

以大气降水补给为主的煤层矿床埋藏特点：① 开采煤层时其主要充水岩层（组）是裸露的或者其覆盖层很薄；② 煤层埋藏较浅；③ 开采的煤层处于分水岭和地下水位以上的地段。

大气降水充水特点：大气降水是矿井地下水的主要补给来源。所有的矿井充水，都直接或间接受到大气降水的影响。对于大多数生产矿井而言，大气降水首先渗入地下，补给充水含水层，然后再涌入矿井。

以大气降水为主要充水水源的矿井，其涌水量变化有如下规律：① 矿井充水程度与地区降水量大小、降水性质、强度和入渗条件有关。如长时间的降雨对入渗有利，矿井涌水量大，反之，则矿井涌水量就小；② 矿井涌水变化与当地降水量变化过程相一致，具有明显的季节性和多年周期性变化规律；③ 同一矿井，随着开采深度的增加，涌水量峰值出现时间滞后。这是由于随着开采深度的增加岩层透水性减弱和补给距离增加所致。

（2）地表水水源

在有大型地表水体分布（海、湖、大河流、水库、水池）的矿床地区，查清天然条件下和矿床开采后的地表水对矿床开采的影响，是矿区水文地质勘探和矿井水文地质工作的头等重要大事，是评价矿床开采价值的重要内容。地表水体不仅可能造成矿井突然涌水，严重情况下还会导致水沙同时溃入矿井。

地表水能否进入井下，由一系列的自然因素和人为因素决定，主要取决于巷道距地表水体的远近、水体与巷道之间的地层及构造条件和所采用的开采方法。一般来说，矿体距地表水体愈近影响愈大，充水愈严重，矿井涌水量愈大。若矿井充水水源为常年存在的地表水体时，则地表水体越大，矿井涌水量越大，且稳定，淹井时不易恢复；而季节性地表水体为充水水源时，对矿井涌水量的影响则随季节性变化；另外，地表水体所处地层的透水性强弱，直接控制矿井涌水量的大小，地层透水性好，则矿井涌水量大，反之则小。当有断层带沟通时，则易发生灾难性的突水。同样，不适当的开采方法，也会造成人为的裂隙，从而增加沟通地表水渗入井下的通道，使矿井涌水量增加。

（3）地下水水源

地下水充水类型划分：① 根据充水岩层性质不同可分为：砂砾石孔隙充水矿床、坚硬岩层裂隙充水矿床和岩溶充水矿床。② 根据矿层与充水岩层接触关系不同可分为：直接充水矿床和间接充水矿床。③ 根据矿层与充水岩层相对位置不同可分为：顶板水充水矿床、底板水充水矿床和周边水充水矿床。

矿井由表土层至含煤地层间存在有众多的含水层，但并非所有含水层中的地下水都参与矿井涌水，即使参与矿井充水的含水层，它们的充水程度也有很大的差别，故必须对矿体周围含水层按对矿井充水程度加以区分。在煤矿生产中，井巷直接揭露或穿过的含水层和煤被开采后经冒裂带及底板突水等途径直接向矿井进水的含水层称直接充水含水层。那些与直接与充水含水层有水力联系，但只能通过直接充水含水层向矿井充水的含水层称间接含水层，它是直接充水含水层的补给水源。天然条件下和开采时都不能进入井巷的地下水，则不属于充水水源，仅属于矿区内存在的地下水。

流入矿井的地下水由两部分组成，即储存量和动储量。储存量是指充水岩层空隙中储存水的体积，即巷道未揭露含水层时其实际储存的地下水。动储量是指充水岩层获得的补给水量。它是以一定的补给与排泄为前提，以地下径流的形式，在充水岩层中不断进行水交替。

矿井在开采初期，进入矿井的地下水以储存量为主，随着较长期的降压疏放，动储量逐渐取代了储存量而进入矿井。因此，以消耗储存量为主的矿井，在排水初期就会出现最大涌水量，随着储存量的消耗，涌水量就逐渐减少，以至很快疏干。相反，如果以消耗动储量为主，则排水初期涌水量较小，以后随着开采巷道的不断扩大，并随着降落漏斗的形成而趋于稳定。由此可见，两者相比，储存量较易疏干，而动储量则往往是矿井充水的主要威胁。

2）人为充水水源

（1）袭夺水

　　为了保证矿井安全生产，必须疏降高承压的充水含水层，由于矿床开采范围的不断扩大，地下水位降落漏斗也不断扩展，人工流场强烈改造矿区天然地下水流场，人工地下水流场获得新的补给水源称为袭夺水源。袭夺水源存在下列几种情况：① 位于矿床地下水排泄区的泉水；② 位于矿床地下水排泄区的地表水（海、湖、河）体；③ 位于矿床地下水径流带内的排泄区一侧相邻含水层；④ 相邻水文地质单元地下水。

　　（2）老窑及采空区积水

　　古代及近期的采空区及废弃巷道，由于长期停止排水而使地下水集聚。当采掘工作面接近它们时，其内积水便会成为矿井充水的人为水源。老窑水一般分布在老矿山的浅部。它们具有下列特点：① 水以静储量为主，静储量与采空区分布范围有关；② 老窑水为多年积水，水循环条件差，水中含有大量硫化氢气体，并多为酸性水，有较强的腐蚀性；③ 老窑突水一般水势迅猛，硫化氢气体危害性大；④ 采空区积水成为突水水源时，来势猛，易造成严重水害事故；⑤ 当与其他水源无联系时，易于疏干，若与其他水源有联系时，则可造成量大而稳定的涌水。

5.2.2　矿井充水通道分析

　　水源的存在表明矿井充水的可能性，要使矿井充水成为现实，还必须有矿井充水的通道，充水通道是决定矿井充水程度的主要方面，不同充水通道的充水特征及其对矿井的危害性是不一样的。对防治水来说，研究充水通道的意义尤为重要。矿井充水通道可分为天然充水通道和人为充水通道两大类。

　　1）天然充水通道

　　矿井天然充水通道主要包括点状岩溶陷落柱、线状断裂（裂隙）带、窄条状隐伏露头、面状裂隙网络（局部面状隔水层变薄或尖灭）和地震裂隙等。

　　（1）点状岩溶陷落柱通道

　　岩溶陷落柱在我国北方较为发育，在地下水的长期物理和化学作用下，中奥陶统灰岩形成了大量的古喀斯特空洞，在上覆岩层和矿层的重力作用下，空洞溃塌并被上覆岩层下陷填实，被下塌的破碎岩块所充填的柱状岩溶陷落柱像一导水管道沟通了煤系充水含水层中地下水与中奥陶统灰岩水的联系，特别位于富水带上的岩溶陷落柱，可造成不同充水含水层组中地下水的密切水力联系。岩溶陷落柱的地表特征比较明显，特别在基岩裸露区更为明显。一般陷落柱出露处岩层产状杂乱，无层次可寻，乱石林立，充填着上覆不同地层的破碎岩块。陷落柱周围岩层因受塌陷影响而略显弯曲，并多向陷落区内倾斜。井下陷落柱形态一般呈下大上小的圆锥体，陷落柱高度取决于陷落的古溶洞的规模，溶洞空间愈大则陷落柱发育高度也愈高，甚至可波及地表。堆积在陷落柱内的岩石碎块呈棱角状，形状不规则，排列紊乱，分选性差。

　　陷落柱的导水形式多种多样，有的陷落柱柱体本身导水；有的柱体是阻水的，但陷落柱四周或局部由于受塌陷作用影响形成较为密集的次生带，从而沟通多层含水层组之间地下水的水力联系；还有的陷落柱柱体内部分导水，部分阻水。影响岩溶陷落柱分布的因素较为复杂，其展布规律至今未研究清楚。但根据目前研究成果，地质构造是控制岩溶陷落柱分布规律的主要因素之一。

　　（2）线状断裂（裂隙）带通道

　　断裂带是否能够成为充水通道主要取决于断裂带性质和矿床开采时人为采矿活动方式

与强度。这里重点分析断裂带的性质。

矿床水文地质勘探中为查明断层水力性质，往往需投入很大工作量，我们应该根据大量勘探及水文地质试验资料进行断层水文地质性质的分析研究。根据以往勘探及矿山开采资料，断层的水文地质性质一般可划分为两种情况：

① 隔水断层。一般为压性断层或断层带被黏土质充填，两侧含水层组之间不发生水力联系。但在矿床开采时，由于人为工程活动，有些天然状态下呈隔水性质的断层常转变为导水断层。隔水断层处于不同空间位置，其水文地质意义亦不同。当隔水断层切割于主要充水岩层组内时，常阻止充水岩层组之间的水力联系；但当隔水断层分布在充水岩层组边界周围时，将阻止区域地下水对充水岩层组的补给。

② 导水断层。导水断层所处位置不同，其水文地质意义亦不同。当导水断层位于充水岩层组的区域边界时，常形成对充水岩层组或临近充水岩层组的补给通道；当导水断层与地表水体沟通时，常形成地表水补给矿床的主要导水通道；当在充水岩层组展布区分布有导水断层时，将提高充水岩层组与外界的水力联系程度；当导水断层切割矿层隔水顶、底板时，断层常引起顶板或底板涌（突）水问题。

沟通充水岩层组之间密切水力联系的线状断裂（裂隙）带多分布在断层密集带、断层交叉点、断层收敛处或断层尖灭端等部位。

（3）窄条状隐伏露头通道

在我国大部分煤矿，煤系薄层灰岩充水含水层、中厚层砂岩裂隙充水含水层以及巨厚层的碳酸盐岩充水含水层，多呈窄条状的隐伏露头与上覆第四系松散沉积物不整合接触。影响隐伏露头部位多层充水含水层组地下水垂向间水力交替的因素主要有两个：

① 隐伏露头部位基岩风化带的渗透能力大小；

② 上覆第四系底部卵石孔隙含水层组底部是否存在较厚层的黏性土隔水层。

一般地说，基岩风化带的风化程度太强或太弱，其地下水的渗透性均较弱。基岩风化程度和深度除与外动力地质条件有关外，一般与其基岩的岩性和裂隙发育程度有关。最易风化的岩石有泥岩、沉凝灰岩以及分选性差或胶结性差的中、粗粒砂岩和长石含量高的砂岩。在岩层风化过程中，水流参与是一个甚为重要的影响因素。所以，风化深度较深者多为裂隙较发育的岩层。泥岩虽然极易风化，但由于它的塑性强，一般裂隙发育有限，因此其风化深度往往较浅。探测隐伏露头部位基岩风化带的渗透能力一般可采用压（抽）水试验方法。

在我国第四系松散物沉积较厚的煤矿区，其沉积类型较为复杂，各种陆相沉积，如冲积、洪积、湖积、残积、坡积和冰川堆积等较为广布，海相和海陆交互相仅在海滨和局部内陆地区可见。因此，第四系含水层组的沉积结构千变万化。在某些矿区，第四系含水层组底部沉积了较厚的黏土或亚黏土隔水层，在这些部位，无论煤系和中奥陶统基岩风化带的渗透性能如何强，这些黏性隔水层基本可以完全阻隔多层含水层组地下水在隐伏露头部位的垂向水力联系；但在另一部分矿区，第四系含水层组底部的黏性沉积物由于沉积尖灭或其他原因，沉积厚度极其有限，甚至局部缺失形成"天窗"。这样，如果煤系和巨厚层的碳酸盐岩充水含水层组在隐伏露头的风化带部位渗透性较好，呈高承压水头的巨厚层碳酸盐岩充水含水层组地下水首先直接通过"越流"或"天窗"部位，上补第四系松散孔隙含水层组，而第四系孔隙水又以同样方式下补被疏降的煤系薄层灰岩含水层组或中厚层砂岩裂隙含水层组。第四系孔隙含水层组像座畅通无阻的桥梁在煤系和巨厚层碳酸盐岩充水含水层组两个窄条状隐伏露头处，接通了它们彼此间的水力联系。

（4）面状裂隙网络（局部面状隔水层变薄区）

根据含煤岩系和矿床水文地质沉积环境分析，在华北型煤田的北部一带，煤系含水层组主要以厚层状砂岩裂隙充水含水层组为主，薄层灰岩沉积较少。在厚层状砂岩裂隙含水层组之间沉积了以粉细砂岩、细砂岩为主的隔水层组。在地质历史的多期构造应力作用下，脆性的隔水岩层在受力情况下以破裂形式释放应力，致使隔水岩层产生了不同方向的较为密集的裂隙和节理，形成了较为发育的呈整体面状展布的裂隙网络。这种面状展布的裂隙网络，随着上、下充水含水层组地下水水头差增大，以面状越流形式的垂向水交换量也将增加。

（5）地震裂隙通道

根据开滦唐山矿在唐山地震时矿井涌水量和矿区地下水水位的长期观测资料，地震前区域含水层受张力作用时，区域地下水水位下降，矿井涌水量减少。当地震发生时，区域含水层压缩，区域地下水水位瞬时上升数米，矿井涌水量瞬时增加数倍。强烈地震过后，区域含水层逐渐恢复正常状态，区域地下水水位逐渐下降，矿井涌水量也逐渐减少。震后区域含水层仍存在残余变形，所以矿井涌水在很长时间内恢复不到正常涌水量。矿井涌水量变化幅度与地震强度成正比，与震源距离成反比。

2）人为充水通道

矿井充水人为通道包括顶板冒落裂隙带、底板矿压破坏带、地面岩溶塌陷带和封孔质量不佳钻孔等。

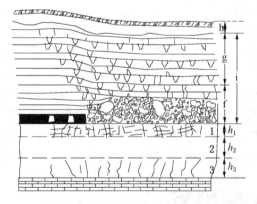

图 5-3　采矿活动引起的上、下三个破坏带示意图

f——冒落带；g——导水裂隙带；h——弯曲沉降带；
i——冒裂带；1——破坏带；2——完整岩层带；
3——地下水导升带；h_1——破坏带深度；
h_2——完整岩层带厚度；
h_3——地下导升带厚度

（1）顶板冒落裂隙带及底板矿压破坏带

根据对岩层移动规律的研究，当煤层开采后，采空区上方的岩体失去平衡，引起垮落、开裂和移动塌陷，直到充满采空区为止，从而形成煤层上部岩体三个不同的破坏带（简称上三带）。同时，随着工作面的连续推进，煤层底板岩体也会遭到不同程度的破坏，根据破坏程度的不同，煤层底板岩体也可划分为三个地带（简称下三带）（图 5-3）。

①上三带：a. 冒落带。冒落带是指采煤工作面放顶后引起直接顶板垮落破坏的范围。根据冒落岩块的破坏程度和堆积状况，又分为上下两部分。下部岩块完全失去已有层次，称不规则冒落带，上部岩块基本保持原有层次，称规则冒落带（图 5-3 中f）。冒落带的岩块间空隙多而大，透水、透砂，故一般不允许冒落带发展到上部地表水体或含水层底部，以免引起突水和溃砂；b. 导水裂隙带。导水裂隙带是指冒落带以上大量出现切层和离层的人工采动裂隙范围。其断裂程度、透水性能由下往上由强变弱（图 5-3

中 g）。导水裂隙带与采空区联系密切，若上部发展到强含水层和地表水体底部，矿井涌水量会急剧增加；c. 弯曲沉降带。弯曲沉降带是指由导水裂隙带以上至地表的整个范围（图 5-3 中 h）。该带岩层整体弯曲下落，一般不产生裂隙，仅有少量连通性微弱的细小裂隙，通常起隔水作用。在实践工作中，我们通常把冒落带和导水裂隙带合并在一起考虑，并统称之为冒裂带（图 5-3 中 i）。

②下三带：a. 破坏带。直接邻接工作面的底板受到破坏，出现一系列沿层面和垂直于层面的断裂，使其导水能力增强（图 5-3 中 1），其厚度称底板破坏深度 h_1。底板破坏深度与开采深度、煤层厚度、煤层倾角、顶底板岩石性质和结构、采煤方法、顶板管理方法以及工作面长度等因素有关。根据现场实测资料，底板破坏深度 h_1 一般从几米到十几米不等。b. 完整岩层带或保护层带。此带位于破坏带之下，在此带内岩层虽然受到支承压力的作用，甚至产生弹性或塑性变形，但仍然能保持连续性，其阻水能力未发生变化（图 5-3 中 2），因此，称为完整岩层带或保护层带，其厚度为 h_2。c. 地下水导升带。指底板含水层中的承压水沿隔水层底板中的裂隙上升的高度，即由含水层顶面至承压水导升高度之间的部分（图 5-3 中 3），其厚度为 h_3。地下水导升带厚度，取决于承压水的压力及隔水层裂隙的发育程度和受开采影响的剧烈程度，有的矿井可能无地下水导升带。

从以上分析可知，采空区冒落后，形成的冒落带和导水裂隙带是矿井充水的人为通道，其特点如下：①当冒落裂隙带发育高度达到顶板充水岩层时，矿井涌水量将有显著增加，当未能达到顶板充水岩层时，矿井涌水无明显变化；②当顶板冒落裂隙带发育高度达到地表水体时，矿井涌水量将迅猛增加，同时常伴有井下涌砂现象。

另外，煤层开采后，顶板岩层垮落冲击底板，造成对底板岩层的破坏，称动矿山压力；此外，采动后，采场上覆岩体的自重力不能通过煤层传递，转接到采场四周煤层，而采场内临空，要向采场内产生位移（底鼓），称静矿山压力。在动矿山压力或静矿山压力或两者共同作用下，底板岩层在一定厚度范围内遭到破坏，形成裂隙，这种裂隙可沟通底板下部含水层、含水断层及溶洞水，使矿井涌水量增加或造成突水事故。

（2）地面岩溶塌陷带

随着我国岩溶充水矿床的大规模抽放水试验和疏干开采实践，煤矿区及其周围地区的地表岩溶塌陷随处可见，地表水和大气降水通过塌陷坑直接充入井下。有时随着塌陷面积的增大，大量砂砾石和泥砂与水一起溃入矿井。

（3）封孔质量不佳的钻孔

按照规定，勘探时施工的钻孔，在工作结束后按要求进行封闭，如果封孔质量未达到标准要求，钻孔就会成为矿层与其顶底板含水层或地表水体之间的通道。当掘进巷道或采区工作面经过或接近没有封好的钻孔时，顶、底板含水层中的地下水或地表水体将沿着钻孔补给矿层，造成涌（突）水事故。

5.2.3　矿井充水强度分析

在自然界分布矿床中，单一充水水源或单一充水通道的矿床是少见的。从矿床水文地质剖面可以看出，矿层（体）上部和下部往往分布着多个含水层组。究竟哪个是充水含水岩层？哪个不是充水含水岩层？哪个是强充水含水层组？哪个是弱充水含水层组？解决这些问题的方法称为矿井充水强度分析。

在煤矿生产中，把地下水涌入矿井内水量的多少称为矿井充水程度。生产矿井常用含水系数和矿井涌水量两个指标来表示矿井充水程度。

含水系数又称富水系数，它是指生产矿井在某时期排出水量 Q（m^3）与同一时期内煤炭产量 P（t）的比值。含水系数 K_B 的计算公式为：$K_B = Q/P$。根据含水系数的大小，将矿井充水程度划分为四个等级：① 充水性弱的矿井，$K_B < 2 \ m^3/t$；② 充水性中等的矿井，$K_B = 2 \sim 5 \ m^3/t$；③ 充水性强的矿井，$K_B = 5 \sim 10 \ m^3/t$；④ 充水性极强的矿井，$K_B > 10 \ m^3/t$。

矿井涌水量是指矿井开采时期，单位时间内流入矿井的水量，用符号 Q' 表示，单位为 m^3/d、m^3/h、m^3/min。根据涌水量大小，矿井可分为四个等级：① 涌水量小的矿井，$Q' < 2 \ m^3/min$；② 涌水量中等的矿井，$Q' = 2 \sim 5 \ m^3/min$；③ 涌水量大的矿井，$Q' = 5 \sim 15 \ m^3/min$；④ 涌水量极大的矿井，$Q' > 15 \ m^3/min$。

矿山调查资料表明，矿床开采后矿井充水强度除取决于充水含水层组的富水性、导水性、厚度和分布面积外，还取决于三个防线。第一防线是充水含水层组出露和接受补给水源的条件；第二防线是充水含水层组侧向边界的导水与隔水条件；第三防线是矿层顶、底板岩层的隔水条件。

（1）第一防线

关于充水含水层组出露和接受补给水源的条件可划分为五种情况。

第一种情况：矿区分布在山前地带，煤层与煤系充水含水层大面积被第四系黏土、亚黏土层覆盖。此类矿床开采时具有以下特点：

① 矿井疏干时地下水位随采掘工作面向深部移动；

② 矿井疏干涌水量较小，开采初期涌水量可能稍微大些，但后期显著减少；

③ 矿井水量相对稳定，季节性变化不大。

第二种情况：矿区分布在平原地区，煤层与煤系充水含水层大面积与第四系砂砾石含水层直接接触，矿床开采时由于第四系砂砾石含水层强烈充水，形成拟定水头强渗透边界，矿井涌水较大。为了防止水、砂共同溃入矿井，矿床开采时常需留设较宽煤柱。

第三种情况：矿床分布湖底下，煤层与煤系充水含水层延伸湖底。这类矿床开采实际成为了水体下开采。矿床开采时，为了防止湖水溃入井下，湖底需留设防隔水煤岩柱。此外，矿床开采过程中需要严格控制煤层顶板冒落带和导水裂隙带的发育高度。

第四种情况：是常见的一般性矿床，矿区分布范围内无第四系松散覆盖层沉积和地表水体，煤系地层直接出露地表。矿床开采时，充水含水层被疏降，地下水水位开始下降，其疏降速度除取决于充水含水层的富水性外，大气降水补给也是重要的决定因素。一般矿井涌水量较小，地下水动态随季节性变化明显。

第五种情况：矿床分布于季节性河流下部，季节性河流成为矿床开采的季节性充水水源。在这类矿床开采时，河底必须留设防隔水煤岩柱，并严格控制冒落带和导水裂隙带的发育高度。

以上五种自然出露条件，其充水强度具有明显差别。当然，矿床开采方法、开采范围大小和开采深度等人为工程活动，也是决定矿井充水强度的重要控制因素。

（2）第二防线

为阐述问题方便，有关充水含水层组侧向边界的导水与隔水条件讨论，以直接充水矿床侧向边界导水、隔水条件为例，分析不同性质水力边界对矿床充水强度的影响。

所谓直接充水矿床，就是直接顶、底板均为充水含水岩层的矿床（体）。矿床充水强度的强弱除了与直接充水含水岩层本身的富水性和渗透性等有关外，直接充水含水岩层的侧向边界导、隔水性也是决定矿床充水强度的一个重要因素，侧向水力边界的封闭程度是评价直接充水矿床充水强度的一个重要指标。矿床开采后，其煤系直接充水含水岩层经过长期疏降，其地下水静储量很快被疏干，充水含水岩层能否长期充水，则取决于其边界的水力性质。当周边界为强补给边界时，则充水含水岩层很难被疏干，它将长期充水；但当侧向水力边界为弱透水或完全隔水边界时，矿床开采后充水含水岩层将被疏干，不会威胁矿井安全生产。

（3）第三防线

第一、第二防线是通过讨论矿床开采过程中充水含水层的补给条件来分析矿床充水强度的，下面通过讨论矿床（体）直接顶板覆岩的隔水性能的实例，分析矿床顶、底板的导、隔水条件对矿井充水的影响。

① 隔水顶板

我国南方大部分地区开采龙潭煤系的上部煤组，煤层上部长兴灰岩为间接顶板岩溶充水含水层。该类矿床的充水强度主要取决于煤层与上部长兴灰岩之间岩段的防隔水性能，而顶板岩段的防隔水性能则主要取决于下列因素：

a. 煤层顶板岩段的厚度、岩性、岩性组合、岩性的垂向分布位置和稳定性；

b. 煤层顶板岩段是否存在断裂构造的分布；

c. 煤层顶板岩段的破碎、抗张强度等。

一般无断裂构造分布、顶板岩段完整且其沉积厚度大于冒裂带发育高度时，煤层顶板为防、隔水性较强的安全顶板。

② 隔水底板

我国北方开采的华北石炭二叠系煤田及铝土、黏土矿等，均属奥灰岩溶水底板充水矿床；南方开采的龙潭煤系下组煤，属茅口灰岩岩溶水底板充水矿床。底板充水矿床的开采，在高水头地下水承压压力以及矿压等因素的联合作用下，常常发生大型或特大型的底板岩溶水突水问题，给矿山安全开采带来极大困难。

底板突水是一个非常复杂的非线性动力学突变问题，它受许多因素控制，其中最重要的是取决于煤层底板隔水岩段的防隔水性能。在相同水头压力和矿压的作用下，煤层底板防隔水性主要取决于隔水岩段的岩性、岩性组合、隔水岩段厚度、稳定性以及断裂构造的发育情况等。

a. 底板突水与煤层底板岩段的岩性和岩性组合的关系。华北石炭二叠系煤田的煤层底板隔水岩段，一般情况下主要由四种岩性组成，即砂页岩、页岩、铝土岩、含铁砂岩及铁矿层。从隔水性而言，页岩＞铁质岩＞铝土岩＞砂岩；但从相对密度和抗张强度来看，铁质岩＞铝土岩＞砂岩＞页岩。综合各因素，各岩性层的防隔水性能等级为：铁质岩＞铝土岩＞页岩＞砂岩。

自然界中组成煤层底板的岩段往往不是单一岩层，而是由几种不同岩层相互组合，呈互层状出现。由铁质岩、铝土岩和页岩互层组合的煤层底板岩段，其隔水性能较好，防隔水能力较强；由铁质岩、铝土岩和砂岩组合的煤层底板岩段，虽然其抗张强度较高，但防隔水性能较差。从上述分析可知，煤层底板岩段的防隔水性不仅取决于底板岩段的岩性，而且与煤层底板岩段的岩性组合有很大关系。

　　b. 煤层底板突水与煤层底板岩段沉积厚度的关系。在华北煤田各大矿区,上部煤系(山西组和太原组上部煤层)已大部分安全回采,但随着下组煤层回采和上组煤层开采深度的逐渐加大,各大矿区均发生了严重的底板突水淹井事故。峰峰、平顶山、焦作、渭北、霍县等矿区在下三层煤开采过程中,均受到了煤层底板奥灰水的严重威胁,其原因就是下部煤层距离奥灰强岩溶充水含水层太近。这说明随着煤层底板隔水岩段厚度的减少,其防、隔水性能将减弱。

　　c. 煤层底板突水与煤层底板岩段断裂构造发育程度的关系。据调查统计,在淄博矿区各矿井发生的110次底板突水事故中,采煤工作面突水56次,掘进巷道突水55次,发生在断层附近的突水91次,占总突水次数83%,其中发生在北西向和东西向两组断裂构造附近的突水事故占总突水次数的71%。根据井下断层分析,断层突水多数与张性断裂有关,因为它能使充水含水层与煤层距离缩短。此外,低角度(50°以下)断层与破碎的含水层接触面扩大,张性断裂易导致断层破碎带附近岩层破碎,使煤层底板岩段强度大大降低。根据上述分析可知,煤层底板是否发育有断裂构造,特别是张性断裂,是直接影响煤层底板岩段的防、隔水性能的主导因素。

5.2.4　矿井水文地质条件分类

　　为了分析矿井水文地质条件,确定水文地质类型,指导矿井防治水工作,以采取有效的防治水措施,确保煤矿安全生产,根据矿井受采掘破坏或者影响的含水层及水体、矿井及周边老空水分布状况、矿井涌水量或者突水量分布规律、矿井开采受水害影响程度以及防治水工作难易程度,矿井水文地质类型划分为简单、中等、复杂、极复杂四种(表5-4)。

表5-4　煤矿矿井水文地质类型表

分类依据		简单	中等	复杂	极复杂
受采掘破坏或影响的含水层	含水层性质及补给条件	受采掘破坏或影响的孔隙、裂隙、岩溶含水层,补给条件差,补给来源少或极少	受采掘破坏或影响的孔隙、裂隙、岩溶含水层,补给条件一般,有一定的补给水源	受采掘破坏或影响的主要是岩溶含水层、厚层砂砾石含水层、老空水、地表水,其补给条件好,补给水源充沛	受采掘破坏或影响的为岩溶含水层、老空水、地表水,其补给条件很好,补给来源极其充沛,地表泄水条件差
	单位涌水量 $q/$ $(\text{L} \cdot \text{s}^{-1} \cdot \text{m}^{-1})$	$q \leqslant 0.1$	$0.1 < q \leqslant 1.0$	$1.0 < q \leqslant 5.0$	$q > 5.0$
矿井及周边老空水分布状况		无老空积水	存在少量老空积水,位置、范围、积水量清楚	存在少量老空积水,位置、范围、积水量不清楚	存在大量老空积水,位置、范围、积水量不清楚

分类依据		简单	中等	复杂	极复杂
矿井涌水量/ $(m^3 \cdot h^{-1})$	年平均 Q_1， 年最大 Q_2	$Q_1 \leqslant 180$（西北地区 $Q_1 \leqslant 90$）；$Q_2 \leqslant 300$（西北地区 $Q_2 \leqslant 210$）	$180 < Q_1 \leqslant 600$（西北地区 $90 < Q_1 \leqslant 180$）；$300 < Q_2 \leqslant 1\ 200$（西北地区 $210 < Q_2 \leqslant 600$）	$600 < Q_1 \leqslant 2\ 100$（西北地区 $180 < Q_1 \leqslant 1\ 200$）；$1\ 200 < Q_2 \leqslant 3\ 000$（西北地区 $600 < Q_2 \leqslant 2\ 100$）	$Q_1 > 2\ 100$（西北地区 $Q_1 > 1\ 200$）；$Q_2 > 3\ 000$（西北地区 $Q_2 > 2\ 100$）
突水量 $Q_3/(m^3 \cdot h^{-1})$		无	$Q_3 \leqslant 600$	$600 < Q_3 \leqslant 1\ 800$	$Q_3 > 1\ 800$
开采受水害影响程度		采掘工程不受水害影响	矿井偶有突水，采掘工程受水害影响，但不威胁矿井安全	矿井时有突水，采掘工程、矿井安全受水害威胁	矿井突水频繁，采掘工程、矿井安全受水害严重威胁
防治水工作难易程度		防治水工作简单	防治水工作简单或易于进行	防治水工程量较大，难度较高	防治水工程量大，难度高

注：① 单位涌水量以井田主要充水含水层中有代表性的为准。

② 在单位涌水量 q，矿井涌水量 Q_1、Q_2 和矿井突水量 Q_3 中，以最大值作为分类依据。

③ 同一井田煤层较多，且水文地质条件变化较大时，应当分煤层进行矿井水文地质类型划分。

④ 按分类依据就高不就低的原则，确定矿井水文地质类型。

　　矿井应当对本单位的水文地质情况进行研究，编制矿井水文地质类型划分报告，并确定本单位的矿井水文地质类型。矿井水文地质类型划分报告，由煤矿企业总工程师负责组织审定。

　　矿井水文地质类型划分报告，应当包括下列主要内容：

　　（1）矿井所在位置、范围及四邻关系，自然地理等情况；

　　（2）以往地质和水文地质工作评述；

　　（3）井田水文地质条件及含水层和隔水层分布规律和特征；

　　（4）矿井充水因素分析，井田及周边老空区分布状况；

　　（5）矿井涌水量的构成分析，主要突水点位置、突水量及处理情况；

　　（6）对矿井开采受水害影响程度和防治水工作难易程度评价；

　　（7）矿井水文地质类型划分及防治水工作建议。

　　矿井水文地质类型应当每 3 年进行重新确定。当发生重大突水事故（指突水量首次达到 300 m^3/h 以上或者造成死亡 3 人以上的突水事故）后，矿井应当在 1 年内重新确定本单位的水文地质类型。

5.3　矿井涌（突）水及涌水量预测

5.3.1　矿井涌（突）水量基本概念

　　矿山在开拓过程（包括地下和露天开采）和开采期间所排出的水量统称矿井涌水量。

因此，矿井涌水量的预测范围包括单项工程（井巷）的涌水量和开采系统（水平）的涌水量，而习惯上所称矿井涌水量就是指开采系统的涌水量，其预测计算的内容包括：

（1）矿井正常涌水量：矿井开采期间，单位时间内流入矿井的水量。

（2）矿井最大涌水量：矿井开采期间，正常情况下矿井涌水量的高峰值。

（3）井巷工程涌水量：包括井筒和巷道开拓过程中的排水量。

（4）矿井疏干排水量：是指在规定的疏干时间内，将水位降到规定标高时所必须的疏干排水强度。它是指巷道系统还未开拓，或疏干漏斗还未形成，受人为因素（规定的疏干期限）所决定的排水疏干工程（钻孔或排水坑道）的排水量。

（5）矿井突水量：是指井巷工程开拓过程或矿床开采时由于影响和破坏了围岩或顶、底板充水含水层而产生瞬时溃入矿井的水量。

5.3.2　矿井涌（突）水预兆

在各类水灾事故发生之前，均可能表现出多种预兆，下面分别予以介绍。

（1）一般预兆

①煤层变潮湿、松软，煤帮出现滴水、淋水现象，且淋水由小变大，有时煤帮出现铁锈色水迹。

②工作面气温降低，或出现雾气或硫化氢气味。

③有时可听到水的"嘶嘶"声。

④工作面顶底板显现压力增大，出现折梁断柱、顶板下沉或底板鼓起等现象。

（2）工作面底板灰岩含水层突水预兆

①工作面压力增大，底板鼓起，底鼓量有时可达 500 mm 以上。

②工作面底板产生裂隙，并逐渐增大。

③沿裂隙或煤帮向外渗水，随着裂隙的增大，水量增加，当底板渗水量增大到一定程度时，煤帮渗水可能停止，此时水色时清时浊，底板活动时水变浑浊、底板稳定时水色变清。

④底板破裂，沿裂缝有高压水喷出，并伴有"嘶嘶"声或刺耳水声。

⑤底板发生"底爆"，伴有巨响，地下水大量涌出，水色呈乳白或黄色。

（3）松散孔隙含水层水突水预兆

①突水部位发潮、滴水、且滴水现象逐渐增大，仔细观察可以发现水中含有少量细砂。

②发生局部冒顶，水量突增并出现流砂，流砂常呈间歇性，水色时清时混，总的趋势是水量、砂量增加，直至流砂大量涌出。

③顶板发生溃水、溃砂，这种现象可能影响到地表，致使地表出现塌陷坑。

（4）老空水涌水征兆

①煤层发潮、色暗无光。有此现象时把煤壁剥挖下一薄层做进一步观察，若仍发暗，表明附近有水；若里面煤干燥光亮，则为从附近顶板上留下的"表皮水"所造成。

②煤层"挂汗"。煤层一般不含水和不透水，若其上或其他方向有高压水，则在煤层表面会有水珠，似流汗一样。其他地层中若积水也会有类似现象。

③采掘面、煤层和岩层内温度低"发凉"。若走进工作面感到凉且时间越长越感到凉，用手摸煤时开始感到冷，且时间越长越冷，此时应注意可能会涌水。

④ 在采掘面内若在煤壁、岩层内听到"吱吱"的水声时，表征因水压大，水向裂隙中挤压而发出的响声，说明离水体不远了，有涌水危险。

⑤ 老空水呈红色，含有铁，水面泛油花和臭鸡蛋味，口尝时发涩，水势迅猛，水流速度快。

上述为典型征兆，在具体透涌水过程中并不一定全部表现出来，应当细心观察，认真分析、判断，做到有备无患。

5.3.3 影响矿井涌水量大小的主要因素

（1）自然因素

① 地形。盆形洼地，降水不易流走，大多渗入井下，补给地下水，容易成灾。

② 围岩性质。围岩由松散的砂、砾层及裂隙、溶洞发育的硬质砂岩、灰岩等组成时，可赋存大量水，这种岩层属强含水层或强透水层，对矿井威胁大；围岩为孔隙小、裂隙不发育的黏土层、页岩、致密坚硬的砂岩等时，则是弱含水层或称隔水层，对矿井威胁小，当黏土厚度达 5 m 以上时，大气降水和地表水几乎不能透过。

③ 地质构造。地质构造主要是褶曲和断层。褶曲可影响地下水的储存和补给条件，若地形和构造一致，一般是背斜构造处水小，向斜构造处水大；断层破碎带本身可以含水，而更重要的是断层作为透水通路往往可以沟通多个含水层或地表水，它是导致透水事故的主要原因之一。

④ 充水岩层的出露条件和接受补给条件。充水岩层的出露条件，直接影响矿区水量补给的大小。充水岩层的出露条件包括它的出露面积和出露的地形条件。

（2）人为因素

① 顶板塌陷及裂隙。煤层开采后形成的塌陷裂缝是地表水进入矿井的良好通道。

② 老空积水。废弃的矿井和采空区常有大量积水。

③ 未封闭或封闭不严的勘探钻孔。地质勘探工作完毕后，若钻孔不加封闭或封闭不好，这些钻孔便可能沟通含水层，造成水灾。

5.3.4 矿井涌水量预测方法

（1）水文地质比拟法

① 水文地质条件比拟法

水文地质条件比拟法，实质是在水文地质条件相近和开采方法相同条件下，利用现有矿井涌水量观测资料采用经验公式，预测未来的矿井涌水量。

常用预测方法如下所述。

a. 降深比拟法，公式为：

$$Q = Q_0 \left(\frac{S}{S_0} \right)^n \quad (n \leqslant 1) \tag{5-1}$$

b. 采面比拟法，公式为：

$$Q = Q_0 \sqrt[m]{\frac{F}{F_0}} \quad (m \geqslant 2) \tag{5-2}$$

c. 单位采长比拟法，公式为：

$$Q = Q_0 \left(\frac{L}{L_0} \right)^n \quad (n \leqslant 1) \tag{5-3}$$

　　d. 采面采深比拟法，公式为：

$$Q = Q_0 \left(\frac{F}{F_0}\right)^n \sqrt[m]{\frac{S}{S_0}} \quad (n \leqslant 1, m \geqslant 2) \tag{5-4}$$

式中　Q_0——已知矿井实际排水量，m^3/h；

　　　　S_0——已知矿井实际采深，m；

　　　　F_0——已知矿井实际开采面积，m^2；

　　　　L_0——已知矿井实际开采巷道长，m；

　　　　Q——设计矿井涌水量，m^3/h；

　　　　S——设计矿井开采深度，m；

　　　　F——设计矿井开采面积，m^2；

　　　　L——设计矿井巷道开采长度，m；

　　　　m——与地下水流态有关系数。

　　② 富水系数法

　　富水系数法就是根据已知矿井富水系数预测邻近的水文地质条件相近、开采方法相同的新矿井矿井涌水量，即：

$$Q = K_s P = \frac{Q_0}{P_0} P \tag{5-5}$$

式中　Q——新设计矿井涌水量，m^3/a；

　　　　Q_0——已知老矿井涌水量，m^3/a；

　　　　P_0——已知老矿井生产能力，t/a；

　　　　P——新矿井设计生产能力，t/a。

　　（2）相关分析法

　　① 基本原理和应用条件

　　相关分析法是一种数学统计法，是研究同一体系中的各种变量之间的相互关系。这些变量之间的关系，有的表现为确定性函数关系，有的则没有关系。变量间的这两种关系，统计学分别称为完全相关和零相关，是相关中的两种极限情况。介于它们两者之间的关系称为相关关系。在矿井涌水量预测中利用抽水、放水、矿井排水和水位等大量实际观测资料，找出涌水量与水位降深、开采面积、地表水补给和大气降水补给等因素之间的相关关系，依据这些关系和它们之间表现出的密切程度，建立相应回归方程，推算预测未知矿井涌水量。

　　② Q—S 曲线类型及相应方程

　　用抽（放）水试验所取得的不同水位降深（S）的稳定涌水量（Q）的统计资料，绘制 Q-S 曲线。因各矿区水文地质条件和抽（放）水强度不同，常出现不同类型曲线，一般可划分为四种类型，即直线、抛物线、幂函数曲线和半对数曲线。它们相应的数学方程可表示为：

$$\mathrm{I}: Q = a + bS;\ \mathrm{II}: S = aQ + bQ^2, Q = \frac{\sqrt{a^2 + 4bS} - a}{2b};\ \mathrm{III}: Q = a\sqrt[b]{S};\ \mathrm{IV}: Q = a + b\lg S$$

$$\tag{5-6}$$

　　（3）稳定流解析法

　　① 基本要求

在矿井疏干排水过程中，形成疏干（或降压）漏斗，当漏斗扩展到补给边界，矿井涌水量呈相对稳定状态，出现地下水流量和水位等动态要素不随时间变化的动平衡状态，这时可以用稳定流解析法预测矿井涌水量。对上述水文地质物理概念模型，可以用拉普拉斯（侧向补给稳定）或泊松方程（侧向加垂向补给稳定）来描述，并可用它的解析公式来预测矿井涌水量。

② 大井法

矿床开采时矿井系统的形状是相当复杂的，但疏干漏斗是以矿井为中心的近圆形矿区疏干漏斗。因此，将复杂巷道系统简化成一个"大井"，然后根据疏干含水层地下水类型及不同边界条件下的疏干漏斗分布范围、形状等特点，达到预测矿井涌水量的目的。

人工疏干辐射流场中，任一点都有一个与该点水头相应的势函数。其表达式为：

$$\Phi = \frac{Q}{2\pi} \ln \gamma + C \tag{5-7}$$

其中，

$$\Phi = \begin{cases} \frac{1}{2} Kh^2 & (允压水) \\ Kmh & (承压水) \end{cases}$$

式中　γ——"大井"中心至流场内任意点的距离，m；

C——特定常数；

h——距"大井"中心 γ 远处的水头值，m；

Φ——势函数。

（4）非稳定流解析法

自然界中地下水的运动经常是处于不稳定状态中，在矿床疏干过程中，当疏干量大于其补给量时，疏干漏斗随着时间不断扩展，呈现出非稳定流状态。地下水非稳定流理论于20世纪70年代初，开始在我国矿床水文地质领域得到初步普及和推广应用，因为它能比较符合实际地反映自然界中地下水的非稳定特征，能较全面地描述地下水疏降漏斗随时间不断扩展的全过程，所以，该理论发展很快。

泰斯（C. V. Theis）在八条基本假设条件的基础上，建立了地下水非稳定流解析解公式：

$$S = H_0 - H = \frac{Q}{4\pi T} \int_u^\infty \frac{e^{-u}}{u} du;$$

$$u = \frac{r^2 s}{4Tt}, 令 a = \frac{T}{s} 时, u = \frac{r^2}{4at} \tag{5-8}$$

式中　r——某观测点离抽水井的距离，m；

S——距离抽水井 r 处、抽水后 t 时刻水位降深值，m；

H——距离抽水井 r 处、抽水后 t 时刻水头值，m；

H_0——充水含水层原始水位，m；

Q——抽水量，m^3/d；

T——充水含水层导水系数，m^2/d；

u——积分变量；

s——充水含水层储水系数；

a——含水层传导系数，m^2/d；

（5）数值法

自从地下水非稳定运动理论问世以来，地下水运动问题的解析方法有了很大的发展，并且被广泛地应用到生产实践中去。但是一般说来，解析方法只适用于含水层几何形状简单，并且是均质、各向同性的情况，因而限制了它的应用范围。

然而，实际的水文地质条件往往是比较复杂的，如含水层是非均质的，含水层的厚度随坐标而变化，隔水底板起伏不平，边界形状不规则，边界条件复杂，地下水的补给来源除侧向补给外还存在垂向补给，由于抽水而使含水层中的一部分承压水转变为无压水等等。对于这样的地区，用解析法求解就很困难，甚至暂时无法解决，或者即使得到了解析表达式，仍难以进行通常的数值计算。

数值法为研究这类问题开辟了新的途径，它和电子计算机结合起来可以解决很多过去难以解决的复杂问题。因此，它能够使所考虑的数学模型更接近于实际的水文地质条件。

数值法本身是一种求近似解的方法。但应指出，实际工作中所碰到的问题往往只要求得到具有一定准确程度的近似解。当近似解的近似程度能满足实际工作的精度要求时，这种近似解的价值显然是毫不低于严格的精确解（解析解）的。

在水文地质计算中常用的数值方法主要包括有限差分法、有限单元法和边界单元法等，这些方法已经成为研究地下水不可缺少的重要手段。

5.3.5　矿井涌水量现场估算方法

矿井涌水发生后，水量的估算是一项必不可少的重要工作。根据现场具体条件，迅速而准确地对矿井涌水水量做出估算，是矿井防治水工作布置和抢险救灾措施制订的重要科学依据。

（1）现场实测涌水量方法

① 浮标法

矿井发生涌水后，初期水量一般较小，可在井下巷道的排水沟内测量其水量。选用几何形状规整的排水沟 5 m 长左右，清除沟内的杂物，选择上、中、下三个断面，测量其宽度及 3～5 个深值，并用木屑或纸屑作浮标，测量排水沟内水的流速，反复测量 3～5 次，采用下式即可计算涌水水量。

$$Q=KL\frac{\frac{1}{3}\left(W_1\frac{h_1+h_2+h_3}{3}+W_2\frac{h_4+h_5+h_6}{3}+W_3\frac{h_7+h_8+h_9}{3}\right)}{\frac{t_1+t_2+t_3}{3}} \tag{5-9}$$

式中　Q——涌水水量，m^3/mim；

　　　L——水沟测量段长度，m；

　　　W_i——水沟断面宽度，m；

　　　h_i——水沟内水深，m；

　　　t_i——浮标在某一段内运动的时间，s；

　　　K——断面系数，按表 5-5 选择。

当涌水量继续增大到不能采用巷道排水沟测量时，可选用巷道中较为平直的一段，测量巷道内的水流量。其具体测量方法与在排水沟内测量方法相同。

表 5-5　断面系数 K 值选择表

水沟特性	水深/m	0.3~0.1		>1.0	
	粗糙度	粗糙	平滑	粗糙	平滑
K 值		0.45~0.65	0.55~0.77	0.75~0.85	0.8~0.9

② 水泵标定法

涌水事故发生后,一般应增开水泵或增加水泵运转时间。水仓内增加的水量可用下式计算:

$$Q=KNW+\frac{SH}{t} \tag{5-10}$$

式中　W——水泵的铭牌排水量,m^3/min;

　　　　N——增开的水泵台数;

　　　　K——水泵的排水系数,可参照表 5-6 选取;

　　　　H——t 时间内水位上升高度,m;

　　　　S——水仓的水平断面面积,m^2;

　　　　t——水仓水位上涨 H 所用的时间,min。

表 5-6　水泵的排水系数 K 值选择表

排水条件	新泵排清水	旧泵排清水	新泵排混水	旧泵排混水	双台老泵单管排水
K	1	0.8	0.9	0.7	0.6

③ 容积法

矿井涌水时,如水是由下向上充满井下巷道及其他空间,可利用下水平巷道硐室的淹没时间来估算其涌水量,即:

$$Q=\frac{V}{t}\text{或}Q=\frac{SH}{t} \tag{5-11}$$

式中　V——下水平巷道的淹没体积,m^3;

　　　　t——淹没时间,min;

　　　　S——下水平硐室巷道的水平断面面积,m^2;

　　　　H——在 t 时间内水位上升高度,m。

涌水后,如将下水平巷道淹没,水位上升至回采过的采空区,则涌水量可用下式计算:

$$Q=\frac{KSHM}{t\cdot\cos\alpha} \tag{5-12}$$

式中　K——采空区的淹没系数,可参考表 5-7 选用;

　　　　S——求积仪在平面图上量得的淹没面积;m^2;

　　　　H——水位上涨的高度,m;

　　　　M——采空区煤层的实际采高,m;

　　　　α——岩层的倾角,(°);

t——水位上升所用的时间，min。

表 5-7　采空区的淹没系数 K 经验值

淹没时间/a	硬岩层/%	软岩层/%	
	徐州矿区	徐州矿区	峰峰矿区
1	35	19	22
2	25	16	—
5	15	5	—
7	—	—	2
10	10	4	—

选用淹没系数时应注意：① 如果采空区回采时间相差较大，则淹没系数应根据采空区充水曲线的数值分别计算；② 如果采空区内为多煤层开采，则应将各煤层的采空区淹没水量相加，其和为淹没总水量；③ 如果采空区内巷道较多，则应将巷道硐室的容积累加计算，然后求出总淹没水量。

（2）矿井涌水总水量的估算

煤矿在涌水抢险过程中，需及时掌握从突水开始到某一时刻的突水总水量。其具体计算方法如下：

① 算术叠加法

$$V = Q_1 t_1 + Q_2 t_2 + Q_3 t_3 + \cdots + Q_n t_n \tag{5-13}$$

式中　V——从涌水开始到某一时刻止涌水总体积，m^3；

　　　Q_1，Q_2，Q_3，$\cdots$，Q_n——从涌水开始分段计算涌水的水量，m^3/min；

　　　t_1，t_2，t_3，$\cdots$，t_n——从涌水开始到某一时刻止，与上述涌水量相对应的连续时间段，$t_1 + t_2 + t_3 + \cdots + t_n = t$，min。

② 曲线求积仪法

在直角坐标纸上，绘出涌水量变化曲线，其横坐标为时间，纵坐标为涌水量，绘出从涌水开始到某一时刻涌水量变化曲线，在曲线图上用求积仪量出坐标轴与曲线所包围的整体面积，然后用该面积乘以单位面积所代表的水量，得出水淹没的总体积。

（3）淹没时间的预计

矿井涌水后，应定时测量水量及水位上涨速度，并及时预测某一段时间内的水位上涨速度，这对抢险排水具有重要意义。

矿井涌水过程中，水量常呈不稳定状态，可用较简单的直线回归统计法进行推算。即

$$Q = a + bt \tag{5-14}$$

式中　Q——涌（突）水量，m^3/min；

　　　t——涌（突）水时间，min；

　　　a，b——待定系数。

在水量变化的情况下，矿井淹没水位上升时间可用下式计算：

$$t = \frac{V_1 + V_2}{Q_\text{平}} \tag{5-15}$$

式中　V_1——采空区的空隙体积，m^3；

　　　V_2——已疏干的含水层的裂隙体积，m^3；

　　　$Q_\text{平}$——预测到某时刻水量与最后一次实测水量的平均值，m^3/min。

5.4　矿井水文地质工作

5.4.1　矿井防治水基础资料

矿井防治水基础资料包括：井田地质报告、建井设计和建井地质报告以及废弃矿井的闭坑报告等；15 种台账和五种基本图件等；水文地质信息管理系统。

（1）矿井应当编制井田地质报告、建井设计和建井地质报告。井田地质报告、建井设计和建井地质报告应当有相应的防治水内容。

（2）矿井应当按照规定编制下列防治水图件：① 矿井充水性图；② 矿井涌水量与各种相关因素动态曲线图；③ 矿井综合水文地质图；④ 矿井综合水文地质柱状图；⑤ 矿井水文地质剖面图。其他有关防治水图件由矿井根据实际需要编制。

矿井应当建立数字化图件，内容应真实可靠，并每半年对图纸内容进行修正完善。

（3）矿井应当建立下列防治水基础台账：① 矿井涌水量观测成果台账；② 气象资料台账；③ 地表水文观测成果台账；④ 钻孔水位、井泉动态观测成果及河流渗漏台账；⑤ 抽（放）水试验成果台账；⑥ 矿井突水点台账；⑦ 井田地质钻孔综合成果台账；⑧ 井下水文地质钻孔成果台账；⑨ 水质分析成果台账；⑩ 水源水质受污染观测资料台账；⑪ 水源井（孔）资料台账；⑫ 封孔不良钻孔资料台账；⑬ 矿井和周边煤矿采空区相关资料台账；⑭ 水闸门（墙）观测资料台账；⑮ 其他专门项目的资料台账。

矿井防治水基础台账，应当认真收集、整理，实行计算机数据库管理，长期保存，并每半年修正一次。

（4）新建矿井应当按照矿井建井的有关规定，在建井期间收集、整理、分析有关矿井水文地质资料，并在建井完成后将资料全部移交给生产单位。

新建矿井应当编制下列主要图件：① 水文地质观测台账和成果；② 突水点台账、记录和有关防治水的技术总结，以及注浆堵水记录和有关资料；③ 井筒及主要巷道水文地质实测剖面；④ 建井水文地质补充勘探成果；⑤ 建井水文地质报告（可与建井地质报告合在一起）。

（5）矿井在废弃关闭之前，应当编写闭坑报告。闭坑报告应当包括下列主要内容：① 闭坑前的矿井采掘空间分布情况，对可能存在的充水水源、通道、积水量和水位等情况的分析评价；② 闭坑对邻近生产矿井安全的影响和采取的防治水措施。闭坑报告（包括图纸资料）应当报所在地煤炭行业管理部门备案。

（6）矿井应当建立水文地质信息管理系统，实现矿井水文地质文字资料收集、数据采集、图件绘制、计算评价和矿井防治水预测预报一体化。

5.4.2　水文地质补充调查

水文地质补充调查是狭义调查，对应于水文地质测绘中的地面调查，调查内容包括：地貌地质、地表水体、井泉、古井老窑、生产矿井、周边矿井、地面岩溶等。水文地质补充调查是一项经常性的工作，是水文地质测绘成果的不断补充、更新和完善。水文地质补充调查不能代替水文地质测绘。

（1）当矿区或者矿井现有水文地质资料不能满足生产建设的需要时，应当针对存在的问题进行专项水文地质补充调查。矿区或者矿井未进行过水文地质调查或者水文地质工作程度较低的，应当进行补充水文地质调查。

（2）水文地质补充调查范围应当覆盖一个具有相对独立补给、径流、排泄条件的地下水系统。

（3）水文地质补充调查除采用传统方法外，还可采用遥感、全球卫星定位、地理信息系统等新技术、新方法。

（4）水文地质补充调查，应当包括下列主要内容：

① 资料收集。收集降水量、蒸发量、气温、气压、相对湿度、风向、风速及其历年月平均值和两极值等气象资料。收集调查区内以往勘查研究成果，动态观测资料，勘探钻孔、供水井钻探及抽水试验资料。

② 地貌地质的情况。调查收集由开采或地下水活动诱发的崩塌、滑坡、人工湖等地貌变化、岩溶发育矿区的各种岩溶地貌形态。对第四系松散覆盖层和基岩露头，查明其时代、岩性、厚度、富水性及地下水的补排方式等情况，并划分含水层或相对隔水层。查明地质构造的形态、产状、性质、规模、破碎带（范围、充填物、胶结程度、导水性）及有无泉水出露等情况，初步分析研究其对矿井开采的影响。

③ 地表水体的情况。调查与收集矿区河流、水渠、湖泊、积水区、山塘和水库等地表水体的历年水位、流量、积水量、最大洪水淹没范围、含泥砂量、水质和地表水体与下伏含水层的水力关系等。对可能渗漏补给地下水的地段应当进行详细调查，并进行渗漏量监测。

④ 井泉的情况。调查井泉的位置、标高、深度、出水层位、涌水量、水位、水质、水温、有无气体溢出、溢出类型、流量（浓度）及其补给水源，并素描泉水出露的地形地质平面图和剖面图；

⑤ 古井老窑的情况。调查古井老窑的位置及开采、充水、排水的资料及老窑停采原因等情况，察看地形，圈出采空区，并估算积水量。

⑥ 生产矿井的情况。调查研究矿区内生产矿井的充水因素、充水方式、突水层位、突水点的位置与突水量，矿井涌水量的动态变化与开采水平、开采面积的关系，以往发生水害的观测研究资料和防治水措施及效果。

⑦ 周边矿井的情况。调查周边矿井的位置、范围、开采层位、充水情况、地质构造、采煤方法、采出煤量、隔离煤柱以及与相邻矿井的空间关系，以往发生水害的观测研究资料，并收集系统完整的采掘工程平面图及有关资料。

⑧ 地面岩溶的情况。调查岩溶发育的形态、分布范围。详细调查对地下水运动有明显影响的补给和排泄通道，必要时可进行连通试验和暗河测绘工作。分析岩溶发育规律和地下水径流方向，圈定补给区，测定补给区内的渗漏情况，估算地下水径流量。对有岩溶塌陷的区域，进行岩溶塌陷的测绘工作。

5.4.3　矿井水文地质观测

（1）地面水文地质观测

① 矿区、矿井地面水文地质观测应当包括下列主要内容：a. 进行气象观测。距离气象台（站）大于 30 km 的矿区（井），设立气象观测站。站址的选择和气象观测项目，符合气象台（站）的要求。距气象台（站）小于 30 km 的矿区（井），可以不设立气象观测站，仅建立雨量观测站。b. 进行地表水观测。地表水观测项目与地表水调查内容相同。一般情况下，每月进行 1 次地表水观测；雨季或暴雨后，根据工作需要，增加相应的观测次数。c. 进行地下水动态观测。观测点应当布置在下列地段和层位：对矿井生产建设有影响的主要含水层；影响矿井充水的地下水强径流带（构造破碎带）；可能与地表水有水力联系的含水层；矿井先期开采的地段；在开采过程中水文地质条件可能发生变化的地段；人为因素可能对矿井充水有影响的地段；井下主要突水点附近，或者具有突水威胁的地段；疏干边界或隔水边界处。

观测点的布置，应当尽量利用现有钻孔、井、泉等。观测内容包括水位、水温和水质等。对泉水的观测，还应当观测其流量。

观测点应当统一编号，设置固定观测标志，测定坐标和标高，并标绘在综合水文地质图上。观测点的标高应当每年复测 1 次；如有变动，应当随时补测。

② 矿井应当在开采前的 1 个水文年内进行地面水文地质观测工作。在采掘过程中，应当坚持日常观测工作；在未掌握地下水的动态规律前，应当每 7～10 日观测 1 次；待掌握地下水的动态规律后，应当每月观测 1～3 次；当雨季或者遇有异常情况时，应当适当增加观测次数。水质监测每年不少于 2 次，丰、枯水期各 1 次。

技术人员进行观测工作时，应当按照固定的时间和顺序进行，并尽可能在最短时间内测完，并注意观测的连续性和精度。钻孔水位观测每回应当有 2 次读数，其差值不得大于 2 cm，取值可用平均数。测量工具使用前应当校验。水文地质类型属于复杂、极复杂的矿井，应当尽量使用智能自动水位仪观测、记录和传输数据。

（2）井下水文地质观测

① 对新开凿的井筒、主要穿层石门及开拓巷道，应当及时进行水文地质观测和编录，并绘制井筒、石门、巷道的实测水文地质剖面图或展开图。

当井巷穿过含水层时，应当详细描述其产状、厚度、岩性、构造、裂隙或者岩溶的发育与充填情况、揭露点的位置及标高、出水形式、涌水量和水温等，并采取水样进行水质分析。

遇含水层裂隙时，应当测定其产状、长度、宽度、数量、形状、尖灭情况、充填程度及充填物等，观察地下水活动的痕迹，绘制裂隙玫瑰图，并选择有代表性的地段测定岩石的裂隙率。测定的面积选取如下：较密集裂隙，可取 1～2 m²；稀疏裂隙，可取 4～10 m²。遇岩溶时，应当观测其形态、发育情况、分布状况、有无充填物和充填物成分及充水状况等，并绘制岩溶素描图；遇断裂构造时，应当测定其断距、产状、断层带宽度，观测断裂带充填物成分、胶结程度及导水性等；遇褶曲时，应当观测其形态、产状及破碎情况等；遇陷落柱时，应当观测陷落柱内外地层岩性与产状、裂隙与岩溶发育程度及涌水等情况，判定陷落柱发育高度，并编制卡片，附平面图、剖面图和素描图；遇突水点时，应当详细观测记录突水的时间、地点、确切位置、出水层位、岩性、厚度、出水形式、围岩破坏情况等，并测定涌水量、水温、水质和含砂量等。同时，应当观测附近的出水点和观测孔涌水量和水位的变化，并分析突水原因。各主要突水点可以作为动态观测点进行系统观测，并应当编制卡片，附平面图和素描图。

对于大中型煤矿发生 300 m³/h 以上的突水、小型煤矿发生 60 m³/h 以上的突水，或者因突水造成采掘区域和矿井被淹的，应当将突水情况及时上报所在地煤矿安全监察机构和地方人民政府负责煤矿安全生产监督管理的部门、煤炭行业管理部门。

按照突水点每小时突水量的大小，将突水点划分为小突水点、中等突水点、大突水点、特大突水点四个等级：小突水点，$Q \leqslant 60$ m³/h；中等突水点，60 m³/h$<Q\leqslant 600$ m³/h；大突水点，600 m³/h$<Q\leqslant 1\ 800$ m³/h；特大突水点，$Q > 1\ 800$ m³/h。

② 矿井应当加强矿井涌水量的观测工作和水质的监测工作。

矿井应当分井、分水平设观测站进行涌水量的观测，每月观测次数不少于 3 次。对于出水较大的断裂破碎带、陷落柱，应当单独设立观测站进行观测，每月观测 1~3 次。对于水质的监测每年不少于 2 次，丰、枯水期各 1 次。涌水量出现异常、井下发生突水或者受降水影响矿井的雨季时段，观测频率应当适当增加。

对于井下新揭露的出水点，在涌水量尚未稳定或尚未掌握其变化规律前，一般应当每日观测 1 次。对溃入性涌水，在未查明突水原因前，应当每隔 1~2 h 观测 1 次，以后可适当延长观测间隔时间，并采取水样进行水质分析。涌水量稳定后，可按井下正常观测时间观测。

当采掘工作面上方影响范围内有地表水体、富水性强的含水层或穿过与富水性强的含水层相连通的构造断裂带或接近老空积水区时，应当每日观测涌水情况，掌握水量变化。

对于新凿立井、斜井，垂深每延深 10 m，应当观测 1 次涌水量。掘进至新的含水层时，如果不到规定的距离，也应当在含水层的顶底板各测 1 次涌水量。

当进行矿井涌水量观测时，应当注重观测的连续性和精度，采用容积法、堰测法、浮标法、流速仪法或者其他先进的测水方法。测量工具和仪表应当定期校验，以减少人为误差。

③ 当井下对含水层进行疏水降压时，在涌水量、水压稳定前，应当每小时观测 1~2 次钻孔涌水量和水压；待涌水量、水压基本稳定后，按照正常观测的要求进行。疏放老空水的，应当每日进行观测。

5.4.4　水文地质补充勘探

我国许多矿区受煤层上部含水层和下部岩溶水的严重威胁，突水和淹井事故时有发生，主要与矿区水文地质条件不清、水文地质勘探程度低有关。为保障煤炭工业的可持续发展，亟需开展水文地质补充勘探工作，查明深部地质构造、水文地质条件，分析矿井充水水源、充水途径、充水通道，预测矿井涌水量，为实施带压开采和矿井防治水提供水文地质技术依据，保障煤矿安全生产。

(1) 矿井有下列情形之一的，应当进行水文地质补充勘探工作：

① 矿井主要勘探目的层未开展过水文地质勘探工作的；

② 矿井原勘探工程量不足，水文地质条件尚未查清的；

③ 矿井经采掘揭露煤岩层后，水文地质条件比原勘探报告复杂的；

④ 矿井经长期开采，水文地质条件已发生较大变化，原勘探报告不能满足生产要求的；

⑤ 矿井开拓延深、开采新煤系（组）或者扩大井田范围设计需要的；

⑥ 矿井巷道顶板处于特殊地质条件部位或者深部煤层下伏强充水含水层，煤层底板带压，专门防治水工程提出特殊要求的；

⑦ 各种井巷工程穿越强富水性含水层时，施工需要的。

（2）水文地质补充勘探工程量布置应当满足相应的工作程度，并达到防治水工作的要求。

矿井进行水文地质补充勘探时，应当对包括勘探矿区在内的区域地下水系统进行整体分析研究。在矿井井田以外区域，应当以水文地质测绘调查为主；在矿井井田以内区域，应当以水文地质物探、钻探和抽（放）水试验等为主。

矿井水文地质补充勘探工作应当根据矿井水文地质类型和具体条件，综合运用水文地质补充调查、地球物理勘探、水文地质钻探、抽（放）水试验、水化学和同位素分析、地下水动态观测、采样测试等各种勘查技术手段，积极采用新技术、新方法。

矿井水文地质补充勘探应当编制补充勘探设计，经煤矿企业总工程师组织审查后实施。补充勘探设计应当依据充分、目的明确、工程布置针对性强，并充分利用矿井现有条件，做到井上、井下相结合。

水文地质补充勘探工作完成后，应当及时提交成果报告或者资料，由煤矿企业总工程师组织审查。

（3）地面水文地质补充勘探的要求。

① 矿井进行水文地质钻探时，每个钻孔都应当按照勘探设计要求进行单孔设计，包括钻孔结构、孔斜、岩芯采取率、封孔止水要求、终孔直径、终孔层位、简易水文观测、抽水试验、地球物理测井及采样测试、封孔质量、孔口装置和测量标志要求等。

钻孔施工主要技术指标，应当符合下列要求：

a. 以煤层底板水害为主的矿井，其水文地质补充勘探钻孔的终孔深度，以揭露下伏主要含水层段为原则。

b. 所有勘探钻孔均进行水文测井工作。对有条件的，可以进行流量测井、超声成像、钻孔电视探测等，配合钻探取芯划分含、隔水层，为取得有关参数提供依据。

c. 主要含水层或试验段（观测段）采用清水钻进。遇特殊情况需改用泥浆钻进时，经钻孔施工单位地质部门同意后，可以采用低固相优质泥浆，并采取有效的洗孔措施。

d. 钻孔孔径视钻孔目的确定。抽水试验孔试验段孔径，以满足设计的抽水量和安装抽水设备为原则；水位观测孔观测段孔径，应当满足止水和水位观测的要求。

e. 抽水试验钻孔的孔斜，满足选用抽水设备和水位观测仪器的工艺要求。

f. 钻孔取芯钻进，并进行岩芯描述。岩芯采取率：岩石大于 70%；破碎带大于 50%；黏土大于 70%；砂和砂砾层大于 30%。当采用水文物探测井，能够正确划分地层和含（隔）水层位置及厚度时，可以适当减少取芯。

g. 在钻孔分层（段）隔离止水时，通过提水、注水和水文测井等不同方法，检查止水效果，并作正式记录；不合格的，重新止水。

h. 除长期动态观测钻孔外，其余钻孔都使用高标号水泥浆封孔，并取样检查封孔质量。

i. 观测孔竣工后，进行抽水洗孔，以确保观测层（段）不被淤塞。

水文地质钻孔应当做好简易水文地质观测，其技术要求参照相关规程、规范进行。对没有简易水文地质观测资料的钻孔，应当降低其质量等级或者不予验收。

水文地质观测孔，应当安装孔口装置和长期观测测量标志，并采取有效措施予以保护，保证坚固耐用、观测方便；遇有损坏或堵塞时，应当及时进行处理。

② 生产矿井水文地质补充勘探的抽水试验质量，应当达到有关国家标准、行业标准的规定。

抽水试验的水位降深，应当根据设备能力达到最大降深，降深次数不少于3次，降距合理分布。当受开采影响导致钻孔水位较深时，可以仅做1次最大降深抽水试验。在降深过程的观测中，应当考虑非稳定流计算的要求，并适当延长时间。

对水文地质复杂或者极复杂的矿井，如果采用小口径抽水不能查明水文地质、工程地质（地面岩溶塌陷）条件时，可以进行井下放水试验；如果井下条件不具备的，应当进行大口径、大流量群孔抽水试验。采取群孔抽水试验，应当单独编制设计，经煤矿企业总工程师组织审查同意后实施。

大口径群孔抽水试验的延续时间，应当根据水位流量过程曲线稳定趋势而确定，一般不少于10 d；当受开采疏水干扰，导致水位无法稳定时，应当根据具体情况研究确定。

为查明受采掘破坏影响的含水层与其他含水层或者地表水体等之间有无水力联系，可以结合抽（放）水进行连通（示踪）试验。

抽水前，应当对试验孔、观测孔及井上、井下有关的水文地质点，进行水位（压）、流量观测。必要时，可以另外施工专门钻孔测定大口径群孔的中心水位。

③ 对于因矿井防渗漏研究岩石渗透性，或者因含水层水位很深致使无法进行抽水试验的，可以进行注水试验。

注水试验应当编制试验设计。试验设计包括试验层段的起、止深度，孔径及套管下入层位、深度及止水方法，采用的注水设备、注水试验方法以及注水试验质量要求等内容。

注水试验施工主要技术指标，应当符合下列要求：

a. 根据岩层的岩性和孔隙、裂隙发育深度，确定试验孔段，并严格做好止水工作；

b. 注水试验前，彻底洗孔，以保证疏通含水层，并测定钻孔水温和注入水的温度；

c. 注水试验正式注水前及正式注水结束后，进行静止水位和恢复水位的观测。

④ 物探工作布置、参数确定、检查点数量和重复测量误差、资料处理等，应当符合有关国家标准、行业标准的规定。

进行物探作业前，应当根据勘探区的水文地质条件、被探测地质体的地球物理特征和不同的工作目的等因素确定勘探方案。进行物探作业时，可以采用多种物探方法进行综合探测。

物探工作结束后，应当提交相应的综合成果图件。物探成果应当与其他勘探成果相结合，经相互验证后，可以作为矿井采掘设计的依据。

5.4.5　井下水文地质勘探

井下水文地质勘探是煤矿水文地质勘探的重要手段，与地面水文地质勘探相比，具有距探测体近、探测尺度小、工程量小等特点，因此受到普遍重视。

（1）井下水文地质勘探应当遵守下列规定：

① 采用井下物探、钻探、监测、测试等手段；

② 采用井下与地面相结合的综合勘探方法；

③井下勘探施工作业时，保证矿井安全生产，并采取可靠的安全防范措施。

（2）矿井有下列情形之一的，应当在井下进行水文地质勘探：

①采用地面水文地质勘探难以查清问题，需在井下进行放水试验或者连通（示踪）试验的；

②煤层顶、底板有含水（流）砂层或者岩溶含水层，需进行疏水开采试验的；

③受地表水体和地形限制或者受开采塌陷影响，地面没有施工条件的；

④孔深或者地下水位埋深过大，地面无法进行水文地质试验的。

（3）井下水文地质勘探应当符合下列要求：

①钻孔的各项技术要求、安全措施等钻孔施工设计，经矿井总工程师批准后方可实施。

②施工并加固钻机硐室，保证正常的工作条件。

③钻机安装牢固。钻孔首先下好孔口管，并进行耐压试验。在正式施工前，安装孔口安全闸阀，以保证控制放水。安全闸阀的抗压能力大于最大水压。在揭露含水层前，安装好孔口防喷装置。

④按照设计进行施工，并严格执行施工安全措施。

⑤进行连通试验，不得选用污染水源的示踪剂。

⑥对于停用或者报废的钻孔，及时封堵，并提交封孔报告。

（4）放水试验应当遵循下列原则：

①编制放水试验设计，确定试验方法、各次降深值和放水量。放水量视矿井现有最大排水能力而确定，原则上放水试验能影响到的观测孔应当有明显的水位降深。其设计由煤矿企业总工程师组织审查批准。

②做好放水试验前的准备工作，固定人员，检验校正观测仪器和工具，检查排水设备能力和排水线路。

③放水前，在同一时间对井上下观测孔和出水点的水位、水压、涌水量、水温和水质进行一次统测。

④根据具体情况确定放水试验的延续时间。当涌水量、水位难以稳定时，试验延续时间一般不少于 10～15 d。选取观测时间间隔，应当考虑到非稳定流计算的需要。中心水位或者水压与涌水量进行同步观测。

⑤观测数据及时登入台账，并绘制涌水量—水位历时曲线。

⑥放水试验结束后，及时进行资料整理，提交放水试验总结报告。

（5）对于受水害威胁的矿井，采用常规水文地质勘探方法难以进行开采评价时，可以根据条件采用穿层石门或者专门凿井进行疏水降压开采试验。

进行疏水降压开采试验，应当符合下列规定：

①有专门的施工设计，其设计由煤矿企业总工程师组织审查批准；

②预计最大涌水量；

③建立能保证排出最大涌水量的排水系统；

④选择适当位置建筑防水闸门；

⑤做好钻孔超前探水和放水降压工作；

⑥做好井上下水位、水压、涌水量的观测工作。

（6）矿井可以根据本单位的实际，采用直流电法（电阻率法）、音频电穿透法、瞬变电磁法、电磁频率测深法、无线电波透视法、地质雷达法、浅层地震勘探、瑞利波勘探、槽波地震勘探方法等物探方法，并结合钻探方法对资料进行验证。

5.5　矿井主要防治水技术

煤矿防治水工作应当坚持预测预报、有疑必探、先探后掘、先治后采的原则，采取防、堵、疏、排、截的综合治理措施。

"预测预报"是水害防治的基础，是指在查清矿井水文地质条件的基础上，运用先进的水害预测预报理论和方法，对矿井水害做出科学分析判断和评价；"有疑必探"是指根据水害预测预报评价结论，对可能构成水害威胁的区域，采用物探、化探和钻探等综合探测技术手段，查明或排除水害；"先探后掘"是指先综合探查，确定巷道掘进没有水害威胁后再掘进施工；"先治后采"是指根据查明的水害情况，采取有针对性的治理措施排除水害隐患后，再安排采掘工程，如井下巷道穿越导水断层时必须预先注浆加固方可掘进施工，防止突水造成灾害。

五项治理措施是水害治理的基本技术方法。"防"主要指合理留设各类防隔水煤（岩）柱和修建各类防水闸门或防水墙等，防隔水煤（岩）柱一旦确定后，不得随意开采破坏；"堵"主要指注浆封堵具有突水威胁的含水层或导水断层、裂隙和陷落柱等通道；"疏"主要指探放老空水和对承压含水层进行疏水降压；"排"主要指完善矿井排水系统，排水管路、水泵、水仓和供电系统等必须配套；"截"主要指加强地表水（河流、水库、洪水等）的截流治理。

因此，煤矿应结合自身实际情况，坚持煤矿防治水工作原则，以五项综合治理措施为主要防治方法，开展防治水工作。

5.5.1　地面水防治

地面防水是指在地表修筑各种防排水工程，防止或减少大气降水和地表水渗入矿井。对于以降水和地表水为主要水源的矿井，地面防治水尤为重要，是防水的第一道防线，因此，必须重视地面水防治工作。煤矿企业、矿井应做好以下工作：

（1）应当查清矿区及其附近地面河流水系的汇水、渗漏、疏水能力和有关水利工程等情况；了解当地水库、水电站大坝、江河大堤、河道、河道中障碍物等情况；掌握当地历年降水量和最高洪水位资料，建立疏水、防水和排水系统。应当建立灾害性天气预警和预防机制，加强与周边相邻矿井的信息沟通，发现矿井水害可能影响相邻矿井时，立即向周边相邻矿井进行预警。

（2）矿井井口和工业场地内建筑物的地面标高必须高于当地历年最高洪水位；在山区还必须避开可能发生泥石流、滑坡等地质灾害危险的地段。

矿井井口及工业场地内主要建筑物的地面标高低于当地历年最高洪水位的，应当修筑堤坝、沟渠或者采取其他可靠防御洪水的措施。不能采取可靠安全措施的，应当封闭填实该井口。

（3）当矿井井口附近或者开采塌陷波及区域的地表有水体时，必须采取安全防范措施，并遵守下列规定：

① 严禁开采和破坏煤层露头的防隔水煤（岩）柱。

② 在地表容易积水的地点，修筑泄水沟渠，或者建排洪站专门排水，杜绝积水渗入井下。

③ 当矿井受到河流、山洪威胁时，修筑堤坝和泄洪渠，防止洪水侵入。

④ 对于排到地面的矿井水，妥善疏导，避免渗入井下。

⑤ 对于漏水的沟渠（包括农田水利的灌溉沟渠）和河床，及时堵漏或者改道。地面裂缝和塌陷地点及时填塞。进行填塞工作时，采取相应的安全措施，防止人员陷入塌陷坑内。

⑥ 当有滑坡、泥石流等地质灾害威胁煤矿安全时，及时撤出受威胁区域的人员，并采取防止滑坡、泥石流的措施。

（4）严禁将矸石、炉灰、垃圾等杂物堆放在山洪、河流可能冲刷到的地段，防止淤塞河道、沟渠。

煤矿发现与矿井防治水有关系的河道中存在障碍物或者堤坝破损时，应当及时清理障碍物或者修复堤坝，并报告当地政府相关部门。

（5）使用中的钻孔，应当安装孔口盖。报废的钻孔应当及时封孔，并将封孔资料和实施负责人的情况记录在案、存档备查。

（6）每年雨季前必须对防治水工作进行全面检查。

雨季受水威胁的矿井，应当制定雨季防治水措施，建立雨季巡视制度并组织抢险队伍，储备足够的防洪抢险物资。当暴雨威胁矿井安全时，必须立即停产撤出井下全部人员，只有在确认暴雨洪水隐患彻底消除后方可恢复生产。

5.5.2　防、隔水煤（岩）柱的留设

在水体下、含水层下、承压含水层上或导水断层附近采掘时，为防止地表水或地下水溃入工作地点，需要留出一定宽度或高度的煤（岩）层不采动，这部分煤（岩）层称为防隔水煤（岩）柱或防水煤（岩）柱。根据防水煤（岩）柱所处的位置，可以分成不同的类型。

（1）常用的防水煤（岩）柱类型

① 断层防水煤（岩）柱：在导水或含水断层两侧，为防止断层水溃入井下而留设煤（岩）柱，或当断层使煤层与强含水层接触或接近时，为防止含水层水溃入井下而留设的煤柱。

② 井田边界煤柱：相邻两井田以技术边界分隔时，为防止一个矿井淹没（由突水或矿井报废引起）后影响另一个矿井的安全生产而留设的煤柱。

③ 上、下水平（或相邻采区）防水煤（岩）柱：在上、下两水平（或相邻两采区）之间留设的防水煤（岩）柱。这种煤（岩）柱为暂时性的煤（岩）柱，在上、下两水平（或相邻两采区）开采末期或透水威胁消除后，这部分煤（岩）柱中的煤，仍然可以回收出来。

④ 水淹区防水煤（岩）柱：在水淹区（包括老窑积水区）四周和上、下水平留设的防止水淹区水溃入井下采掘工作面的煤（岩）柱。

⑤ 地表水体防水煤（岩）柱：为防止采煤后地表水经塌陷裂缝溃入井下而留设的煤（岩）柱。

⑥ 冲积层防水煤（岩）柱：为防止采煤后上覆冲积层中的强含水层水溃入井下而留

设的煤（岩）柱。

（2）防水煤（岩）柱的留设原则

① 在有突水威胁但又不宜疏放（疏放会造成成本大大提高）的地区采掘时，必须留设防水煤（岩）柱。

② 防水煤柱一般不能再利用，故要在安全可靠的基础上把煤柱的宽度或高度降低到最低限度，以提高资源利用率。为了多采煤炭，充分利用资源，也可以用采后充填、疏水降压、改造含水层（充填岩溶裂隙）等方法，消除突水威胁，创造少留煤柱的条件。

③ 防水煤（岩）柱的尺寸，应当根据相邻矿井的地质构造、水文地质条件、煤层赋存条件、围岩性质、开采方法以及岩层移动规律等因素，在矿井设计中确定。

④ 一个井田或一个水文地质单元的防水煤（岩）柱应该在矿井的总体开采设计中确定，即开采方式和井巷布局必须与各种煤柱的留设相适应，否则会给以后煤柱的留设造成极大的困难，甚至无法留设。

⑤ 在多煤层地区，各煤层的防水煤（岩）柱必须统一考虑确定，以免某一煤层的开采破坏另一煤层的煤（岩）柱，致使整个防水煤（岩）柱失效。

⑥ 在同一地点有两种或两种以上留设煤（岩）柱的要求时，所留设的煤（岩）柱必须满足各个留设煤（岩）柱的要求。

⑦ 对防水煤（岩）柱的维护要特别严格，因为煤（岩）柱的任何一处被破坏，必将造成整个煤（岩）柱失效。矿井防隔水煤（岩）柱一经确定，不得随意变动，并通报相邻矿井。严禁在各类防隔水煤（岩）柱中进行采掘活动。

⑧ 留设防水煤（岩）柱所需要的数据必须在本地区取得。邻区或外地的数据只能参考，如果需要采用，应适当加大安全系数。

⑨ 防水岩柱中必须有一定厚度的黏土质隔水岩层或裂隙不发育、含水性极弱的岩层，否则防水岩柱将无隔水作用。

⑩ 相邻矿井的分界处，应当留防水煤（岩）柱。矿井以断层分界的，应当在断层两侧留有防水煤（岩）柱。

⑪ 受水害威胁的矿井，有下列情况之一的，应当留设防水煤（岩）柱：煤层露头风化带；在地表水体、含水冲积层下和水淹区邻近地带；与富水性强的含水层间存在水力联系的断层、裂隙带或者强导水断层接触的煤层；有大量积水的老窑和采空区；导水、充水的陷落柱、岩溶洞穴或地下暗河；分区隔离开采边界；受保护的观测孔、注浆孔和电缆孔等。

⑫ 开采水淹区域下的废弃防隔水煤柱时，应当彻底疏干上部积水，进行可行性技术评价，确保无溃浆（沙）威胁。严禁顶水作业。

⑬ 有突水历史或带压开采的矿井，应当分水平或分采区实行隔离开采。在分区之前，应当留设防水煤（岩）柱并建立防水闸门，以便在发生突水时，能够控制水势、减少灾情、保障矿井安全。

（3）防隔水煤（岩）柱尺寸留设

① 煤层露头防隔水煤（岩）柱的留设

煤层露头防隔水煤（岩）柱的留设，按式（5-16）、式（5-17）计算。

a. 煤层露头无覆盖或被黏土类微透水松散层覆盖时，

$$H_f = H_k + H_b \tag{5-16}$$

b. 煤层露头被松散富水性强的含水层覆盖时（图 5-4），

$$H_f = H_L + H_b \tag{5-17}$$

式中　H_f——防隔水煤（岩）柱高度，m；

　　　　H_k——采后垮落带高度，m；

　　　　H_L——导水裂缝带最大高度，m；

　　　　H_b——保护层厚度，m；

　　　　α——煤层倾角，(°)。

根据式（5-16）、式（5-17）计算的值，H_f 不得小于 20 m。式中 H_k、H_L 的计算，参照《建筑物、水体、铁路及主要井巷煤柱留设与压煤开采规程》的相关规定。

② 含水或导水断层防隔水煤（岩）柱的留设

含水或导水断层防隔水煤（岩）柱的留设（图 5-5）可参照下列经验公式计算：

$$L = 0.5KM\sqrt{\frac{3p}{K_p}} \geqslant 20 \text{ m} \tag{5-18}$$

式中　L——煤柱留设的宽度，m；

　　　　K——安全系数，一般取 2～5；

　　　　M——煤层厚度或采高，m；

　　　　p——水头压力，MPa；

　　　　K_p——煤的抗拉强度，MPa。

③ 煤层与强含水层或导水断层接触防隔水煤（岩）柱的留设

煤层与强含水层或导水断层接触，并局部被覆

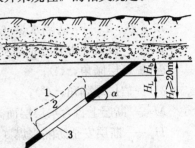

图 5-4　煤层露头被松散富水性强含水层覆盖时防隔水煤（岩）柱留设

H_f——防隔水煤（岩）柱高度；

H_L——导水裂缝带最大高度；

H_b——保护层厚度；

α——煤层倾角

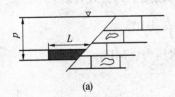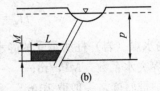

图 5-5　含水或导水断层防隔水煤（岩）柱留设

L——煤柱留设的宽度；p——水头压力；M——煤层厚度或采高

盖时（图 5-6），防隔水煤（岩）柱的留设要求如下：

a. 当含水层顶面高于最高导水裂缝带上限时，防隔水煤（岩）柱可按图 5-6（a）和（b）留设。其计算公式为：

$$L = L_1 + L_2 + L_3 = H_a \csc\theta + H_L \cot\theta + H_L \cot\delta \tag{5-19}$$

b. 当最高导水裂缝带上限高于断层上盘含水层时，防隔水煤（岩）柱按图 5-6（c）留设。其计算公式为：

$$L = L_1 + L_2 + L_3 = H_a(\sin\delta - \cos\delta\cot\theta) + (H_a\cos\delta + M)(\cot\theta + \cot\delta) \geqslant 20 \text{ m} \tag{5-20}$$

式中　L——防隔水煤（岩）柱宽度，m；

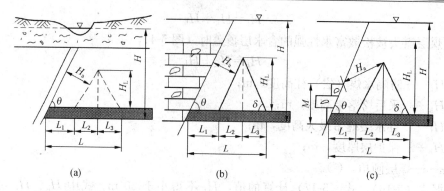

图 5-6　煤层与富水性强的含水层或导水断层接触时防隔水煤（岩）柱留设

L_1，L_2，L_3——防隔水煤（岩）柱各分段宽度，m；

H_L——最大导水裂缝带高度，m；

θ——断层倾角，（°）；

δ——岩层塌陷角，（°）；

M——断层上盘含水层层面高出下盘煤层底板的高度，m；

H_a——断层安全防隔水煤（岩）柱的宽度，m。

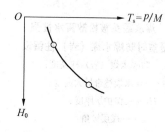

图 5-7　T_s 和 H_0 关系曲线

H_a 值应当根据矿井实际观测资料来确定，即通过总结本矿区在断层附近开采时发生突水和安全开采的地质、水文地质资料，计算其水压（p）与防隔水煤（岩）柱厚度（M）的比值（$T_s=p/M$），并将各点之值标到以 T_s 为横轴，以埋藏深度 H_0 为纵轴的坐标纸上，找出 T_s 值的安全临界线（图 5-7）。

H_a 值也可以按下列公式计算：

$$H_a=\frac{p}{T_s}+10 \tag{5-21}$$

式中　p——防隔水煤（岩）柱所承受的静水压力，MPa；

　　　T_s——临界突水系数，MPa/m；

　　　10——保护带厚度，一般取 10 m。

本矿区如无实际突水系数，可参考其他矿区资料，但选用时应当综合考虑隔水层的岩性、物理力学性质、巷道跨度或工作面的控顶距、采煤方法和顶板控制方法等一系列因素。

④ 煤层位于含水层上方且断层导水时防隔水煤（岩）柱的留设

在煤层位于含水层上方且断层导水的情况下（图 5-8），防隔水煤（岩）柱的留设应当考虑两个方向上的压力：一是煤层底部隔水层能否承受下部含水层水的压力；二是断层水在顺煤层方向上的压力。

a. 当考虑底部压力时，应当使煤层底板到断层面之间的最小距离（垂距），大于安全煤柱的高度（H_a）的计算值，并不得小于 20 m。其计算公式为：

$$L=\frac{H_a}{\sin\alpha}\geqslant 20\text{ m} \tag{5-22}$$

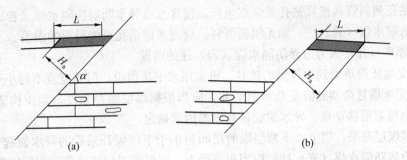

图 5-8　煤层位于含水层上方且断层导水时防隔水煤（岩）柱留设

式中　　α——断层倾角，（°）；
　　　　其余参数含义同前。

b. 当考虑断层水在顺煤层方向上的压力时，按含水或导水断层防隔水煤（岩）柱留设的办法计算煤柱宽度。

根据以上两种方法计算的结果，取用较大的数字，但仍不得小于 20 m。

如果断层不导水（图 5-9），防隔水煤（岩）柱的留设尺寸，应当保证含水层顶面与断层面交点至煤层底板间的最小距离，在垂直于断层走向的剖面上大于安全煤柱的高度（H_a）时即可，但不得小于 20 m。

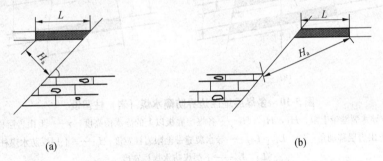

图 5-9　煤层位于含水层上方且断层不导水时防隔水煤（岩）柱留设

⑤ 水淹区或老窑积水区下采掘时防隔水煤（岩）柱的留设

a. 巷道在水淹区下或老窑积水区下掘进时，巷道与水体之间的最小距离，不得小于巷道高度的 10 倍。

b. 在水淹区下或老窑积水区下同一煤层中进行开采时，若水淹区或老窑积水区的界线已基本查明，防隔水煤（岩）柱的尺寸应当按含水或导水断层防隔水煤（岩）柱留设的规定留设。

c. 在水淹区下或老窑积水区下的煤层中进行回采时，防隔水煤（岩）柱的尺寸，不得小于导水裂缝带最大高度与保护带高度之和。

⑥ 保护地表水体防隔水煤（岩）柱的留设

保护地表水体防隔水煤（岩）柱的留设，可参照《建筑物、水体、铁路及主要井巷煤柱留设与压煤开采规程》执行。

⑦ 保护通水钻孔防隔水煤（岩）柱的留设

根据钻孔测斜资料换算钻孔见煤点坐标，按含水或导水断层防隔水煤（岩）柱留设的办法留设防隔水煤（岩）柱，如无测斜资料，应当考虑钻孔可能偏斜的误差。

⑧ 相邻矿（井）人为边界防隔水煤（岩）柱的留设

a. 水文地质简单型到中等型的矿井，可采用水平法留设，但总宽度不得小于 40 m。

b. 水文地质复杂型到极复杂型的矿井，应当根据煤层赋存条件、地质构造、静水压力、开采上覆岩层移动角、导水裂缝带高度等因素确定。

（a）多煤层开采，当上、下两层煤的层间距小于下层煤开采后的导水裂缝带高度时，下层煤的边界防隔水煤（岩）柱，应当根据最上一层煤的岩层移动角和煤层间距向下推算[图 5-10（a）]。

（b）当上、下两层煤之间的垂距大于下煤层开采后的导水裂缝带高度时，上、下煤层的防隔水煤（岩）柱，可分别留设[图 5-10（b）]。

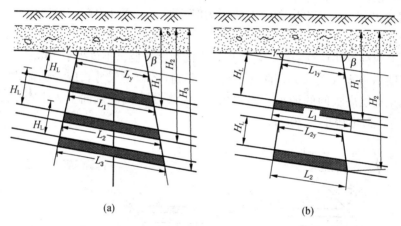

图 5-10　多煤层地区边界防隔水煤（岩）柱留设

H_L——导水裂缝带上限；H_1，H_2，H_3——各煤层底板以上的静水位高度；γ——上山岩层移动角；
β——下山岩层移动角；L_y，L_{1y}，L_{2y}——导水裂缝带上限岩柱宽度；L_1——上层煤防水煤柱宽度；
L_2，L_3——下层煤防水煤柱宽度

导水裂缝带上限岩柱宽度的计算，可采用下列公式：

$$L_y = \frac{H - H_L}{100} \cdot \frac{1}{T_s} \geqslant 20 \text{ m} \tag{5-23}$$

式中　L_y——导水裂缝带上限岩柱宽度，m；

　　　H——煤层底板以上的静水位高度，m；

　　　H_L——导水裂缝带最大值，m；

　　　T_s——水压与岩柱宽度的比值，可取 0.1，MPa/m。

对水文地质条件复杂和极复杂的矿井也可按下式计算导水裂缝带上限岩柱宽度 L_y 和顺层边界煤柱宽度 L，但 L_y 不应小于 20 m，如图 5-11 所示。

$$L = L_1 + L_3 + L_y = \frac{H_L}{\text{tg}\delta_1} + \frac{H_L}{\text{tg}\delta_2} + \frac{H - H_L}{\text{tg}\delta_2} \tag{5-24}$$

式中　L_1，L_3——部分边界煤柱宽度，m；

　　　H_L——导水裂隙带高度，m；

H——静水位高度，m；

δ_1，δ_2——岩移塌陷边与煤层交角，（°）；

T_s——突水系数，MPa/m。

⑨ 以断层为界的井田防隔水煤（岩）柱的留设

以断层为界的井田，其边界防隔水煤（岩）柱可参照断层煤柱留设，但应当考虑井田另一侧煤层的情况，以不破坏另一侧所留煤（岩）柱为原则（除参照断层煤柱的留设外，也可参考图 5-12 所示的图例）。

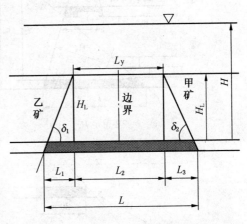

图 5-11　相邻矿井边界防水煤柱留设

5.5.3　矿井排水系统

为做好煤矿防治水工作，煤矿必须建立排水系统。排水设施主要包括水泵、排水管路、配电设备、水仓、水沟等。煤矿不得将矿井水向老空区排放或私自泄入其他矿井，再由其他矿井排水，也不得私自泄入其他含水层中。

排水系统的设置应以最新预测评价的正常涌水量和最大涌水量为依据，各种排水设施要相互匹配，确保矿井能够正常排水。

矿井排水系统应满足以下要求：

（1）矿井应当配备与矿井涌水量相匹配的水泵、排水管路、配电设备和水仓等，确保矿井排水能力充足。

（2）矿井井下排水设备应当符合矿井排水的要求。除正在检修的水泵外，应当有工作水泵和备用水泵。工作水泵的能力，应当能在 20 h 内排出矿井 24 h 的正常涌水量（包括充填水及其他用水）。备用水泵的能力应当不小于工作水泵能力的 70%。工作和备用水泵的总能力，应当能在 20 h 内排出矿井 24 h 的最大涌水量。检修水泵的能力，应当不小于工作水泵能力的 25%。

水文地质条件复杂或者极复杂的矿井，可以在主泵房内预留安装一定数量水泵的位置，或者增加相应的排水能力。

排水管路应当有工作和备用水管。工作排水管路的能力，应当能配合工作水泵在 20 h 内排出矿井 24 h 的正常涌水量。工作和备用排水管路的总能力，应当能配合工作和备用水泵在 20 h 内排出矿井 24 h 的最大涌水量。

配电设备的能力应当与工作、备用和检修水泵的能力相匹配，并能保证全部水泵同时运转。

有突水淹井危险的矿井，可以另行增建抗灾强排水系统。

（3）矿井主要泵房应当至少有 2 个安全出口，一个出口采用斜巷通到井筒，并高出泵房底板 7 m 以上；另一个出口通到井底车场。在通到井底车场的出口通路内，应当设置易于关闭的既能防水又能防火的密闭门。泵房和水仓的连接通道，应当设置可靠的控制闸门。

（4）矿井主要水仓应当有主仓和副仓，当一个水仓清理时，另一个水仓能够正常

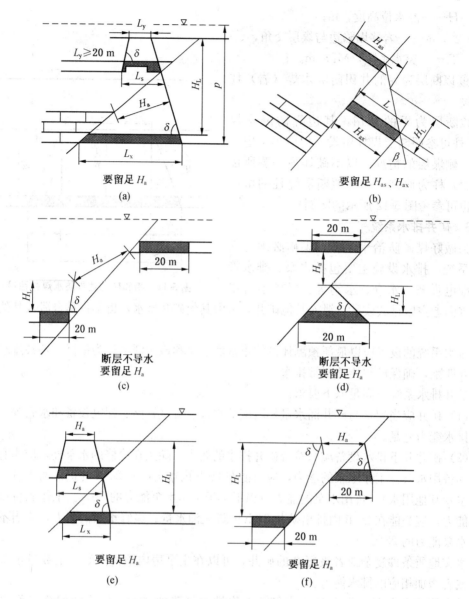

图 5-12　以断层分界的井田防隔水煤（岩）柱留设

L——煤柱宽度；L_s，L_x——上、下煤层的煤柱宽度；L_y——导水裂缝带上限岩柱宽度；

H_a，H_{as}，H_{ax}——安全防水岩柱厚度；H_L——导水裂缝带上限；p——底板隔水层承受的水头压力

使用。

　　新建、改扩建矿井或者生产矿井的新水平，正常涌水量在 1 000 m³/h 以下时，主要水仓的有效容量应当能容纳 8 h 的正常涌水量。

　　正常涌水量大于 1 000 m³/h 的矿井，主要水仓有效容量可以按照下式计算：

$$V = 2(Q + 3\ 000) \tag{5-25}$$

式中　V——主要水仓的有效容量，m³；

　　　Q——矿井每小时的正常涌水量，m³。

采区水仓的有效容量应当能容纳 4 h 的采区正常涌水量。

矿井最大涌水量与正常涌水量相差大的矿井，排水能力和水仓容量应当由有资质的设计单位编制专门设计，由煤矿企业总工程师组织审查批准。

水仓进口处应当设置算子。对水砂充填、水力采煤和其他涌水中带有大量杂质的矿井，还应当设置沉淀池。水仓的空仓容量应当经常保持在总容量的 50% 以上。

（5）水泵、水管、闸阀、排水用的配电设备和输电线路，应当经常检查和维护。在每年雨季前，应当全面检修 1 次，并对全部工作水泵和备用水泵进行 1 次联合排水试验，发现问题，及时处理。

水仓、沉淀池和水沟中的淤泥，应当及时清理；每年雨季前，应当清理 1 次。

（6）对于采用平硐泄水的矿井，其平硐的总过水能力应当不小于历年最大渗入矿井水量的 1.2 倍；水沟或者泄水巷的标高，应当比主运输巷道的标高低。

（7）在水文地质条件复杂、极复杂矿区建设新井的，应当在井筒底留设潜水泵窝，老矿井也应当改建增设潜水泵窝。井筒开凿到底后，应当先施工永久排水系统。永久排水系统应当在进入采区施工前完成。在永久排水系统完成前，井底附近应当先设置具有足够能力的临时排水设施，保证永久排水系统形成之前的施工安全。

（8）井下采区、巷道有突水或者可能积水的，应当优先施工安装防、排水系统，并保证有足够的排水能力。

（9）生产矿井延深水平，只有在建成新水平的防、排水系统后，方可开拓掘进。

5.5.4　防水闸门和水闸墙

防水闸门硐室和水闸墙是井下防水的主要安全设施，凡水患威胁严重的矿井，在井下巷道设计布置中，就应在适当地点预留防水闸门硐室和水闸墙的位置，使矿井形成分翼、分水平或分采区隔离开采。在水患发生时，能够使矿井分区隔离，缩小灾情影响范围，控制水势危害，确保矿井安全。

井下防水闸门和水闸墙的设计、施工、试验、日常维护以及技术管理等方面的工作，必须严格执行《煤矿安全规程》和《煤矿防治水规定》的有关规定。

（1）水文地质条件复杂或有突水淹井危险的矿井，应当在井底车场周围设置防水闸门或在正常排水系统基础上另外安设具有独立供电系统且排水能力不小于最大涌水量的潜水泵。

（2）在其他有突水危险的采掘区域，应当在其附近设置防水闸门；不具备设置防水闸门条件的，应当制定防突水措施，由煤矿企业主要负责人审批。

（3）建筑防水闸门应当符合下列规定：

① 防水闸门必须采用定型设计。

② 防水闸门的施工及其质量，必须符合设计要求。闸门和闸门硐室不得漏水。

③ 防水闸门硐室前、后两端，应分别砌筑不小于 5 m 的混凝土护硐，硐后用混凝土填实，不得空帮、空顶。防水闸门硐室和护硐必须采用高标号水泥进行注浆加固，注浆压力应符合设计要求。

④ 防水闸门来水一侧 15～25 m 处，应加设 1 道挡物算子门。防水闸门与算子门之间，不得停放车辆或堆放杂物。来水时先关算子门，后关防水闸门。如果采用双向防水闸门，应在两侧各设 1 道算子门。

⑤ 通过防水闸门的轨道、电机车架空线、带式输送机等必须灵活易拆；通过防水闸门墙体的各种管路和安设在闸门外侧的闸阀的耐压能力，都必须与防水闸门所设计压力相一致；电缆、管道通过防水闸门墙体时，必须用堵头和阀门封堵严密，不得漏水。

⑥ 防水闸门必须安设观测水压的装置，并有放水管和放水闸阀。

⑦ 防水闸门竣工后，必须按设计要求进行验收；对新掘进巷道内建筑的防水闸门，必须进行注水耐压试验，水闸门内巷道的长度不得大于 15 m，试验的压力不得低于设计水压，其稳压时间应在 24 h 以上，试压时应有专门安全措施。

⑧ 防水闸门必须灵活可靠，并保证每年进行 2 次关闭试验，其中 1 次应当在雨季前进行，关闭闸门所用的工具和零配件必须专人保管，专门地点存放，不得挪用。

（4）井下需要构筑水闸墙的，应当由具有相应资质的单位进行设计，按照设计进行施工，并按照规定进行竣工验收；否则，不得投入使用。

（5）报废巷道封闭时，在报废的暗井和倾斜巷道下口的密闭水闸墙应当留泄水孔，每月定期进行观测，雨季加大观测密度。

（6）防水闸门的关闭。

① 当井下发生突然涌水或出现突水征兆危及矿井安全时，必须立即做好关闭防水闸门的准备工作，同时请示抢险救援指挥部，批准后方可关闭防水闸门。在正常情况下，由于采区报废或按计划暂停采区生产，要求关闭防水闸门时，须提前写出专题报告（内容包括采区尚余储量、涌水量、水源水的静止水位、关闭防水闸门原因、今后打算，以及关闭防水闸门的安全技术措施等），报请企业负责人批准。关闭防水闸门时，矿井负责人要深入井下检查准备情况，指挥具体关闭工作。

② 关闭防水闸门以前，需先做好以下工作：

a. 撤退水害影响地区的全部人员，并在各通道口设岗警戒，防止人员误入封闭区。

b. 准备妥当全部防水闸门硐室的所有设施（如放水截门、水压表、管子堵头板、活动短轨等）。

c. 清理干净防水闸门附近和水沟内杂物。

d. 保证防水闸门以外的防水避灾路线畅通无阻。

e. 检修排水设备，每台均要达到完好标准；清挖水仓，将水仓内的积水排至最低水位。

f. 防水闸门附近的临时局部通风机和临时直通地面电话安装妥当。

g. 防水闸门以里的栅栏门全部关好。

h. 应急预案及安全措施落实到位。

以上各项工作都已完成，由抢险救援指挥部发布关门命令。

③ 几个防水闸门或水闸墙需要一次关闭时，其关闭顺序应是先关闭所在位置较低的，然后关闭所在位置较高的，依次进行。

④ 关闭防水闸门以前，要以书面形式通知邻近各有关矿井，说明本矿水闸门关闭时间、封闭地区位置、最高静止水位和可能造成的影响；并要求近期内对井下各涌水点水量变化和井上各水文钻孔的水位变化进行定时观测。各矿的观测资料要及时进行交流，互通情报。

⑤ 防水闸门关闭以后，除定时派人观测本矿其他地区的水量和水位变化以外，还必

须在防水闸门附近的安全地点设人（每班不少于 2 人）值班，观测防水闸门附近的水压变化、漏水情况、硐室巷道压力有无异常。值班人员要做观测记录，定时向矿调度室汇报；特殊情况及时汇报处理。

⑥ 防水闸门关闭、水压稳定 7 d 以后，如无特殊情况发生，按正常情况定时进行观测。

（7）防水闸门的开启。

① 防水闸门开启前，须编制开启防水闸门的安全技术措施。经企业负责人审批后，方准进行开启防水闸门工作。

② 防水闸门开启前，要对井下排水、供电系统进行一次全面检查。排水能力要与防水闸门硐室放水管的放水量相适应，水仓要清理干净，水沟要畅通无阻。

③ 开启防水闸门要首先打开放水管，有控制地泄压放水。当水源已经封闭或已疏干时，水压必须降到零位，方能打开防水闸门；如果水压降不到零位，必须承压开启时，矿井总工程师可在不损坏防水闸门的情况下，制定出安全措施和规定最低水压，方可强制开门。

④ 同时有几个防水闸门需要开启时，应按所处位置先高后低依次开启。

⑤ 防水闸门打开以后，首先由救护队员进入，检查瓦斯和巷道情况。只有在恢复通风系统，消除一切不安全因素以后，才准许其他人员进入闸门以内工作。

5.5.5　疏干开采技术

疏干开采是指对煤层顶板或煤层含水层的疏干；而疏水降压是指对煤层底板含水层而言，其目的是使煤层底板含水层水压降低至采煤安全水压。

疏干能调节流入矿井的水量和充水含水层水压（位）的动态特征，因此，与矿井一般的排水在概念上是有区别的。当然，疏干和矿井排水均是矿井防治水的基本手段，而且矿井排水对于每一个矿山都是必不可少的工作。疏干与矿井排水的区别主要表现在：前者是借助于专门的工程（如疏水巷道、抽水钻孔和吸水钻孔等）及相应的排水设备，积极有计划有步骤地疏干或局部疏干影响采掘安全的充水含水层；而后者只是消极被动地通过排水设备，将流入水仓的水直接排至地表。由此可见，疏干在调节矿井涌水量、改善井下作业条件，以及保证采掘安全乃至降低排水费用等方面起着矿井排水所不能起的作用。所以，有人将疏干开采看成是一种与矿井水作斗争的积极措施，应当优先考虑。

矿井疏干的目的是预防地下水突然涌入矿井，避免灾害事故，改善劳动条件，提高劳动生产率，消除地下水静水压力造成的破坏作用等，是煤矿防治水的一种主要措施。对于大水矿区，为了减少矿井涌水量，应采取截流、浅排和排、供、生态环保"三位一体"结合等辅助措施，与疏干工作统筹考虑，进行综合防治。

（1）疏干程序

矿井疏干过程可分为疏干勘探、试验疏干和经常疏干三个逐渐过渡的程序，应与矿井的开采工作密切配合。

① 疏干勘探

疏干勘探是以疏干为目的的补充水文地质勘探。其目的是进一步查明矿区疏干所需要的水文地质资料，确定疏干的可能性，提出疏干方案。

a. 查明矿区疏干所需要的水文地质资料：地下水的补给条件及运动规律；水文地质

边界条件，包括对补给边界及隔水边界的评价；地下水的涌水量预测，包括单一充水含水层或充水含水组的天然补给量、存储量及其常年季节性的变化；疏干含水层与地表水体或其他充水含水层之间的水力联系及可能的变化；含水层的导水系数（单宽全厚含水层在单位水力梯度下渗透速度的量度）及储水率（随单位水头变化，从岩石单位体积内释放或增加贮存在充水含水层孔隙或裂隙中水的总量）；疏干工程的出水能力、疏干水量、残余水头及疏干时间等。

b. 确定疏干的可能性，提出疏干方案。疏干方案的制订一般应遵循下列原则：应与煤矿建井、开采阶段相适应；疏干能力要超过充水含水层的天然补给量；疏干工程应靠近防护地段，并尽可能从充水含水层底板地形低洼处开始；疏干钻孔数应采用多种方案进行试算，孔间干扰要求达到最大值，水位降低能满足安全采掘要求；疏干工作不能停顿，应根据生产需要有步骤地进行；水平充水含水层应采用环状疏干系统，倾斜充水含水层采用线状疏干系统。疏干方案的编制是在水文地质勘探基础上进行的，在试验性疏干结束后，应根据实际情况对疏干方案作进一步修订。

疏干勘探往往要依靠抽水试验、放水试验、水化学试验、水文物探试验及室内试验来完成，在有条件的矿区，应采用放水试验方法。

② 试验性疏干

试验性疏干方案的正确编制表现在矿井开采初期能降低水位，并能经过 6～12 个月尤其是雨季的考验。要尽可能利用疏干勘探工程，并补充疏干给水装置。通过试验，视干扰效果及残余水头的状况，进行工程调整。

③ 经常性疏干

经常性疏干是生产矿井日常性的疏干工作，随着开采范围的扩大和水平延伸，疏干工作要不断地进行调整、补充，甚至重新制定疏干方案，以满足矿井生产的要求。

经常性疏干需要进行的水文地质工作主要包括：

a. 定期进行疏干孔的水量观测和观测孔的水位观测。国外和我国部分矿区已采用自动记录和应用计算机技术自动处理长期观测资料，并应用计算机自动控制地下水降落漏斗。在没有这种技术条件的矿区，在平水期，要求疏干孔每 3 d 观测水量 1 次，主要观测孔每 3 d 观测水位 1 次，外围观测孔每月观测 2～3 次。在丰水期，要求疏干孔每日观测水量 1 次，主要观测孔每日观测水位 1 次，外围观测孔每 5 d 观测 1 次。

b. 编制疏干水量、水位动态变化曲线图和疏干降落漏斗平面图。动态曲线应逐日连续绘制，降落漏斗图可每月绘制 1 幅。

c. 定期进行水质分析，除常规水质化验外，对地下水中特殊元素如溴、碘、氨等定期测定，掌握其水质动态，及时分析可能出现的新的补给水源。

d. 围绕不同的开采阶段，修改、补充疏干方案和施工设计，保证疏干工作的顺利进行。

（2）疏干方式

疏干工程应与采掘工程密切结合。疏干工程按其进行阶段（或时间）可分为预先疏干和并行疏干。预先疏干在井巷开拓之前进行；并行疏干是在井巷开拓过程中进行，一直到矿井全部采完为止。

疏干方式有三种：地表式是从地表进行疏干；地下式是在地下进行疏干；联合式是同

时采用上述两种方式或多井同时疏干。目前这三种疏干方式皆有采用。

① 地表疏干

地表疏干主要用在预先疏干阶段，是在地表钻孔中用潜水泵预先疏降充水含水层的水位或水压的疏干方式，常用于煤层赋存较浅的露天矿。随着高扬程、大流量潜水泵的出现，井工矿亦可采用这种方式。地表潜水泵预先疏干与井下并行疏干方式相比较，具有建设速度快、投资和经营费用低、安全可靠等优点，且水质未受煤层污染，对工业及民用供水有利。

地表潜水泵预先疏干效果的好坏，主要取决于充水含水层的渗透性、水位高度、干扰系数、钻探设备和排水设备等条件。

② 地下疏干

地下疏干主要应用在并行疏干阶段，通常采用巷道疏干（疏干水平不同）和井下钻孔（放水孔和吸水孔）疏干的方法。

③ 联合疏干

联合疏干常应用于矿井水文地质条件比较复杂的矿井，或矿井水文地质条件趋向恶化的老矿。从经济和安全方面的考虑，当单纯疏干或单一矿井的井下疏干不能满足矿井生产要求时，应考虑采用井上、井下配合或多井的联合疏干方式。

（3）疏干工程

疏干工程的布置、规模、种类、质量、施工设备、施工工艺及完工时间，应按照疏干方案进行。疏干方案的编制是在水文地质勘探的基础上进行的。在试验性疏干结束后，应根据实际情况对疏干方案作进一步修订。

① 地面疏干井

疏干井施工前必须掌握下列资料：施工地段的地质、水文地质条件和其他勘探资料（包括附近已有的钻孔资料）；有关设计图件和说明以及疏干井的规格、水量要求等；施工现场的运输、安装、动力及材料供应情况等。

井的结构应根据地层情况，采用多径阶梯式结构。井径应根据井的出水能力及泵体直径决定，一般要求在表土层、含水层、沉砂段要变径。沉砂段的长度应根据井的深度和含水层出砂的可能性来确定。

② 疏干巷道

疏干冲积层水的巷道，其底板应设置在基岩或不透水层中，嵌入深度一般不小于 $0.5 \sim 1.0$ m。疏干巷道中，放水钻孔的数量、布置方式、钻孔结构、疏干水量、安全措施等，可参照井下探放水。

井下疏干时，应有工作、备用、检修 3 套水泵。工作泵的能力应能在 20 h 内排出 24 h 的正常涌水量，备用泵的能力应不小于工作泵能力的 70%，工作泵和备用泵的总能力，应能在 20 h 内排出矿井 24 h 的最大涌水量。

5.5.6 带压开采技术

带压开采主要是针对底板存在较强承压充水含水层的煤层。由于煤层与底板强岩溶承压充水含水层之间往往沉积一定厚度的隔水岩体，故对于底板存在充水含水层的煤层，无需进行疏干开采，只要使煤层底板承压充水含水层的水头压力疏降至安全开采高度，即可进行安全带压回采。为在复杂水文地质条件下进行带（水）压开采，并获得效益，以下技术问题应予以重视并付诸实施。

（1）查清带压开采的矿井或采区的地质、水文地质条件

除应对区域水文地质条件有所认识外，对井田或采区的水文地质条件更应了解清楚，对充水含水层的补、径、排条件和不同充水含水层间的水力联系状况以及保护层的隔水性能均应予以研究，以便选择具体防治水方法和制定带（水）压开采的措施。

（2）编制突水系数图

所谓突水系数就是指煤层底板每米厚度隔水层可以承受的临界地下水水压值（MPa/m），它是带压开采条件下衡量煤层底板突水危险程度的定量指标，突水系数越大，煤层底板突水的危险性越大。突水系数的应用是通过突水系数图来体现的。突水系数图有两种，一种是矿区或井田的突水系数图，比例尺常为1：5 000～1：10 000；第二种是采区的突水系数图，比例尺一般是1：1 000～1：2 000。采区突水系数图的编制方法如下：

① 以煤层底板等高线图为底图，将已知断层和开采上部煤层新发现的断层以及有用的矿井水文地质资料（如口突水点）标于图上。

② 根据水位资料编制等水位线图。

③ 根据以上两种资料绘制底板等水压线图，等水压线是编制突水系数图的基础资料。

④ 编制有效隔水层厚度等值线图。根据勘探、生产和补充勘探等资料，确定一些点从煤层底板至底板充水含水层之间的总隔水层厚度，并从中减去煤层开采过程诱发的矿压破坏带和底板充水含水层的原始导升厚度，即得到这些点的有效隔水层厚度，然后把各点数据相应地标在相应比例尺的井田平面图上，用内插法绘制成图。这张图同样是绘制突水系数图的基础图件。

⑤ 根据煤层底板充水含水层等水压线图和有效隔水层厚度等值线图，即可绘制出突水系数等值线图。

（3）编制带压开采地质、水文地质说明书

开采受水害威胁地区的煤层，在编制开拓、掘进与回采设计之前，必须编制该范围的地质、水文地质说明书，以作为设计的依据。说明书的编制，除按一般规程要求的内容外，还应注意以下几个问题：

① 说明书的研究范围应按开采范围所在的水文地质单元或以构造为边界的地质块段来圈定，便于水文地质勘探和疏水降压钻孔的设计。

② 说明书除应具备底板等高线图、剖面图等图件外，还应编制1：1 000、1：2 000或更大比例尺的有关带压开采的专门水文地质图，如等水压线图、煤层底板隔水层等厚线图以及突水系数等值线图。根据等值线图，按突水临界值划分采区内具体的带压开采范围和降压开采范围及降压值，并根据降压范围结合巷道布置排水系统，设计放水降压钻孔和观测孔。

③ 对开采区内的所有断层进行分析。根据断层造成局部隔水层厚度变薄的情况，核实突水系数，对造成局部不符合安全开采条件的断层，要提出具体处理意见和措施，如留设防水煤柱、断层两盘预注浆、加强断层带支护或局部疏水降压等。根据沿断层方向的充水含水层层位错动及接触关系，分析回采时断层的受力情况，尽可能杜绝沿断层走向掘进运料和回风巷道。如必须沿断层送巷时，要采取相应措施减少矿山压力，以防止由于剪切力高度集中而引起断层面重新滑动，避免造成突水或淹井事故。

④ 要对开采区所在地质块段或水文地质单元的主要充水含水层进行水文地质条件分析。在断层多且错动复杂的地段，要编制以充水含水层为主体的断层接触关系图，通过此图分析充水含水层的补给、排泄、水力联系等情况，确定水文地质边界和充水通道。必要时还要对重要充水含水层进行水文地质勘探和试验，以查明充水含水层的厚度、岩溶发育情况、含水层间在断层接触段的联通情况，还要组织放水试验，确定充水含水层的动储量、影响半径及地下水的传导和渗透性能等，预测降压放水的涌水量、发生意外突水时的最大涌水量和稳定涌水量等。

（4）建立强有力的排水设施

排水设施主要包括水泵、排水管路、适当容量的水仓和保险电源。位于奥灰含水层富水带且又临近排泄带的矿井，其排水基地的建立更为重要。

① 建立防水线保护排水基地

大水矿井强有力的排水基地建成后，要有良好的维护制度以保持其额定的排水能力，排水基地与其他防水设施（如水闸门）结合使用更为有利，大水矿井在掘进通往水患煤层的巷道时，均应建立防水闸门，在发生超过排水基地排水能力的突水时，可关闭水闸门，保住基地，防止发生恶性水患事故。

② 建立警报系统

开采受水患威胁煤层的矿井，特别是在大于突水临界值的采区作业时，采掘工作面要设专职水情监视员，水情监视员应具有很强的责任心和一定的防水经验。采掘面还应建立水情记录，设置专用的电话和警报器，一旦发现恶性突水征兆，能及时发出信号，组织撤离；报警制度和细则应使全体人员熟知。

③ 标明应急撤退路线

在大水矿井开采水患煤层，特别是在险区作业，应确定并及时修订井下人员遭遇水险的撤退路线；路线应标在采矿防险撤退路线图上，沿线特别是分岔点应设有明显标记，使井下作业人员对此熟知。

（5）留设断层防水煤柱

实际资料表明，大水矿井大多数突水通道均是断层，因此在导水或易于突水的断层带留设防隔水煤柱是常用的防水方法，也是带压开采综合防治水方法中重要的防水措施之一。

（6）隔水层薄弱带的加固

由于沉积变薄或构造破坏都会降低隔水层的防隔水作用，以致成为发生突水的条件，因此隔水层的薄弱带需要加固。

5.5.7　注浆堵水技术

（1）注浆堵水适用条件。

矿井注浆堵水，一般适合有于下列情况：

① 当井巷穿过与河流、湖泊、溶洞、含水层等存在水力联系的导水断层、裂隙（带）、陷落柱等构造时，探查前方有水，应采用注浆封堵加固。

② 工作面煤采完后，对于已经失去使用价值而需关闭的局部疏水降压钻孔，应当进行注浆封闭。

③ 废弃矿井闭坑淹没前，在探测矿井边界防隔水煤（岩）柱破坏状况及其可能的透

水地段的基础上，采用注浆堵水工程隔断废弃矿井与相邻生产矿井的水力联系。

④ 当井筒淋水超过每小时 6 m³ 时，应当进行注浆堵水。

⑤ 某些涌水量特大的矿井，为了减少矿井涌水量，降低常年排水费用，也可采用注浆堵水的方法堵住水源。

⑥ 对于隔水层受到破坏的局部地质构造破坏带，除采用隔离煤柱外，还可用注浆加固法建立人工保护带。

⑦ 对于开采时必须揭露或受开采破坏的含水层，对于沟通含水层的导水通道、构造断裂等，在查明水文地质条件的基础上，可用注浆帷幕截流，建立人工隔水带，切断其补给水源。

（2）井筒预注浆应当符合下列规定：

① 立井基岩段施工时，对含水层数多、含水层段又较集中的地段，应当采用地面预注浆。含水层数少或含水层数分散的地段，应当在工作面进行预注浆，并短探、短注、短掘。

② 在制定注浆方案前，施工井筒检查孔，以获取含水层的埋深、厚度、岩性及简易水文观测、抽（压）水试验、水质分析等资料。

③ 注浆起始深度，确定在风化带以下较完整的岩层内。注浆终止深度，大于井筒要穿过的最下部含水层的埋深或者超过井筒深度 10～20 m。

④ 当含水层富水性较弱时，可以在井筒工作面直接注浆。

（3）注浆封堵突水点应当符合下列规定：

① 圈定突水点位置，分析突水点附近的地质构造，查明降压漏斗形态，分析突水前后水文观测孔和井、泉的动态变化，必要时需进行连通（示踪）试验。

② 探明突水补给水源的充沛程度或者来水含水层的富水性，以及突水通道的性质和大小等。

③ 封堵突水点，注浆前，做连通试验和压（注）水试验；注浆前后，做好矿井排水对比分析。

④ 编制注浆堵水方案，经煤矿企业总工程师组织审查同意后实施。

（4）采用帷幕注浆方案前，应当对帷幕截流进行可行性研究。

帷幕注浆方案经论证确定后，应当查清地层层序、地质构造、边界条件、帷幕端点是否具备隔水层或闭合性断层及其隔水性能、地下水向矿井的渗流量、地下水流速和流向等水文地质条件。

（5）井巷揭穿含水层、地质构造带前，必须编制注浆堵水设计方案。

5.5.8　井下探放水技术

探放水包括探水和放水两个方面。

1）探放水的目的

探水是指采矿过程中用超前勘探方法，查明采掘工作面顶底板、侧帮和前方等水体的具体空间位置和状况等，其目的是为有效地防治矿井水做好必要的准备。放水是指为了预防水害事故，在探明情况后采取钻孔等安全方法将水体放出。

其中对勘探方法的要求，《煤矿安全规程》规定：矿井采掘工作面探放水应当采用钻探方法，由专业人员和专职探放水队伍使用专用探放水钻机进行施工。同时应当配合其他方法（如物探、化探和水文地质试验等）查清采掘工作面及周边老空水、含水层富水性以及地质构造等情况，确保探放水的可靠性。在地面无法查明矿井全部水文地质条件和充水因素时，应当采用井下钻探方法，按照有掘必探的原则开展探放水工作，并确保探放水的效果。

2）探放水的条件

采掘工作面遇有下列情况之一时，应当立即停止施工，确定探水线，由专业人员和专职队伍使用专用钻机进行探放水，经确认无水害威胁后，方可施工。

（1）接近水淹或可能积水的井巷、老空或相邻煤矿时。

（2）接近含水层、导水断层、溶洞和导水陷落柱时。

（3）打开隔离煤柱放水时。

（4）接近可能与河流、湖泊、水库、蓄水池、水井等相通的断层破碎带时。

（5）接近有出水可能的钻孔时。

（6）接近水文地质条件不清的区域时。

（7）接近有积水的灌浆区时。

（8）接近其他可能突水的地区时。

《煤矿安全规程》规定：在采掘工程平面图和矿井充水性图上必须标绘出井巷出水点的位置及其涌水量、积水的井巷及采空区的积水范围、底板标高和积水量等。在水淹区域应当标出探水线的位置。

3）探水起点的确定

为了保证采掘工作和人身安全，防止误穿积水区，在距积水区一定距离划定一条线作为探水的起点，此线即为探水线。通常将积水及附近区域划分为三条线，即积水线、探水线和警戒线，如图 5-13 所示。

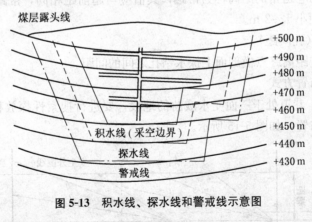

图 5-13　积水线、探水线和警戒线示意图

（1）积水线，即积水区范围线。在此线上应标注水位标高、积水量等实际资料。

（2）探水线。应根据积水区的位置、范围、地质及水文地质条件及其资料的可靠程度、采空区和巷道受矿山压力破坏等因素确定。进入此线后必须进行超前探水、边探边掘。

（3）警戒线。从探水线再向外推 50～150 m 计为警戒线，一般用红色表示。进入警戒线时，就应注意积水的威胁。要注意工作面有无异常变化，如有透水征兆，应提前探放水，如无异常现象可继续掘进，巷道达到探水线时，作为正式探水的起点。

　　4）探水钻孔的布置方式

　　（1）探水钻孔的主要参数确定

　　探水钻孔的主要参数有超前距、允许掘进距离、帮距和密度。

　　① 超前距

　　探水时从探水线开始向前方打钻孔，在超前探水时，钻孔很少一次就能打到积水目标区，常是探水→掘进→再探水→再掘进，循环进行。探水钻孔终孔位置应始终超前掘进工作面一段距离，该段距离称为超前距，如图5-14所示。

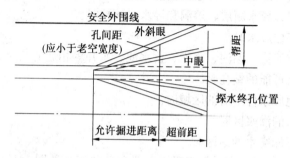

图5-14　探水钻孔的主要参数示意图

　　② 允许掘进距离

　　经探水证实无任何水害威胁，可安全掘进的长度称为允许掘进距离。

　　③ 帮距

　　为使巷道两帮与可能存在的水体之间保持一定的安全距离，呈扇形布置的最外侧探水孔所控制的范围与巷道帮的距离称为帮距；其值应与超前距相同，帮距一般取 20 m，有时帮距可比超前距小 1～2 m。

　　④ 钻孔密度（孔间距）

　　它指允许掘进距离终点横剖面上探水钻孔之间的间距。

　　（2）探水孔布置方式

　　① 扇形布置。巷道处于三面受水威胁的地段，要进行搜索性探放积水目标区，其探水钻孔多按扇形布置，如图5-15所示。

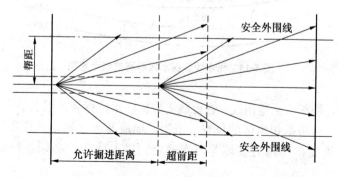

图5-15　扇形探水钻孔

② 半扇形布置。对于积水区肯定是在巷道一侧的探水地区,其探水钻孔可按半扇形布置,如图 5-16 所示。

图 5-16　半扇形探水钻孔

(3) 探放水钻孔规定

① 探放老空水、陷落柱水和钻孔水时,探水钻孔成组布设,并在巷道前方的水平面和竖直面内呈扇形。钻孔终孔位置以满足平距 3 m 为准,厚煤层内各孔终孔的垂距不得超过 1.5 m。

② 探放断裂构造水和岩溶水等时,探水钻孔沿掘进方向的前方及下方布置。底板方向的钻孔不得少于 2 个。

③ 煤层内,原则上禁止探放水压高于 1 MPa 的充水断层水、含水层水及陷落柱水等。如确实需要的,可以先建筑防水闸墙,并在闸墙外向内探放水。

④ 上山探水时,一般进行双巷掘进,其中一条超前探水和汇水,另一条用来安全撤人。双巷间每隔 30~50 m 掘 1 个联络巷,并设挡水墙。

(4) 探水与掘进之间的配合

① 双巷配合掘进交叉探水。当掘进上山时,如果上方有积水区存在,巷道受水威胁,一般多采用双巷掘进交叉探水,如图 5-17 所示。

② 双巷掘进单巷超前探水。在倾斜煤层中沿走向掘进平巷时,一般是用上方巷道超前探水,探水钻孔呈扇形布置,

③ 平巷与开切眼互相配合探水,如图 5-18 所示。

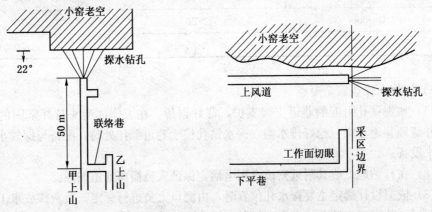

图 5-17　上山巷道探水掘进施工方式　　　　图 5-18　平巷与开切眼互相配合探放水

④ 隔离式探放水。如巷道掘进前方的水量大、水压高、煤层松软且裂隙发育时,在煤巷直接探放水很不安全,需要采取隔离方式进行探放水。在掘进石门时,可从石门中探

放积水，如图 5-19（a）所示，或在巷道掘进工作面预先砌筑隔水墙，在墙外探水，如图 5-19（b）所示。

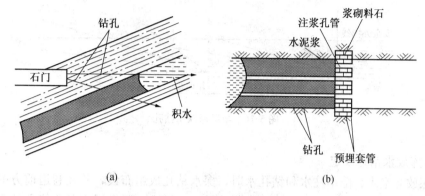

图 5-19　利用石门探水和墙外探水

(a) 石门探水；(b) 墙外探水

5）探水钻孔超前距离和止水套管长度应当符合的规定

（1）探水孔的超前距离，应当根据水压大小、煤（岩）层厚度和硬度以及安全措施等，在探放水设计中作出具体规定。探放老空积水最小超前水平钻距不得小于 30 m，止水套管长度不得小于 10 m。

（2）沿岩层探放含水层、断层和陷落柱等含水体时，按表 5-8 确定探水钻孔超前距离和止水套管长度。

表 5-8　岩层中探水钻孔超前钻距和止水套管长度

水压/MPa	钻孔超前钻距/m	止水套管长度/m
<1.0	>10	>5
1.0～2.0	>15	>10
2.0～3.0	>20	>15
>3.0	>25	>20

6）探放水作业安全要点

（1）加强钻孔附近的巷道支架支护，背好顶帮，在工作面迎头打好坚固的立柱和拦板，并清理巷道浮煤，挖好排水沟，探水钻孔位于巷道低洼处时，配备与探放水量相适应的排水设备。

（2）在打钻地点或其附近安设专用电话，保证人员撤离通道畅通。

（3）依据设计确定主要探水孔位置时，由测量人员进行标定。负责探放水工作的人员亲临现场，共同确定钻孔的方位、倾角、深度和钻孔数量。

（4）在探放水钻进时，发现煤岩松软、片帮、来压或者钻眼中水压、水量突然增大和顶钻等透水征兆时，应当立即停止钻进，但不得拔出钻杆；现场负责人员应当立即向矿井调度室汇报，立即撤出所有受水威胁区域的人员到安全地点。然后采取安全措施，派专业技术人员监测水情并进行分析，妥善处理。

(5) 在预计水压大于 0.1 MPa 的地点探水时，预先固结套管。套管口安装闸阀，套管深度在探放水设计中规定。预先开掘安全躲避硐，制定包括撤人的避灾路线等安全措施，并使每个作业人员了解和掌握。

(6) 钻孔内水压大于 1.5 MPa 时，应当采用反压和有防喷装置的方法钻进，并制定防止孔口管和煤（岩）壁突然鼓出的措施。

(7) 井下探放水应当使用专用钻机，由专业人员和专职队伍进行施工。严禁使用煤电钻等非专用探放水设备进行探放水。探放水工应当按照有关规定经培训合格后持证上岗。

(8) 探水钻孔除兼作堵水或者疏水用的钻孔外，终孔孔径一般不得大于 75 mm。

(9) 钻孔放水前，应当估计积水量，并根据矿井排水能力和水仓容量，控制放水流量，防止淹井；放水时，应当设有专人监测钻孔出水情况，测定水量和水压，做好记录。如果水量突然变化，应当立即报告矿调度室，分析原因，及时处理。

7) 探放老空水

矿井采掘的废巷老空积水，其几何形状极不规则，积水量大者可达数百万立方米，一旦采掘工作面接近或揭露它们时，常常造成突水淹井及人员伤亡事故，所以必须预先进行探放老空水。

探放老空水前，应当首先分析查明老空水体的空间位置、积水量和水压等。探放水应当使用专用钻机，由专业人员和专职队伍进行施工，钻孔应当钻入老空水体最底部，并监视放水全过程，核对放水量和水压等，直到老空水放完为止。探放水时，应当撤出探放水点以下部位受水害威胁区域内的所有人员。钻探接近老空水时，应当安排专职瓦斯检查员或者矿山救护队员在现场值班，随时检查空气成分。如果瓦斯或者其他有害气体浓度超过有关规定，应当立即停止钻进，切断电源，撤出人员，并报告矿井调度室，及时采取措施进行处理。

(1) 探放水工程设计内容

① 探放水巷道推进的工作面和周围的水文地质条件，如老空积水范围、积水量、确切的水头高度（水压）、正常涌水量，老空与上、下采空区、相邻积水区、地表河流、建筑物及断层构造的关系等，以及积水区与其他含水层的水力联系程度。

② 探放水巷道的开拓方向、施工次序、规格和支护形式。

③ 探放水钻孔组数、个数、方向、角度、深度和施工技术要求及采用的超前距与帮距。

④ 探放水施工与掘进工作的安全规定。

⑤ 受水威胁地区信号联系和避灾路线的确定。

⑥ 通风措施和瓦斯检查制度。

⑦ 防排水设施，如水闸门、水闸墙等的设计以及水仓、水泵、管路和水沟等排水系统及能力的具体安排。

⑧ 水情及避灾联系汇报制度和灾害处理措施。

⑨ 附老空位置及积水区与现采区的关系图、探放水孔布置的平面图和剖面图等。

(2) 探放老空水的原则

探放老空水除了要遵循探放水原则外，还应遵循下述原则：

① 积极探放。当老空区不在河沟或重要建筑物下面，老空水与地表水及煤系地层含水层没有水力联系，排放老空区内积水不会过分加重矿井排水负担，且积水区之下又有大量的煤炭资源急待开采时，这部分积水必须采取措施进行探放，以彻底解除水患。

② 先隔离后探放。与地表水有密切水力联系，且雨季可能接受大量补充的老空水；老空的积水量较大，水质不好（酸性大），为避免负担长期排水费用，矿井可首先对这种老空积水区实行注浆封堵，隔断或减少其补给水量，然后再进行探放水。若隔断水源或减少老空区的补给水源有困难而无法进行有效的探放水时，则应留设煤岩柱与生产区隔开，待矿井生产后期条件成熟再进行水体下采煤。

③ 先降压后探放。对水量大、水压高的积水区，应先从顶、底板岩层打穿层放水孔，把水压降下来，然后再沿煤层打探放水钻孔。

④ 先堵后探放。当老空区为强含水层水或被与其他大水源有水力联系的水体所淹没，出水点有很大的补给量时，一般应先封堵出水点，而后再探放水。

（3）应急预案的制定

当钻孔接近老空时，矿山救护队员要在现场值班，随时检查空气成分，如果瓦斯或者其他有害气体浓度超过有关规定，应当立即停止钻进，切断电源，撤出人员，并报告矿井调度室，及时处理；在探放水场地应备用一定数量的坑木、麻袋、木塞、木板、黄泥、棉线、锯和斧等，以便在探放水过程中意外出水或钻孔水压突然增大时及时处理；探放水施工巷道现场发现有松动或破损的支架要及时修整或更换，并仔细检查帮顶是否背好；探放水施工现场及后路的巷道水沟中的浮煤、碎石等杂物，应随时清理干净，若水沟被冒顶或片帮堵塞时，应立即疏通；探放水施工过程中所设计的避灾路线内不许有煤炭、木料或煤车等阻塞，应随时保证畅通无阻。

8）探放断层水

凡遇下列情况必须探水：

① 采掘工作面前方或附近有含（导）水断层存在，但具体位置不清或控制不够严密时。

② 采掘工作面前方或附近预测有断层存在，但其位置和含（导）水性不清，可能突水时。

③ 采掘工作面底板隔水层厚度与实际承受的水压都处于临界状态（即等于安全隔水层厚度和安全水压的临界值），掘进工作面前方和采煤工作面影响范围内的断层等构造存在与分布情况不清，一旦遭遇很可能发生突水时。

④ 断层已被巷道揭露或穿过，暂时没有出水迹象，但由于隔水层厚度和实际水压已接近临界状态，在采动影响下，有可能引起突水，需要探明其深部是否已和强含水层连通，或有底板水的导升高度时。

⑤ 井巷工程接近或计划穿过的断层，断层浅部不含（导）水，但在深部有可能突水时。

⑥ 根据井巷工程和留设断层防水煤柱等的特殊要求，必须探明断层时。

⑦ 采掘工作面距已知含水断层 60 m 时。

⑧ 采掘工作面接近推断含水断层 100 m 时。

⑨ 采区内小断层使煤层与强含水层的距离缩短时。

⑩ 采区内构造不明，含水层水压又大于 2～3 MPa 时。

5.5.9　水体下采煤防治水

为保证在河流、湖泊、水库、海域、松散含水层等水体下安全开采煤炭资源，应严格执行下列规定：

（1）在河流、湖泊、水库和海域等地面水体下采煤，应当留足防隔水煤（岩）柱。在松散含水层下开采时，应当按照水体采动等级留设不同类型的防隔水煤（岩）柱（防水、防砂或者防塌煤岩柱）。在基岩含水层（体）或者含水断裂带下开采时，应当对开采前后覆岩的渗透性及含水层之间的水力联系进行分析评价，确定采用留设防隔水煤（岩）柱或者采用疏干方法保证安全开采。

（2）在水体下采煤，其防隔水煤（岩）柱的留设，应当根据矿井水文地质及工程地质条件、开采方法、开采高度和顶板控制方法等，按照《建筑物、水体、铁路及主要井巷煤柱留设与压煤开采规程》中有关水体下开采的规定，由具有乙级及以上资质的煤炭设计单位编制可行性方案和开采设计，报省级煤炭行业管理部门审查批准后实施。采煤过程中，应当严格按照批准的设计要求，控制开采范围、开采高度和防隔水煤（岩）柱尺寸。

（3）在采掘过程中，当发现地质条件变化，需要缩小防隔水煤（岩）柱尺寸、提高开采上限时，应当进行可行性研究，并经省级煤炭行业管理部门审查批准后方可进行试采。

（4）为了合理地确定留设防隔水煤（岩）柱尺寸，应当对开采煤层上覆岩层进行专门水文地质工程地质勘探。

（5）水体下防隔水煤（岩）柱，应当按照裂缝角与水体采动等级所要求的防隔水煤（岩）柱相结合的原则设计。进行水体下开采的防隔水煤（岩）柱留设尺寸预计时，覆岩垮落带、导水裂缝带高度、保护层尺寸可以按照《建筑物、水体、铁路及主要井巷煤柱留设与压煤开采规程》中的公式计算，或者根据类似地质条件下的经验数据结合基于工程地质模型的力学分析、数值模拟等多种方法综合确定，同时还应当结合覆岩原始导水情况和开采引起的导水裂缝带进行叠加分析综合确定。涉及到水体下开采的矿区，应当开展覆岩垮落带、导水裂缝带高度和范围的实测工作，逐步积累经验，指导本矿区水体下开采工作。

采用放顶煤开采的保护层厚度，应当根据对上覆岩土层结构和岩性、顶板垮落带、导水裂缝带高度以及开采经验等分析确定。留设防砂和防塌煤（岩）柱开采的，应当结合上覆岩层、风化带的临界水力坡度，进行抗渗透破坏评价，确保不发生溃水和溃砂事故。

（6）临近水体下的采掘工作，应当遵守下列规定：

① 采用有效控制采高和开采范围的采煤方法，防止急倾斜煤层抽冒。在工作面范围内存在大角度断层时，应采取有效措施，防止断层导水或者沿断层带抽冒破坏。

② 在水体下开采缓倾斜及倾斜煤层时，宜采用倾斜分层长壁开采方法，并尽量减少第一、第二分层的采厚；上下分层同一位置的采煤间歇时间不小于 4～6 个月，岩性坚硬顶板间歇时间适当延长。留设防砂和防塌煤（岩）柱，采用放顶煤开采方法时，先试验后推广。

③ 严禁在水体下、采空区水淹区域下开采急倾斜煤层。

④ 开采煤层组时，采用间隔式采煤方法。如果仍不能满足安全开采要求的，修改煤柱设计，加大煤柱尺寸，保障矿井安全。

⑤ 当地表水体或松散层富水性强的含水层下无隔水层时，开采浅部煤层及在采厚大、

含水层富水性中等以上、预计导水裂缝带大于水体与煤层间距时，采用充填法、条带开采法或能够限制开采厚度等控制导水裂缝带发展高度的开采方法。对于易于疏降的中等富水性以上松散层底部含水层，可以采用疏降含水层水位或者疏干等方法，以保证安全开采。

（7）进行水体下采掘活动时，应当加强水情和水体底界面变形的监测。试采结束后，矿井应当提交试采总结报告，研究规律，指导水体下采煤。

5.6　矿井水害预测预报技术方法

5.6.1　煤层顶板突水灾害预测预报的新方法

"三图—双预测法"是一种解决煤层顶板充水水源、通道和强度三大关键技术问题的顶板水害预测评价方法。"三图"是指煤层顶板充水含水层富水性分区图、顶板冒裂安全性分区图和顶板涌（突）水条件综合分区图；"双预测"是指在天然和人为改造状态下的回采工作面分段工程涌水量和整体工程涌水量预测。

充水含水层富水性分区图，可通过影响控制含水层富水程度的厚度和岩性、地质构造、渗透特性、单位涌水量、钻孔岩芯描述和采取率、冲洗液消耗量、抽（放）水试验和井下涌（突）水形成的地下水渗流场分析、地下水水化学场和地球物理勘探场分析等资料，根据多源信息复合原理，应用 GIS 的叠加功能编制形成。

顶板冒裂安全性分区图，是指煤层回采过程中诱发的顶板导水裂缝带加保护层总高度与煤层至含水层之间覆岩厚度之差图，它是煤层回采过程中顶板突水灾害发生的前提。顶板导水裂缝带发育总高度受控因素多，具有非常复杂的非线性特征，除了受控于煤层覆岩岩性组合、塑与脆性岩沉积厚度比值和其沉积位置、倾角和构造条件以及原岩地应力分布等自然影响因素外，开采工艺、采高和工作面斜长以及具体的顶板管理方式等人为影响因素也同等重要地控制其发育总高度。导水裂缝带发育总高度一般可采用经验统计公式或数值模拟计算评价，也可采用井下现场实测确定。

顶板涌（突）水条件综合分区图，是应用 GIS 的多源信息复合叠加功能，将前述的煤层顶板充水含水层富水性分区图与顶板冒裂安全性分区图复合叠加处理后编制而成。

天然和人为改造状态下的回采工作面分段和整体工程涌水量预测，是根据研究矿井具体的充水水文地质物理概念模型，建立地下水流系统的三维数值模拟模型，在反演识别的基础上，根据回采工作面周期来压步骤，分别预测在天然和人为改造两种不同状态下的回采工作面分段和整体工程涌水量。

针对我国煤矿日益严重的顶板涌（突）水问题，本技术首次提出了解决煤层顶板涌（突）水条件定量评价的"三图—双预测法"。这套新思路已分别在开滦荆各庄矿和东欢坨矿得到了成功地应用。通过分析荆各庄矿矿井水文地质背景，本技术首先对 9 煤顶板直接充水含水层的富水性和开采顶板冒落的安全性进行了分区研究；在此基础上，复合叠加二者分区特征，提出了 9 煤顶板冒落涌（突）水条件综合分区的划分方案；最后运用国际最先进的 Visual Modflow 三维水流与水质可视化专业软件对即将回采的 2099、2393 两工作面的工程涌水量和顶板直接充水含水层的采前预疏放方案进行了动态实时预测。因此，本技术应用多源地学信息复合原理进行充水含水层富水性综合分区、根据 9 煤覆岩段岩性岩相变化特征校正沿用经验公式计算裂隙带高度、以及运用国际上最先进的可视化专业软件进行回采工作面整体和分段工程涌水量预测等方面，在学术上具有一定进展，在整个华北型煤田的顶板涌（突）水条件定量评价方面具有极其重要的推广应用前景。

5.6.2　煤层底板突水预测预报的新方法

煤层底板突水是我国大部分煤矿在开采过程中普遍面临的工程技术难题。

脆弱性指数法是一种将可确定底板突水多种主控因素权重系数的信息融合方法与具有强大空间信息分析处理功能的 GIS 耦合于一体的煤层底板突水预测评价方法，即

$$VI = \sum_{i=1}^{n} S_i \times I_i \tag{5-26}$$

式中　VI——煤层底板突水的脆弱性指数；

　　　S_i——第 i 个主控因素对底板突水的"贡献"或相对权重；

　　　I_i——第 i 个主控因素归一化后的无量纲值。

它是指评价在不同类型构造破坏影响下，由多岩性多岩层组成的煤层底板岩段在矿压和水压联合作用下突水风险的一种预测方法。它不仅可以考虑煤层底板突水的众多主控因素，而且可以刻画多因素之间相互复杂的作用关系和对突水控制的相对"权重"比例，并可实施脆弱性的多级分区。

根据信息融合的不同数学方法，脆弱性指数法可划分为非线性和线性两大类。非线性脆弱性指数法包括：基于 GIS 的 ANN 型脆弱性指数法、基于 GIS 的证据权重法型脆弱性指数法、基于 GIS 的 Logistic 回归型脆弱性指数法、基于 GIS 的贝叶斯法型脆弱性指数法等；线性脆弱性指数法包括基于 GIS 的 AHP 型脆弱性指数法等。

脆弱性指数法评价的具体步骤：（1）根据对矿井充水水文地质条件分析，建立煤层底板突水的水文地质物理概念模型；（2）确定煤层底板突水主控因素；（3）采集收集各突水主控因素基础数据，并进行归一化无量纲分析和处理；（4）应用地理信息系统，建立各主控因素的子专题层图；（5）应用信息融合理论，采用非线性数学方法（如 ANN，证据权重法，Logistic 回归法或其他方法）或线性数学方法（如 AHP 等其他方法），通过模型的反演识别或训练学习，确定出煤层底板突水的各主控因素的"权重"系数，建立煤层底板突水脆弱性的预测预报评价模型；（6）根据研究区各单元计算的突水脆弱性指数，采用频率直方图的统计分析方法，合理确定突水脆弱性分区阀值；（7）提出煤层底板突水脆弱性分区方案；（8）进行底板突水各主控因素的灵敏度分析；（9）研发煤层底板突水脆弱性预测预报的信息系统；（10）根据突水脆弱性预测预报结果，制定底板水害防治的对策措施与建议。

5.7　矿井水灾事故典型案例剖析

5.7.1　误透采空区跑水造成淹井事故

2006 年 4 月 9 日，某矿发生一起特大水灾事故（图 5-20），死亡 12 人。

该矿于 2005 年 12 月试生产，但由于井下存在隐患较多，于 2006 年 3 月 17 日，被有关部门责令停产整顿。受利益驱动，该矿在没有经过有关部门验收的情况下，于 2006 年 4 月 7 日擅自恢复生产。

4 月 9 日 8 点班，01 掘进队在回风上山工作面作业。11 时 50 分，一名打眼工在工作面打眼，发现较往常有点异样，顶钻的劲较大，不一会发现炮眼里有水，而且伴有臭鸡蛋味。正在打眼的这名工人被炮眼喷出的水射到眼睛上，顿时眼睛有灼热感，疼痛难忍。于是，班长让一名工人护送该打眼工升井，这时时间大约为 12 时 30 分。对于炮眼出水的情

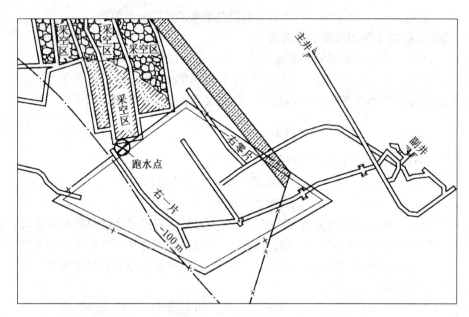

图 5-20　误透采空区跑水造成的淹井事故示意图

况，班长及现场工人谁也没当回事，谁也不知危险正悄悄地向他们逼近。打完眼后，一炮将采空区穿透，水顿时喷涌而下，当时在井下作业的 12 人全被淹死。

　　事故原因很快查明，是由于矿井地质资料不清，对邻近老井采空区积水隐患不清楚，没有采取先探后掘措施，致使正在施工的回风上山与老井斜下相透，老井采空区积水涌入井下造成水灾事故。

　　点评：这是一起因技术管理混乱、严重违章指挥而造成的重大透水事故。如果地质测量部门搞清了新老采区的巷道关系及老空区积水情况，并绘制在采掘工程平面图上，就不会发生盲目相透的问题；如果矿井坚持了"有疑必探、先探后掘"的探放水原则，制定探放水措施，就不会发生透水事故；如果现场人员能意识到顶钻和炮眼出水等现象是透水前的预兆，及时采取有效措施撤出人员，也可避免造成透水伤人事故。

5.7.2　改变施工方位误穿透采空区造成跑水事故

　　2004 年 4 月 25 日夜班，某矿水采区第七平巷与采空区相透造成跑水事故，死亡 7 人。事故地点位于东九采区三块第七平巷的水采工作面（图 5-21）。该煤层厚度为 4.5～5.0 m，煤层倾角为 15°～18°，平巷设计断面为 2.0～2.4 m²，木棚子支护。高压水枪压力为 200 MPa。第七平巷由 204 水掘段施工，3 月 28 日开工，开工时 204 水掘段被技术室口头告知"204 水掘段施工长度为 60 m"，第七平巷由拉门点向前掘进 20 m 后，遇见一落差为 1.3 m、方位角为 85°的斜交断层。遇断层后，测量改变方位，把原 N173°方位改为 188°30′，偏差了 15°30′。但这一现象并没有引起地质测量部门的注意。水掘段按技术室告知的第七平巷施工长度为 60 m 的规定，于 4 月 3 日停工，成巷长度为 58 m，加之前方有 2 m 不成巷，即总长度为 60 m。此时问题已经出现，第七平巷施工的前方有一采完的采空区，距离为 80 m（含保护煤柱 20 m），但这个采空区有一个前伸的盲巷，这个盲巷正好和第七平巷在一个水平方位上，盲巷长 18 m。为了防止第七平巷施工时碰到盲巷，所以技术室设计时，将第七平巷的方位上移了 16°，达 173°，但没想到的是，第七平巷施工时遇断层后改变了方向，向下偏差了 15°30′，正好和采空区盲巷在一个水平方位上，也就是说，204 水掘段施工的第七平巷停工时，其第七平巷与采空区只剩余 2～4 m 的煤柱。

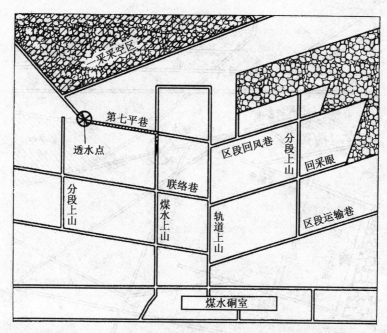

图 5-21　改变施工方位误穿透采空区造成的跑水事故示意图

2004 年 4 月 25 日夜班，水采区决定水采段由第六平巷搬到第七平巷，水采段当班出勤 8 人，接班后，安装水枪，做准备工作，试水枪，约 4 时 05 分开始割煤。按规程规定，割煤时，水枪应成 0°～75°，严禁往前及下帮回采。但没想到的是，水枪手直接顺着巷道方向回采，一枪就将仅剩下的 2～4 m 的煤柱打透，造成采空区积聚的 4 000 m³ 左右的积水瞬时而下，瞬间淤泥就积满了主溜煤道下山约 400 m，东主运−500 m 大巷 120 m，经抢救 1 人脱险，其余 7 人全部遇难。

　　点评： 这是一起严重的技术责任事故。一是水采区编制的作业规程不符合现场实际情况，水掘规程平面图设计巷道未标长度，水采规程平面图未标定实际揭露的巷道方位及长度，没有地质说明书，也没有提供水文地质材料；二是当掘进遇断层后，水采区主测人员没使用经纬定向仪定位，而是使用罗盘定向，给点不准确造成施工巷道偏差；三是矿地测部门不掌握采空区积水情况，也未将积水情况在采掘工程平面图上予以标注，施工时也未下达水患通知单；四是测量人员未下达停掘通知单，而是口头告知工作面巷道施工长度；五是工程技术人员不及时填图，掌握不了掘进的实际进度；六是施工中不使用导线点控制水区煤柱和停头位置，造成施工单位没有采取任何措施。同时还可看出，生产管理有漏洞，掘进巷道竣工后，矿、采区没有进行联合验收，水采段水枪手作业时没按作业规程规定的工艺过程（0°～75°）进行作业，而是顺着巷道方向回采，安全技术监管不到位，只注重现场监察而忽视了技术监察。

5.7.3 采空区与断层相透造成跑水事故

2010 年 1 月 17 日 1 时 20 分，某煤矿爬坡胶带尾处密闭溃水（图 5-22），溃水量达到 14×10^4 m³。由于组织抢救及时、工人撤退路线正确，当班涉及区域的 136 人安全升井，只造成 2 人死亡。

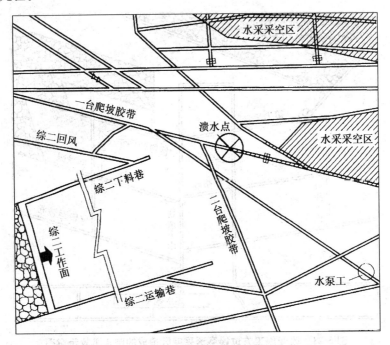

图 5-22　采空区与断层相透造成的跑水事故示意图

综二工作面位于南十七层一区二段，在它的左上部南十四层是已于 2003 年采过而封闭的水采区，层间距达 80 m。为防止水采区积水，综采二队在开采前对原水采区的采空区进行了打钻放水，确定安全后才进行回采。

1 月 17 日 1 时 20 分，看爬坡胶带的司机发现，胶带尾处密闭突然在左侧上帮出现了一个口子，水从密闭里冒了出来，于是立即用扩音器喊"综二爬坡胶带尾密闭跑水了，快跑"，并用便携手机将溃水情况通知到了矿调度室，矿调度室立即用各种通信工具通知该采区人员撤离。当时在该采区作业人员达 138 人，得到通知后，立即沿一石门及采区轨道上山撤出，只有一名水泵工和一名电工在撤退时被水冲倒，造成死亡。

事故原因分析如下：原来这个矿的南部有一个大断层，落差达 108 m。综采二队开采后（放顶煤开采，煤厚 14 m），十七层顶板垮落，并与十四层通透，破坏了十四层再生顶板的稳定性。F14 断层原有的积水就流到了原水采区采空区和南十七层一区一段采空区，由于爬坡带式输送机机尾处密闭年久失修，强度不够被冲垮，造成溃水事故。

点评：这起事故的教训是非常深刻的，这个矿虽然对水采区留下的采空区采取了探放水的措施，但忽视了可能由综采二队的采动影响，造成水采区采空区与 F14 大断层通透的问题，犯了一个严重的错误。因此，对于受采动影响产生的裂隙带可能波及的范围内存在富水性强的含水层、断层及小窑老空区等情况时，在掘进、回采时，必须采取超前疏干措施。

复习思考题

1. 试述我国煤矿水灾区分布。
2. 试述华南晚二叠统煤系开采的矿井水害特点。
3. 地下水是如何分类的?
4. 煤矿水灾有哪些危害?
5. 造成矿井水灾的主要原因是什么?
6. 矿井充水条件分析的主要内容有哪些?
7. 矿井水文地质条件分类的目的是什么?
8. 一般突水征兆有哪些?
9. 简述实测矿井突水量的方法,如何预测突水量的变化趋势?
10. 发现透水征兆时应采取的措施有哪些?
11. 简述煤矿防治水"十六字原则"和"五项综合治理措施"。
12. 在哪些情况下必须设置防水煤柱?
13. 简述井下防治水的主要措施。
14. 疏干和矿井排水的区别与联系是什么?
15. 探放水的含义是什么?
16. 探水与掘进之间的主要配合方式有哪些?

第6章 顶板灾害防治与案例分析

6.1 顶板危害及其类型

6.1.1 概述

顶板灾害又称顶板事故，是指在地下开采过程中，因为顶板意外冒落造成的人员伤亡、设备损害、生产中断等事故。顶板事故是煤矿生产过程中发生的"五大灾害"之一，也是煤矿生产建设中最常见、最易发生的事故。据国内外统计资料分析，目前顶板事故在各类事故统计中占较大比重。

顶板事故非但有其自身的危害，同时它还可以引起其他事故的发生。在厚煤层分层开采时，由于冒顶产生的浮煤、积存的瓦斯和矿井水，当开采下分层时，一旦管理失控可导致内因火灾、瓦斯事故和矿井水灾。总之，顶板事故对煤矿生产影响极大，实现安全生产的有效途径之一就是加强顶板管理工作。

6.1.2 顶板事故类型

顶板事故包括采煤工作面顶板事故和巷道顶板事故，但发生在采煤过程的采煤工作面顶板事故居多。

1）采煤工作面顶板事故主要类型

为减少和杜绝采煤工作面顶板事故，必须研究采煤工作面顶板事故形成的条件、机理和要采取的预防措施。这就要求首先要对顶板事故进行科学的分类，归纳起来顶板事故可大致分为如下几种类型：

（1）按事故的力源分类

①漏冒型冒顶。由于已破碎的顶板没有得到有效预防而冒落导致的冒顶，包括：大面积漏冒型冒顶；局部漏冒型冒顶；靠近煤壁附近的局部冒顶；工作面上下出口的局部冒顶；地质破坏带附近的局部冒顶；放顶线及其附近的局部冒顶。

②压垮型冒顶。由垂直于层面方向的顶板压力压坏采煤工作面支架而导致的冒顶，包括：基本顶来压时的压垮型冒顶；厚层难冒顶板的大面积冒顶；直接顶导致的压垮型冒顶。

③推垮型冒顶。由平行于层面方向的顶板力推倒采煤工作面支架而导致的冒顶，包括：复合顶板推垮型冒顶；金属网下推垮型冒顶；大块游离顶板旋转推垮型冒顶；采空区冒矸冲入采煤工作面的推垮型冒顶。

此外，还可能出现综合型冒顶。

（2）按事故的大小分类

①局部冒顶。局部冒顶是指范围不大、伤亡人数不多（每次死亡1～2人）的冒顶。这种冒顶常发生在靠近煤壁附近、采煤工作面两端以及放顶线附近。局部冒顶压、漏、推三种类型都有，靠煤壁附近以漏为主，采煤工作面两端有漏有压，放顶线附近有漏有推。

煤矿中局部冒顶的次数比大型冒顶多得多，危害比较大。

② 大型冒顶。冒顶范围较大、伤亡人数较多（每次死亡人数 3 人及 3 人以上）的冒顶。它包括两端来压时的压垮型冒顶、厚层难冒落的大面积冒顶、直接顶导致的压垮型冒顶、大面积漏冒型冒顶、复合顶板推垮型冒顶、金属网下推垮型冒顶、大块游离顶板旋转推垮型冒顶、采空区冒矸冲入采煤工作面的推垮型冒顶等。

采煤工作面顶板事故类型不同，其发生的原因和对工作面生产产生的影响也不同。由于造成顶板事故的原因和部位及其他因素影响，各类型顶板事故发生的机率各异，其比例也有所差别，其中大型冒顶所占比例为 25%（推垮型 40%、压垮型 60%），局部冒顶占 75%（放顶过程占 52%、采煤过程占 48%）。

为了确切地描述顶板事故所带来的影响和损失，各煤矿将顶板事故类型作了进一步划分。按顶板事故范围，一般可分为小型、中型和大型顶板事故，但由于煤层覆存状况和采煤方法不同，其标准也不尽相同。按顶板事故造成的人员伤害情况，又可分为轻伤、重伤、死亡和重大死亡事故。

2）巷道顶板事故类型

（1）采区巷道变形与破坏的基本形式

采区巷道变形和破坏的形式是多种多样的。掌握不同条件下巷道变形和破坏的形式及原因，可以为寻求安全合理的巷道维护方法提供客观依据。

① 巷道顶板的变形与破坏

a. 顶板规则冒落：在松散结构的松软岩石中，在岩石自重条件下，顶板中岩石单元体互相挤压出现极限平衡的楔形拱，拱内岩石松脱形成抛物形冒落拱。

b. 顶板不规则冒落：在水平或缓斜埋藏的层状结构岩体中，且巷道跨度较大的情况下，当顶板中有明显的层理弱面，且主要压力来自顶板时，岩层破坏基本上是沿层理弱面离层、弯曲下沉而逐渐折断，由于岩层靠两侧折断处留有残根，使每层的冒落跨度顺次向上递减，形成阶梯形冒落空洞。在倾斜埋藏的层状结构或块状结构的岩体中，顶板中有明显的层理和弱面时，由于破裂带发育不均匀，沿层理和弱面冒落时形成非对称的不规则的冒落空洞；在急倾斜层状岩体中，层面间有泥质或云母等矿物质薄夹层，或顶板中有断层带等时，常出现沟状的抽条式冒落；在块状结构的岩体中，当岩块自重在弱面上引起的下滑力超过侧向挤压所形成的摩擦力时，顶板会发生危岩的局部冒落。

c. 顶板弯曲下沉：在水平或倾斜层状结构岩体中，以及巷道跨度较小时，在上覆岩层重量作用下，顶板岩层弯曲下沉，岩梁下部受拉而出现裂缝或断裂。

② 巷道底板的变形与破坏

a. 底板塑性鼓胀：在整体结构的软岩中，底板为强度较低的黏土质岩石，在底压作用下产生塑性变形，有水的作用时更为严重。

b. 底板鼓裂：在层状结构的硬黏土质岩石中，底板为中等强度的砂质黏土页岩或砂质页岩，由于塑性变形而导致岩层破裂。

③ 巷道两帮的变形与破坏

a. 巷道两帮鼓帮：在整体结构或层状结构的岩层或煤层中，巷道两侧受压而形成双侧鼓帮，一侧受压时可能形成单侧鼓帮，随来压条件及岩层组成情况不同，鼓帮可能出现在两帮中部或靠近底部。

　　b. 巷帮开裂或破坏：在整体结构岩层中，由于巷道顶角或底角处剪应力超过岩石强度而造成巷帮出现剪切劈裂。在急斜埋藏和薄层状结构岩体中，如板岩、片岩、砂质页岩等，巷帮岩石在顶压、侧压联合作用下向巷道空间鼓出，并逐渐失稳而破坏，形成巷道鼓帮折断。

　　c. 巷帮小块危岩滑落或片帮：在断层带、构造破碎带，岩层中夹有软弱夹层的地段或块状结构的岩体中，巷帮存在被斜交节理切割而形成的散离岩块，当岩块自重在弱面上引起的下滑力大于摩擦阻力时，岩块将发生滑落。在倾斜或急斜埋藏的层状结构岩体中，巷道周围为抗压、抗剪能力差的较软弱岩层或煤体，层面光滑、平直，造成巷道一侧沿层理面片帮。

　　④ 其他变形与破坏

　　a. 巷道大型冒顶及片帮：在散体结构的较软弱岩体中，顶板冒落以后，由于两帮不坚固又出现片帮时，支座转移至深部，使冒落拱扩大，最后形成又高又宽的冒落空洞。

　　b. 巷道鼓帮和鼓底：在塑性软岩中，底板和两侧的松软泥质岩石产生强塑性变形，在水的作用下尤为严重。

　　c. 巷道断面全面收缩和闭合：在各种类型的松软黏土质岩层中，如黏板岩、泥质页岩、铝土页岩、泥岩、断层夹泥带等，巷道围岩为松软的黏土质岩层，掘巷后黏土岩可能遇水膨胀，造成围岩塑性变形，巷道四周鼓起，巷道断面缩小。

　　(2) 巷道顶板事故类型

　　① 从导致巷道顶板事故的力源看，有来自垂直于巷道轴线的顶板压力（有时还有两帮岩体的压力，甚至有来自底鼓的压力），压坏巷道支架而导致的；有来自重力引落巷道无支护处或支护失效处顶板破碎岩块而导致的；也有来自平行于巷道轴线的顶板力推倒巷道支架而导致的。因此，从力源出发，也可以把巷道顶板事故归纳为压垮型冒顶、漏冒型冒顶和推垮型冒顶三个基本类型。由于事物的复杂性，有些巷道顶板事故属于综合型。

　　② 巷道常见的顶板事故按照围岩破坏部位可分为三种类型：巷道顶部冒顶掉矸，巷道壁片帮，巷道顶帮三面大冒落。

　　③ 按照围岩结构及冒落特征可分为四种类型：镶嵌型围岩坠矸事故，离层型围岩片帮冒顶事故，松散破碎围岩塌漏抽冒事故，软岩膨胀变形毁巷事故。

　　④ 按照经常发生事故地点又可分为三种类型：巷道掘进头冒顶事故，巷道交叉点冒顶事故，地质构造复杂地带冒顶事故。

　　⑤ 另外，巷道中的冒顶还会由于斜巷跑车冲倒支架、车辆掉道和车上的物料突出车外引起支护受损以及支护方式选择不当或质量不合格而不能承受矿山压力等因素引起。

6.1.3　防治顶板事故在煤矿安全管理中的地位

　　顶板事故是煤矿不容忽视的重要灾害事故之一。它发生的主要特点不同于瓦斯煤尘爆炸，群死群伤的重特大恶性事故通常比较少见，而零散事故却频繁发生，而且凡是有人工作的地点，都有可能发生这类事故，分布范围特别广泛。也正因为一次死亡人数难以构成群死群伤的恶果，往往人们重视不够，管理不细，忽视其累计的恶果，这尤为要引起煤矿广大管理干部和职工的警觉。通过对煤矿顶板事故的统计分析可知，人为因素导致事故发生的比例约占 91.57%。这足以说明加强顶板管理的重要性，特别是中小型煤矿，由于井型小，勘探资料不详，地质条件复杂，规划、设计及施工措施简陋，技术力量薄弱，机械化程度偏低，安全投入不足，管理不规范等原因，顶板事故屡屡发生。要充分认识到要想降低煤矿百万吨死亡率，必须提高认识，加强顶板管理，这是安全生产的最基本要求。煤炭开采需有工作面，煤炭运输要通过巷道，完好的顶板支护应是系统畅通、安全生产的前提。为此，支护形式和材料，支架的刚度、强度、柔度和密度，采掘设备和工艺，采高、控顶距、煤柱尺寸，释放压力的方法和手段，采掘工程设计的合理性和科学性，作业规程的编制和审批的严密性，贯彻执行规程的严肃性，安全措施的针对性，日常监察、勘查的责任性等，应是搞好顶板管理要注意的问题。对于煤矿开采来说，地质因素是产生事故的自然因素，人为地改变自然因素（如采深、构造等）是不现实的，但提高管理水平、减少事故的发生是完全可以做到的。因此，按照"安全第一、预防为主、综合治理"的生产方针，牢固树立的安全意识，强化管理，堵塞漏洞是搞好安全生产的首要任务。

6.2　矿井顶板稳定性影响因素分析

6.2.1　影响采煤工作面顶板事故的因素

1）自然地质因素

（1）地质构造。矿井地质构造是井田边界及其范围内的褶皱、断层、节理和层间滑动等地质构造的统称。矿井地质构造是影响煤矿生产和安全最重要的地质条件，也是岩体失稳的重要地质因素。构造变动轻微的缓斜岩体，整体强度较高，稳定性好，巷道侧压小于垂直压力。构造变动强烈的急斜、直立和倒转岩体，内部结构往往破碎，整体强度较低，岩体侧压大于垂直压力，工作面易出现坍塌滑移、片帮冒顶，稳定性较差。裂隙节理发育带、断层破碎带、软弱夹层的层间滑动带、褶皱轴部等构造部位，岩体稳定性一般较差，矿山压力较大，煤层顶板容易冒落。

（2）挤压带与破碎带。挤压带是指煤层受挤压作用局部变厚或变薄的地带。工作面经过煤层变薄带，由于顶板岩层下压极易离层和破断，并可能发生顶板短时急剧下沉现象，这都是造成冒顶的地质因素。破碎带是指岩石和煤层突然变得破碎的地带。破碎带往往与挤压因素有关，也可能自然生成。工作面经过破碎带将给顶板管理带来许多困难。

（3）煤层倾角。随着煤层倾角的增加，顶板下沉量将逐渐变小。众所周知，急斜工作面的顶板下沉量比缓斜工作面要小得多，并且来压步距一般较长，来压之前工作面压力较小，来压时强度、面积都比较大，对工作面安全生产影响较大。由于倾角增加，采空区顶板冒落的矸石不一定能在原地留住，很可能沿着底板滑移，从而改变了上覆岩层的运动规律。在同样的生产技术条件下，采用沿倾斜向下推进的倾斜长壁工作面，由于顶板内存在指向煤壁的分力，在上覆岩层中更容易形成"结构"，有利于顶板管理。

（4）煤层厚度。煤层厚度是影响煤矿开采的主要地质因素，煤层发生分岔、变薄、尖灭等厚度变化，直接影响煤炭储量的实际测量和煤矿正常生产。煤层厚度的变化是多种多样的，但就其成因来说，可以分为原生变化和后生变化两大类。原生变化是指泥炭层堆积过程中，在形成煤层顶板岩层的沉积物覆盖以前，由于各种地质作用的影响而引起的煤层形态和厚度的变化；泥炭层被新的沉积物覆盖以后或煤系形成之后，由于构造变动、岩浆侵入、河流剥蚀等地质作用所引起的煤层形态和厚度的变化，则称后生变化。

（5）煤层顶底板组合状态。采煤工作面围岩一般是指直接顶、基本顶以及直接底的岩层。赋存在煤层之上的邻近岩层称为顶板，赋存在煤层之下的邻近岩层称为底板。煤层的顶、底板岩石的性质、强度及吸水性与采掘工作有直接关系，它们是确定顶板支护方式、选择采空区处理方法的主要依据。这三者对采煤工作面的安全生产有着直接的影响。其中直接顶的稳定性直接决定着支架的选型、支护方式的确定，也是引起工作面局部冒顶和基本顶失稳的主导原因。同时，基本顶的厚度、强度以及基本顶和直接顶的相对位置关系不仅对直接顶的稳定性有直接影响，而且对确定支护强度、支架具备的可缩量以及选择采空区处理方法等，都起着决定性作用。

据统计，在单体支护工作面，由直接顶板的运动所造成的重大事故占 60% 左右，由基本顶大面积运动所造成的事故占 40% 左右。在人工假顶或下软上硬的复合顶板（岩层强度差别较大的顶板）条件下，人工假顶或复合顶板中的下位软岩层很容易离层，导致推垮型顶板事故。

（6）陷落柱。岩溶陷落柱是煤系地层下部可溶性岩石在地下水和重力作用下所产生的塌陷现象。在陷落柱发育的矿区，煤层遭受破坏，煤炭储量减少，会造成井巷服务年限缩短或提前报废的严重后果。在主要开拓巷道遇到无水陷落柱时，为避免巷道拐弯，便于运输和通风，一般情况下按原计划施工，直接穿过陷落柱，因此，给巷道支护和顶板管理增加了困难，同时也增加了巷道的维修费用。特别在水文地质条件复杂的矿区，陷落柱可能成为采掘场所与地下水的通道，给生产和人员人身安全带来严重威胁，甚至造成突水淹井事故。

2）开采技术因素

开采技术对采煤工作面顶板管理的影响是多方面的，不仅与支护方式有关，还受到回采工艺及其参数、采空区处理方式、是否分层开采等开采技术因素的影响。

（1）开采深度。开采深度较大会使工作面周围的支承压力峰值和影响范围增加，在顶底板岩石稳定或坚硬、并且煤层具有冲击倾向性的条件下，容易发生冲击地压。例如华丰煤矿矿井采深已达到 1 230 m 左右，随着开采深度的增加，冲击矿压频繁发生，严重影响了矿井的安全生产。

（2）工作面推进速度。工作面推进速度快意味着采煤工作面停滞时间短，顶板岩层下沉量小，一般来说，顶板压力也比较小；反之，推进速度慢，工作面顶板下沉量大，顶板压力也会比较大。综采工作面的矿压实测资料表明，工作面推进速度对顶底板移近量影响很小。但是单体支柱工作面由于支护阻力较小，推进速度对顶底板移近量影响较大。

（3）采高与控顶距。在一定地质条件下，采高是影响上覆岩层破坏状况的最重要的因素之一。众所周知，采高越大、采出的空间越大，必然导致采煤工作面上覆岩层破坏也越严重。采高越高，在同样位置的基本顶可能取得平衡的几率越小。而且，在支承压力的作用下，工作面煤壁也越不稳定，易于片帮。因此，采高越大的工作面中矿压显现也越严重。

（4）回采工序。不同的回采工序对顶板下沉量的影响也是不同的。落煤、放顶操作引起顶板支撑条件的改变是顶板大面积运动的一个重要因素。因此，《煤矿安全规程》中规定：用垮落法控制顶板时，回柱放顶的方法和安全措施，放顶与爆破、机械落煤等工序平行作业的安全距离，放顶区内支架、木柱、木垛的回收方法，必须在作业规程中明确规定。

（5）支护方式。通常综采工作面的顶板管理状况要好于单体支护工作面，单体支护中单体液压支架要好于摩擦式金属支架，摩擦式金属支架要好于木支架。

单体液压支柱由于初撑力高、可缩量大和阻力可靠，能够预先顶紧顶板，既利于防止顶板的离层，又可以及时对基本顶"让压"。整体式液压支架除具有单体液压支架的优点外，其支护强度、护顶面积、稳定性要好于单体液压支架，其支护效果无疑是最好的。木支架的致命弱点一是本身几乎没有初撑力；二是可缩量很小，在基本顶来压时，木支柱对顶板生顶硬抗，造成大量折断。据统计，绝大部分压垮型事故都发生在木支柱支护的工作面，其中 80% 是由基本顶来压造成的。摩擦式金属支柱初撑力低，阻力受到操作质量等人为因素的影响很大，承载不均，可靠性差。

（6）采动影响。地下采煤过程破坏了原始岩体内的应力平衡状态，引起岩体内部应力重新分布，在应力重新平衡过程中，会引起许多外在的力学现象，如顶板下沉、底板鼓起、巷道变形后断面缩小、岩体破坏甚至大面积冒落、煤壁片帮或突然抛出、支架变形或损坏，以及大量岩层移动、地表发生塌陷等。

6.2.2   影响巷道顶板事故的因素

1）自然地质因素

（1）巷道围岩性质。巷道围岩性质是指巷道围岩的物理机械性能，即围岩的强度。巷道冒顶事故情况与巷道围岩强度大小有很大的关系。一般说来，软弱岩石的强度低，巷道掘进时容易产生变形和破坏，如果支护形式和维护方法不当，就容易发生冒顶，但一般规模较小。例如，泥质胶结的页岩等岩石，其强度较小，受力后容易破裂成较小的岩块，有时遇水会产生膨胀，向巷道中间挤出。此外，这类岩石的层理比较发育，层理面比较平直光滑，摩擦阻力小，因此容易发生较小范围的局部冒顶。相反，坚硬岩石的强度高，巷道掘进时不易产生变形和破坏，也不容易冒落，然而一旦冒落其规模会较大。例如，砂岩强度较高，较难破碎成小块，由于破坏岩块较大，破坏面较粗糙，相互间摩擦阻力较大，因此冒落可能发生得较迟缓，间歇性也较显著。如果及时发现并立即加强维护，可以避免冒顶事故，但如果发生冒顶，其范围比软岩要大。

（2）岩体结构和构造。巷道的变形和破坏除与围岩强度有关外，与围岩构造特征和岩体本身破坏状态也有密切关系，其中影响最大和最普遍的是层理和节理。层理是原生沉积形成的弱面，如果巷道顶板中有分层和间距小而且层面光滑的层理，则往往会引起薄岩层之间离层甚至片落。节理主要是指地质构造力引起且通常成组出现的微细裂隙，节理的存在容易引起顶板中小块危岩冒落或造成巷道片帮。此外，顶板岩层的分层厚度、顶板中是否存在软弱岩层以及软弱岩层赋存的位置和厚度，也对掘巷后的顶板动态和巷道变形破坏有重要影响。

（3）开采深度。随着煤层埋藏深度的增加，由于巷道周边应力的增加，其中大部分都大于围岩强度，从而导致巷道附近的岩石破坏。这种破坏使得围岩向巷道空间方向移动。特别当底板岩石软弱时，巷道底鼓现象明显，致使行人、运输都受到影响，而且使通风也发生困难。而且随着开采深度的增加岩石的温度也随之增加，温度升高促使岩石从脆性向塑性转化，易使巷道产生塑性变形。在冲击地压危险的矿井，由于开采深度的增加，使巷道冒顶次数明显增多，给巷道顶板管理工作带来更大的困难。

（4）煤层倾角。由于围岩主要来压方向通常垂直于顶底板，故煤层倾角不同时，巷道主要受压方向不同，往往改变巷道变形破坏形式并使支架受载不均衡。例如，近水平煤层中的巷道，顶板多出现对称弯曲下沉；而倾斜或急斜煤层中的巷道则常出现非对称变形和破坏，当顶板中存在大倾角的密集光滑节理时，可能出现抽条式局部冒顶。通常，位于大倾角煤层中的巷道顶部压力较小，而侧向压力尤其是顶帮一侧压力较大，常导致巷道鼓帮和支架腿产生严重变形。

（5）地质构造。地质构造主要是指断层、褶曲等影响。煤层中最常遇到的构造破坏是断层，断层两侧通常存在大量断层泥和断层角砾岩等未经胶结成岩石的松散集合体，而且有的已经片理化，具有断层擦痕或镜面，因此断层破碎带内物质之间的黏结力、摩擦力都很小，自承能力很差，一旦悬露就很容易冒落。巷道处于这种地质构造破坏带，经常会发生不同规模的冒顶事故。

（6）水。巷道围岩中含水较大时，将会加快和加剧巷道的变形和破坏。对于节理发育的坚硬岩层，水使受节理剪切的破碎岩块之间的摩擦系数减小，容易造成个别岩块滑动和冒落。同时，岩石受水浸湿后普遍有软化现象，使其强度降低。对于泥质类软岩，遇水后会出现泥化、崩解、膨胀、碎裂等现象，从而可能造成围岩产生很大的塑性变形。由于通过裂隙流到巷道中的水首先浸湿巷道地板，所以水的存在又是巷道底鼓的常见原因之一。

（7）时间因素。岩石的强度不仅与其含水量有着密切关系，同时也受时间的影响。各种岩石都有一定的时间效应，尤其是井下巷道的围岩，在时间和其他因素作用下，岩石的强度会因变形、风化和水的作用等而降低。时间效应不仅对较软的岩石是明显的，即使较坚硬的岩石也同样具有时间效应。实践证明，岩石在很小的应力作用下，只要作用的时间充分长，也可以发生很大的塑性变形。例如，在井下巷道和采面的采空区经常可以观测到顶板弯曲下沉而不冒落，这就是岩石的塑性变形。

（8）原岩应力状态。岩体的原岩应力状态包括自重应力、构造应力，其中构造应力对巷道围岩的稳定性有重要影响。巷道围岩的水平应力大大超过自重应力是存在构造应力的主要标志。构造应力主要集中在地质构造变动比较剧烈的地区，如褶曲带中曲率半径比较小的地点，岩层发生扭转的地点，断层附近，特别是断层端部和两断层交汇的地点，以及岩层厚薄发生剧变的地点。在这些地质构造复杂的区域，在水平地质构造应力作用下，巷道破坏主要表现为：巷道顶板岩层的失稳冒落、巷道底板岩层的破坏鼓起、巷道两帮岩层的内挤和破裂以及坚硬岩层的脆性破坏。

2）开采技术因素

（1）巷道与开采工作面的关系

① 巷道在上部煤层残留煤柱下方。多煤层开采的矿区，如果层间距较小，上部煤层开采时残留的煤柱支承着上覆岩层，形成应力集中，高应力将向底板传递，如果底板巷道在应力集中区布置巷道，巷道维护起来非常困难，甚至无法维护而报废。

② 回采巷道在不同阶段矿压显现规律。巷道所处的位置除与开采深度有一定关系外，还与是否受采动影响密切相关。另外，巷道是处在一侧采动还是两侧采动，是受初次采动影响还是受多次采动影响，维护情况和发生顶板事故的情况是不一样的。很明显，在相同条件（地质构造、围岩、支架、巷道断面等）下，受初次动压的巷道比受多次动压的巷道容易维护，发生顶板事故的机率也明显减小。

（2）巷道保护方式

巷旁处理分为留宽煤柱、窄煤柱还有不留煤柱，或用专门充填巷旁等方法保护巷道。

经实践证明，无煤柱护巷方法、沿空掘巷和沿空留巷时，采用专门充填巷旁的保护巷道方法，是减少巷道维护和控制冒顶事故发生的有效技术措施。

（3）掘进方式

掘进方式也是影响巷道冒顶的一个因素。如在前进式开采中，采煤工作面回风巷、运输巷可以采用滞后掘进及超前掘进等不同方式。采用滞后掘进可以躲开采煤工作面对巷道的剧烈影响，使巷道避免受到严重的变形和破坏。

（4）支架类型和支护方式

巷道支护类型包括木支架，金属支架，砖、石、混凝土和钢筋混凝土砌碹以及锚杆支护和锚喷支护等。支护方式主要分梯形和拱形两种。不同的支护类型和支护方式，对巷道稳定性有着相当大的差异。例如，综采工作面回风巷、运输巷采用拱形可缩性金属支架比采用梯形木支架维护时巷道冒顶事故少得多。

传统的支护方式存在一些弊端，如砌碹巷道的巷道掘进断面大，支护厚度大，工人劳动强度大，掘进速度慢，材料消耗大，支护成本高；棚式支架支护成本高，钢材消耗量巨大，无法实现机械化作业，工人劳动强度大，因而造成掘进速度较慢，从支护方式来讲，这两种支护方式都属于被动支护方式，即随着巷道地应力的增大，巷道的支护厚度或工字钢的型号就要增加，这样不仅造成支护成本的进一步提高，而且当地应力超过一定限度后，这两类支护方式就无法维护住巷道，巷道变形量大，鼓帮、片帮、冒顶事故经常发生。

锚杆支护消除了以上传统支护方式存在的这些弊端，掘进断面小，材料消耗量少，机械化程度高，工人劳动强度低，掘进速度快。锚杆支护属于主动支护方式，能充分利用巷道围岩的自承载能力来抵抗围岩的变形，且锚杆可与围岩共同变形，释放一定的围岩应力，从而降低围岩的变形量。

3）管理因素及操作工艺

（1）管理因素

① 不按中线、腰线施工。中线、腰线是由测量部门标定的，它控制巷道在水平和倾斜方向的位置，确保巷道按设计要求施工。在开掘煤巷时，一旦偏离中线、腰线，可造成跑层、丢煤现象，同时影响巷道的实际使用效果，严重时引起顶板事故。

② 空顶下作业。掘进工作面空顶包括迎头空顶、交叉点施工时空顶以及砌碹、套修时空顶几种情况。空顶下作业危害极大，据统计，在巷道顶板事故中，由于空顶下作业引起的顶板事故占 50％以上，尤其是当空顶距离较大时，更具危险性。

③ 巷道贯通位置不合理。巷道贯通位置不合理也容易导致顶板事故的发生，尤其是两巷道不在一个水平上时，表现得更为突出。

④ 不认真执行"敲帮问顶"制度。据调查，在巷道掘进中，由于不认真进行"敲帮问顶"制度，造成冒顶事故也占有较大比例。因此，规定无论是采煤工作面还是掘进工作面，在开工前及爆破后都必须严格执行"敲帮问顶"制度，其目的是消除作业中的危险因素，保证作业安全。

（2）操作工艺因素

巷道掘进工艺包括钻眼、爆破、装运煤（岩）、架棚及开掘水沟和铺设轨道等。在这些工序中，架棚与爆破对巷道顶板管理影响很大。

① 支护质量的影响

a. 棚式支架：在巷道掘进中，棚式支架应用比较广泛，如木梯棚、铁梯棚、混合梯棚及多边形五节棚，然而这些结构形式的支架在巷道掘进中，发生顶板事故的机会最多。究其原因，除材质和自身结构外，主要是支护质量不好所致。下面是在掘进施工中，经常出现的质量问题和由此引起的顶板事故情况。

支架缺乏整体性：在实际工作中，有部分工人图省事，怕麻烦，忽视工程质量，架棚时不打好劲木，不打紧木楔，各棚之间又不连接刹顶，一旦顶板压力大，轻者片帮、漏顶，严重时支架会因此破坏倾倒，造成顶板事故。

支架缺乏稳定性：例如，岔脚、迎山角不合适，柱窝深度不合理。棚式支架一般都构成梯形，即在横断面上柱腿有一个岔脚，岔脚的作用是抵御侧压，使支架在横向上获得稳定性，但在实际操作中，往往岔脚不符合规定，严重时形成射箭支架，甚至导致冒顶。

支架缺乏坚固性：棚式支架只具备整体性和稳定性是很不够的，在强大的顶板压力和复杂的地质条件下，支架还必须具备一定的坚固性。在采用木支架时，支架强度达不到设计要求，适应不了顶板压力需要，导致顶板事故的发生。

b. 砌碹与锚喷支护：这类支护一般适用于开拓断面大、服务年限长的巷道及在硐室中使用，成巷后其强度高，安全性能好。但在施工中也时常发生顶板事故。常见的原因有以下几个方面：砌碹时碹胎和模板不符合作业规程规定，达不到质量标准；养护时间短，达不到规定强度；拆除碹胎和模板时，不制定安全措施或不按安全措施操作；对碹后充填不满不实，对碹顶危石、冒顶处理不当；锚喷支护超挖、欠挖现象严重；锚杆的托板不紧贴巷壁，不用机械力矩或力矩扳手拧紧；锚杆眼打穿皮眼或沿层面、裂隙打眼；喷砂浆或混凝土的标号低于规定标号，厚度不符合规定；临时支护不符合规定；施工中不严格执行"敲帮问顶"制度。

② 爆破质量的影响

在巷道掘进施工中，爆破工作是目前必不可少的破岩手段；在整个作业循环中所占用的时间也较长。然而由于爆破技术低劣，也很容易发生顶板事故。据统计，因爆破而造成的顶板事故占巷道顶板事故次数的15%～20%。其表现主要是爆破后崩倒支架，尤其在倾斜巷道表现得更加突出。其原因如下：钻孔角度不合适，最小抵抗线不符合规定，装药方式不正确，装药量过大；连放顺序不合理，一次连放数目过多；支架质量不合格，不采取防崩倒措施；爆破后不认真进行"敲帮问顶"，对危石不妥善处理；迎头临时支护不符合规定。

6.3　采煤工作面事故原因与预防

6.3.1　局部冒顶事故的原因及防治

我国煤矿顶板事故死亡人数，约占煤矿死亡人数的40%～50%。80%的顶板事故发生在采煤工作面，而采煤工作面的顶板事故中，局部冒顶约占70%。因此，认真分析、研究局部冒顶事故的原因及防治措施具有极其重要的意义。

1) 局部冒顶的分类

局部冒顶实质是控顶区内已破碎的直接顶失去有效的支护而造成的。从工序与发生的地点看，局部冒顶可分为4类：靠近煤壁的局部冒顶；上下出口的局部冒顶；放顶线附近的局部冒顶；地质破坏带附近的局部冒顶。

2）靠近煤壁的局部冒顶

采煤过程中这类事故的发生是由于裸露的破碎顶板得不到及时支护或支护不当、支护质量不好造成的。

（1）直接顶破碎的原因

由于原生构造及采动等原因，在一些煤层的直接顶中，存在着许多原生裂隙，这就很容易形成具有"人字劈"、"升斗劈"等游离岩块的镶嵌型顶板，如图 6-1 所示。

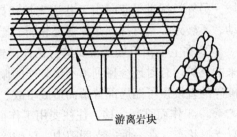

在采煤或爆破落煤后，如果得不到及时支护或支柱打得不紧，这类游离岩块受采动影响后，就会逐渐脱离岩体，无约束地自由下移、

图 6-1　顶板中游离岩块

冒落，以致造成局部冒顶事故。当采用爆破法采煤时，如果炮眼布置不恰当或装药量过多，也可能在爆破时崩倒支架而导致局部冒顶。

此外，当基本顶来压时，煤壁附近的直接顶可能破碎，如果煤层本身强度较低，则容易片帮，从而扩大了无支护空间，也会造成局部冒顶。

（2）防治措施

①采取正确的支护方法。对采煤后露出的顶板要采用及时支护、超前支护的支护方式，如图 6-2 所示正悬臂交错顶梁支架、图 6-3 所示正倒悬臂错梁直线柱支架。在架设支架前必须敲帮问顶，以防岩块掉落伤人。支架密度和裂隙间距要相适应，裂隙方向与支护方式要合理，同时支柱要有足够的初撑力，支得稳、抗得住，力求控制裂隙的发展、岩块的移动与滑落。

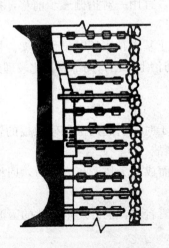

图 6-2　正悬臂交错顶梁支架

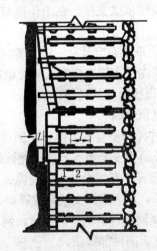

图 6-3　正倒悬臂错梁直线柱支架

②炮采时，炮眼布置及装药量要适度、合理，采用小范围爆破方式，尽量避免崩倒支架。

③对易片帮的煤层，尽量使工作面与煤层的主要节理方向垂直或斜交，一旦片帮，

宜掏梁窝超前支护，防止冒顶。

3）工作面上下出口的局部冒顶

（1）冒顶的原因

①上下出口位于采煤工作面与平巷的交接处，控顶范围比较大，也是应力叠加的区域。另外，掘进平巷时由于巷道支护初撑力一般都很小，很难控制直接顶不下沉、不松动、不破碎。当直接顶是由薄层软弱岩层组成时更是如此，易造成冒顶事故。

②在上下出口处经常要进行工作面输送机头、机尾的拆卸工作，这时难免要替换原来的支护，有时还会碰到本不该替换的棚子，就在老柱拆下或碰倒而新支柱未支上时，已破碎的直接顶可能局部冒落而造成事故。

③工作面不断前移，往往要用工作面支护替换原来巷道的支护，出口处始终处于反复支撑状态，在一拆一支间隙中，已破碎的直接顶也可能局部冒落。

④上、下出口处的支护还受到基本顶来压的影响，如果直接顶中存在与层面斜交的裂隙组，在基本顶积聚下沉的作用下，直接顶施加给支柱的不仅是垂直压力，还有侧压力，可能推倒部分支柱而造成局部冒顶。

⑤平巷与工作面连接处有时会在顶板和底板出现台阶下沉，使得此处难以支护，造成局部冒顶事故。

（2）防治措施

①合理布置平巷，尽可能将平巷布置在受地质影响较小的地段。

②合理设计平巷断面，平巷断面尽量不破坏顶板，不留顶煤，保持巷道顶板的完整性。

③适当加大工作面上下出口的支护密度，增加特殊支架，在机头、机尾处各应用四对一梁三柱的钢梁抬棚支护，每对抬棚随机头、机尾的推移逐步前移；或在机头、机尾处采用双楔铰接顶梁支护。在工作面与巷道相连处，宜用一对抬棚逐步前移，托住原巷道棚架。

④支架系统必定具有一定的侧向抗力，以防止基本顶来压时推倒支架。推广使用十字铰接顶梁端头支架来提高支架的稳定性，这是防治上下出口局部冒顶比较理想的措施。

4）放顶线附近的局部冒顶

（1）冒顶原因

①回柱操作不合理，由于先回"吃劲"的柱子时，引起周围破碎顶板的冒落，回柱工人来不及退到安全地点，就可能被砸着而造成事故。

②当顶板中存在由断层、裂隙、层理等切割而成的大块游离岩块时，回柱后游离岩块就会旋转，从而推倒支架导致冒顶。

③金属网假顶下回柱放顶时，网上有大块游离岩块，也会发生上述的因游离岩块旋转而推倒支架的局部冒顶。

（2）防治措施

①采用正确的回柱方法，防止顶板压力向局部支柱集中，造成局部顶板破碎及回柱工作的困难。

②为保证人工回撤"吃劲"的柱子及分段回撤最后一棵柱子时的安全，如果工作面用的是摩擦支柱，可以先在这些柱子的上下多支一棵木支柱做替柱，然后回撤金属支柱，

最后用绞车回木替柱。如果工作面用的是木支柱，就直接用绞车回柱。回撤柱子最理想的方法是工人在有支护的空间进行远距离回柱。有些矿采用这种方法回撤采空区的柱子，一直没有发生过伤人事故。采用单体液压支柱的工作面，由于可远距离回柱（远距离让支柱卸载，远距离拉柱子），一般回柱时不会发生伤人事故。

③ 为防止直接顶中或金属网上大块游离岩块在回柱时旋转推倒采煤工作面支架的冒顶事故，应采取的措施为：加强地质观察工作，记载大块岩石的位置和尺寸；在大块岩石范围内用木垛等办法加强支护；当大岩块沿走向尺寸超过一次放顶步距时，在大岩块的局部范围要延长控顶距；如果工作面使用的是单体金属支柱，要采用木支柱替换金属支柱；等到大岩块全部都处于放顶线以外的采空区再用绞车回柱。

5）地质破坏带附近的局部冒顶

采煤工作面如果遇到垂直或斜交工作面的断层时，在顶板活动过程中，断层附近的岩块可能顺断层面下滑，从而推倒工作面支架，造成局部冒顶。为预防这类顶板事故，应在断层面两侧加设木垛加强支护，并迎着岩块可能滑下的方向支设木棚或斜柱。

此外，漏冒型冒顶可能发生在工作面的任何地点。局部漏冒型冒顶如果得不到有效的控制，则造成大面积漏冒型冒顶。其发生机理是：由于煤层倾角较大，直接顶又异常破碎，采煤工作面支架中如果某个地点失效发生局部漏冒，破碎顶板就有可能从这个地点开始沿工作面往上全部漏空，造成支架失稳，导致漏垮工作面。

6.3.2　推垮型冒顶事故的致因及防治

1）复合顶板推垮型冒顶

（1）复合顶板的概念

复合顶板推垮型冒顶事故占有相当的比例，从本质上讲，复合顶板就是离层性顶板，由下软上硬的岩层构成。下部软岩层可能是一个整层，也可能是由几个分层组成的分层组。实际上，采动后下部岩层或因岩石强度低，或因分层薄，向下弯曲得多，而上下部岩层间又没有多大的黏结力，因此，下部岩层与上部岩层形成离层。

典型的复合顶板有三种特征：煤层顶板，由下"软"上"硬"不同岩性的岩层组成；"软"、"硬"岩层间夹有煤线或薄层软弱岩层；下部"软"岩层的厚度通常情况下不小于 0.5 m 且不大于 3.0 m，这种情况下的煤层顶板就是复合顶板。

（2）冒顶的特点

冒顶前采煤工作面顶板压力不大，支架没有变形、损坏，金属支柱没有明显的下缩。在多数情况下，冒顶前采煤工作面直接顶已沿煤帮断裂。冒顶后支柱没有折损，只是倾倒，多数是沿煤层倾斜方向向下倾倒，也有向采空区倾倒的。冒顶后上部硬岩层大面积悬而不冒，个别情况是冒落几个大块。冒顶在任何工序都可能发生，但多数情况是发生在回柱放顶过程中。冒顶多发生在距切眼不远的地方。大多数情况是冒顶前没有明显的征兆，推垮型冒顶发生时速度快，来势猛，人力无法抗拒；有时推垮前有征兆，能发现采空区支柱向下倾斜，沿煤帮及采空区边缘顶板掉渣，也来得及撤人。

（3）冒顶机理

① 离层。由于支柱的初撑力小，在顶板下位软岩层的重力作用下支柱下缩或下沉，顶板上位硬岩层未下沉或下沉缓慢，也就是软、硬岩层下沉不同步，从而导致软岩层与其上部硬岩层离层（图 6-4）。支柱初撑力小，一是支柱性能失效，达不到设计的初撑力；

二是支设时没按要求施工，或是将支柱设在浮煤或软岩底之上，而使初撑力达不到设计的要求。

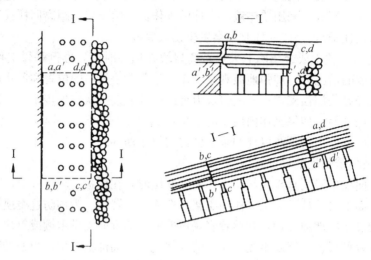

图 6-4　下位软岩层离层断裂

② 断裂。由于多种原因，在顶板下位岩层中断裂出一个六面体，此六面体上面不接硬岩层，四周或是已与原岩层断开或是以采空区为邻，下面由单体支架支撑，如果周围没有约束，此六面体连同支撑它的单体支柱直接就是一个不稳定的结构。

下位岩层断裂出六面体有三个方面的原因：地质构造原因，即下位软岩层存在原生的断层裂隙或尖灭构造；巷道布置的原因，即在工作面开采范围内存在沿走向或倾斜方向的老巷，由于巷道支架没有多大的初撑力，抑制不住巷道上方下位软岩层的下沉断裂；支柱初撑力低。由于支柱初撑力低，导致下位软煤层沿煤帮断裂。

③ 去路和倾角。当六面体周围（一般是倾斜下侧和采空区侧）出现一个自由空间，使六面体有了去路，而且当六面体向去路方向有一定的倾角时，六面体在重力的作用下具有向去路方向的推力。如果沿工作面自上向下至某点处，复合顶板下位岩层尖灭，这就等于六面体在其倾斜方向有一个天然的去路，再加上煤层有一定的倾角，那就非常危险了。

④ 推力大于阻力。如图 6-4 所示，假设 $bb'cc'$ 侧有自由空间，则六面体 $aa'bb'cc'dd'$ 就具有沿倾斜向下的推力。当六面体有向下推的趋势时，$aa'bb'$ 左侧岩层断裂而产生阻止六面体下推的摩擦力；采空区碎矸（如果其高度超过煤层采高）并将对 $cc'dd'$ 面产生阻止下推的摩擦阻力；$aa'dd'$ 上侧断裂面可能会由于岩层藕断丝连而且有阻止六面体下推的向上拉力；此外，支柱的迎山角也会对六面体的下推有个阻力。只有当总阻力小于六面体向下的推力时，才会发生推垮型冒顶。

（4）易发生冒顶的地点

在具有复合顶板的采煤工作面中，下列地点容易发生推垮型冒顶：

① 开切眼附近。在这个区域顶板上部硬岩层两侧都有煤柱支撑，不容易下沉，给下部软岩层的下沉离层创造了条件。

② 地质破碎带（断层、裂隙等）附近。这些地点顶板下部软岩层容易形成六面体。

③ 尖灭构造附近。采煤工作面顶板存在尖灭构造，容易形成六面体，又可能给六面

体提供去路。

④ 老巷（走向或倾向的）附近。由于老巷顶板已破坏，增加了在顶板岩层中形成六面体的可能性。

⑤ 掘进上区段运输巷时破坏了复合顶板的地点。破坏区段运输巷的复合顶板，可能给六面体一个去路，破坏区段回风巷的复合顶板，既增加产生六面体的可能性，又减小已产生六面体下推时的阻力。

⑥ 局部冒顶区附近。这些地点也存在"去路"，增加产生六面体的可能性，减小已产生六面体下推时的阻力。

⑦ 倾角大的地段。在这些地段，由于重力作用使六面体沿倾斜方向的下推力增大。

⑧ 顶板岩层含水的地段。这些地段由于摩擦因数降低，总阻力将大为减小。

总之，在上述地点发生推垮型冒顶的可能比其他地点要大，生产中切不可掉以轻心。

(5) 冒顶预防措施

冒顶预防措施一般分为常规性和改进性措施。

如前所述，在复合顶板条件下发生推垮型冒顶具有随机性。虽然如此，只要针对发生的原因采取相应的对策，还是能够防止冒顶事故的发生。例如，某矿的一些煤层曾多次发生推垮型冒顶，用掩护式液压支架代替单体支架支撑顶板后，由于解决了支护的稳定性问题，杜绝推垮型冒顶事故。另一矿，对具有复合顶板煤层改变其采煤方法，将原来的走向长壁改为倾斜长壁采煤，由于阻断了六面体的去路，因而有效地防止了推垮型冒顶事故。目前，相当多的采煤工作面具有复合顶板，其中少数工作面可能采用综采和俯斜长壁开采，大量为使用单体支架的走向长壁工作面，有必要对其提出预防复合顶板推垮型冒顶的措施。

从阻止形成推垮型冒顶的条件出发，以下几条措施基本上可以普遍采用：

① 应用伪俯斜工作面并使垂直工作面向下倾角达 $4° \sim 6°$。其目的是限定六面体只能沿工作面下侧推移，而且阻止推移的摩擦力较大。但当煤层沿走向起伏不平时，会影响这个措施的效果。

② 工作面区段运输巷不挑复合顶板掘进。工作面区段运输巷是工作面的顶板冒落区，随着工作面的不断推进，输送机不断移动，机头的特种支架反复移支，加剧了复合顶板的离层，支架如果全部处于失稳状态，那么随时都有冒顶的危险。据 1985 年以前的统计，凡是挑复合顶板掘进的区段运输机巷道 100% 发生重大冒顶事故。故当煤层不够高时，只能打底不能挑顶。

③ 工作面始采时不要反推。如图 6-5 所示，工作面应向左边推进，由于煤柱留得过宽，故始采时反推几排。如果工作面顶板是复合顶板，开切眼处顶板已离层断裂，当在反推范围初次放顶时，极容易在原开切眼处诱发推垮型冒顶。为防止冒顶事故，可采用单体液压支柱和金属顶梁支护，或采用锚杆和单体液压支架混合支护，都是有效的。

④ 控制采高，即使软岩层冒落后超过采高。其目的是：堵住六面体向采空区的去路；在六面体要向工作面下方推移时，增加防止六面体下推的摩擦力。

⑤ 尽量避免区段回风巷与工作面斜交。由于断层对地质构造的切割，往往会出现工作面与区段回风巷相交出现一个三角地带的情况。在这个三角地带中由于一面是工作面煤壁，另一面是断层煤柱。上位硬岩层由于支承条件较好不易下沉，增加了下位软岩层离层

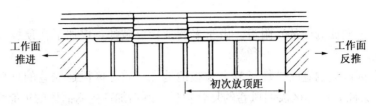

图 6-5　工作面始采反推

的可能性。在这个三角带中，每天都存在着初次垮落的问题，顶板压力显现明显的差别：在三角区内压力很小，达到初次垮落的地段压力又较大，此时误认为三角地区是安全地带，未采取有效的措施，因而易发生重大的推垮型冒顶事故。例如，开滦林西矿的 72512 工作面一次冒顶死亡 3 人的事故就属于这种类型。

⑥ 灵活地应用戗柱或戗棚，使它们迎着六面体可能移动的方向。

防止冒顶的改进性措施详述如下。

除上述六条措施外，还有两条从解决采煤工作面支架稳定性出发的措施更应该采用。

① 采用"整体支架"。在使用摩擦支柱和金属铰接梁的采煤工作面中，用拉钩式连接器把每排支柱从工作面上端至工作面下端都连接起来。由于在走向上支柱已由铰接顶梁连成一体，再加上沿倾斜用拉钩式连接器连成一体，这就在采煤工作面中组成一个稳定的可能阻止六面体下推的"整体支架"。当煤层顶板比较平坦，又不会因为基本顶来压出现台阶下沉时，也可用十字铰接顶梁与单体支柱组成整体支架。如果在金属支架铰接顶梁支护下，加两排木梁金属柱的倾斜对接抬棚和戗棚，由于木梁可能嵌入金属柱一些，木梁棚子又一个接一个对接着，也会形成整体支架。

② 提高单体支柱的初撑力及其刚度。由于支柱的初撑力小、刚度差，可导致复合顶板离层，反过来又使工作面支架不稳定。为解决这个问题，必须提高单体支架的初撑力及刚度，使初撑力不仅能支撑住顶板下位软岩层，而且能使软岩层贴紧硬岩层，使其间的摩擦力能够阻止软岩层下滑，从而使支架本身能够稳定。

2）大块游离岩块旋转推垮型冒顶

（1）冒顶原因。当煤层顶板存在由断层、裂隙、层理或薄弱岩层切割成的大块游离顶板时，这个游离顶板可能旋转落下，把工作面支柱向煤壁推倒，造成推垮型冒顶事故。这种情况与回柱时顶板中游离岩块旋转下落推倒支架相似，只是范围更大、危害性更大。

（2）预防措施。预防大块游离岩块旋转推垮型冒顶的措施基本上与预防回柱时大块游离岩块旋转而下推倒工作面支柱的措施相同。具体措施包括：加强地质及观察工作，准确分析顶板破碎、节理裂隙发育程度及地质变化情况，判断游离顶板的范围；在游离顶板范围内加强支护，不要进行回柱作业，特别要注意爆破震动的影响；如果工作面使用的是金属支柱，要用木支架代换金属支架；待游离顶板全部都处在放顶线以外的采空区时，再用绞车回柱。

3）金属网下推垮型冒顶

（1）工作面顶板可能发生冒顶的情况。应用倾斜分层下行垮落金属网假顶走向长壁采煤法时，可能发生金属网下推垮型冒顶事故。回采第二分层（或第三分层）时，金属网上的顶板处于下列两种情况时，可能发生推垮型冒顶：

① 当上下分层开切眼垂直布置时，在开切眼附近，金属网上的碎矸与上部断裂的硬岩块之间存在一个空隙。

② 当下分层开切眼内错布置时，虽然金属网上的碎矸与上部断裂的硬岩大块之间不存在空隙，但是一般也难以胶结在一起。

（2）冒顶特点。多数在初次放顶前后发生；多数是无征兆的突然推垮，少数工作面推垮前发生柱子向下倾斜；推垮前支柱一般受力不大；推垮后支柱有折损，多数是沿倾斜方向被推倒，也有向采空区方向推倒的；推垮后上位断裂了的硬岩大面积悬露，少数工作面则从上位岩层掉下几个大块；发生推垮时大多数速度很快，人力无法抗拒；推垮特别容易在回柱时发生；工作面倾角较大，一般在 20°以上；多数工作面采用摩擦支柱。

（3）冒顶机理。金属网下推垮型冒顶的全过程分两个阶段：① 形成网兜阶段。这是由于工作面内某位置支护失效导致的。这时，如果周围支架的稳定性很好，一般不会发展到第二阶段，即还不至于发生冒顶事故。② 推垮工作面阶段。如前所述，在开切眼附近，金属网上面碎矸之上有空隙，或者由于支架初撑力小、刚度小，而使网上存在碎矸石与上位断裂的硬岩大块离层，这样造成网下单体支柱不稳定。网兜在倾斜拉力的作用下，依次使网兜上方的支柱由迎山变成反山，最终造成推垮型冒顶。当然这两个阶段有可能间隔很短的时间。试验研究还表明，如果金属网下没有失效的支架，就不会形成网兜，也不会发生推垮型冒顶。

（4）预防措施。从金属网下推垮型冒顶的原因可以看出，防止这类事故的主要措施应该是增加支架的稳定性。此外，还可以附加以下措施：回采第一分层及以下分层时，用内错式布置开切眼，避免金属网上、碎矸之上存在空隙；用提高支架初撑力及刚度的方法增加其稳定性；用"整体支架"增加支架的稳定性，整体支架可以用金属支柱铰接顶梁加倾斜木梁对接棚子的整体支架，也可以用金属支柱与十字铰接顶梁组成的整体支架；采用伪倾斜工作面，采取这个措施的目的在于增加抵抗下推的阻力；初次放顶时要千方百计保证把金属网下放到底板，例如，开切眼内错式布置的分层工作面，初次放顶前应把开切眼靠近采空区一侧的金属网剪断。

4）采空区冒矸冲入采煤工作面的推垮型冒顶

在煤层上直接是石灰岩等较硬岩层，当其大块在采空区垮落时，可能顺着已垮落的矸石堆冲入采煤工作面，推倒支架（从根部推倒采煤工作面支柱而不是从顶板），从而导致推垮型冒顶。

预防采空区冒矸冲入采煤工作面的推垮型冒顶有以下两条措施：（1）用挑顶等办法使采空区小块冒矸超过采高，从而使大块冒矸无法冲入采煤工作面。（2）用切顶墩柱或特种支护切断顶板，一方面减少冒矸面积，另一方面阻挡冒矸使其不能冲入采煤工作面。急斜煤层工作面，如果密集支柱初撑力不足，稳定性不好，采空区冒矸也可能冲倒支柱，冲入采煤工作面，造成顶板事故。

5）冲击推垮型（砸垮型）冒顶

（1）冒顶机理。当煤层的下位岩层容易离层时，在下列两种情况下，可能会发生冲击推垮型（砸垮型）冒顶：下位岩层先离层，然后上位岩层中掉下大块矸石砸在下位已离层的岩层上，导致推垮型冒顶；下位岩层先离层，当上位岩层折断急剧下沉时，冲击已离层的下位岩层，导致推垮型冒顶。

（2）预防措施。具体预防措施包括两方面：提高支架的初撑力及刚度，避免下位岩层离层；提高支护系统的稳定性，避免被推垮。

有人认为，第一种冲击推垮型（下位岩层先离层，然后上位岩层中掉下大块矸石砸在下位已离层的岩层上，导致推垮型冒顶）就是复合顶板推垮型冒顶。这种看法当然可以，只不过是把矸石砸在下位岩层时沿层面方向产生的推力作为六面体总推力的一部分而已。但是，有人认为复合顶板推垮型冒顶都是由于上位岩层掉下岩块砸在已离层的下位岩层上而导致的，这种观点值得推敲。一般情况下，下位岩层离层值不大，在不大的垂高下掉下的岩块是否能单独产生足够令六面体推垮采煤工作面支架的推力值得怀疑。处理事故现场时，并非所有案例都发现有从上位岩层掉下来的岩块。发现的岩块是掉下时发生推垮还是推垮后再掉，目前还很难判断。

6.3.3　压垮型冒顶事故的原因及防治

大型冒顶中的压垮型冒顶，主要包括基本顶来压时的压垮型冒顶和厚层难冒顶板大面积冒顶，有时也会发生直接顶导致的压垮型冒顶。

1）基本顶来压时的压垮型冒顶

（1）采动后顶板活动的一般规律

通常煤层之上既有直接顶，又有基本顶。采煤工作面从开切眼开始到采煤后采到一定距离，首先要经历直接顶的初次垮落过程。如果直接顶厚度不大，随着采煤工作的进行，除直接顶初次垮落外，工作面还要经历基本顶初次来压和周期来压等顶板来压过程。

① 基本顶来压力学分析。对于单体支柱工作面，基本顶来压时，由于支柱的初撑力较低，基本顶往往断裂在煤壁内，如图 6-6（a）与图 6-7（a）所示。

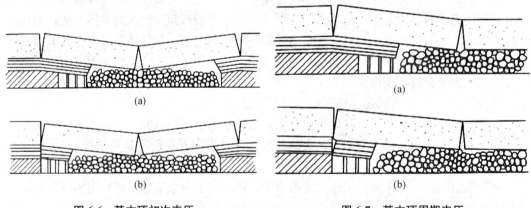

图 6-6　基本顶初次来压　　　　　　　　图 6-7　基本顶周期来压

如果支柱的初撑力很低，当基本顶来压断裂时，支柱工作阻力就很小，不足以平衡煤壁后方基本顶岩层的重力，必须与煤体一起来支撑基本顶岩层，这就导致基本顶岩梁剪应力为零的点在煤壁内。随着采煤工作面的推进，基本顶岩梁悬露愈长，弯矩值就愈大。当弯矩最大值所决定的拉应力超过基本顶岩层的抗拉强度时，基本顶就断裂。目前，采煤工作面所用单体支柱的初撑力一般不大，因此，多数工作面基本顶是断裂在煤壁里面。

② 基本顶来压的过程。基本顶来压的全过程应包括基本顶断裂下沉和台阶下沉两个阶段。基本顶断裂下沉时，工作面上方基本顶岩块是顺时针方向旋转的，由于基本顶下沉

速度大，工作面支柱下缩也比较快。当工作面推进到基本顶断裂附近时，顶板出现台阶下沉。此时，工作面上方基本顶岩块是逆时针方向旋转的，基本顶下沉速度又比较大，又出现工作面支柱下沉比较快、工作阻力增大比较快的现象。

如果基本顶在距工作面煤壁较近处断裂，这两个阶段的过程可能连在一起，在一次来压过程中，工作面支柱的工作阻力只出现一次峰值；如果基本顶在距工作面的煤壁较远处断裂，这两个阶段的过程可能间隔一段时间，当基本顶断裂下沉时，工作面的支柱工作阻力又会出现一次峰值。应当指出，顶板的台阶下沉视具体的顶板条件和支护条件，有时不明显，有时很显著。

(2) 冒顶的机理及预防措施

① 顶板条件。可能发生基本顶来压时压垮型冒顶的煤层顶板是：直接顶比较差，其厚度小于煤层采高的 2～3 倍；直接顶上面基本顶的分层厚度小于 5～6 m。

② 冒顶的前兆。这种冒顶只有在基本顶来压时才可能发生，因此，冒顶前兆就是基本顶来压时的前兆。基本顶来压时，出现的征兆及其发生顺序为：煤壁片帮；顶板下沉速度急剧增加；支柱载荷急剧增大；靠煤壁顶板断裂；靠煤壁顶板掉渣。掌握基本顶来压的征兆，有助于了解基本顶的动态，并在必要的时候采取有效的控顶措施。

③ 冒顶的机理。基本顶来压过程中的断裂下沉和台阶下沉两个阶段都有可能发生压垮型冒顶。当基本顶岩块能形成平衡结构时，没有台阶下沉或只有少量台阶下沉（例如不超过 200～300 mm）。在此情况下，只有当支柱可缩量不够时才会发生类似图 6-8 所示的压垮型冒顶。若基本顶岩块不能形成平衡结构，则台阶下沉量可能比较大。这时，如果支柱的支撑力不够就可能发生压垮型冒顶，而且这种类型的压垮型冒顶是基本顶和直接顶一起下压，来压强度比只有直接顶冒下时要大得多，如图 6-9 所示。

图 6-8　压垮型冒顶类型之一　　　　　　　　图 6-9　压垮型冒顶类型之二

在基本顶发生断裂下沉后，随着采煤工作面的推进，工作面上方已断裂岩块前端的支撑条件一直在变化，首先是失去煤壁的支撑，接着是支撑基本顶的支柱排数愈来愈小，最后只剩下一排支柱，如图 6-10 所示。当基本顶岩块不能形成平衡结构时，这一排支柱的支撑力若支撑不住基本顶，工作面就将被压垮。

④ 预防措施。

a. 加强地质工作。搞清直接顶及基本顶的强度、厚度、分层情况及断层、裂隙情况，搞清直接底的厚度及比压。

b. 进行矿压观测，求出工作面的初次来压步距、周期来压步距以及支柱工作阻力及其变化情况、顶板下沉量和下沉速

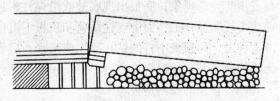

图 6-10　基本顶岩块前端只有一排支柱支撑

度及其变化情况、支柱下缩量和下缩速度及其变化情况。

c. 按实测数据进行合理的控顶设计。

d. 当遇到平行工作面的断层，且断层刚露出煤壁时，就要及时加强工作面的支护，不得采用正常的回柱方法，并要扩大工作面的控顶距，等到断层进入到采空区后再回柱。

需要说明两个问题：

a. 关于挑顶。当煤层上面直接顶就是坚硬岩层时，可以用挑顶的方法把坚硬岩层在厚度上挑落一部分，以消除采空区悬顶及减轻顶板活动时对工作面的不利影响。在这种情况下进行控顶设计时，可把挑落的顶板厚度看作直接顶厚度，并相应减小基本顶的厚度。

b. 关于基本顶来压预测预报。目前，随着对顶板活动规律认识的深入和新仪表的出现，矿压观测工作也由过去的常规观测发展到基本顶来压的预报，不仅用压力计及测杆等进行三量观测，还用动态仪表等观测顶板下沉速度。通过在上、下平巷或工作面中部超前巷道中安设的仪器设备，可以测得基本顶在煤壁前方断裂的位置，预报工作面来压的具体地点（当工作面长度超过 80～100 m，尤其是存在与工作面正交或斜交的断层时，工作面沿倾斜可能是分段来压），根据顶板性质及构造情况可以预报来压的强度，通过来压预报及时采取加强支护等措施，可以使工作面安全地经过来压阶段。

通常情况下，只要掌握煤层顶板的活动规律，按最大的顶板下沉量及顶板压力选用合适的支护手段，则不论是基本顶来压，还是平常时间，支架都能有效地支撑顶板，不会发生压垮型冒顶。

2）厚煤层顶板大面积冒顶

当煤层顶板是整体厚层硬岩层时，它们要悬露几千平方米甚至十几万平方米才冒落。这样大面积的顶板在极短的时间内冒落下来，不仅由于重力的作用会产生严重的冲击破坏力，而且更严重的是把已采空间的空气瞬时挤出，形成巨大的暴风，破坏力极强。

（1）冒顶机理

厚煤层难冒顶板大面积冒顶是当煤层顶板由砂岩、砂砾岩、砾岩等整体厚硬岩层构成时才会发生。由于砂岩、砾岩等强度很大，其单向抗压强度可达 80～160 MPa，甚至达 200 MPa；另外，这些岩层一般为厚岩层整体构造，岩体中的层理、节理和裂隙都不发育，因此，它们只有在大面积悬露时才会冒落。

总之，大面积冒顶的原因，无非是在一定的支撑条件下顶板岩层的受力超过了其极限强度。一般认为，由于开采，顶板大面积悬而不冒，在岩层自重应力的作用下，当弯曲应力超过其极限强度时，岩层将出现断裂或使原生的细微裂隙扩展，一旦这些裂缝贯穿坚硬岩层时，则发生断裂，从而导致冒顶。

（2）冒顶预兆

厚煤层难冒顶板大面积冒顶的预兆包括：顶板断裂声响的频率和声响增大；煤帮有明显受压与片帮现象；底板出现底鼓或沿煤柱附近的底板产生裂缝；巷道（上、下平巷）超前压力较明显；工作面中支柱载荷和顶板下沉速度明显增大；有时采空区顶板发生裂缝和淋水加大，向顶板中打的钻孔原先流清水，后为白糊状的液体。这是断裂岩块互相间摩擦形成的岩粉与水的混合物。

（3）冒顶的预测预报

厚煤层难冒顶板大面积冒顶可以用微震仪、地音仪和超声波地层应力仪等进行预测。

因为厚层硬岩的破坏过程，时间长的在冒顶前几十天，就出现声响和其他异常现象；短的在冒顶前几天甚至几小时也会出现预兆。因此，可以对大面积冒顶进行准确的预报，避免造成灾害。

（4）预防措施

厚煤层难冒顶板大面积冒顶造成的灾害，是由顶板冒落时形成的冲击载荷和暴风引起的。防止和减弱大面积冒顶灾害的原则是：采取措施减小顶板悬露及冒落面积；减小顶板冒落高度，并降低空气排放速度。具体的做法有以下几种：

① 顶板高压注水。即从工作面平巷向顶板打深孔，进行高压注水。注水泵最大压力达 15 MPa。顶板注水钻孔布置方式及其参数如图 6-11 所示。

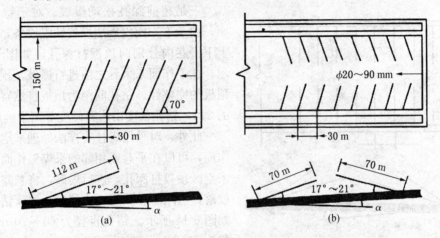

图 6-11　顶板注水钻孔布置方式及其参数
(a) 四老沟矿 82052 工作面顶板注水钻孔的布置方式；
(b) 云岗矿 8305 工作面顶板注水钻孔的布置方式

顶板注水防止大面积冒顶的机理为：注水后能溶解顶板岩石中的胶结物和部分矿物，削弱层间黏结力，高压水形成水楔，扩大和增加岩石中的裂隙和弱面。

② 强制放顶。即用爆破的方法将顶板切断，使顶板冒落一定厚度形成矸石垫层。切断顶板，可以控制顶板冒落面积，减弱顶板冒落时产生的冲击波，形成矸石垫层则可以缓和顶板冒落时产生的冲击力及暴风。根据大同矿区的实践经验，采空区中的矸石充满程度达到采高和挑顶厚度之和的 2/3，就可以避免过大的冲击载荷和防止形成暴风。强制放顶的几种方法如下：

一是循环式浅孔放顶。其主要作用是：爆破后破坏顶板的完整性，形成矸石垫层。具体做法是：每 1～2 个循环，在工作面放顶线上打 1.8～3.0 m 深的一排钻孔，眼距为 4～5 m，孔径为 35 mm，倾角为 65°～70°，装药量为 900 g。

二是步距式深孔放顶。其主要作用是：切断顶板，避免顶板大面积冒落。具体做法是：在顶板周期来压前，沿工作面向顶板打两排深孔（图 6-12），孔径为 60～64 mm，倾角为 60°～65°，孔深为 6～7 m，装药量为 8～10 kg，封泥长度为 1 m 左右。爆破后在顶板内形成一道高 5～6 m、宽 2 m 左右的沟槽，坚硬顶板就沿这条沟折断。步距式深孔放顶与循环式深孔放顶配合使用，能够有效地预防大面积冒顶的危害。

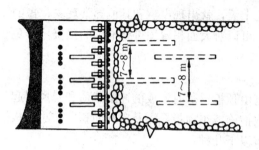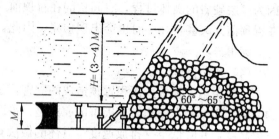

图 6-12　步距式深孔放顶

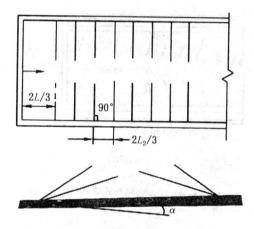

图 6-13　超前深孔松动爆破

三是超前深孔松动爆破。对于综采工作面，由于工作面内无法设置钻眼设备，可以在上下平巷内分别向顶板打深孔，如图 6-13 所示。在工作面未采到之前进行爆破，预先破坏顶板的完整性。钻孔间距为顶板自然冒落步距的 2/3，钻孔长度由岩石硬度等因素确定。

此外，对采用煤柱支撑法处理采空区的工作面，可以在平巷或相邻的采煤工作面内向已采空区顶板打深孔，进行爆破，将悬露的顶板放落，消除隐患。刀柱法的深孔放顶钻孔布置如图 6-14 所示。钻孔直径为 60～70 mm，倾角为 13°～40°，钻孔深度为 20～40 m。

四是地面深孔放顶。对历史上已造成的大

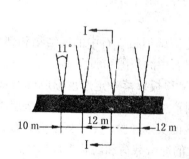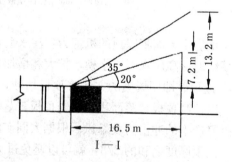

图 6-14　刀柱法的深孔放顶布置示意图

面积冒顶隐患的地区，目前又无法从井下采取措施时，可在采空区上方的地面打垂直钻孔，达到已采空区顶板适当位置，然后进行爆破，将悬露的大面积顶板崩落。这样，将大面积采空区顶板切割成小块，可以减小其冒落的强度。

③预防暴风。预防暴风的措施包括堵和泄两个方面：堵，就是留置隔离煤柱和设置防暴风密闭，把已采区和生产区域隔离起来；泄，就是通过专门的泄风道，使被隔离区域与地面相通，以便将形成的暴风引出，避免进入生产区域。这两种措施必须同时采用，隔离区域的范围可控制在 5 万～10 万 m²。隔离煤柱的宽度为 15～20 m，煤柱中尽量不掘巷

道，这样才能有效地起隔离作用。

3) 直接顶导致的压垮型冒顶

(1) 顶板条件

由于构造运动、采动影响等原因，使工作空间上方部分直接顶与其周围岩体产生断裂，当这部分直接顶整体向下运动时，有可能造成压垮型冒顶事故。

(2) 冒顶机理

这种类型压垮型冒顶的机理很简单，就是当岩体脱离直接顶，沿垂直层面方向向下运动时，采煤工作面支架的支撑力不足，因而导致压垮型冒顶。

(3) 预防措施

① 采煤工作面支护要能自始至终平衡直接顶或垮落带岩层的重力。底板软时必须穿鞋，力求使支柱的初撑力能平衡直接顶或垮落带的岩层重量，以避免直接顶或垮落带岩层离层。

② 在开采下分层时不留煤皮，以免增加支架的载荷。如因条件限制非留煤皮不可，要相应增加支柱的初撑力和支柱的密度。

③ 在工作面收尾时，对因构造或采动破坏严重的区域，除应缩小控顶距及加强放顶支柱的初撑力之外，还应用绞车远距离回柱。

以上压垮型冒顶事故，大都发生在单体支柱工作面，尤其是使用木支架的工作面。对综采工作面，当基本顶来压时，可能导致支架支柱的油缸炸裂，平衡千斤顶被拉坏，甚至将支架压入顶板。其中，除已用大流量安全阀解决了立柱油缸炸裂问题外，其他问题尚待进一步研究。

6.3.4　漏垮型冒顶的机理及预防措施

漏垮型冒顶指的就是大面积漏垮型冒顶。

1) 漏垮型冒顶的机理

由于煤层倾角较大，直接顶又异常破碎，采场支护系统中如果某个地点失效发生局部漏冒，破碎顶板就有可能从这个地点开始沿工作面往上全部漏空，造成支架失稳，导致漏垮工作面。

2) 预防漏垮型冒顶的措施

(1) 选用合适的支柱，使工作面支护系统有足够的支撑力与可缩量。

(2) 顶板必须背严背实。

(3) 严禁爆破、移溜等工序弄倒支柱，防止出现局部冒顶。

应当指出，在容易发生漏垮型冒顶的工作面，应用采煤机采煤相当困难。煤炭科学院北京开采所和徐州矿务局合作研制试用成功的、使用在机采面的 HLD-500 型短顶梁，虽然它可以使机采面梁端距减小到 0.05 m，但在采煤机附近，顶板暴露面积还在 9 m² 以上，顶板悬露时间还在 10 min 左右，这种支架状况，恐怕还难以适应可能发生漏垮型冒顶的顶板条件。

6.4　巷道顶板事故原因与预防

巷道与回采工作面一样，在开掘后，围岩由于约束条件与受力状况发生了改变，在重力作用下向着巷道空间运动。在巷道围岩运动过程中，当巷道围岩应力比较大、围岩本身又比较软弱或破碎、支架的支撑力和可缩量又不够时，因应力破裂的围岩或本来就破碎的围岩，在较大应力作用下，可能造成支架损坏，形成巷道冒顶，从而导致巷道顶板事故。几年来的统计结果表明，在煤矿顶板事故中，巷道顶板事故占 1/4～1/3，人员伤亡及经济损失较为严重，对生产影响极大，并威胁安全生产。因此，实现安全生产，提高经济效益，控制和减少巷道顶板事故的发生，已成为各煤矿亟待解决的问题。

6.4.1　按事故多发地点不同产生的冒顶事故分类、原因与预防

按事故多发地点不同将顶板冒顶事故分为掘进头冒顶事故、巷道交叉点顶板事故和地质破碎带顶板事故三种类型，下面分别对这三种类型的冒顶事故原因和预防措施进行阐述。

1) 掘进头冒顶事故的原因及预防措施

(1) 掘进头冒顶原因

掘进头冒顶的原因主要有：掘进破岩后，顶部存在将与岩体失去联系的岩块，如果支护不及时，该岩块可能与岩体完全失去联系而冒落；掘进头附近已支护部分的顶部存在与岩体完全失去联系的岩块，一旦支护实效，就会冒落造成事故。因此，掘进头冒顶事故的防治应注意如下事项：在断层、褶曲等地质构造破坏带掘进巷道时顶部浮石的冒落，在层理裂隙发育的岩层中掘进巷道时顶板抽条冒落等，都属于第一类型的冒顶。因爆破不慎崩倒附近支架而导致的冒顶，因接顶不严实而导致岩块砸坏支架的冒顶，则属于第二类型的冒顶。此外，第一类型冒顶也可能同时引起第二类型冒顶，例如掘进头无支护部分片帮冒顶推倒附近棚子导致更大范围的冒顶等。

(2) 掘进头冒顶事故预防措施

① 根据掘进头岩石性质，严格控制空顶距。当掘进头遇到断层褶曲等地质构造破坏带或层理裂隙发育的岩层时，棚子应紧靠掘进头。掘进工作面施工时为了防止空顶作业，永久支护前必须有临时支护措施。临时支护必须具有足够的强度、对顶板有足够的控制面积、对现场条件有较好的适应性。掘进作业规程或施工安全技术措施要对使用的临时支护的方式、操作程序、技术要求等进行规定。

② 严格执行敲帮问顶制度，危石必须挑下，无法挑下时应采取临时支撑措施，严禁空顶作业。

③ 在地质破坏带或层理裂隙发育区掘进巷道时要缩小棚距；在掘进头附近应采用拉条等把棚子连成一体防止棚子被推垮，必要时还要打中柱以抵抗突然来劲。

④ 掘进工作面的循环进尺必须依据现场条件在作业规程中明确规定，一般情况下永久支护离迎头的距离不得超过一个循环的进尺。地质条件变化时，应及时补充措施并调整循环进尺的大小。

⑤ 巷道顶部锚杆施工时应由外向里逐个逐排进行，不得在所有的锚杆眼施工完后再安装锚杆。

⑥ 采用架棚支护时，应对巷道迎头至少 10 m 的架棚进行整体加固。加固装置必须是刚性材料，并能适应棚距的变化。

⑦ 掘进头冒顶区及破碎带必须背严背实，必要时要挂金属网防止漏空。

⑧ 掘进头炮眼布置及装药量必须与岩石性质、支架与掘进头距离相适应，以防止因爆破而崩倒棚子。

⑨ 采用"前探掩护支架",使工人在顶板有防护的条件下出矸,支棚腿,以防止冒顶伤人。

2) 巷道交叉处冒顶事故的原因及预防措施

(1) 巷道交叉处冒顶事故的原因

巷道交叉处冒顶事故往往发生在巷道开岔的时候。因为开岔口需要架设抬棚替换原巷道棚子的棚腿,如果开岔处巷道顶部存在与岩体失去联系的岩块,并且围岩正向巷道挤压,而新支设抬棚或强度不够,或稳定性不够,就可能造成冒顶事故。

当巷道围岩强度本身很大时,顶部存在与岩体失去联系的岩块以及围岩向巷道挤压在所难免,如果开岔处正好是掘巷时的冒顶处,则情况更为严重。新支设抬棚的稳定性与两方面因素有关。第一,抬棚架设一段时间后才能稳定,过早拆除原巷道棚腿容易造成抬棚不稳;第二,开口处围岩尖角如果被压碎,抬棚腿失去依靠也会失稳。至于抬棚的强度,那是与选用的支护材料及其强度有关。

(2) 巷道开岔处冒顶预防措施

① 巷道交叉点的位置尽量选在岩性好、地质条件稳定的地点,开岔口应避开原来巷道冒顶的范围。巷道交叉点要有专门的设计,对支护方式、支护材料、巷道断面等进行规定。

② 采用锚杆(锚索)对巷道交叉点支护时,要进行顶板离层监测,并在安全技术措施中对支护的技术参数、监测点的布置及监测方法等进行规定。监测中发现支护问题及时采取措施进行处理。

③ 架棚巷道的交叉点采用抬棚支护时,要进行抬棚设计,根据设计对抬棚材料专门加工。注意选用抬棚材料的质量与规格,保证抬棚有足够的强度。

④ 当开口处围岩尖角被压坏时,应及时采取加强抬棚稳定性的措施。

⑤ 必须在开口抬棚支设稳定后再拆除巷道棚腿,不得过早拆除,切忌先拆棚腿后支抬棚。

3) 地质破碎带顶板事故原因与预防措施

(1) 地质破碎带顶板事故原因

在地质破坏带、层理裂隙发育区、压力异常区、分层开采下分层掘巷以及维修老巷等围岩松散破碎区容易发生巷道顶板冒顶事故。此类事故隐患比较明显,同时也最容易由较小的冒落迅速发展较大面积高拱冒落。

(2) 地质破碎带顶板预防措施

① 炮掘工作面采用对围岩震动较小的掏槽方法,控制装药量及爆破顺序。

② 根据不同情况,采用超前支护、短段掘砌法、超前导硐法等少暴露破碎围岩的掘进和支护工艺,缩短围岩暴露时间,尽快将永久支护紧跟到迎头。

③ 围岩松散破碎地点掘进巷道时要缩小棚距,加强支架的稳固性。

④ 积极采用围岩固结及冒落空间充填新技术。对难以通过的破碎带,采用注浆固结或化学固结新技术。对难以用常规木料充填的冒落空洞,采用水泥骨料、化学发泡、金属网构件或气袋等充填新技术。

⑤ 分层开采时,回风平巷及开切眼放顶要好,坚持注水或注浆提高再生顶板质量,避免出现网上空洞区。遇有网兜、网下沉、破网或网上空洞区,必须采取措施处理后再往

前掘进。

⑥ 在巷道贯通或通过交叉点前，必须采用点柱、托棚或木垛加固前方支架，控制爆破及装药量，防止崩透崩冒。

⑦ 维修老巷时，必须从有安全出口及支架完好的地方开始。在斜巷及立眼维修时，必须架设安全操作平台，加固眼内支架，保证行人及煤矸溜放畅通。在老巷道利用旧棚子套改抬棚时，必须先打临时支柱或托棚。

⑧ 在掘进工作面 10 m 内、地质破坏带附近 10 m 内、巷道交叉点附近 10 m 内、已经冒顶处附近 10 m 内，都是容易发生顶板事故的地点，巷道支护必须适当加强。

6.4.2　按力源不同产生的冒顶事故类型、原因与预防

按力源不同产生冒顶事故类型有压垮型冒顶、漏冒型冒顶和推垮型冒顶三种类型，下面分别对这三种类型的冒顶事故进行原因和预防措施进行阐述。

1）压垮型冒顶的原因及预防措施

（1）压垮型冒顶的原因

压垮型冒顶是因巷道顶板或围岩施加给支架的压力过大，损坏了支架，导致巷道顶部已破碎的岩块冒落，从而形成事故。巷道支架所受压力的大小，与围岩受力后所处的力学状态关系极大。若围岩受力后仍处于弹性状态，本身承载能力大而且变形极小，巷道支架不会承受太大的压力，当然也不会被损坏。如果围岩受力后处于塑性状态，本身有一定承载能力但也会向巷道空间伸展，巷道支架就会承受较大的压力，若巷道支架的支撑力或可缩量不足，就可能被压坏。当围岩受力后呈破碎状态，本身无承载能力，并且大量向巷道空间伸展，这时巷道支架就会受到强大的压力，很难不被损坏。

（2）压垮型冒顶预防措施

① 优化巷道布置。薄或中厚煤层的煤层区段平巷，用煤柱护巷时，要确定合理护巷煤柱宽度，不用煤柱护巷时，最好是待相邻区段采动稳定后再沿空掘巷。厚煤层倾斜分层开采时的煤层区段平巷，上分层应实现无煤柱护巷，并在已稳定的采空区下沿采空区边缘掘进中下分层平巷。应合理安排采序，避免相邻区段对已掘巷道的影响。

② 提高巷道支架支护。不同情况下，围岩施加给巷道支架的压力是不同的。超前工作面 20 m 范围内的回采巷道，由于受工作面前方支承压力的影响，围岩受力比较大，应该用中柱（或抬棚）加强支架的支护强度。

③ 支架与围岩变形相适应。巷道支架所能承受的变形量，应与巷道使用期间围岩可能的变形量相适应。

④ 支架与围岩共同承载。支架选型时，尽可能采用有初撑力的支架。支架施工时要严格按工程质量要求进行，并特别注意顶与帮的背严背实问题，杜绝支架与围岩间的空顶与空帮现象。并且要合理确定巷道的支护方式及其参数。

2）漏冒型冒顶的原因及预防措施

漏冒型冒顶是因无支护巷道或支护失效（非压坏）巷道顶部存在游离岩块，这些岩块在重力作用下冒落，形成事故。预防漏冒型冒顶的措施如下：

（1）掘进头爆破后应立即支设"前探掩护支架"，使工人在有防护的条件下进行装岩（煤）及支架工作，严禁空顶作业。"前探掩护支架"与掘进工作面之间的允许空顶距离要从严掌握，并在作业规程中明确规定。

（2）凡因支护失效而空顶的地点，重新支护时应先护顶，再施工。

（3）巷道替换支架时，必须先支新支架，再拆老支架。

（4）锚喷巷道的支护应及时施工；施工前应先清除危石，巷后要定期检查危石并及时处理。

3）推垮型冒顶的原因及预防措施

推垮型冒顶是因巷道顶帮破碎岩石，在其运动过程中存在平行巷道轴线的分力，如果这部分巷道支架的稳定性不够，可能被推倒而冒顶，从而形成事故。

预防推垮型冒顶的主要措施是提高巷道支架的稳定性。可以在巷道的架棚之间严格地用拉撑件连接固定，增加架棚的稳定性，以防推倒。倾斜巷道中架棚被推倒的可能性更大，其架棚间拉撑件的强度要适当加大。此外，掘进头 10 m 内，断层破碎带附近 10 m内，巷道交叉点附近 10 m 内，冒顶处附近 10 m 内，这些都是容易发生顶板事故的地点，巷道架棚间的拉撑件也必须适当加强。

6.4.3　巷道冒顶事故的综合防治措施

从对顶板事故类型及原因的分析中，可以清楚看出，巷道常见的顶板事故原因归纳起来有三个方面：一是对巷道掘进中围岩稳定状况及运动发展情况不掌握；二是缺乏针对性防范措施；三是疏于对施工与质量方面的管理。因此，巷道顶板事故的防治应该采取综合治理的措施。以煤层赋存的自然条件为出发点，合理地布置巷道位置，尽可能减轻矿山压力显现对巷道支护的影响；针对不同的围岩条件，选择合理的施工工艺、支护方式及参数等。

6.5　顶板事故典型案例剖析

6.5.1　冲击地压引起顶板事故

2008 年 7 月 16 日 13 时 45 分，某矿西二采区 607 掘进工作面发生一起因冲击地压引起的较大顶板事故，造成 4 人死亡，5 人受伤，直接经济损失 32.8 万元。

事故发生在西二采区 −474.5 m 标高 25 号煤层右四掘进面（607 掘进队），采区设计能力为 6×10^4 t/a，核定生产能力为 51×10^4 t/a。24 号煤层厚 1.6 m，25 号煤层厚1.1 m，煤层倾角为 16°，层间距为 10～15 m，两煤层联合布置，双翼回采。绞车道、风道布置在 24 号煤层中，胶带道布置在 25 号煤层中，3 条开拓巷道均下延至 −530 m 标高，构成独立的通风运输系统。24 号、25 号煤层于 1989 年进行回采，共计回采了 12 个工作面，25 号煤层右三面于 2005 年 5 月停止回采，24 号煤层右三面于 2005 年 2 月停止回采。

607 掘进队当时正施工 25 号煤层右四采煤工作面上巷，该巷道上部有一条 2004 年停工的盲巷，该盲巷距上段采空区留有 10 m 保护煤柱，距回风巷 80 m。25 号煤层右四掘进面施工时距盲巷留有 10 m 保护煤柱，巷道设计中宽为 2.8 m，中高为 2.1 m，沿 25 号煤层顶板施工。顶板采用螺纹锚杆（$\phi 8$ mm×1.6 m）＋W 钢带支护。锚杆排间距为 1 m×1 m，上帮采用开缝锚杆＋W 钢带支护。该巷道在 6 月 12 日开始施工，至 7 月 16 日发生事故时已施工了 95 m，工作面距回风巷 32 m。

7 月 16 日中午 12 点班，607 掘进队出勤 9 人，采区开完班前会后，工人开始入井，约 13 时 15 分到达工作面。其中，3 人在距工作面 17 m 处钻场打锚索，3 人在工作面打锚杆，另有 3 人清理浮煤。约 13 时 45 分，作业人员听到"轰"的一声，右帮（上帮）

30 余米长的煤岩突然压出，向下帮平均整体位移 1 m，9 名作业人员被压出的煤岩推倒，不同程度地被埋。14 时左右，去左四上巷掘进工作面（老面）抽水的 607 掘进队书书记（代队长）罗某返回事故工作面，走至回风叉口处发现工作面有冒落的浮煤，风筒破碎，煤尘很大，甲烷传感器在报警，他意识到发生了事故，立即向采区调度报告了情况，并立即叫邻近队组作业人员抢救被埋人员。

矿领导接到事故报告后，立即组织人员进行抢救，矿业集团救护大队一小队也进入现场抢险救灾。经全力抢救，先后有 5 名被埋较轻的伤者被救出，送往医院救治，其余 4 人死亡。

点评：造成这起事故的直接原因，经事故调查和专家组现场调查认定：事故工作面上部采空区没有完全垮落的坚硬顶板在采掘活动及长期（6 年）蠕变作用和上覆岩层重力等因素作用下，原有的极限平衡状态遭到破坏，致使高应力区大量弹性势能瞬间释放，造成冲击地压事故。

造成事故的根本原因是矿井技术管理存在漏洞，各级技术人员对冲击地压灾害缺乏认识，25 号煤层右三工作面采完 6 年后（2005 年 5 月采完）重新掘送下段回风巷时没有以往的开采资料，忽视右部采空区所开采的 25 号煤层为坚硬顶板，不易垮落，易造成应力集中的问题，在对右部采空区冒落情况不清楚的情况下组织生产，最终导致事故发生。

从这起事故可以看出，采掘技术管理存在严重问题，巷道布置不合理，没有避开高应力集中区，而恰恰布置在高应力区内，且留设的三角煤柱过大。没有充分考虑 25 号煤层坚硬顶板不易垮落而对煤柱产生的巨大压力，在掘进过程中没有采取任何监测监控及分析手段，技术指导不到位，盲目进行生产。

6.5.2　巷道碹皮脱落造成伤人事故

2009 年 4 月 1 日，某矿－380 m 集中石门与五层绕道交叉口向里 50 m，由该矿整备区发碹一队队书记带领王某、刘某二人，进行煤仓下口架木棚工作，其目的是防止炮崩造成冒顶而砸坏保护。因靠带式输送机一侧帮窄，影响立腿架棚工作，需要进行震动爆破扩帮。王某在打眼前，用钩钎子对作业地点的巷道进行了敲帮问顶，在初步确认该处 U 形铁支架喷碹支护状态无异常情况后，22 时 30 分打完了 8 个帮眼。22 时 40 分，王某站在带式输送机架上往帮眼内放炸药，刘某靠带式输送机架外侧向王某递炸药，王某于轨道侧站在刘某身后递炮泥。这时，附在 U 形铁支架上的部分碹皮突然脱落，其中一块碹皮和同时落下的碎煤碎矸将正在递药的刘某砸压在下面，造成其死亡。

点评：这起事故是发生在大巷的顶板事故，相对于工作面的顶板事故具有不同性质，顶板在具备原有支护的状态下发生事故的原因主要有三点。

（1）巷道原有支护违章作业。事故地点的支护形式为 U 形支架挂网喷碹支护，但在该巷道施工期间，未将铁丝网衬在支架里面，而是将其直接附在支架外表，用绑线与支架捆绑，然后喷碹封严，正是由于当初的违章施工，导致事故地点外观支护状态虽好，但成为严重的潜在隐患。如果当初巷道在施工时，将铁丝网衬在支架里面，那么在喷碹的碹体受打眼产生的震动后，即使局部碹体与 U 形铁支架表面发生脱离，而网上的碎煤碎矸也不会同时落下，将会降低事故的伤害程度。

（2）扩帮工作违章作业。现场施工过程中，严重违反《煤矿安全规程》规定，试想如果在打眼之前，打好中心顶子，保证临时支护；如果在放炸药之前，继续执行敲帮问顶制度，及时除掉顶帮活碴，事故是可以避免的。

（3）隐患排查不细不严。从区到队，对作业地点的支护状况没有认真调查掌握，而是停留在对支护表面的观察上，对该处铁棚喷碴支护潜在的隐患认识不清，重视不够，没有采取有效的安全措施。

6.5.3　初撑力失衡引发顶板事故

某矿始建于 1958 年，片盘斜井开拓。后经 1978 年和 1983 年两次改扩建，形成了集中化生产，1987 年设计生产能力达到 1.05 Mt/a，2005 年经省经委核定生产能力为 1.20 Mt/a。井田面积为 22.99 km²，有可采煤层 26 层，单一煤层厚度平均为 0.89 m，煤层倾角为 18°～50°，煤质为 1/3 焦煤和瘦煤。该矿为高瓦斯矿井，矿井绝对瓦斯涌出量为 48 m³/min，相对瓦斯涌出量为 27.4 m³/t，煤尘爆炸指数为 31%，现有 7 组采煤工作面和 23 组掘进工作面。

事故采区位于矿井南翼高速公路附近，采区年产量为 1.2×10³ t，可采煤层有 79 号、85 号、90 号煤层。采区有 1 组采煤工作面、4 组掘进工作面和 1 组巷修，现有职工 300 人。79 号煤层左二片走向长 480 m，运输上山长 255 m，剩余可采储量为 9.8×10⁴ t。42021 采煤工作面长 46 m，采高为 1.6 m，倾角为 20°～23°，工作面伪顶为炭页岩，厚度为 1 m，工作面直接顶为粉砂岩，厚度为 3.7 m。走向长壁后退式开采，爆破落煤，设计支护方式为单体液压支柱三排七柱支护，排距为 1.2 m，柱距为 0.75 m，工作面运输方式为塑钢溜槽自动滑下，下巷刮板输送机运输。发生事故时工作面已平均推进 9 m。

2006 年 9 月 24 日 16 点班，42021 采煤工作面共出勤 7 人，二采区带班区长曹某组织召开班前会。16 时 30 分，曹某带领 6 名工人入井，进行采煤作业。20 时 30 分，完成爆破后开始出煤。22 时 20 分，看刮板输送机的工人孟某发现刮板输送机上没有煤，20 min 后，进入工作面了解情况。当走到距工作面下出口 4 m 左右时，听到工作面里"轰隆"一声响，跑到工作面下出口一看，发现顶板冒落，立即到煤仓处用电话向采区调度报告，采区调度立即向有关领导报告，矿领导和相关人员马上到现场组织抢救，25 日 3 时，抢救出 1 名受伤人员，25 日 8 时，6 名遇难人员全部升井，抢险救灾工作结束。

点评：某煤矿二采区 79 号煤层左二片 42021 采煤工作面伪顶与直接顶黏结度低，加之支柱数量严重不足、支护强度没有达到要求、柱距不均、支柱迎山角度不够、初撑力不足等因素影响，顶板形成不稳定的煤岩体，爆破震动、翻打支柱破坏了煤岩体的稳定极限，造成大面积复合顶发生推垮型冒落。事故主要原因有：

（1）该采区重生产轻安全，为完成生产指标，在联络巷没有贯通的情况下，提前形成采煤工作面，并在没有经过矿有关部门开工验收的情况下，违规进行生产。

（2）不按规程作业。在生产过程中，擅自更改规程设计，没有将联络巷贯通，将工作面支护方式由三排七柱改为三排六柱，实际生产现场仅为三排四柱，导致工作面支护强度达不到规程设计要求。

（3）现场管理混乱。一是工作面未按规程规定进行分段爆破；二是在支护柱距不均、迎山角度不够的情况下，提前翻打；三是现场管理责任不落实，管理失控。

（4）干部违章指挥、工人违章作业。在工作面顶板压力显现时，带班区长没有采取有效措施，违规进行处理，导致事故发生。

（5）采煤工艺落后。采煤工作面使用塑钢溜槽运输，木顶帽支护。

📖 复习思考题

1. 采煤工作面顶板事故主要类型按事故的力源分类有哪些?

2. 巷道顶板事故类型按照经常发生事故地点可分为哪三种类型?

3. 请叙述影响采煤工作面顶板事故的自然地质因素和开采技术因素。

4. 影响巷道顶板事故的自然地质因素、开采技术因素及管理因素及操作工艺有哪些?

5. 从工序与发生的地点看,局部冒顶可分为哪四类? 并简述每一类事故发生的原因及预防措施。

6. 复合顶板的概念是什么? 简述推垮型冒顶事故的原因及防治技术措施。

7. 请叙述金属网下推垮型冒顶特点、冒顶机理与预防措施。

8. 请叙述冲击推垮型冒顶的冒顶机理与预防措施。

9. 请叙述压垮型冒顶事故的分类、事故原因及防治技术措施。

10. 请叙述漏垮型冒顶的机理及预防措施。

第 7 章　爆破事故防治与案例分析

近年来我国煤矿的采掘机械化程度提高很快，但炮采和炮掘仍然占有相当大的比例，特别是在新井建设、开拓延深、煤岩巷掘进中，仍多以爆破方法为主。而由于爆破所引起的重特大型事故屡见不鲜。本章在介绍炸药、起爆材料以及爆破基本理论的基础上，将重点介绍爆破材料安全管理、井下爆破的安全要求、井下爆破事故的预防与处理和典型事故案例。

7.1　爆炸及炸药的基本理论

7.1.1　爆炸及炸药的基本概念

1）爆炸及炸药的定义

（1）爆炸的定义及分类

爆炸是物质系统一种极迅速的物理或化学变化，在变化过程中，瞬间放出其内含能量，并借助系统内原有气体或爆炸生成气体的膨胀，对系统周围介质做功，使之发生巨大的破坏效应，并伴随有强烈的发光和声响。在生产实践、科学研究和日常生活中，经常会遇到各种爆炸现象，按引起爆炸的原因不同，爆炸可分为物理爆炸、核爆炸和化学爆炸三类。其中，化学爆炸是指由化学变化造成的爆炸，炸药爆炸、瓦斯或煤尘爆炸、汽油与空气混合物的爆炸等都是化学爆炸。

在生产实践中，主要是应用炸药的爆炸反应，因此，以下提到的爆炸如不加说明均指炸药引起的化学爆炸。

（2）炸药的定义

炸药是在一定条件下，能够发生快速化学反应，放出能量，生成气体产物，并显示爆炸效应的化合物或混合物。从炸药组成元素来看，炸药主要是由碳、氢、氮、氧四种元素组成的化合物或混合物。在平常条件下，炸药是比较安定的物质，但一旦外界给予足够的活化能，使炸药内各种分子的运动速度和相互间碰撞力增加，使之发生迅速的化学反应，就会丧失安定性，引起炸药爆炸。需要指出，炸药爆炸通常是从局部分子被活化、分解开始的，其反应热又使周围炸药分子被活化、分解，如此循环下去，直至全部炸药反应完毕。

2）炸药爆炸的基本特征

（1）炸药化学变化的形式

爆炸并不是炸药唯一的变化形式。由于反应方式和引起化学变化的环境不同，一般炸药可能有三种不同形式的化学变化：缓慢分解、燃烧和爆炸。

① 缓慢分解。缓慢分解是一种缓慢的化学变化。其特点是化学变化在整个炸药中展开，反应速度与环境温度有关，炸药的缓慢分解速度随着温度的增加而呈指数增加。当通风散热条件不好时，分解热不易散失，很容易使炸药温度自动升高，进而促成炸药自动催化反应而导致炸药的燃烧或爆炸。炸药的缓慢分解反映炸药的化学安定性。

② 燃烧。燃烧是伴随有发光、发热的一种剧烈氧化反应。与其他可燃物一样，炸药在一定的条件下也会燃烧。不同的是炸药的燃烧不需要外界提供氧，也就是说，炸药可以在无氧环境中正常燃烧。与缓慢分解不同，炸药的燃烧过程只是在炸药的局部区域（即反应区）内进行并在炸药内一层层传播。反应区的燃烧速度称为燃烧线速度，通常称为燃烧速度。炸药的快速燃烧（每秒数百米）又称爆燃。

③ 爆炸。炸药的爆炸过程与燃烧过程类似，化学反应只是在反应区内进行并在炸药内按一定速度一层层地自动传播。反应区的传播速度称为爆速。在炸药的爆炸过程中，如爆速保持定值就称为稳定爆炸，否则称为不稳定爆炸。稳定爆炸又称为爆轰。

在一定条件下，炸药的三种变化形式可以相互转化。缓慢分解可因热量不能及时散失而发展称燃烧和爆炸；反之，爆炸也可以转化为燃烧和缓慢分解。

（2）炸药爆炸的三要素

反应的放热性、生成气体产物、化学反应和传播的高速性是炸药爆炸的三个基本特征，也是构成爆炸的必要条件，又称为爆炸的三要素。

① 反应的放热性。炸药爆炸就是将蕴藏的大量化学能（潜能）以热能形式迅速释放出来的过程。放出大量热能是形成爆炸的必要条件，吸热反应或放热不足都不能形成爆炸。对于同一种化合物，由于激起反应的条件和热效应不同，也有类似的结果。例如，硝酸铵，在常温150 ℃的反应为吸热反应；加热到200 ℃时，分解反应虽为放热反应，但放热量不大，仍然不能构成爆炸；若迅速加热到400～500 ℃，或用起爆药柱强力起爆，由于放热量增大，就会引起爆炸。

② 生成气体产物。炸药爆炸放出的能量必须借助气体介质才能转化为机械功，因此，生成气体产物是炸药做功不可缺少的条件。炸药能量转化的过程是放出的热能先转化为气体的压缩能，后者在气体膨胀过程中转化为机械功。如果物质的反应热很大，但没有气体生成，就不会具有爆炸性。例如，铝热剂反应按每公斤放热量计算比梯恩梯高，并能形成3 000 ℃高温，使生成产物熔化，但不能形成爆炸。若浸湿铝热剂或松散铝热剂中含有空气，就可能产生类似爆炸现象。炸药爆炸放出的热量不可能全部转化为机械功，但生成气体越多，热量利用率就越高。

③ 反应的快速性。炸药爆炸反应是由冲击波所激起的，因此其反应速度和爆炸速度都很高，爆炸速度可达每秒数千米，在反应区内炸药变成爆炸气体产物的时间只需要几微秒至几十微秒。爆炸过程的高速度决定了炸药能够在很短时间内释放大量能量，因此单位体积内的热能很高，从而具有极大的威力（炸药在单位时间内的做功能力）。这是爆炸反应区别燃烧及其他化学反应的一个显著特点。如果反应速度很慢，就不可能形成强大威力的爆炸。例如，煤在燃烧过程中，燃烧产生的热量通过扩散传导和热辐射不断散失，所以不会发生爆炸。

3）爆炸反应的有关参数

（1）炸药的氧平衡

① 氧平衡的定义

炸药的主要元素是碳、氢、氮、氧，某些炸药还会有氯、硫、金属及其盐类。若炸药内只含有前四种元素，无论是单质炸药还是混合炸药，都可以把它们写成通式$C_aH_bN_cO_d$，单质炸药的通式通常按1 mol写出，混合炸药则按1 kg写出。炸药内含氧量与可燃物充分氧化所需氧量之间的关系称为氧平衡。氧平衡用每克炸药中剩余或不足氧量的克数或百分数来表示。氧系数是指炸药中含氧量与可燃元素充分所需氧量之比，用它也可以表示氧平衡关系。

② 氧平衡的计算

若炸药的通式为 $C_a H_b N_c O_d$，单质炸药的氧平衡按下式计算：

$$K_b = \frac{d - \left(2a + \frac{b}{2}\right)}{M} \times 16 \times 100\% \tag{7-1}$$

式中　K_b——炸药的氧平衡；

　　　M——炸药的摩尔量。

混合炸药的通式按 1 kg 写出，其氧平衡计算式为：

$$K_b = \frac{d - \left(2a + \frac{b}{2}\right)}{1\,000} \times 16 \times 100\% \tag{7-2}$$

混合炸药也可按各组分百分率与其氧平衡乘积的总和来计算：

$$K_b = \sum m_i k_i \tag{7-3}$$

式中　m_i，k_i——第 i 组分的百分率与其氧平衡值。

炸药的氧系数 A 按下式计算：

$$A = \frac{d}{\left(2a + \frac{b}{2}\right)} \times 100\% \tag{7-4}$$

③ 氧平衡的分类及炸药配比计算

根据氧平衡值的大小，可将氧平衡分为正氧、负氧和零氧平衡三种类型

a. 正氧平衡（$K_b > 0$）。炸药内的含氧量除将可燃元素充分氧化之后尚有剩余，这类炸药称为正氧平衡炸药。正氧平衡炸药未能充分利用其中的氧量，且剩余的氧和游离氮化合时，将生成氮氧化物有毒气体，并吸收热量。

b. 负氧平衡（$K_b < 0$）。炸药内的含氧量不足以使可燃元素充分氧化，这类炸药称为负氧平衡炸药。这类炸药因氧量欠缺，未能充分利用可燃元素，放热量不充分，并且生成可燃性 CO 等有毒气体。

c. 零氧平衡（$K_b = 0$）。炸药内的含氧量恰好够可燃元素充分氧化，这类炸药称为零氧平衡炸药。零氧平衡炸药因氧和可燃元素都能得到充分利用，故在理想反应条件下，能放出最大热量，而且不会生成有毒气体。在配制混合炸药时，通过调节其组成和配比，应使炸药的氧平衡接近于零氧平衡，这样可以充分利用炸药的能量和避免或减少有毒气体的产生。

（2）爆容

1 kg 炸药爆炸生成气体产物在标准状态下的体积称为爆容，其单位为 L/kg。爆轰气体产物是炸药放出热能借以做功的介质。爆容越大，炸药做功能力越强。因此，爆容是炸药爆炸做功能力的一个重要参数。

爆炸反应方程确定后，按阿佛加得罗定律很容易计算炸药的爆容。若炸药的通式为 $C_a H_b N_c O_d$，是按 1 mol 写出的，则爆容计算公式为：

$$V = \frac{22.4 \sum n_i \times 1\,000}{M} \tag{7-5}$$

式中　　$\sum n_i$——气体产物的总摩尔数；

　　　　M——炸药的摩尔量。

炸药通式是按 1 kg 写出的，其爆容计算公式为：

$$V_0 = 22.4 \sum n_i \tag{7-6}$$

（3）爆热

单位质量炸药在定容条件下爆炸所释放的热量称为爆热，其单位是 kJ/kg 或 kJ/mol。爆热是爆轰气体产物膨胀做功的能源，是炸药的一个重要参数，提高炸药的爆热对于工程爆破具有重要的实际意义。

（4）爆温

爆温是指炸药爆炸时放出的能量将爆炸产物加热到的最高温度。爆温是炸药的重要参数之一，研究炸药的爆温具有重要的实际意义。一方面它是炸药热化学计算所必需的参数；另一方面在实际爆破过程中，对其数值有一定的要求。例如，对于煤矿井下具有瓦斯与煤尘爆炸危险工作面的爆破，必须使用煤矿许用炸药，这类炸药的爆温就有严格的控制范围，一般应在 2 000 ℃以内；而对于其他爆破，为提高炸药的做功能力，则要求爆温高一些。

（5）爆压

爆轰产物在爆炸完成的瞬间所具有的压力称为爆压，单位为 MPa。爆炸过程中爆炸产物内的压力是不断变化的，爆压是指爆轰结束时，爆炸产物在炸药初始体积内达到热平衡时的流体静压值。爆压反映炸药爆炸瞬间的猛烈破坏程度。

7.1.2　炸药的起爆与感度

（1）起爆与起爆能

炸药是具有一定稳定性的物质，如果没有任何外部能量的作用，炸药可以保持它的平衡状态。激发炸药爆炸的过程称为起爆。使炸药活化发生爆炸反应所需的活化能称为起爆能或初始冲能。通常，工业炸药的起爆能有热能、机械能、爆炸冲能三种形式。矿用炸药的起爆采用的是爆炸冲能，通常利用雷管或起爆药柱等产生爆炸冲能。

（2）炸药的感度

炸药在外界起爆能作用下发生爆炸反应与否以及发生爆炸反应的难易程度叫做炸药的感度或敏感度，炸药对某些形式起爆能的感度过高，就会在炸药生产、运输、储存、使用过程中造成危险，而使用炸药时，感度过低，就会给使用炸药造成困难。炸药对不同形式的起爆能具有不同的感度。例如，梯恩梯对机械作用的感度较低，但对电火花的感度则较高；将炸药感度区分为热感度、机械感度、冲击波感度，起爆冲能感度和静电火花感度等。

7.1.3　炸药的性能

1）爆速及其影响因素

爆轰波沿炸药装药传播的速度称为爆速。炸药理想爆速主要决定于炸药密度、爆轰产物组成和爆热。实际上炸药是很难达到理想爆速的，炸药的实际爆速都低于理想爆速。爆速除了与炸药本身的化学性质如爆热、化学反应速度有关外，还受装药直径、装药密度和粒度、装药外壳、起爆冲能及传爆条件等影响。

（1）装药直径的影响

理论和试验研究表明，炸药爆速随装药直径 d_c 的增大而提高，实际爆速与理想爆速之间存在以下关系：

$$D=D_H\left(1-\frac{a}{d_c}\right) \tag{7-7}$$

式中　D——炸药的实际爆速；

　　　D_H——炸药的理想爆速；

　　　a——爆轰反应区厚度；

　　　d_c——药柱直径。

图 7-1 表明了爆速随药柱直径变化的关系，当装药直径增大到一定值后，爆速就接近于理想爆速。接近理想爆速的装药直径 d_L 称为极限直径，此时爆速不随装药直径的增大而变化。当装药直径小于极限直径时，爆速将随装药直径减小而减小。当装药直径小到一定值后便不能维持炸药的稳定爆轰，能维持炸药稳定爆轰的最小装药直径称为炸药的临界直径 d_K。炸药在临界直径时的爆速称为炸药的临界爆速。

因此，为保证炸药能稳定爆轰，实际应用中的装药直径必须大于炸药的临界直径。

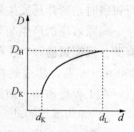

图 7-1　爆速与药柱
直径的关系图

（2）装药密度的影响

对于单质炸药，因增大密度既提高了理想爆速，又减小了临界直径，在达到结晶密度之前，爆速随密度增大而增大。对于混合炸药，增大密度虽然提高理想爆速，但相应地也增大了临界直径。当药柱直径一定时，存在有使爆速达到最大的密度值，这个密度称为最佳密度。超过最佳密度后，再继续增大装药密度，就会导致爆速下降。当爆速下降到临界爆速，或临界直径增大到药柱直径时，爆轰波就不能稳定传播，最终导致熄爆。

（3）炸药粒度的影响

对于同一种炸药，当粒度不同时，化学反应的速度不同，其临界直径、极限直径和爆速也不同。但粒度的变化并不影响炸药的极限爆速。一般情况下，炸药粒度细、临界直径和极限直径减小，爆速增高。但混合炸药中不同成分的粒度对临界直径的影响不完全一样。其敏感成分的粒度越细，临界直径越小，爆速越高；而相对钝感成分的粒度越细，临界直径增大，爆速也相应减小；但粒度细到一定程度后，临界直径又随粒度减小而减小，爆速也相应增大。

（4）装药外壳的影响

装药外壳可以限制炸药爆轰时反应区爆轰产物的侧向飞散，从而减小炸药的临界直径。当装药直径较小时，爆速距理想爆速较大时，增加外壳可以提高爆速，其效果与加大装药直径相同。例如，硝酸铵的临界直径采用玻璃外壳时为 100 mm，而采用 7 mm 厚的钢管时仅为 20 mm。装药外壳不会影响炸药的理想爆速，所以当装药直径较大、爆速已接近理想爆速时，外壳作用不大。

（5）起爆冲能的影响

起爆冲能不会影响炸药的理想爆速，但要使炸药达到稳定爆轰，必须供给炸药足够的起爆能，且激发冲击波速度必须大于炸药的临界爆速。

试验研究表明：起爆能量的强弱，能够使炸药形成差别很大的高爆速或低爆速稳定传播，其中高爆速即是炸药的正常爆轰速度。例如，当梯恩梯的颗粒直径为 1.0～1.6 mm、密度为 1.0 g/cm³、装药直径为 21 mm 时，在强起爆能时爆速为 3 600 m/s，而在弱起爆条件下，爆速仅为 1 100 m/s。

（6）间隙效应

混合炸药（特别是硝铵类混合炸药）细长连续装药，通常在空气中都能正常传爆，但在炮孔内，如果药柱与炮孔孔壁间存在间隙，常常会发生爆轰中断或爆轰转变为爆燃的现象，这种现象称为间隙效应或管道效应。这不仅降低了爆破效果，而且当在瓦斯矿井内进行爆破时，若炸药发生爆燃，将有引起瓦斯爆炸事故的危险。

间隙效应的产生与炸药性能、装药不耦合值（炮眼直径与装药直径之比）和岩石性质有关。根据试验，2 号岩石硝铵炸药在不耦合值为 1.12～1.76 之间时，传播长度在 600～800 mm 左右，超过此长度的装药易产生拒爆。而水胶炸药就没有明显的间隙效应。所以，在工程爆破中，应避免和消除间隙效应。

2）炸药爆炸的动、静作用

一般地讲，炸药都具有动和静两种作用。但不同类型的炸药，这两种作用的表现程度不同。如火炸药几乎不存在动作用，铵油炸药的动作用也较弱；而猛炸药的动作用则表现很明显。此外，同一种炸药，随装药结构、爆炸条件的不同，其动和静两种爆炸作用的表现程度也不同。根据爆破工程要求合理选择炸药或装药结构，首先要了解炸药动作用和静作用特性，以及动、静作用的破坏机理及其表现形式。

为了研究和了解炸药的爆炸性能和对周围介质的破坏能力，合理地利用炸药能量，一般从两方面对炸药进行评价：一是炸药的做功能力或称爆力，二是炸药的冲击能力或称猛度。猛度和爆力分别表示了炸药的动、静作用的强度。

测试炸药爆力的方法有铅铸法、弹道臼炮法、抛掷漏斗法。

7.2　工业炸药与起爆器材

工业炸药指用于矿山、铁道、水利、建材等部门的民用炸药。工业炸药应满足下列基本要求：（1）具有足够的爆炸能量；（2）具有合适的感度，保证使用、运输、搬运等环节的安全，并能被 8 号雷管或其他引爆体直接引爆；（3）具有一定的化学安定性，在储存中不变质、老化、失效甚至爆炸，且具有一定的储存期；　（4）爆炸生成的有毒气体少；（5）原材料来源广，成本低廉，便于生产加工。

7.2.1　工业炸药分类

1）工业炸药按主要化学成分分类

（1）硝铵类炸药。以硝酸铵为主要成分，加上适量的可燃剂、敏化剂及其附加剂的混合炸药均属此类，它是目前国内外工程爆破中用量最大、品种最多的一大类混合炸药。

（2）硝化甘油类炸药。以硝化甘油或硝化甘油与硝化乙二醇混合物为主要爆炸成分的混合炸药均属此类。就其外观状态来说，有粉状和胶质之分；就耐冻性能来说，有耐冻和普通之分。

（3）芳香族硝基化合物类炸药。凡是苯及其同系物，如甲苯、二甲苯的硝基化合物以及苯胺、苯酚和萘的硝基化合物均属此类。例如，梯恩梯（TNT）、二硝基甲苯磺酸钠（DNTS）等。这类炸药在我国工程爆破中用量不大。

（4）液氧炸药。由液氧和多孔性可燃物混合而成的炸药属此类。这类炸药在我国工程爆破中已经不使用了。

2）工业炸药按使用条件分类

第一类：准许在一切地下和露天爆破工程中使用的炸药，包括有瓦斯和矿尘爆炸危险的矿山。

第二类：准许在地下和露天爆破工程中使用的炸药，但不包括有瓦斯和矿尘爆炸危险的矿山。

第三类：只准许在露天爆破工程中使用的炸药。

第一类是安全炸药，又叫做煤矿许用炸药。第二类和第三类是非安全炸药。第一类和第二类炸药每千克炸药爆炸时所产生的有毒气体不能超过安全规程所允许的量。同时，第一类炸药爆炸时还必须保证不会引起瓦斯或煤尘爆炸。

3）起爆药

起爆药是炸药的一大类别，它对机械冲击、摩擦、加热、火焰和电火花等作用都非常敏感，因此，在较小的外界初始冲能（如火焰、针刺、撞击、摩擦等）作用下即可被激发而发展为爆轰。而且起爆药的爆轰成长期很短，借助于起爆药这一特性，可安全、可靠和准确地激发猛炸药，使它达到稳定的爆轰而对外做功。下面为几种常见起爆药的结构成分、性能及适用范围。

（1）雷汞。雷汞 $[Hg(CNO)_2]$ 为白色或灰白色微细晶体，50 ℃以上即自行分解，160～165 ℃时爆炸。雷汞流散性较好，耐压性差（压力超过 50 MPa 即被压死）。干燥雷汞，对撞击、摩擦、火花极敏感；潮湿的或压制的雷汞感度有所降低。工业用雷汞雷管均用铜壳或纸壳，但库存时或使用过程中，应防止雷汞受潮，以免产生拒爆。

（2）氮化铅。氮化铅 $[Pb(N_3)_2]$ 通常为白色针状晶体，它与雷汞、二硝基重氮酚相比较，热感度低，起爆威力大，并且不因潮湿而失去爆炸能力，可用于水下爆破。

（3）二硝基重氮酚。二硝基重氮酚简称 DDNP，分子式为 $C_6H_2(NO_2)_2N_2O$，为黄色或黄褐色晶体，稳定性好，在常温下长期储存于水中仍不降低其爆炸性能。干燥的二硝基重氮酚，在 75 ℃时开始分解，温度升至 170～175 ℃时爆炸。

二硝基重氮酚对撞击、摩擦的感度均比雷汞和氮化铅低，其热感则介于两者之间。二硝基重氮酚的原料来源广，生产工艺简单，安全性好，成本低，且具有良好的起爆性能，目前国产工业雷管主要用二硝基重氮酚做起爆药。

4）单质炸药

单质炸药是指化学成分为单一化合物的猛性炸药。它的敏感度比起爆药低，爆炸威力大，爆炸性能好。工业上常用的单质炸药有 TNT、黑索金和泰安等，常用于做雷管的加强药、导爆索和导爆管的芯药，以及混合炸药的敏化剂等。

（1）梯恩梯（TNT）。学名三硝基甲苯 $[CH_3C_6H_2(NO_2)_3]$，纯净的 TNT 为五色针状结晶，工业生产的粉状 TNT 为浅黄色磷片状物质，其熔融时体积约膨胀 12%。吸湿性弱，几乎不溶于水。热安定性好，常温下不分解，遇火能燃烧，密闭条件下燃烧或大量燃烧时，很快转为爆炸。梯恩梯的机械感度高，若混入细砂类硬质掺合物，则更容易引爆。

工业上多用梯恩梯作为硝铵类炸药的敏化剂。

（2）黑索金（RDX）。学名环三亚甲基三硝铵 [（CH_2）$_3$（NO_2）$_3$]，白色晶体，不吸湿，几乎不溶于水，热安定性好，其机械感度比 TNT 高。由于其爆炸威力大、爆速大，工业上多用黑索金做雷管的加强药和导爆索芯药等。

（3）泰安（PETN）。学名季戊四醇四硝酸酯 [C（CH_2NO_3）$_4$]，白色晶体，泰安的爆炸性能与黑索金相似，用途也相同。

5）混合炸药

（1）铵梯炸药

铵梯炸药的主要成分是硝酸铵和梯恩梯（TNT）。硝酸铵是氧化剂；梯恩梯是还原剂，又是敏化剂。少量木粉起疏松作用，可以阻止硝酸铵颗粒之间的黏结。

硝酸铵是一种白色结晶、具有爆炸性成分的物质，经强力起爆后爆速可达 2 000～3 000 m/s，爆力为 165～230 mL。硝酸铵也是一种化学肥料，来源广，价格低。硝酸铵非常容易吸潮变硬，固结成块体。当使其温度迅速加热到 400～500 ℃时，硝酸铵分解并产生爆炸。梯恩梯是负氧平衡物质，同硝酸铵配合后可获得零氧平衡或接近零氧平衡的铵梯炸药，价格也比较便宜，配制后的炸药的爆轰性能也得到改善，具有足够的威力，可被工业雷管起爆。木粉的作用有两方面：其一作为可燃剂，与氧化剂中分解出来的氧进行氧化反应，生成气体氧化物，放出热量；其二作为疏松剂，依靠自身的弹性，调节炸药密度，起疏松作用，并防止硝酸铵发生结块。

铵梯炸药根据其用途不同可分为岩石硝铵炸药和露天硝铵炸药和煤矿许用硝铵炸药等类型。岩石硝铵炸药的组分及技术规格见表 7-1。

表 7-1　岩石硝铵炸药的组分及技术规格

	组成、性能及爆炸参数	1号岩石硝铵炸药	2号岩石硝铵炸药	2号抗水岩石硝铵炸药	3号抗水岩石硝铵炸药	4号抗水岩石硝铵炸药
组成成分	硝酸铵/%	82±1.5	85±1.5	84±1.5	86±1.5	81.2±1.5
	梯恩梯/%	14±1	11±1	11±1	7±1	18±1
	木粉/%	4±0.5	4±0.5	4.2±0.5	6±0.5	
	沥青/%			0.4±0.1	0.5±0.1	0.4±0.1
	石蜡/%			0.4±0.1	0.5±0.1	0.4±0.1
	密度/g·cm^{-3}	0.95～1.1	0.95～1.1	0.95～1.1	0.9～1	0.95～1.1
爆炸性能	爆速/m·s^{-1}		3 600	3 750		
	爆力/mL	350	320	320	280	360
	猛度/mm	13	12	12	10	14
	殉爆距离/cm	6	5	5	4	8
爆炸参数	氧平衡值/%	+0.52	+3.38	+0.37	+0.71	+0.43
	比容/L·kg^{-1}	912	924	921	931	902
	爆热/kJ·kg^{-1}	4 078	3 688	3 512	3 877	4 216
	爆压/MPa			3 306	3 587	

　　在工业炸药中，铵梯炸药是比较安全的。它对撞击、摩擦等比较钝感，用火焰和火星不太容易点燃它。但当它受到强烈的撞击、摩擦和铁制工具的敲打时，也能引起爆炸。在大气中裸露的少量铵梯炸药，不致由燃烧转为爆炸。但如放在封闭的容器里，遇到火源就很容易由燃烧转为爆炸。

　　铵梯炸药很容易从空气中吸潮，含有食盐时，吸潮性更强。吸潮结块的炸药爆炸时生成的有毒气体量显著增加。

　　（2）铵油炸药

　　铵油炸药是一种无梯炸药。最广泛使用的一种铵油炸药是含 94％ 粒状硝酸铵和 6％ 轻柴油的氧平衡混合物，它是一种可以自由流动的产品。为了减少炸药的结块现象，也可适量加入木粉作为疏松剂。最适合做成炸药用的粒状硝酸铵密度范围在 1.40～1.50 g/cm³ 之间。常使用两个品种的硝酸铵，一种是细粉状结晶的硝酸铵，另一种是多孔粒状硝酸铵。后者表面充满空穴，吸油率较高，松散性和流动性都比较好，不易结块，适用于机械化装药，多用于露天矿深孔爆破；前者则多用于地下矿山。

　　铵油炸药在炮孔中的散装密度取决于混合物中粒状硝酸铵自身的密度和粒度大小，一般为 0.78～0.85 g/cm³。

　　（3）铵松蜡炸药

　　铵梯炸药和铵油炸药的优点虽然非常突出，然而所含硝酸铵易溶于水或从空气中吸潮而失效，因此限制了这两类炸药的使用范围。在研制抗水硝铵类炸药方面，当前国内外主要采取两个不同的途径。其一是用增水性物质包裹硝酸铵颗粒，其二是用溶于水的胶凝物来制造抗水性强的含水炸药。铵松蜡炸药和与其结构原理、性能都相似的铵沥蜡炸药均属于前者。

　　铵松蜡炸药由硝酸铵、松香、石蜡和木粉组成，也可添加适量柴油。硝酸铵和木粉的性质与作用如前所述，松香和石蜡则作为还原剂和防水剂。铵松蜡炸药的爆炸性能良好，能接近 2 号岩石硝铵炸药，适用于中硬以上岩石的爆破。铵松蜡炸药的突出优点是防潮抗水能力强，在雨季或潮湿环境下，敞露在空气中一段时间后，铵松蜡不会因吸湿潮解而失效。

　　铵松蜡炸药的缺点是有毒气体生成量偏高，在井下生产条件下，它的有毒气体生成量为 2 号岩石硝铵炸药的 1.4 倍左右。

　　（4）含水炸药

　　含水硝铵类炸药包括浆状炸药、水胶炸药和乳化炸药等。它们的共同特点是：抗水性强，可用于水中爆破。抗水性强的原因，在于将氧化剂溶解成硝酸盐水溶液，当其饱和后，便不再吸收水分，起到以水抗水的作用。

　　① 浆状炸药

　　浆状炸药是以硝酸铵为主体成分的浆糊状含水炸药。

　　a. 氧化剂水溶液。浆状炸药的氧化剂主要采用硝酸铵，有时可加入少量硝酸钾或硝酸钠。制造浆状炸药时，将硝酸铵溶解于水中成为饱和水溶液，可使氧化剂同还原剂的混合更均匀，接触更良好，提高炸药密度并使炸药的爆炸性能得到改善。由于密度高（可达1.65 g/cm³），体积威力大而起爆感度下降，故须配一定数量敏化剂。水分在浆状炸药中虽然起重要作用，但因爆炸时水分汽化热的损失大，故炸药最大做功能力随水分含量的上升而下降。经验表明，水分含量以 10%～20% 为适宜。

b. 敏化剂。浆状炸药含水使起爆感度下降，为了使它能够顺利起爆，需加入敏化剂以提高其起爆感度。敏化剂可分为下列几类：猛炸药，如梯恩梯、硝化甘油等；金属粉，如铝粉、镁粉等；柴油等可燃物；发泡剂，如亚硝酸钠等。

c. 胶凝剂。在浆状炸药中，胶凝剂起增稠作用，使浆状炸药中不溶于水的固体颗粒呈悬浮状态从而将氧化剂水溶液、不溶水的敏化剂颗粒和其他组分胶结在一起。胶凝剂使浆状炸药保持应有的理化性质和流变特性，并赋予浆状炸药以抗水性能。

浆状炸药的突出优点是：抗水性强、适合于水孔爆破；炸药密度大，又有一定流动性，能充满整个炮孔，炸药的爆破作用增强，适用于坚硬岩石爆破；制造使用安全；原料来源广，成本低。浆状炸药适用于无瓦斯和煤尘爆炸危险的工作面。

一般的浆状炸药属于非雷管敏感型，即不能只用一只 8 号雷管起爆，而需要用猛炸药制作的起爆药包来起爆。

② 水胶炸药

水胶炸药是在浆状炸药的基础上发展起来的含水炸药。它也是由氧化剂（硝酸铵为主）的水溶液、敏化剂（硝酸甲胺、铝粉等）和胶凝剂等基本成分组成的含水炸药。由于它采用了化学交联技术，故呈凝胶状态。水胶炸药与浆状炸药的主要区别在于用硝酸钾铵这种水溶性的敏化剂取代或部分取代了猛炸药，因而使爆轰感度大为增加，并且有威力高、安全性好、抗水性强、价格低廉等优点。可用于井下小直径（35 mm）炮眼爆破，尤其适用于井下有水而且坚硬岩石中的深孔爆破。非安全型水胶炸药适用于无瓦斯和煤尘爆炸危险的工作面，安全型水胶炸药可用于有瓦斯和煤尘爆炸危险的爆破工作面。

③ 乳化炸药

乳化炸药也称乳胶炸药，是在水胶炸药的基础上发展起来的一种新型抗水炸药。它由氧化剂水溶液、燃料油、乳化剂、稳定剂、敏化发泡剂、高热剂等成分组成。它跟浆状炸药和水胶炸药不同，属于油包水型结构，而后二者属于水包油型结构。乳化炸药的主要成分如下：

a. 氧化剂水溶液。通常可采用硝酸铵和硝酸钠的过饱和水溶液做氧化剂，它在乳化炸药中所占的重量百分率可达 80%～95%。加入硝酸钠的目的主要是要降低"析晶"点。

b. 燃料油。使用黏度合适的石油产品与氧化剂配成零氧平衡，可提供较多的爆炸能。以选用柴油同石蜡或凡士林的混合物使其黏度为 3.1 为宜。油蜡质微粒能使炸药具有优良的抗水性。

c. 乳化剂。乳化炸药的基质是油包水型的乳化液。石蜡、柴油构成的极薄油膜覆盖于硝酸盐过饱和水溶液的微滴的外表。本来水同油是互不相溶的，但是在乳化剂作用下它们互相紧密吸附，形成的乳状液具有很高的比表面积并使氧化剂同还原剂的耦合程度增强。油包水型粒子的尺寸非常微细，一般为 2 μm 左右，因而极有利于爆轰反应。具有一定黏性的油蜡物质互相连接，形成"外相"（油相）。

d. 敏化剂。乳化炸药同浆状炸药和水胶炸药一样，同属含水炸药。为保证炸药的起爆感度，必须采用较理想的敏化剂。爆炸物成分、金属（铝、镁）粉、发泡剂或空心微珠都可以作为敏化剂。空心玻璃微珠、空心塑料微珠或膨胀珍珠岩粉等密度降低材料能够长久保持微细气泡，故多被用于商品乳化炸药。

（5）煤矿许用炸药

① 煤矿许用炸药特点

一般地说，允许用于有瓦斯和煤尘爆炸危险的炸药应该具有如下特点：

a. 能量要有一定的限制，其爆热、爆温、爆压和爆速都要求低一些，爆炸后不致引起矿井大气的局部高温，这样可使瓦斯、煤尘的发火率降低。

b. 应有较高的起爆敏感度和较好的传爆能力，以保证其爆炸的完全性和传爆的稳定性，这样可使爆炸产物中未反应的炽热固体颗粒量大大减少，从而提高其安全性。

c. 有毒气体生成量应符合国家规定，其氧平衡应接近于零。一般地说，正氧平衡的炸药在爆炸时易生成氧化氮等易引起瓦斯发火的物质。而负氧平衡的炸药，爆炸反应不完全，会增加未反应的炽热固体颗粒，容易引起二次火焰，不利于防止瓦斯发火。

d. 组分中不能含有金属粉末，以防爆炸后生成炽热固体颗粒。为使炸药具有上述特性，煤矿许用炸药组合中添加了一定量的消焰剂——食盐、氯化铵或其他物质。

② 煤矿许用炸药的常用种类

根据炸药的组成和性质，煤矿许用炸药可分为五类。

a. 粉状硝酸铵类许用炸药。通常以梯恩梯为敏感剂，多为粉状，表 7-2 中叙述的各种均属此类。

表 7-2 煤矿硝铵类许用炸药的组成、性能与爆炸参数计算值

组成、性能与爆炸参数计算值		1 号煤矿硝铵炸药	2 号煤矿硝铵炸药	3 号煤矿硝铵炸药	1 号抗水煤矿硝铵炸药	2 号抗水煤矿硝铵炸药	3 号抗水煤矿硝铵炸药	2 号煤矿铵油炸药	1 号抗水煤矿铵沥蜡炸药
组成	硝酸铵/%	68±1.5	71±1.5	67±1.5	68.6±1.5	72±1.5	67±1.5	78.2±1.5	81.0±1.5
	梯恩梯/%	15±0.5	10±0.5	10±0.5	15±0.5	10±0.5	10±0.5	—	—
	木粉/%	2±0.5	4±0.5	3±0.5	1±0.5	2.2±0.5	2.6±0.5	3.4±0.5	7.2±0.5
	食盐/%	15±1.0	15±1.0	20±1.0	15±1.0	15±1.0	20±1.0	15±1.0	10±0.5
	沥青/%	—	—	—	0.2±0.05	0.4±0.1	0.2±0.05	—	0.9±0.1
	石蜡/%	—	—	—	0.2±0.05	0.4±0.1	0.2±0.05	—	0.9±0.1
	轻柴油/%	—	—	—	—	—	—	3.4±0.5	—
性能	水分（不大于）/%	0.3	0.3	0.3	0.3	0.3	0.3	0.3	0.3
	密度（不小于）/g·cm⁻³	0.95～1.10	0.95～1.10	0.95～1.10	0.95～1.10	0.95～1.10	0.95～1.10	0.95～1.10	0.95～1.10
	猛度（不小于）/mm	12	10	10	12	10	10	8	8

组成、性能与爆炸参数计算值		1号煤矿硝铵炸药	2号煤矿硝铵炸药	3号煤矿硝铵炸药	1号抗水煤矿硝铵炸药	2号抗水煤矿硝铵炸药	3号抗水煤矿硝铵炸药	2号煤矿铵油炸药	1号抗水煤矿铵沥蜡炸药
性能	爆力（不小于）/mL	290	250	240	290	250	240	230	240
	殉爆距离/mm 浸水前不小于	6	5	4	6	4	4	3	3
	殉爆距离/mm 浸水后不小于	—	—	—	4	3	2	2	2
	爆速/m·s^{-1}	35 039	3 600	3 262	3 675	3 600	3 397	3 269	2 800

b. 许用含水炸药。这类炸药包括许用乳化炸药和许用水胶炸药。前者在我国尚处于发展阶段，多数是二、三级品，少数可达四级煤矿许用炸药的标准。这类炸药是近十几年来发展起来的新型许用炸药。由于它们组分中含有较大量的水，爆温较低，有利于安全，同时调节余地较大，因此有极好的发展前景。

c. 离子交换炸药。含有硝酸钠和氯化铵的混合物，称为交换盐或等效混合物。在通常情况下，交换盐比较安定，不发生化学变化，但在炸药爆炸的高温高压条件下，交换盐就会发生反应，进行离子交换，生成氯化钠和硝酸铵。可作为消焰剂高度弥散在爆炸点周围，有效地降低爆温和抑制瓦斯燃烧。与此同时生成的硝酸铵，则作为氧化剂加入爆炸反应。

d. 被筒炸药。用含消焰剂较少，爆轰性能较好的煤矿硝铵炸药做药芯，其外再包裹一个用消焰剂做成的"安全被筒"，这样的复合炸药，就是通常所说的被筒炸药。当被筒炸药的药芯爆炸时，安全被筒的食盐被爆碎，并在高温下形成一层食盐薄雾，笼罩着爆炸点，更好地发挥消焰作用。因而这种炸药可用在瓦斯与煤尘突出矿井。被筒炸药的消焰剂含量可高达5%。

e. 当量炸药。盐量分布均匀，而且安全性与被筒炸药相当的炸药称为当量炸药。当量炸药的含盐量要比被筒炸药高，爆力、猛度和爆热远比被筒炸药低。

7.2.2　起爆器材

为了利用炸药爆炸的能量，必须采用一定的器材和方法，使炸药按照工程需要的先后顺序，准确而可靠地发生爆轰反应。用于使炸药获得必要引爆能量的器材叫做起爆器材。

1）雷管

通常工程爆破都是采用雷管直接引爆炸药。根据引爆方式和起爆能源的不同，雷管种类有火雷管、电雷管、导爆管、毫秒雷管等几种形式。其中使用最广泛的是电雷管。

(1) 火雷管

火雷管又称为普通雷管，它是通过火焰来引爆雷管中的起爆药，使雷管爆炸，由雷管的爆炸能再激起炸药的爆炸。火雷管由管壳、起爆药、加强药和加强帽组成，如图 7-2 所示。

① 管壳。通常用金属（铜、铝、铁）、纸或塑料制成圆管状，使雷管各部分连成一个整体。管壳具有一定的机械强度，可以保护起爆药和加强药不直接受到外部能量的作用，同时又可为起爆药提供良好的封闭条件。金属管壳一端开口供插入导火索，另一端封闭，冲压成聚能穴［图 7-2 (a)］。纸管壳则为两端开口，先将加强药一端压制成圆锥形状或半球形凹穴，再在凹穴表面涂上防潮剂［图 7-2 (b)］。

② 起爆药和加强药。起爆药是火雷管组成的关键部分，它在火焰作用下发生爆轰。我国目前采用二硝基重氮酚（DDNP）作起爆药。通常的起爆药虽敏感，但爆炸威力低，为使雷管爆炸后有足够的爆炸能起爆炸药，雷管中除装起爆药外，还装有加强药，加强雷管的起爆能力。加强药一般采用猛炸药装填。我国火雷管中加强药分二次装填，第一遍药压装钝化黑索金，钝化目的是降低机械感度和便于成型。第二遍药是未经钝化处理的黑索金，其目的是提高感度，容易被起爆药引爆。

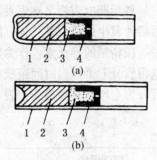

图 7-2 火雷管构造

(a) 金属壳火雷管；
(b) 纸壳火雷管
1——管壳；2——加强药；
3——起爆药；4——加强帽

③ 加强帽。它是中心带有直径 $1.9\sim2.1$ mm 小孔的金属（钢或铁镀铜）罩，中间的小孔为传火孔，导火索产生的火花通过小孔点燃起爆药。加强帽可以起到防止起爆药飞散掉落及阻止爆炸产物飞散，维持爆炸产物压力，加强起爆能力的作用。同时，也能起到防潮作用和提高压药使用时的安全性。

通常雷管底部设有聚能穴，起定向增加起爆能力的作用。

(2) 电雷管

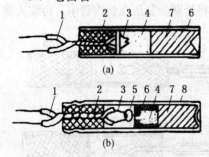

图 7-3 瞬发电雷管

(a) 直插式；(b) 药头式
1——脚线；2——密封塞；3——桥丝；
4——起爆药；5——引火药头；
6——加强帽；7——加强药；
8——管壳

电雷管是用电能引爆的一种起爆器材。常用的有瞬发电雷管、延期电雷管以及特殊电雷管等。延时电雷管根据所延时的单位不同，又分为以秒为单位的秒延期电雷管和以毫秒为单位的毫秒电雷管（又称微差电雷管）。

① 瞬发电雷管

瞬发电雷管是在起爆电流足够大的情况下通电起爆的一种电雷管。它由火雷管与电点火装置组合而成，如图 7-3 所示。结构上分药头式和直插式两种。药头式［图 7-3 (b)］的电点火装置包括脚线（国产电雷管采用多股铜线或镀锌铁线用聚氯乙烯绝缘），桥丝（有康铜丝和镍铬丝）和引火药头；直插式［图 7-3 (a)］的电点火装置没有引火药头，桥丝直接插入起爆药内，并取消加强帽。

电点火装置用灌硫磺或用塑料塞卡口的方式密闭在火雷管内。

电雷管作用原理是，电流经脚线输送通过桥丝，由电阻产生热能点燃引火药头（药头式）或起爆药（直插式）。一旦引燃后，即使电流中断，也能使起爆药和加强药爆炸。

② 秒延期电雷管

秒延期电雷管又称迟发雷管，即通电后不立即发生爆炸，而是要经过以秒量计算的延时后才发生爆炸。其结构（图 7-4）特点是，在瞬发电雷管的点火药头与起爆药之间，加了一段精制的导火索，作为延期药。依靠导火索的长度控制秒量的延迟时间。国产秒延期电雷管分七个延迟时间组成系列。这种延迟时间的系列，称为雷管的段别，即秒延期电雷管分为七段，其规格列于表 7-3 中。

表 7-3　国产秒延期电雷管的延迟时间

雷管段别	1	2	3	4	5	6	7
延迟时间/s	$\leqslant 0.1$	1.0 ± 0.5	2.0 ± 0.6	3.1 ± 0.7	4.3 ± 0.8	5.6 ± 0.9	7 ± 1.0
标志（脚线颜色）	灰兰	灰白	灰红	灰绿	灰黄	黑蓝	黑白

秒延期电雷管分整体壳式和两段壳式。整体壳式是由金属管壳将点火装置、延期药和普通火雷管装成一体，如图 7-4（a）所示；两段壳式的电点火装置和火雷管用金属壳包裹，中间的精制导火索露在外面，三者连成一体，如图 7-4（b）所示。包在点火装置外面的金属壳在药头旁开有对称的排气孔，其作用是及时排泄药头燃烧所产生的气体。为了防潮，排气孔用蜡纸密封。

③ 毫秒延期电雷管

毫秒延期电雷管又称微差电雷管或毫秒电雷管。通电后，以毫秒量级的间隔时间延迟爆炸，延期时间短，精度也较高。因此，不能用导火索，而是用氧化剂、可燃剂和缓燃剂的混合物作延时药，并通过调整其配比达到不同的时间间隔。国产毫秒电雷管的结构有装配式[图 7-5（a）]和直填式［图 7-5（b）］。装配式是先将延期药装压在长内管中，再装入普

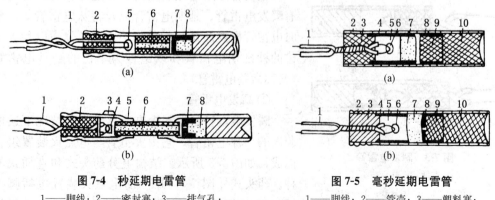

图 7-4　秒延期电雷管

1——脚线；2——密封塞；3——排气孔；
4——引火药头；5——点火部分管壳；6——精制导
火索；7——加强帽；8——起爆药

图 7-5　毫秒延期电雷管

1——脚线；2——管壳；3——塑料塞；
4——长内管；5——气室；6——引火药头；
7——压装延期药；8——加强帽；
9——起爆药；10——加强药

通雷管。长内管的作用是固定和保护延期药，并作为容纳延期药燃烧时所产生气体的气室，以保证延期药在压力基本不变的情况下稳定燃烧。直填式则将延期药直接装入普通雷管，反扣长内管。

部分国产毫秒电雷管各段别延期时间见表 7-4，其中第一系列为精度较高的毫秒电雷管；第二系列是目前生产中应用最广泛的一种；第三、四系列，段间延迟时间为 100 ms、300 ms，实际上相当于小秒量秒延期电雷管；第五系列是发展中的一种高精度短间隔毫秒电雷管。

表 7-4　部分国产毫秒电雷管的延期时间

段别	第一系列	第二系列	第三系列	第四系列	第五系列
1	<5	<13	<13	<13	<14
2	25±5	25±10	100±10	300±20	10±2
3	50±5	50±10	200±20	600±40	20±3
4	75±5	1 520±75	300±20	900±50	30±4
5	100±15	100±15	400±30	1 200±60	45±6
6	125±5	150±20	500±30	1 500±70	60±7
7	150±5	2 025±200	600±40	1 800±80	80±10
8	175±5	250±25	700±40	2 100±90	110±15
9	200±5	310±30	800±40	2 400±100	150±20
10	225±5	380±35	900±40	2 700±100	200±25
11		460±40	1 000±40	3 000±100	
12		550±45	1 100±40	3 300±100	
13		655±50			
14		760±55			
15		880±60			
16		1 020±70			
17		1 200±90			
18		1 400±100			
19		1 700±130			
20		2 000±150			

④ 抗杂散电流电雷管

抗杂散电流电雷管主要有无桥丝电雷管、低阻率桥丝电雷管、电磁雷管三种形式。无桥丝电雷管是在电雷管的电点火元件中取消桥丝，使脚线直接插在点火药头上，点火药中加入一定导电成分，当脚线两端电压较小时，点火药电阻很大，电流很小，点火药升温小，不足以引起点火药燃烧；当电压很大时，电流很小，点火药电阻减小，电流大，点火药升温高，被点燃，雷管被引爆，这种雷管在杂散电流影响下不会被引爆，此外还有利用电极的高压放电来点燃点火药的无桥丝电雷管。低阻率桥丝电雷管的雷管桥丝电阻较低，需增大桥丝直径或长度，故只有大电流才能引爆雷管。电磁雷管的脚线绕在一个环状磁芯上呈闭合回路，爆破时将单根导线穿过环状磁芯，用其两端接至高频发爆器，高频电流由环状磁芯产生感应电流引爆雷管，故这种雷管不会受到杂散电流的影响。

⑤ 安全电雷管

在有瓦斯的工作面爆破时，为避免可能因雷管爆炸引燃瓦斯，应采用安全电雷管。在安全方面，通常对安全电雷管采取如下措施：不允许使用铁壳或铝壳；不允许使用聚乙烯绝缘爆破线，只能采用聚氯乙烯绝缘爆破线；在加强药中加入消焰剂，控制其爆温、火焰长度和火焰延续时间；雷管底部不做窝槽，改为平底，防止聚能穴产生的聚能流引燃瓦斯；采用燃烧温度低、生成气体量少的延期药，并加强延期药燃烧室的密封，防止延期药燃烧时喷出火焰引燃瓦斯的可能性；加强雷管管壁的密封。

在有瓦斯的工作面爆破时，不准采用秒延期电雷管，而且爆破时电雷管爆破的总延迟时间最大不得超过 130 ms。因此，安全电雷管只有瞬发和延期在 130 ms 以内的毫秒电雷管。

⑥ 无起爆药雷管

普通的工业雷管均装有对冲击、摩擦和火焰感度都很高的起爆炸药，常常使得雷管在制造、储存、装运和使用过程中产生爆炸事故。国内近年研制成功的无起爆药雷管，它的结构与原理和普通工业雷管一样，只是用一种对冲击和摩擦感度比常用的起爆药低的猛炸药来代替起爆药，大大提高了雷管在制造、储存、装运和使用过程中的安全性，而起爆性能并不低于普通工业雷管。国内目前已生产有电的和非电的无起爆药毫秒延期雷管，如图 7-6 所示。

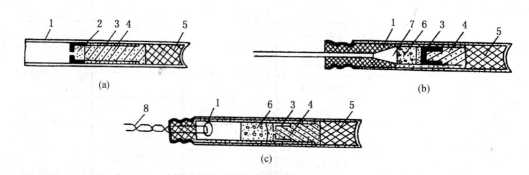

图 7-6　无起爆药雷管结构

（a）无起爆药火雷管；（b）无起爆药非电延期雷管；（c）无起爆药电延期雷管
1——雷管壳；2——点火药；3——起爆元件；4——低密度猛炸药；
5——加强药；6——延期药；7——气室；8——脚线

为保证电雷管的安全起爆和进行电爆网路计算，需要确定电雷管主要性能参数，这些性能参数有雷管电阻、最大安全电流、最小发火电流、6 ms 发火电流、100 ms 发火电流、雷管反应时间、发火冲能和雷管的起爆能力等。这些性能参数也是检验电雷管的质量，选择起爆电源和测量仪表的依据。

① 电雷管全电阻。它是指每发电雷管的桥丝电阻与脚线电阻之和，是进行电爆网路计算的基本参数。

② 最大安全电流。给电雷管通以恒定直流电，5 min 内不致引爆雷管的电流最大值，叫做最大安全电流，又称工作电流。此电流值供选择测量电雷管的仪表时参考，仪表的工作电流不能超过此值。国产电雷管的最大安全电流，康铜桥丝为 0.3~0.55 A，镍铬合金桥丝为 0.125 A。按规定，取 0.03 A 作为设计采用的最大安全电流值，故一切测量电雷管的仪表，其工作电流不得大于此值。还需指出，杂散电流的允许值也不应超过此值。

③ 最小发火电流。给电雷管通以恒定的直流电，能准确地引爆雷管的最小电流值，称为电雷管的最小发火电流，一般不大于 0.7 A。若通入的电流小于最小发火电流，即使通电时间较长，也难以保证可靠地引爆电雷管。

④ 6 ms 发火电流。在有瓦斯的工作面爆破时，为保证安全，爆破通电时间不能超过 6 ms。通电 6 ms 能引爆电雷管的最小电流强度为 6 ms 发火电流。

⑤ 100 ms 发火电流。通电时间为 100 ms，能引爆电雷管的最小电流强度称为 100 ms 发火电流。

⑥ 电雷管的反应时间。电雷管从通入最低准爆电流开始到引火头点燃的这一时间，称为电雷管的点燃时间 t_B；从引火头点燃开始到雷管爆炸的这一时间，称为传导时间 θ_B。t_B 与 θ_B 之和称为电雷管的反应时间。t_B 决定于电雷管的发火冲能的大小，合理的 θ_B 可为敏感度有差异的电雷管成组齐爆提供条件。

⑦ 发火冲能。电雷管在点燃 t_B 时间内，每欧姆桥丝所提供的热能，称为发火冲能。在 t_B 内，若通过电雷管的直流电流为 I，则发火冲能为：

$$K_B = 2It_B \tag{7-8}$$

发火冲能与通入电流值的大小有关，电流愈小，散热损失愈大。当电流值趋于最大安全电流时，发火冲能趋于无穷大；反之，热能损失小。电流增至无穷大时的发火冲能，称为最小发火冲能。发火冲能是电流起始能的最低值，又称点燃起始能。

发火冲能是表示电雷管敏感度的重要特性参数。一般用发火冲能的倒数作为电雷管的敏感度。设电雷管的敏感度为 B，则其表达式为：

$$B = 1/K_B \tag{7-9}$$

2）导爆索

导爆索是以黑索金或泰安为药芯，以棉线、麻线或人造纤维为被覆材料的传递爆轰波的一种索状起爆器材。导爆索的结构与导火索相似，不同之处在于导爆索用黑索金或泰安作芯药，而不是黑火药。索心中有 3 根芯线，芯线外有 3 层棉纱和纸条缠绕，并有 2 层防潮层。最外层表面涂成红色作为与导火索相区别的标志。

根据使用条件不同，导爆索分为三类：一类是普通导爆索，另一类是安全导爆索，第三类是油井导爆索。普通导爆索是目前生产和使用最多的一种导爆索，它有一定的抗水性，能直接引爆工业炸药；安全导爆索爆轰时火焰很小，温度较低，不会引爆瓦斯和煤尘；油井导爆索专门用以引爆油井射孔弹，其结构与普通导爆索相似。为了保证在油井内高温、高压条件下的爆轰性能和起爆能力，油井导爆索增强了塑料涂层，并增大了索芯药量和密度。

导爆索的品种及其主要性能参数和用途见表 7-5。

表 7-5　导爆索的品种、性能和用途

名称	外表	外径/mm	药量/g·m⁻¹	爆速/g·m⁻¹	用途
普通导爆索	红色	≤6.2	12～14	≥6 500	露天或无瓦斯和矿尘爆炸危险的井爆破作业
安全导爆索	红色		12～14	≥6 000	有瓦斯和矿尘爆炸危险的井爆破作业
有枪身油井导爆索	蓝或绿	≤6.2	18～20	≥6 500	油井、深水中爆炸作业
无枪身油井导爆索	蓝或绿	≤7.5	32～34	≥6 500	油井、深水、高温的爆破作业

7.3　起 爆 方 法

利用起爆器材,并辅以一定的工艺方法引爆炸药的过程就叫做起爆。起爆所采用的工艺、操作和技术的总和叫做起爆方法。现行的起爆方法主要分成两大类:一类是电起爆法,另一类是非电起爆法。采矿工程爆破常用电能来起爆工业炸药,即电力起爆法。

7.3.1　电力起爆法

利用电雷管通电后起爆产生的爆炸能引爆炸药的方法称为电力起爆法。它是通过由电雷管、导线和起爆电源三部分组成的起爆网路来实施的。

1) 导线

根据导线在起爆网路中的不同位置划分为脚线、端线、连接线、区域线(支线)和主线(母线)。

雷管出厂就带有绝缘脚线;端线是用来接长或替换原雷管脚线,使之能引出炮孔口的导线,或用来连接同一串联组即将炮孔内雷管脚线引出孔外的部分;连接线用来连接各串联组或各并联组;区域线是指连接连接线至主线之间的导线;主线是指连接电源与区域线的导线,因它不在崩落范围内,一般用动力电缆或专设的爆破电缆,可多次重复使用。

2) 起爆电源

起爆电源指引爆电雷管所用的电源。直流电、交流电和其他脉冲电源都可做起爆电源,如干电池、蓄电池、照明线、动力线以及专用的发爆器等。煤矿常用的是防爆型发爆器和 220 V 或 380 V 交流电源。

(1) 220 V 或 380 V 交流电源。这种电源的电流强度大,因此在电爆网路中的雷管数量多,网路连接复杂,需要总电流强度大时应用较多。按规定,煤矿井下爆破不能用这种电源,只能用于无瓦斯的井筒工作面和露天爆破。

采用交流电源时,必须在爆破的安全地点设置爆破接线盒。接线盒应满足:① 设置电源开关刀闸和爆破刀闸两个开关,且都必须是双刀双掷刀闸;② 设置指示灯,当电源开关刀闸合上以后，指示灯发光表明电源接通；③ 在煤矿立井施工中，在接近和通过瓦斯煤层时，在接线盒上应设置毫秒限时开关。

为提高交流电源的起爆能力，可采用三相交流全波整流技术，将三相交流电源变成直流电源，并提高电源的输出电压。

（2）发爆器。发爆器有发电机式和电容式两种。前者是手提发电机；后者是用干电池变流升压对主电容充电，然后对电爆网路放电引爆电雷管。目前多采用电容式发爆器，其外部是防爆外壳，电路元件及开关都应装在防爆外壳内，以防电路系统的触电火花引燃瓦斯，确保爆破时安全。非防爆型的发爆器不必采用防爆外壳，如在金属矿等煤矿以外的其他地点使用的发爆器可用非防爆型。部分国产电容式发爆器的性能指标列于表 7-6 中。

表 7-6　部分国产矿用电容式发爆器性能指标

型号	引爆能力/ 发	峰值电压/ V	主电容量/ μF	输出冲能/ $A^2 \cdot ms$	供电时间/ ms	最大外阻/ Ω
MFB-80A	80	950	40×2	27	4～6	260
MFB-100	100	1 800	20×4	25	2～6	320
MFB-100/200	100	1 800	20×4	24	2～6	340/720
MFB-100	100	1 800	20×4	≥18	4～6	320
MFB-150	150	800～1 100	40×3	—	3～6	470
MFB-100	100	900	40×2	25	3～6	320
MFB-100	100	900	40×2	>30	3～6	320
FR$_{82}$-150	150	1 800～1 900	30×4	>20	2～6	470
YJQL-1000	4 000	3 600	500×8	2 347	—	104/600

3）电雷管的串联准爆条件和准爆电流

工业爆破中，经常是多个电雷管同时引爆，需要将电雷管串联一起引爆。实际上，生产出的每个电雷管的电性能参数是有差异的，特别是桥丝电阻、发火冲能和传导时间的差异，对电雷管的引爆影响最大。

为了保证串联网路中每个电雷管都被引爆，必须满足以下准爆条件：最敏感的电雷管爆炸之前，最钝感的电雷管必须被点燃，即最敏感的电雷管的爆发时间 t_{min}，必须大于或等于最钝感电雷管的点燃时间 t_{Bmax}。

$$t_{min} = t_{Bmin} + \theta_{min} \geqslant t_{Bmax} \tag{7-10}$$

式中　t_{Bmin}——最敏感电雷管的点燃时间；

　　　θ_{min}——电雷管传导时间差异范围的最小值；

　　　t_{Bmax}——最钝感电雷管的点燃时间。

根据式（7-10），可以得到按直流电源起爆、交流电源起爆和电容式发爆器起爆三种情况下的准爆条件。

（1）直流电源起爆时，其准爆条件为：

$$I_{DC} \geqslant \sqrt{\frac{K_{Bmax} - K_{Bmin}}{\theta_{min}}} \geqslant 2I_{100} \tag{7-11}$$

式中　I_{DC}——直流串联准爆电流；

　　　　K_{Bmax}——最钝感雷管的标称发火冲能；

　　　　K_{Bmin}——最敏感雷管的标称发火冲能；

　　　　θ_{min}——电雷管传导时间差异范围的最小值；

　　　　I_{100}——百毫秒发火电流。

　　工业电雷管直流串联准爆电流的标准为：串联 20 发电雷管，康铜桥丝时，不大于 2 A；镍铬桥丝时，不大于 1.5 A。这个标准可以使电雷管的串联准爆性能有一定保证。但是要保证串联网路中每个电雷管都被引爆，还需要符合准爆条件。例如，阜新十二厂生产的康铜桥丝瞬发雷管，其标称发火冲能上限是 19 A²·ms，下限是 9 A²·ms；传导时间最大值是 4.9 ms，最小值是 2.1 ms；百毫秒发火电流为 0.75 A，按直流串联准爆条件计算的准爆电流应不小于 2.18 A。若不进行串联准爆条件验算，只按工业电雷管串联准爆电流标准 2 A 来引爆，就不能保证所有电雷管都被引爆。

　　（2）交流电源引爆时，其准爆条件为：

$$I_{AC} \geqslant \sqrt{\frac{K_{smax} - K_{smin}}{\theta_{min} \pm \frac{1}{\omega} \sin \omega \cdot \theta_{min}}} \tag{7-12}$$

式中　I_{AC}——交流串联准爆电流强度，A；

　　　　K_{smax}——最钝感电雷管标称发火冲能，A²·ms；

　　　　K_{smin}——最敏感电雷管标称发火冲能，A²·ms；

　　　　θ_{min}——传导时间最小值，ms；

　　　　ω——交流电的角频率。

　　工业电雷管交流串联准爆电流的标准为：串联 20 发，康铜桥丝电雷管不大于 2.5 A；电容式发爆器引爆。当采用电容式发爆器时，为保证串联电雷管被引爆，发爆器的输出冲能 K 应大于最钝感电雷管发火冲能，此时可得到电容式发爆器引爆时的串联准爆条件：

$$R \leqslant \frac{2\theta_{min}}{C\ln\left(\dfrac{U^2C - 2RK_{smin}}{U^2C - 2RK_{smax}}\right)} \tag{7-13}$$

式中　U——电容的充电电压，V；

　　　　C——电容的电容量，F；

　　　　R——爆破电路电阻，Ω。

　　　　其他符号含义同上。

　　（3）当使用电容式发爆器时，最钝感电雷管的点燃时间 t_{Bmax} 应小于放电电流降到最小发火电流放电时间 t_0，即

$$t_{Bmax} \leqslant t_0 \tag{7-14}$$

且

$$t_0 = \frac{RC}{2} \ln \frac{U^2}{R^2 I_0^2} \tag{7-15}$$

式中　I_0——电雷管的最小发火电流。

经变换可得到该条件下的准爆条件，即：

$$R \leqslant \frac{-K_{smax} + \sqrt{K_{smax}^2 + C^2 I_0^2 U^2}}{C I_0^2} \tag{7-16}$$

4) 电爆网路的连接和计算

电爆网路的连接有串联、并联和串并联三种方式。

(1) 串联。串联网路的优点是网路简单，操作方便，易于检查，网路所要求的总电流小。串联网路总电阻为：

$$R_0 = R_m + nr \tag{7-17}$$

式中　R_m——导线电阻；

r——雷管电阻；

n——串联电雷管数目。

串联总电流为：

$$I = I_d = \frac{U}{R_m + nr} \tag{7-18}$$

式中　I_d——通过单个电雷管的电流；

U——电源电压。

当通过每个电雷管的电流大于串联准爆条件要求的准爆电流时，串联网路中的电雷管全部被引爆，即：

$$I_d = \frac{U}{R_m + nr} \geqslant I_{准} \tag{7-19}$$

由上式可看出，在串联网路中，要进一步提高起爆力，应当提高电源电压和减小电雷管的电阻，这样雷管数目可以相应地增大。

(2) 并联。并联网路的特点是所需要的电源电压低，而总电流大，常在立井的爆破施工中采用。并联线路总电阻为：

$$R_0 = R_m + \frac{r}{m} \tag{7-20}$$

式中　m——并联电雷管数目。

其他符号含义同上。

通过每一个电雷管的电流 I_d 为：

$$I_d = \frac{I}{m} = \frac{U}{mR_m + r} \geqslant I_{准} \tag{7-21}$$

当此电流 I_d 满足准爆条件时，并联线路的电雷管将被全部引爆。

对于并联电爆网路，提高电源电压 U 和减小电阻 R_m 是提高起爆能力的有效措施。

采用电容式发爆器作爆破电源时，很少采用并联网路，因为电容式发爆器的特点是输出电压高，输出电流小，与并联网路的特点要求恰好相反。

如果用电容式发爆器作电源，采用并联网路时，应按下式进行设计计算：

$$K_x \geqslant m^2 K_{smax} \tag{7-22}$$

式中　K_x——电容式发爆器的输出冲能；

m——并联电雷管数目；

K_{smax}——最钝感电雷管的标称发火冲能。

即有：

$$\frac{U^2C}{2R}\left(1-e^{\frac{-2t}{RC}}\right)\geqslant m^2K_{smax} \tag{7-23}$$

由于是并联线路，不存在串联准爆条件，不需进行准爆验算，但应满足最钝感电雷管点燃时间小于放电电源降到最小发火电流时的放电时间这个条件。此条件并联网路等值电流 mI_0 和等值冲能 mK_{smax}，代入后为：

$$R\leqslant\frac{-K_{smax}+\sqrt{K_{smax}^2+\dfrac{I_0^2C^2U^2}{m^2}}}{I_0^2C} \tag{7-24}$$

（3）混合联。混合联是在一条电爆网路中，由串联和并联组合的混合联方法。它进一步可分为串并联和并串联两类。

串并联是将若干个电雷管串联成组，然后再将若干串联组又并联在两根导线上，再与电源连接，如图 7-7 所示。并串联一般是在每个炮孔中装两个电雷管且并联，再将所有炮孔中的并联雷管组又串联，然后通过导线与电源连接，如图 7-8 所示。

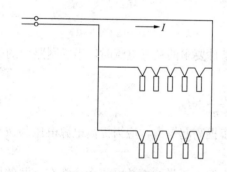 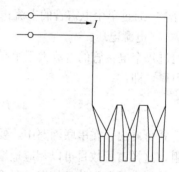

图 7-7　串并联网路　　　　　　　图 7-8　并串联网路

混联电爆网路的基本计算式如下：

网路总电阻为：

$$R=R_m+\frac{n'r}{m'} \tag{7-25}$$

网路总电流为：

$$I=\frac{U}{R_m+\dfrac{n'r}{m'}} \tag{7-26}$$

每个电雷管所获得的电流为：

$$i=\frac{I}{m'}=\frac{U}{m'R_m+n'r}\geqslant I_{准} \tag{7-27}$$

式中　n'——串并联时，为一组内串联的雷管个数，并串联时，为串联组的组数；

　　　　m'——串联时，为一组内并联的雷管个数，串并联时，为并联组的组数。

　　　　其他符号意义同前。

在电爆网路中，电雷管的总数 N 是已知的，$N=m'n'$，即 $n'=\dfrac{N}{m'}$，将 n' 值代入式（7-27）得：

$$i = \frac{m'U}{m'^2 R_{\mathrm{m}} + Nr} \tag{7-28}$$

为了能在电爆网路中满足每个电雷管均获得最大电流的要求，必须对混联网路中串联或并联进行合理地分组。从式（7-28）可知，当 U、N、r 和 R_{m} 固定不变时，则通过各组或每个电雷管的电流为 $1/m'$ 的函数。为求得最合理的分组组数 m' 值，可将式（7-28）对 m' 进行微分，并令其值等于零，即可求得 m' 的最优值（此时电爆网路中，每个电雷管可获得最大电流值），即有：

$$m' = \sqrt{\frac{Nr}{R_{\mathrm{m}}}} \tag{7-29}$$

计算后应取整数。

混联网路的优点是，具有串联和并联的优点，同时可起爆大量电雷管。在大规模爆破中，混联网路还可以采用多种变形方案，如串并并联、并串并联等方案。

5）电力起爆法优缺点

电力起爆法使用范围十分广泛，它具有其他起爆法所不及的优点如下：

（1）从准备到整个施工过程中，从挑选雷管到连接起爆网路等所有工序，都能用仪表进行检查；并能按设计计算数据，及时发现施工和网路连接中的质量和错误，从而保证了爆破的可靠性和准确性。

（2）能在安全隐蔽的地点远距离起爆药包群，使爆破工作在安全条件下顺利进行。

（3）能准确地控制起爆时间和药包群之间的爆炸顺序，因而可保证良好的爆破效果。

（4）可同时起爆大量雷管等。

电力起爆法有如下缺点：

（1）普通电雷管不具备抗杂散电流和抗静电的能力。所以，在有杂散电流的地点或露天爆破遇有雷电时，危险性较大，此时应避免使用普通电雷管。

（2）电力起爆准备工作量大，操作复杂，作业时间较长。

（3）电爆网路的设计计算、敷设和连接要求较高，操作人员必须要有一定的技术水平。

（4）需要可靠的电源和必要的仪表设备等。

7.3.2　导爆索起爆法

导爆索起爆法，是利用一种导爆索爆炸时产生的能量去引爆炸药的一种方法，但导爆索本身需要先用雷管将其引爆。由于在爆破作业中，从装药、堵塞到连线等施工程序上都没有雷管，而是在一切准备就绪，实施爆破之前才接上起爆雷管，因此，施工的安全性要比其他方法好。此外，导爆索起爆法还有操作简单、容易掌握、节省雷管、不怕雷电和杂电影响、在炮孔内实施分段装药爆破简单等优点，因而在爆破工程中广泛采用。

实践证明，经水或油浸渍过久的导爆索，会失去接受和减弱传递爆轰的能力，所以在铵油炸药的药卷中使用导爆索时，必须用塑料布包裹，使其与油源隔离开，避免被炸药中的柴油浸蚀而失去爆轰性能。

导爆索传递爆轰波的能力有一定的方向性，顺传播方向最强。因此在连接网路时，必须使每一支路的接头迎着传爆方向，夹角应大于 $90°$。导爆索与导爆索之间的连接，应采用图 7-9 所示的搭结、水手结和 T 形结等方式。

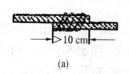 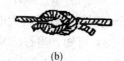 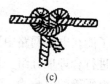

(a)　　　　　　　　　　　(b)　　　　　　　　　　　(c)

图 7-9　导爆索间的连接形式

(a) 搭结；(b) 水手结；(c) T 形结

因搭接的方法最简单，所以被广泛采用。搭接长度一般为 10～20 cm，不得小于 10 cm。搭接部分用胶布捆扎。有时为了防止线头芯药散失或受潮引起拒爆，可在搭接处

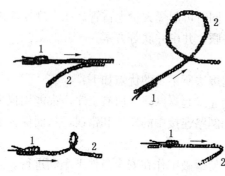

图 7-10　不合格的导爆索连接和敷设

1——雷管；2——导火索

增加一根短导爆索。图 7-10 中的导爆索连接和敷设方法是不允许的，它将产生拒爆。

在复杂网路中，由于导爆索连接头较多，为了防止弄错传爆方向，可以采图 7-11 所示的三角形连接法。这种方法不论主导爆索的传爆方向如何，都能保证可靠地起爆。导爆索与雷管的连接方法比较简单，可直接将雷管捆绑在导爆索的起爆端，不过要注意使雷管的聚能穴端与导爆索的传爆方向一致。导爆索与药包的连接则可采用图 7-12 所示的方式，将导爆索的端部折叠起来，防止装药时将导爆索扯出。

在敷设导爆索起爆网路时必须注意，凡传爆方向相反的两条导爆索平行敷设或交叉通过时，两根导爆索的间距必须大于 40 cm。导爆索的爆速一般为 6 500～7 000 m/s，因此，导爆索网路中，所有炮眼内的装药几乎同时爆炸。若在网路中接入继爆管，可实现微差爆破，从而提高了导爆索网路的应用范围。

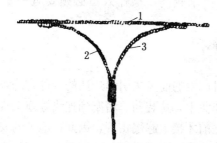 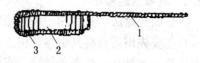

图 7-11　导爆索的三角形连接　　　　　　　　　**图 7-12　导爆索与药包连接**

1——主导爆索；2——附加支索；3——支导爆索　　　　　1——导爆索；2——药包；3——胶布

7.4　炮眼布置及装药结构

钻眼爆破在井巷掘进循环作业中是一个先行和主要的工序，其他后续工序都要围绕它来安排，爆破的质量和效果都将影响后续工序的效率和质量。掘进爆破的主要任务，是保证在安全条件下，高速度、高质量地将岩石按规定断面爆破下来，并且尽可能不损坏井筒

或巷道围岩。爆破后的岩石块度和形成的爆堆，应有利于装载机械发挥效率。为此，需在工作面上合理布置一定数量的炮眼和确定炸药用量，采用合理的装药结构和起爆顺序等。若炮眼布置和各爆破参数选择合适，将有效地达到爆破任务所规定的要求。

7.4.1 炮眼布置

以巷道为例，按用途不同，将工作面的炮眼分为三种（图 7-13）：

① 掏槽眼。用于爆出新的自由面，为其他后爆炮眼创造有利的爆破条件。

② 崩落眼。是破碎岩石的主要炮眼。崩落眼利用掏槽眼和辅助眼爆破后创造的平行于炮眼的自由面，爆破条件大大改善，故能在该自由面方向上形成较大体积的破碎漏斗。

③ 周边眼。控制爆破后的巷道断面形状、大小和轮廓，使之符合设计要求。巷道中的周边眼按其所在位置分为顶眼、帮眼和底眼。

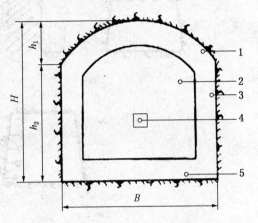

图 7-13 各种用途的炮眼名称
1——顶眼；2——崩落眼；3——帮眼；4——掏槽眼；
5——底眼；h_1——拱高；h_2——墙高；
H——掘进高度；B——掘进宽度

井巷爆破掘进的关键是掏槽，因此，必须合理选择掏槽形式和装药量，使岩石完全破碎形成槽腔和达到较高的槽眼利用率。掏槽爆破炮眼布置有许多不同的形式，归纳起来可分为两大类：斜眼掏槽和直眼掏槽。

1）斜眼掏槽

其特点是掏槽眼与自由面（掘进工作面）倾斜成一定角度。斜眼掏槽有多种形式，各种掏槽形式的选择主要取决于围岩地质条件和掘进面大小。常用的主要有以下几种形式：

（1）单向掏槽

由数个炮眼向同一方向倾斜组成，适用于中硬（$f<4$）以下具有层、节理或软夹层的岩层中。可根据自然弱面赋存条件分别采用顶部、底部和侧部掏槽（图 7-14）。

掏槽眼的角度可根据岩石的可爆性，取 $45°\sim65°$，间距在 $30\sim60$ cm 范围内。掏槽眼应尽量同时起爆，效果更好。

（2）锥形掏槽

由数个共同向中心倾斜的炮眼组成（图 7-15）。爆破后槽腔呈角锥形。锥形掏槽适用于 $f>8$ 的坚韧岩石，其掏槽效果较好，但钻眼困难，主要适用于井筒掘进，其他巷道很少采用。

（3）楔形掏槽

楔形掏槽由数对（一般为 $2\sim4$ 对）对称的相向倾斜的炮眼组成，爆破后形成楔形的槽腔（图 7-16）。这种掏槽适用于各种岩层，特别是中硬以上的稳定岩层。这种掏槽方法，爆力比较集中，爆破效果较好，槽腔体积较大。掏槽炮眼底部两眼相距 $0.2\sim0.3$ m，炮眼与工作面相交角度通常为 $60°\sim75°$，水平楔形打眼比较困难，除非是在岩层的层节理比较发育时才使用。岩石特别坚硬，难爆或眼深超过 2 m 时，可增加 $2\sim3$ 对初始掏槽眼[图 7-16（c）]，形成双楔形。

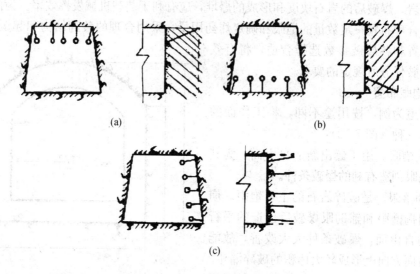

图 7-14　单向掏槽

（a）顶部掏槽；（b）底部掏槽；（c）侧部掏槽

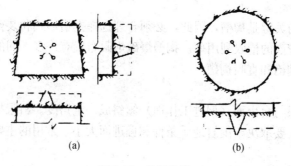

图 7-15　锥形掏槽

（a）角锥形；（b）圆锥形

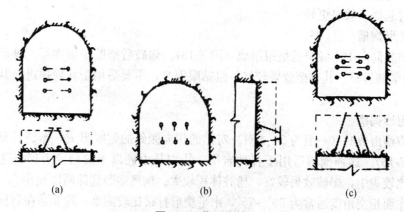

图 7-16　楔形掏槽

（a）垂直楔形；（b）水平楔形；（c）双楔形复式掏槽

（4）扇形掏槽

扇形掏槽各槽眼的角度和深度不同，主要适用于煤层、半煤岩或有软夹层的岩石中（图 7-17）。此种掏槽需要多段延期雷管顺序起爆各掏槽眼，逐渐加深槽腔。

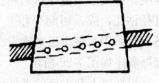

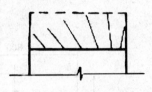

斜眼掏槽的主要优点是：适用于各种岩层并能获得较好的掏槽效果；所需掏槽眼数目较少，单位耗药量小于直眼掏槽；槽眼位置和倾角的精确度对掏槽效果的影响较小。

斜眼掏槽的缺点是：钻眼方向难以掌握，要求钻眼工具有熟练的技术水平；炮眼深度受巷道断面的限制，尤其在小断面巷道中更为突出；全断面巷道爆破下岩石的抛掷距离较大，爆堆分散，容易损坏设备和支护，尤其是掏槽眼角度不对称时。

图 7-17　扇形掏槽

2）直眼掏槽

直眼掏槽的特点是所有炮眼都垂直于工作面且相互平行，距离较近。其中有一个或几个不装药的空眼。空眼的作用是给装药眼创造自由面和作为破碎岩石的膨胀空间。直眼掏槽常用以下几种形式：

（1）缝隙掏槽或龟裂掏槽

掏槽眼布置在一条直线上且相互平行，隔眼装药，各眼同时起爆。爆破后，在整个炮眼深度范围内形成一条稍大于炮眼直径的条形槽口，为辅助眼创造临空面。适用于中硬以上或坚硬岩石和小断面巷道。炮眼间距视岩层性质，一般取 $(1\sim2)d$（d 为空眼直径），装药长度一般不小于炮眼深度的 90%。在大多数情况下，装药眼与空眼的直径相同，如图 7-18 所示。

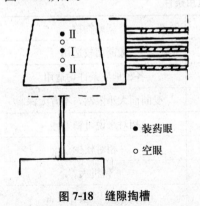

• 装药眼
○ 空眼

图 7-18　缝隙掏槽

（2）角柱状掏槽

掏槽眼按各种几何形状布置，使形成的槽腔呈角柱体或圆柱体，所以又称为桶状掏槽。装药眼和空眼数目及其相互位置与间距是根据岩石性质和巷道断面来确定的。空眼直径可以采用等于或大于装药眼的直径。大直径空眼可以形成较大的人工自由面和膨胀空间，眼的间距可以扩大。

（3）螺旋掏槽

所有装药眼围绕中心空眼呈螺旋状布置，并从距空眼最近的炮眼开始顺序起爆，使槽腔逐步扩大。此种掏槽方法在实践中取得了较好的效果。其优点是可以用较少的炮眼和炸药获得较大体积的槽腔，各后续起爆的装药眼，易于将碎石从腔内抛出。但是，若延期雷管段数不够，就会限制这种掏槽的应用。空眼距各装药眼的距离可依次取空眼直径的 $1\sim1.8$ 倍、$2\sim3$ 倍、$3\sim4.5$ 倍、$4\sim4.5$ 倍等。当遇到特别难爆的岩石时，可以增加 $1\sim2$ 个空眼。为使槽腔内岩石抛出，有时将空眼加深 $300\sim400$ mm，在底部装入适量炸药，并使之最后起爆，这样可以将槽腔内的碎石抛出。装药眼的药量约为炮眼深度的 90%。螺旋形掏槽如图 7-19 所示。

（4）双螺旋掏槽

当需要提高掘进速度时，可采用图 7-20 所示的掏槽方式，即科罗曼特掏槽。装药眼围绕中心大空眼沿相对的两条螺旋线布置。其原理与螺旋掏槽相同。中心空眼一般采用大直径钻孔，或采用两个相互贯通的小直径空眼（形成"8"字形空眼）。为了保证打眼规格，常采用布眼样板来确定眼位。此种掏槽适用于坚硬、密实，无裂缝和层节理的岩石。起爆顺序如图 7-20 所示。

根据以上几方面的条件将上述两大类掏槽的适用条件加以对比，列于表 7-7 中。

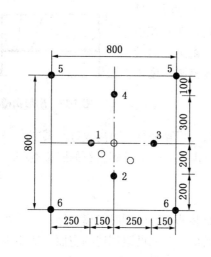

图 7-19　螺旋形掏槽

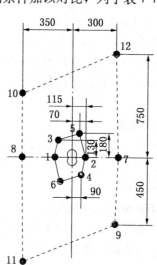

图 7-20　科罗曼特掏槽

表 7-7　直眼掏槽和斜眼掏槽的适用条件

序号	选用条件	直眼掏槽	斜眼掏槽
1	开挖断面大小	大小断面均可以，小断面更优	大断面较适用
2	地质条件	韧性岩层不适用	各种地质条件均适用
3	炮眼深度	不受断面大小限制，可以较大	受断面大小限制，不宜太深
4	对钻眼要求	钻眼精度影响大	相对来说可稍差些
5	爆破材料消耗	炸药、雷管用量较多	相对较少
6	施工条件	钻眼互相干扰小	钻机大
7	爆破效果	爆堆较集中	抛碴远，易损坏设备

7.4.2　井巷掘进爆破施工技术

1）爆破参数的确定

井巷掘进爆破的效果和质量在很大程度上取决于钻眼爆破参数的选择。除掏槽方式及其参数外，主要的钻眼爆破参数还有：单位炸药消耗量、炮眼深度、炮眼直径、装药直径、炮眼数目等。合理地选择这些爆破参数时，不仅要考虑掘进的条件（岩石地质和井巷断面条件等），而且还要考虑到这些参数间的相互关系及其对爆破效果和质量的影响（如炮眼利用率、岩石破碎块度、爆堆形状和尺寸等）。

（1）单位炸药消耗量

爆破每立方米原岩所消耗的炸药量称为单位炸药消耗量，通常以 q 表示。单位炸药消耗量不仅影响岩石破碎块度、岩块飞散距离和爆堆形状，而且影响炮眼利用率、井巷轮廓质量及围岩的稳定性等。因此，合理确定单位炸药消耗量具有十分重要的意义。

合理确定单位炸药消耗量取决于多种因素，其中主要包括：炸药性质（密度、爆力猛度、可塑性）、岩石性质、井巷断面、装药直径和炮眼直径、炮眼深度等。因此，要精确计算单位炸药消耗量 q 是很困难的。在实际施工中，选定 q 值可以根据经验公式或参考国家定额标准来确定，但所得出的 q 值还需在实践中做些调整。

① 修正的普氏公式，该公式具有下列简单的形式：

$$q = 1.1 K_0 \sqrt{\frac{f}{S}} \tag{7-30}$$

式中　q——单位炸药消耗量，kg/m^3；

　　　f——岩石坚固性系数，或称普氏系数；

　　　S——井巷断面，m^2；

　　　K_0——考虑炸药爆力的校正系数，$K_0 = 525/p$，p 为炸药爆力（mL）。

另外，还有一种常用的经验公式如下：

$$q = \frac{k f^{0.75}}{\sqrt[3]{S_x} \sqrt{d_x}} p_x \tag{7-31}$$

式中　k——常数，对于平巷，$k = 0.25 \sim 0.35$；

　　　S_x——断面影响系数，$S_x = S/5$（S 为井巷掘进断面），m^2；

　　　d_x——药卷直径影响系数，$d_x = d/32$（d 为药卷直径），cm；

　　　p_x——炸药爆力影响系数，$p_x = 320/p$（p 为炸药爆力），mL。

② 井巷掘进的单位炸药消耗量定额如表 7-8 所列。

表 7-8　平巷掘进炸药消耗量定额　　　　　　单位：kg/m^3

掘进断面积/ m^2	岩石单轴抗压强度/MPa				
	20～30	40～60	60～100	120～140	150～200
4～6	1.05	1.50	2.15	2.64	2.93
6～8	0.89	1.28	1.89	2.33	2.59
8～10	0.78	1.12	1.69	2.04	2.32
10～12	0.72	1.01	1.51	1.90	2.10
12～15	0.66	0.92	1.36	1.78	1.97
15～20	0.64	0.90	1.31	1.67	1.85

确定单位炸药消耗量后，根据每一掘进循环爆破的岩石体积，按下式计算出每循环所使用的总药量：

$$Q = qV = qSL\eta \tag{7-32}$$

式中　　V——每循环爆破岩石体积，m^3；

　　　　S——巷道掘进断面，m^2；

　　　　L——炮眼深度，m；

　　　　η——炮眼利用率，一般取 0.8～0.95。

将上式计算出的总药量，按炮眼数目和各炮眼所起作用与作用范围加以分配。掏槽眼爆破条件最困难，分配较多，崩落眼分配较少。在周边眼中，底眼分配药量最多，帮眼次之，顶眼最少。

（2）炮眼直径

炮眼直径大小直接影响钻眼效率、全断面炮眼数目、炸药的单耗、爆破岩石块度与岩壁平整度。炮眼直径及其相应的装药直径增大时，可以减少全断面的炮眼数目，药包爆炸能量相对集中，爆速和爆轰稳定性有所提高。但过大的炮眼直径将导致凿岩速度显著下降，并影响岩石破碎质量，井巷轮廓平整度变差，甚至影响围岩的稳定性。因此，必须根据井巷断面大小、破碎块度要求，并考虑凿岩设备的能力及炸药性能等，加以综合分析和选择。

在井巷掘进中主要考虑断面大小、炸药性能（即在选用的直径下能保证爆轰稳定性）和钻眼速度（全断面钻眼工时）来确定炮眼直径。目前我国多用 35～45 mm 的炮眼直径。在具体条件下（岩石、井巷断面、炸药、眼深、采用的钻眼设备等），存在有最佳炮眼直径，使掘进井巷所需钻眼爆破和装岩的总工时最小。

（3）炮眼深度

炮眼深度是指孔底到工作面的垂直距离。从钻眼爆破综合工作的角度说，炮眼深度在各爆破参数中居重要地位。因为，它不仅影响每一个掘进循环中各工序的工作量、完成的时间和掘进速度，而且影响爆破效果和材料消耗。炮眼深度还是决定掘进循环次数的重要因素。我国目前实行有浅眼多循环和深眼少循环两种工艺，究竟采用那种工艺要视具体条件而定。以掘进每米巷道所需劳动量或工时最小、成本最低的炮眼深度称为最优炮眼深度。通常根据任务要求或循环组织来确定炮眼深度。

① 按任务要求确定炮眼深度。炮眼深度计算公式为：

$$l_b = \frac{L}{t n_m n_t n_c \eta} \tag{7-33}$$

式中　　l_b——炮眼深度，m；

　　　　L——巷道全长，m；

　　　　t——规定完成巷道掘进任务的时间，月；

　　　　n_m——每月工作日数；

　　　　n_t——每日工作班数；

　　　　n_c——每班循环数；

　　　　η——炮眼利用率。

② 按循环组织确定炮眼深度。

在一个掘进循环中包括的工序有：打眼、装药、连线、爆破、通风、装岩、铺轨和支护等。其中打眼和装岩可以有部分平行作业时间，铺轨和支护在某些条件下也可与某些工序平行进行。所以，可以根据完成一个循环的时间来计算炮眼深度。

钻眼所需时间为：

$$t_d = \frac{Nl_b}{K_d V_d} \tag{7-34}$$

式中　t_d——钻眼所需时间，h；

　　　K_d——同时工作的凿岩机台数；

　　　V_d——凿岩机的钻眼速度，m/h；

　　　l_b——炮眼深度，m；

　　　N——炮眼数。

装岩所需时间为：

$$t_t = \frac{Sl_b \eta \varphi}{P_m \eta_m} \tag{7-35}$$

式中　P_m——装岩机生产率，m^3/h；

　　　η_m——装岩机时间利用率；

　　　φ——岩石松散系数，一般取 $1.1 \sim 1.8$；

　　　S——掘进断面面积，m^2。

考虑钻眼与装岩的平行作业过程，则钻眼与装岩时间为：

$$t_s = K_p t_d + t_t = K_p \frac{Nl_b}{K_d V_d} + \frac{Sl_b \eta \varphi}{P_m \eta_m} \tag{7-36}$$

式中　K_p——钻眼与装岩平行作业时间系数，$K_p \leqslant 1$。

假设其他工序的作业时间总和为 t，每循环的时间为 T，则有：

$$t_s = T - t \tag{7-37}$$

将式（7-37）代入式（7-36）可得炮眼深度计算公式为：

$$l_b = \frac{T - t}{\dfrac{K_p N}{K_d V_d} + \dfrac{S \eta \varphi}{P_m \eta_m}} \tag{7-38}$$

目前，在我国所具备的掘进技术和设备条件下，井巷掘进常用炮眼深度在 $1.5 \sim$ $2.5\,m$。随着新型、高效凿岩机和先进的装运设备的应用，以及爆破器材质量的提高，炮眼深度应向深眼发展。

（4）炮眼数目

炮眼数目的多少，直接影响凿岩工作量和爆破效果。孔数过少，大块增多，井巷轮廓不平整甚至出现爆不开的情形；孔数过多，将使凿岩工作量增加。炮眼数目的选定主要同井巷断面、岩石性质及炸药性能等因素有关。确定炮眼数目的基本原则是在保证爆破效果的前提下，尽可能地减少炮孔数目。通常可以按下式估算：

$$N = 3.3 \sqrt[3]{fS^2} \tag{7-39}$$

式中　N——炮眼数目，个；

　　　f——岩石坚固性系数；

　　　S——井巷掘进断面，m^2。

该式没有考虑炸药性质、装药直径、炮眼深度等因素对炮眼数目的影响。炮眼数目也可以根据每循环所需炸药量和每个炮眼装药量来计算：

$$N=\frac{Q}{q_b} \tag{7-40}$$

式中　Q——每循环所需总药量，kg；

　　　q_b——每个炮眼装药量，kg。

$$q_b=\frac{\pi d_c^2}{4}\varphi l_b\rho_0 \tag{7-41}$$

式中　d_c——装药直径；

　　　φ——装药系数，即每米炮眼装药长度，按表 7-9 取值；

　　　l_b——炮眼深度；

　　　ρ_0——炸药密度。

（5）炮眼利用率

炮眼利用率是合理选择钻眼爆破参数的一个重要准则。炮眼利用率区分为：个别炮眼利用率和井巷全断面炮眼利用率。

表 7-9　装药系数表

炮眼名称	岩石单轴抗压强度/MPa					
	10～20	30～40	50～60	80	100	150～200
掏槽眼	0.50	0.55	0.60	0.65	0.70	0.80
崩落眼	0.40	0.45	0.50	0.55	0.60	0.70
周边眼	0.40	0.45	0.55	0.60	0.65	0.75

前者定义为：个别炮眼的炮眼利用率$=\dfrac{炮眼长度-炮窝长度}{炮眼长度}$

后者定义为：井巷全断面的炮眼利用率$=\dfrac{每循环的工作面进度}{炮眼深度}$

通常所说的炮眼利用率系指井巷全断面的炮眼利用率。

试验表明，单位炸药消耗量、装药直径、炮眼数目、装药系数和炮眼深度等参数对炮眼利用率的大小产生影响。井巷掘进的较优炮眼利用率为 0.85～0.95。

（6）炮眼布置

① 炮眼布置的要求

除合理选择掏槽方式和爆破参数外，为保证安全，提高爆破效率和质量，还需合理布置工作面上的炮眼。

合理的炮眼布置应能保证：有较高的炮眼利用率；先爆炸的炮眼不会破坏后爆炸的炮眼，或影响其内装药爆轰的稳定性；爆破块度均匀，大块率少；爆堆集中，飞石距离小，不会损坏支架或其他设备；爆破后断面和轮廓符合设计要求，壁面平整并能保持井巷围岩本身的强度和稳定性。

② 炮眼布置的方法和原则

a. 工作面上各类炮眼布置是"抓两头、带中间"。即首先选择适当的掏槽方式和掏槽位置，其次是布置好周边眼，最后根据断面大小布置崩落眼。

b. 掏槽眼的位置会影响岩石的抛掷距离和破碎块度，通常布置在断面的中央偏下，并考虑崩落眼的布置较为均匀。

c. 周边眼一般布置在断面轮廓线上。按光面爆破要求，各炮眼要相互平行，眼底落在同一平面上。底眼的最小抵抗线和炮眼间距通常与崩落眼相同，为保证爆破后在巷道底板不留"根底"，并为铺轨创造条件，底眼眼底要超过底板轮廓线。

d. 布置好周边眼和掏槽眼后，再布置崩落眼。崩落眼是以槽腔为自由面而层层布置的，均匀地分布在被爆岩体上，并根据断面大小和形状调整好最小抵抗线和邻近系数。

（7）装药结构

装药结构是指炸药在炮眼内的装填情况。装药结构有连续装药、间隔装药；耦合装药、不耦合装药；正向起爆装药、反向起爆装药；堵塞装药和无堵塞装药。连续装药是指装药在炮眼内连续装填，没有间隔；间隔装药是指装药在炮眼内分段装填，装药之间有炮泥、木垫或空气使之隔开。耦合装药是指装药直径与炮眼直径相同；不耦合装药是指装药直径小于炮眼直径。正向起爆装药是指起爆雷管在炮眼眼口处，爆轰向眼底传播；反向起爆装药是指起爆雷管在炮眼眼底处，爆轰向眼口传播。

（8）炮眼的填塞

用黏土、砂或土砂混合材料将装好炸药的炮眼封闭起来称为填塞，所有材料统称为炮泥。炮泥的作用是保证炸药充分反应，使之放出最大热量和减少有毒气体生成量；降低爆炸气体逸出自由面的温度和压力，使炮眼内保持较高的爆轰压力和较长的作用时间。

特别是在有瓦斯与煤尘爆炸危险的工作面上，炮眼必须填塞，这样可以阻止灼热的固体颗粒从炮眼中飞出。除此之外，炮泥也会影响爆炸应力波的参数，从而影响岩石的破碎过程和炸药能量的有效利用。试验表明，爆炸应力波参数与炮泥材料、炮泥填塞长度和填塞质量等因素有关。合理的填塞长度应与装药长度或炮眼直径成一定比例关系。生产中常取填塞长度相当于 0.35～0.50 倍的装药长度。在有瓦斯的工作面，可以采用水炮泥，即将装有水的聚乙烯塑料袋作为填塞材料，封堵在炮眼中，在炮眼的最外部仍用黏土封口。水炮泥可以吸收部分热量，降低喷出气体的温度，有利于安全。

2）爆破说明书和爆破图表

爆破说明书和爆破图表是井巷施工组织设计中的一个重要组成部分，是指导、检查和总结爆破工作的技术文件。编制爆破说明书和爆破图表时，应根据岩石性质、地质条件、设备能力和施工队伍的技术水平等，合理选择爆破参数，尽量采用先进的爆破技术。

爆破说明书的主要内容包括：

（1）爆破工程的原始资料。包括井巷名称、用途、位置、断面形状和尺寸，穿过岩层的性质、地质条件及瓦斯情况等。

（2）选用的钻眼爆破器材。包括凿岩机具的型号和性能，炸药、雷管的品种。

（3）爆破参数的计算。包括掏槽方式和掏槽爆破参数、光面爆破参数、崩落眼的爆破参数。

（4）爆破网路的计算和设计。

（5）爆破安全措施。

　　根据爆破说明书绘出爆破图表。在爆破图表中应有炮眼布置图和装药结构图，炮眼布置参数和装药参数的表格，以及预期的爆破效果和经济指标。爆破图表的编制见表 7-10 和表 7-11。

表 7-10　爆破条件和技术经济指标

项目名称	数量	项目名称	数量
井巷净断面/m²		炸药品种	
井巷掘进断面/m²		每循环雷管消耗量/个	
岩石性质		每循环炸药消耗量/kg	
矿井瓦斯等级		炮眼利用率/%	
凿岩机		单位炸药消耗量/kg·m⁻³	
每循环炮眼数目/个		每循环进尺/m	
每循环炮眼总长/m		每循环出岩量/m³	
每米井巷炮眼总长/m		每米井巷雷管消耗量/个	
雷管品种		每米井巷炸药消耗量/kg	

表 7-11　爆破参数

炮眼编号	炮眼名称	炮眼长度	炮眼倾角/(°)		每眼装药量/kg	装药量小计/kg	填塞长度/m	起爆方向	起爆顺序	边线方式
			水平	垂直						
	掏槽									
	崩落眼									
	帮眼									
	顶眼									
	底眼									

7.5　爆破材料安全管理

　　为了确保安全，矿山和使用爆破材料的单位要特别注意爆破材料的贮存和保管工作。按照《爆破安全规程》，建立爆破材料库，严防炸药变质、自爆或被盗窃而导致重大事故。

7.5.1　爆破材料的贮存

　　建有爆炸材料制造厂的矿区总库，所有库房贮存各种炸药的总容量不得超过该厂 1 个月生产量，雷管的总容量不得超过 3 个月生产量。没有爆炸材料制造厂的矿区总库，所有库房贮存各种炸药的总容量不得超过由该库所供应的矿井 2 个月的计划需要量，雷管的总容量不得超过 6 个月的计划需要量。单个库房的最大容量：炸药不得超过 200 t，雷管不得超过 500 万发。

　　地面分库所有库房贮存爆炸材料的总容量：炸药不得超过 75 t，雷管不得超过 25 万发。单个库房的炸药最大容量不得超过 25 t。地面分库贮存各种爆炸材料的数量，还不得超过由该库所供应的矿井 3 个月的计划需要量。

1）地面爆炸材料库

库房周围 40 m 内一切针叶树、枯草、干枝等易燃物应清除掉。在药库地区禁止点火、吸烟。不准带火柴、点火用具、易燃易爆品进入库房。

为了能及时消除可能发生的火灾，必须备用足够数量的消防器材。消防用储水池和消防水管应该经常检查，使之保持良好状态。储水池的水量必须充足。天冷时，要防止易冻的消防器材冻结。

不同性质的炸药必须分别贮存。因为不同性质的炸药的感度和安定性不一样，贮存它们的危险程度也不同。假如不同性质的炸药贮存在一起，感度低、安定性高的炸药的危险性就会增加。各种炸药能不能贮存在同一个库房里，需要按下列规定分别确定：

（1）雷管和导火索可以贮存在同一库。

（2）黑火药和导火索可贮存在同一库。

（3）导火索、导爆索和硝酸铵类炸药可以贮存在同一个库。

（4）硝化甘油类炸药、硝酸铵类炸药、黑火药和雷管，任何两种都不准贮存在同一个库房里。

（5）硝化甘油类炸药和导火索、导爆索不准贮存在用一个库房里。

2）井下爆炸材料库

（1）井下爆炸材料库应采用硐室式或壁槽式。爆炸材料必须贮存在硐室或壁槽内，硐室之间或壁槽之间的距离，必须符合爆炸材料安全距离的规定。井下爆炸材料库应包括库房、辅助硐室和通向库房的巷道。辅助硐室中，应有检查电雷管全电阻、发放炸药、电雷管编号以及保存爆破工的空爆炸材料箱和发爆器等专用硐室。

井下爆炸材料库的布置必须符合下列要求：

① 库房距井筒、井底车场、主要运输巷道、主要硐室以及影响全矿井或大部分采区通风的风门的法线距离：硐室式的不得小于 100 m，壁槽式的不得小于 60 m。

② 库房距行人巷道的法线距离：硐室式的不得小于 35 m，壁槽式的不得小于 20 m。

③ 库房距地面或上下巷道的法线距离：硐室式的不得小于 30 m，壁槽式的不得小于 15 m。

④ 库房与外部巷道之间，必须用 3 条互成直角的连通巷道相连。连通巷道的相交处必须延长 2 m，断面积不得小于 4 m²，在连通巷道尽头，还必须设置缓冲砂箱隔墙，不得将连通巷道的延长段兼作辅助硐室使用。库房两端的通道与库房连接处必须设置齿形阻波墙。

⑤ 每个爆炸材料库房必须有 2 个出口，一个出口供发放爆炸材料及行人，出口的一端必须装有能自动关闭的抗冲击波活门；另一出口布置在爆炸材料库回风侧，可铺设轨道运送爆炸材料，该出口与库房连接处必须装有 1 道抗冲击波密闭门。

⑥ 库房地面必须高于外部巷道的地面，库房和通道应设置水沟。

（2）井下爆炸材料库必须砌碹或用非金属不燃性材料支护，不得渗漏水，并应采取防潮措施。爆炸材料库出口两旁的巷道，必须砌碹或用不燃性材料支护，支护长度不得小于 5 m。库房必须备有足够数量的消防器材。

（3）井下爆炸材料库的最大贮存量，不得超过该矿井 3 天的炸药需要量和 10 天的电雷管需要量。井下爆炸材料库的炸药和电雷管必须分开贮存。每个硐室贮存的炸药量不得超过 2 t，电雷管不得超过 10 天的需要量；每个壁槽贮存的炸药量不得超过 400 kg，电雷管不得超过 2 天的需要量。库房的发放爆炸材料硐室允许存放当班待发的炸药，但其最大存放量不得超过 3 箱。

7.5.2　材料的发放与领取

1）爆破材料的领取

（1）井上、下接触爆破材料的人员，必须穿棉布或抗静电衣服。

（2）不得领用过期或严重变质的爆破材料。

（3）确定当班领用爆破材料的品种、规格和数量计划，填写爆破工作指示单，经班组长审批后签章，爆破工携带"爆破资格证"到爆破材料库领取爆破材料。

（4）领取爆破材料时，必须当面检查品种、规格和数量，并外观上检查其质量，电雷管必须实行专人专号。

（5）爆破工在发放硐室领取爆破材料，不得携带矿灯进入库内。

2）爆破材料的清退

（1）每次爆破作业完成后，爆破工应将爆破的炮眼数，使用爆破材料的品种、数量、爆破事故及处理情况等，认真填写在爆破作业记录中。

（2）爆破工必须把剩余的和不使用的爆破材料捡起，保证"实用、实领、缴回"相一致，清点无误后，将本班爆破材料使用及缴回数量等填写在爆破工作指示单上，经班组长签章，当班缴回爆破材料库，并由发放人签章。爆破工作指示单由爆破工、班组长和发放人各保存一份备查。

（3）爆破工所领取爆破材料，不得遗失、转交他人、私自销毁、扔弃和挪作它用，发现遗失应及时报告班组长，严禁私藏爆破器材。

7.5.3　材料的运输

（1）在井筒内运送爆炸材料时的规定

①电雷管和炸药必须分开运送。②必须事先通知绞车司机和井上、井下把钩工。③运送硝化甘油类炸药或电雷管时，罐笼内只准放 1 层爆炸材料箱，不得滑动。运送其他类炸药时，堆放的高度不得超过罐笼高度的 2/3。④在装有爆炸材料箱的罐笼或吊桶内，除爆破工或护送人员外，不得有其他人员。⑤罐笼升降速度，运送硝化甘油类炸药或电雷管时，不得超过 2 m/s；运送其他类爆破材料时，不得超过 4 m/s；吊桶升降速度，不论运送何种爆破材料，都不得超过 1 m/s。司机在启动和停绞车时，应保证罐笼或吊桶不震动。⑥交接班、人员上下井时间内，严禁运送爆破材料。⑦禁止将爆炸材料存放在井口房、井底车场或其他巷道内。

（2）井下用机车运送爆破材料时的规定

①炸药和电雷管不得在同一列车内运输。如用同一列车运输，装有炸药与电雷管的车辆之间，以及与机车之间，必须用空车分别隔开，其长度不得小于 3 m。②硝化甘油类炸药和电雷管必须装在专用的、带盖的有木质隔板的车厢内，其内应铺有胶皮或麻袋等软质垫层，并只准放 1 层爆炸材料箱。其他类炸药箱可以装在矿车内，但堆放高度不得超过矿车上缘。③爆破材料必须由井下爆破材料库负责人或经过专门训练的专人护送。跟车、护送、装卸人员应坐在尾车内，严禁其他人员乘车。④列车行驶速度不得超过 2 m/s。⑤装有爆炸材料的列车不得同时运送其他物品或工具。

（3）用钢丝绳牵引的车辆运送爆炸材料时的规定

水平和倾斜巷道内有可靠的信号装置时，可用钢丝绳牵引的车辆运送爆炸材料，但炸药和电雷管分开运输，速度不得超过 1 m/s。运输电雷管的车辆必须加盖、加垫，车厢内以软质垫物塞紧，防止震动和撞击。严禁用刮板输送机、带式输送机等运输爆破材料。

（4）人力运送爆破材料时的规定

由爆炸材料库直接向工作地点用人力运送爆破材料时，应遵守下列规定：① 电雷管必须由爆破工亲自运送，炸药应由爆破工或在爆破工监护下由其他人员运送。② 爆破材料必须装在耐压和抗撞冲、防震、防静电的非金属容器内。炸药和电雷管严禁装在同一容器内。严禁将爆炸材料装在衣袋内。领到爆炸材料后，应直接送到工作地点，严禁中途逗留。③ 携带爆炸材料上下井时在每层罐笼内搭乘的携带爆炸材料的人员不得超过 4 人，其他人员不得同罐上下。④ 在交接班、人员上下井的时间内严禁携带爆炸材料人员沿井筒上下。

7.5.4　爆破材料的销毁

1）销毁场地与安全设施

炸毁或烧毁爆破材料，必须在专用空场内进行。销毁场地应尽量选择在有天然屏障的隐蔽地方。场地周围 50 m 内，要清除树木杂草与可燃物。在不具备天然屏障的隐蔽地方，要考虑销毁时爆炸冲击波对周围企业、单位、民用建筑、铁路、高压线等设施的最小安全距离。

2）销毁方法

（1）炸毁法。如果被销毁的炸药能完全爆炸，同时不宜采用其他方法销毁时，则应采用炸毁法。一般一次销毁量为 10～15 kg。如果一次销毁量大于 20 kg，则应考虑和计算空气冲击波对人和建筑物的危害。销毁时，一般采用电力起爆法，如使用雷管起爆。

（2）烧毁法。对没有爆炸性或已失去爆炸性，烧毁时不能转为爆炸的爆破材料和导火索等宜采用烧毁法，但不能烧毁雷管和导爆索等起爆材料。

烧毁炸药时，应将废炸药铺成长条，厚 2 cm，宽 15～20 cm，每米可铺 1～1.5 kg，药条长 25 m。可并列进行，分别点火，两条相距不小于 5 m。

导火索烧毁时，要放在高 1 m、壁厚 5 mm 的铁筒内均匀烧毁，每次投入数量不超过 200 kg。

（3）溶解法。对失去爆炸性能的硝铵类炸药和黑火药，可在桶或其他容器中用水溶解，不得丢在江河、湖泊中，污染水质。每次销毁 15 kg，所需水量不少于 400～500 kg。

7.6　井下爆破的安全要求

井下爆破事故，其原因不外乎起爆器材不合格、炸药选择不当或质量不合格、爆破作业图表设计不当和施工操作不当等。概况起来，井下安全爆破应注意三方面的问题。

7.6.1　严格使用煤矿许用爆破器材

（1）煤矿井下爆破作业使用的爆破器材，必须经国家授权的检验机构检验合格，并取得煤矿安全标志证书。

（2）爆炸材料新产品，经设计定型鉴定合格，报国家煤矿安全监察部门批准，并取得入井试用证书，方可在井下试用。

（3）不得使用过期或有严重变质现象的爆炸材料。不能使用的爆炸材料必须交回爆炸材料库统一进行销毁。

（4）在煤矿井下的所有采掘工作面，必须使用煤矿许用瞬发电雷管或煤矿许用毫秒延期电雷管，不得使用导爆管和普通导爆索，严禁使用火雷管。

（5）在有瓦斯或煤尘爆炸危险的采掘工作面，应采用毫秒爆破。在掘进工作面应全断面一次起爆，不能全断面一次起爆的必须采取安全措施；在采煤工作面，可分组装药，但一组装药必须一次起爆。严禁在一个采煤工作面使用两台发爆器同时进行爆破。

（6）在低瓦斯矿井的采掘工作面采用毫秒爆破时，可采用反向起爆；在高瓦斯矿井（低瓦斯矿井的高瓦斯区域）的采掘工作面采用毫秒爆破时，若采用反向起爆，必须制定安全技术措施，经矿总工程师批准后实施。

（7）在高瓦斯矿井和有煤与瓦斯突出危险的采掘工作面的煤体中，为增加煤体裂隙、松动煤体而进行的 10 m 以上的深孔预裂控制爆破，可使用二级煤矿许用炸药，但必须制定安全措施，报矿总工程师批准。

（8）在煤矿井下的所有爆破作业工作面，都必须使用煤矿许用炸药和煤矿许用电雷管。所使用的煤矿许用炸药应由矿总工程师按矿井和爆破工作面所处区域的瓦斯等级合理选用，并符合《煤矿安全规程》的相关规定。

7.6.2　完善爆破设计

当爆破参数、炮眼布置不合理时也可能引发安全事故，如冒顶、崩倒棚子，因间隙效应发生不稳定传爆、爆燃等。

爆破作业图表设计中选用参数不当或炮眼布置不合理也是引发爆破事故的重要原因。

在爆破设计时，要反复推敲，在编制爆破作业图表等设计过程中，应全面掌握、分析围岩条件，充分了解爆破器材的性能，明确不同炮眼布置方式产生的爆破效果，最后选定最优化的爆破参数和炮眼布置方式、装药结构、起爆顺序及延期时间，在满足高效、经济的同时，首先满足安全要求。

7.6.3　严格执行井下爆破作业的有关制度和要求

1）井下爆破人员的基本要求

井下爆破工作必须由专职爆破工担任。在煤与瓦斯（二氧化碳）突出煤层中，专职爆破工的工作必须固定在 1 个工作面。

瓦斯矿井中爆破作业，爆破工、班组长、瓦斯检查员都必须在现场执行"一炮三检制"。

爆破工必须由经过专门培训、有 2 年以上采掘工龄的人员担任，并经考试合格，持证上岗。

2）依照爆破作业说明书进行爆破作业

（1）炮眼布置图必须标明采煤工作面的高度和打眼范围或掘进工作面的巷道断面尺寸，炮眼的位置、个数、深度、角度及炮眼编号，并用正面图、平面图和剖面图表示。

（2）炮眼说明表必须说明炮眼的名称、深度、角度、使用炸药、雷管的品种、装药量、封泥长度、联线方法和起爆顺序。

（3）爆破作业说明书必须编入采掘作业规程，并根据不同的地质条件和技术条件及时修改补充。

3）正确进行爆破各工序的操作

（1）装配起爆药卷

电力起爆是目前井下使用最普遍的起爆方法，起爆药包需装配引药。所谓引药，就是装有电雷管的药卷。装配引药就是把雷管装入药卷，使之成为起爆药。

从成束的电雷管中抽取单个的电雷管时，不得手拉脚线、硬拽管体，也不得手拉管体硬拽脚线，应将成束的电雷管顺好，拉住脚线的前端将电雷管抽出。抽出单个电雷管后，必须将其脚线末端扭结成短路。

装配引药必须在顶板完好、支架完整、避开电气设备和导电体的爆破工作地点附近进行，以免爆破材料受到意外的冲击及导通杂散电流，使之早爆或发生意外事故。工作人员严禁坐在药箱上装配引药。引药的数量以一次爆破的炮眼数确定，不准多做。

加工好的起爆药包应按不同段数分别放在专用分格箱中，并做好标记。不得靠近干电池、带电工具或起爆器和检测仪表。

（2）装药

打眼、装配引药等工作完成之后，即可进行装药工作。装药之前，必须首先检查工作面附近的瓦斯浓度。如果爆破地点附近 20 m 以内风流中瓦斯浓变达到 1%，不得装药爆破，应该稀释瓦斯，降低粉尘含量；炮眼内发现异状，如温度骤高骤低、有显著瓦斯涌出、煤岩松散、透老空等，必须报告班组长，查找、分析原因，及时处理，在未妥善处理之前，爆破员有权拒绝装药爆破。

（3）炮眼深度和炮眼封泥长度

对炮眼封填炮泥的技术要求是：① 炮眼深度小于 0.6 m 时，不得装药、爆破；在特殊条件下，如挖底、刷帮、挑顶确需浅眼爆破时，必须制定安全措施，炮眼深度可以小于 0.6 m，但必须封满炮泥。② 炮眼深度为 0.6～1 m 时，封泥长度不得小于炮眼深度的 1/2。③ 炮眼深度超过 1 m 时，封泥长度不得小于 0.5 m。④ 炮眼深度超过 2.5 m 时，封泥长度不得小于 1 m。⑤ 光面爆破时，周边光爆炮眼应用炮泥封实，且封泥长度不得小于 0.3 m。⑥ 工作面有 2 个或 2 个以上自由面时，在煤层中最小抵抗线不得小于 0.5 m，在岩层中最小抵抗线不得小于 0.3 m。浅眼装药爆破大岩块时，最小抵抗线和封泥长度都不得小于 0.3 m。

（4）连线

必须按设计的爆破网路接线，接线前要切断工作面电源，改用探照灯或其他经严格绝缘的光源照明。除指定的装药人员外，一律撤离工作面。整个爆破网路必须从工作面向爆破站方向敷设。即先接好雷管网，再把完整的雷管网接到连接线上，把连接线接到母线上，最后再接母线的短路接头。切不可反向敷设，以免造成事故。联线应该从一端向另一端进行，不能从中间向两端连接，以免出现错接。如果电雷管的脚线不够长，可以利用旧脚线延长，但两根脚线的接头要错开一定距离并用绝缘布包好防止短路。爆破母线（连接爆破电源与电雷管脚线的导线），要有足够的长度，一般要大于爆破的安全距离，防止线短爆破伤人。爆破母线的接头不宜过多，发现外皮破损必须及时包扎。多头掘进时，随用随挂，以免发生误接，严禁使用固定爆破母线。

（5）起爆

井下爆破必须使用发爆器。开凿或延深通达地面的井筒且井底工作面无瓦斯时，可使用其他电源起爆，但电压不得超过 380 V，并必须有电力起爆接线盒。电力起爆接线盒所用的电源、线路连接的方法、开关的构造、安设的地点等都应编写设计说明书，报矿总工程师批准。

发爆器或电力起爆接线盒必须采用矿用防爆型（矿用增安型除外）。各矿对发爆器必须统一管理、发放，必须定期对发爆器的各项性能参数进行校验，并进行防爆性能检查，不符合规定的严禁使用。

每次爆破作业前，爆破工必须做电爆网路全电阻检查。严禁用发爆器打火放电检测电爆网路是否导通。

起爆前必须再次对工作面附近进行全面检查，其要求与装药前的规定相同。在有煤尘爆炸危险的煤层掘进工作面，爆破前后，附近 20 m 的巷道内必须洒水降尘。爆破前，机器、设备和电缆等，都必须加以可靠的掩护或移出工作面。

（6）爆破后的安全检查

爆破时，发现炮不响，爆破员也要先取下把手或钥匙，摘掉母线并扭结成短路，再等一定时间（使用瞬发电雷管至少等 5 min，使用延期电雷管至少等 15 min）以后，带上爆破器的把手或钥匙，才可进入装炮地点并沿线路检查，找出拒爆的原因，处理完损坏的地方后可以再行起爆。

使用瞬发电雷管爆破时，炮响后待把母线由电源上卸下，方可走出掩护地点；用延期性雷管爆破时，炮响后摘下连接在电源上的母线后，经过 5 min 方可走出掩护地点。

7.7　井下爆破事故的预防与处理

7.7.1　炮烟熏人事故的预防

爆破产生的有害气体主要有 CO、氮氧化物（NO_2、N_2O_3）、SO_2 等，对人体十分有害。当炮烟浓度大，或呼吸时间长，就会发生熏人事故。因此，《煤矿安全规程》规定 NO_2 的最高容许浓度为 0.000 25%，SO_2 的最高容许浓度为 0.000 5%。与此同时，爆破时产生的气体和冲击波又将采掘工作面尘土卷起，形成岩尘和矿尘，也危害人体健康。为了减轻和消除炮烟的危害，应采取以下措施：

1）正确选择煤矿许用炸药

（1）要求所选炸药组分设计合理，产生有害气体的量较少；

（2）爆炸反应为零氧平衡或接近零氧平衡；

（3）要注意对炸药的妥善保管和性能检验，受潮变质和严重硬化的炸药，会产生大量有毒气体。

2）加强矿井通风和洒水

（1）良好的通风，不仅给工作人员提供新鲜空气，也是清洗和冲淡爆破后空气中的有害气体的重要措施。

（2）洒水一方面可把溶解度高的 NO_2 与 N_2O_3 转变为亚硝酸与硝酸，另一方面亦有助于把难溶的氧化氮从碎石堆或岩石缝里驱逐出来，以便随风流出工作面。

（3）爆破员联炮和其他人员进入炮烟区时，最好用湿毛巾堵住嘴和鼻子。

（4）一次爆破的炸药量，不应超过通风机的能力，因为风量不足时，炮烟不易冲淡。

7.7.2　正确排除爆破网路的电阻故障

爆破母线与起爆电源或发爆器连接之前，必须测量全线路的总电阻值。总电阻值应与实际计算值相符合（允许误差 5%）。如不相符合，禁止连线。导致爆破网路电阻值不准确的原因有：接头连接质量不好；网路线路接错或漏接雷管；裸露接头相互距离过近，搭线或接头与岩石和水接触造成短路等。

如果采用上述方法仍未找出故障点时，可采用 1/2 淘汰法寻找。就是把整个爆破网路分为两部分，分别测出这两部分电阻，并与计算值比较，正常的网路部分甩开，不正常的网路部分，再分为两部分。按此法进行检测，不断缩小故障区范围，直到找出故障并加以排除为止。

7.7.3　拒爆的预防与处理

1）拒爆的原因

（1）雷管。雷管是起爆药卷的爆炸能源。一般是以串联和串并联形式连接在网路中，一发不爆，就会导致一部分拒爆。拒爆大致有以下几个原因：雷管受潮或雷管密封防水失效；雷管电阻值之差大于 0.3 Ω，或采用了非同厂同批生产的雷管；雷管质量不合格，又未经质量性能检测。

（2）起爆电源。通过拒爆雷管的起爆电流太小，或通电时间过短，雷管得不到所必需的点燃冲能；发爆器内电池电压不足；发爆器充电时间过短，未达到规定的电压值；交流电压低，输出功率不够。

（3）爆破网路。爆破网路电阻太大，未经改正，即强行起爆；爆破网路错接或漏接，导致发爆电流小于雷管的最小发火电流；爆破网路有短路现象；爆破网路漏电、导线破损并与积水或泥浆接触，此时实测网路电阻远小于计算电阻值。

（4）炸药。炸药保管不善受潮或超过有效期，发生硬化和变质现象；粉状混合炸药装药时药卷被捣实，密度过大。

（5）其他原因。例如，药卷与炮孔壁之间存在间隙效应；药卷之间有岩粉阻隔等。

2）拒爆的预防和处理

禁止使用不合格的爆破器材；不同类型、不同厂家、不同批的雷管不得混用；连线后检查整个线路，查看有无连错或漏连；进行爆破网路准爆电流的计算，起爆前用专用爆破电桥测量爆破网路的电阻，实测的总电阻与计算值之差应小于 10%；检查爆破电源并对电源的起爆能力进行计算；对硝铵类炸药在装药时要避免压得过紧，密度过大；对硝铵类炸药要注意间隙效应的发生，装药前可在药卷上涂一层黄油或黄泥；装药前要认真清除炮孔内岩粉。

7.7.4　早爆的防治

1）杂散电流的防治

杂散电流是指来自电爆网路之外的电流。它有可能使电爆网路发生早爆事故。因此在井巷掘进中，要经常监测杂散电流，超过 30 mA 时，必须采取可靠的预防杂散电流的措施。

（1）杂散电流的来源。架线电机车的电气牵引网路电流经金属物或大地返回直流变电所的电流；动力或照明交流电路漏电；化学作用漏电；因电磁辐射和高压线路电感应产生杂散电流；大地自然电流。

（2）杂散电流的防治。尽量减少杂散电流的来源；确保电爆网路的质量，爆破导线不得有裸露接头；在爆区采取局部或全部停电的方法可使杂散电流迅速减小。

2）静电的防治

为了预防静电引起的早爆事故，可采取以下措施：

（1）对装药工艺系统采用很好的接地装置。

（2）采用抗静电雷管。

（3）预防机械产生的静电影响。

（4）在压气装药系统中要采用半导体输药管。

3）雷电的预防

为了安全起见，每当爆区附近出现雷电时，地面或地下爆破作业均应停止，一切人员必须撤到安全地点。为防止雷电引起早爆事故，雷雨天和雷暴区不得采用电力起爆法，而应改为非电力起爆法。对炸药库和有爆炸危险的工房、必须安设避雷装置，防止直接雷击引爆。

7.7.5 不同作业地点爆破事故的预防

1）有瓦斯或煤尘爆炸危险的采掘工作面

（1）爆炸生成气体的温度高，作用时间长，是引爆瓦斯最危险的因素，特别是含有游离氧、氧化氮等气体时，由于具有强氧化作用，易使瓦斯爆炸；含有游离氢、一氧化碳等气体时，它们接触空气时可能要燃烧产生二次火焰，因此，煤矿炸药的氧平衡特别重要。禁止使用变质炸药。

（2）炮眼必须进行良好的填塞后才准爆破；瓦斯矿井爆破必须使用防爆型发爆器，雷管连线只能用串联。

（3）采用毫秒爆破；在掘进工作面必须全断面一次起爆；在采煤工作面，可采用分组装药，但一组装药必须一次起爆；严禁在一个采煤工作面使用两台爆破器同时进行爆破。

（4）在高瓦斯矿井中爆破时，都应采用正向起爆。低瓦斯矿井采用毫秒爆破时可反向起爆，但必须制订安全措施。

2）巷道贯通

（1）贯通掘进，必须有准确的测量图，每班都要在图上填明准确的进度。对头掘进的两工作面相距 15 m 时，地测部门必须下达通知书，并且只准许由一个工作面向前接通，对方工作面停止工作。此时，对方工作面必须保证正常的通风，工作面风流中的瓦斯浓度要经常进行测定，超限时要立即处理。

（2）巷道贯通之前，要加固支架，增设顺山棚，摘掉透位处的棚腿。以防崩倒棚子和崩坏棚腿，造成倒棚冒顶。

（3）掘进端工作面每次装药爆破前，班组长都要派专人和瓦斯检查员一起到对方巷道中检查瓦斯情况，不符合要求时，停止掘进工作面的工作，然后处理瓦斯。只有在 2 个工作面及其风流中瓦斯浓度均在 1% 以下时，掘进工作面才可以装药爆破。每次爆破前，2个工作面都要设置警戒。

（4）如果巷道超过贯通距离而没有贯通，要立即停止作业，查找原因，重新采取贯通措施。

3）穿透老空

（1）打眼爆破时，如炮眼内发现出水异常，温度骤高骤低，有大量瓦斯涌出，煤岩松散等情况，都是接近老空的预兆，要停止爆破，查明原因。

（2）距穿透老空 15 m 前，必须先探明老空清况，如水、火、瓦斯等，以采取相应措施。按作业规程的要求或由测量工给出穿透位置，并按穿透位置采取不同措施。避免爆破时误遇火区和水区。

（3）穿透老空时，要撤出人员，并在无危险地点爆破。爆破后，只有查明老空的水、火、瓦斯等情况确无危险后，才许恢复工作。

4）接近积水区

（1）接近积水区时，要根据情况，编制切实可行的探放水设计和安全措施，否则禁止爆破。

（2）如发现有透水预兆，要停止爆破，及时汇报、查明原因，情况危急时，人员要立即撤出受水威胁地区。

（3）接近积水区爆破时，如发现煤岩变松软、潮湿以及炮眼渗水等异状，要停止爆破。若在打眼时发现炮眼渗水，不要拔出钻杆。

5）开凿或延深立井

开凿或延深立井井筒时，除与巷道爆破工作要求相同外，还应符合下列规定：

（1）运送爆破材料和在井筒内装药时，除负责装药爆破的人员、信号工、看盘工和水泵工外，其他人员必须撤到地面或上水平中。

（2）装配引药工作可以在地面专用的房间内进行。专用房间距井筒、厂房、建筑物和主要通路等的安全距离，都必须遵守国家颁布的有关规定，但距离井筒不得小于 50 m。引药必须同炸药分别装在容器内运往井底工作面。

（3）必须在地面或生产水平进行爆破。在爆破母线同电力爆破接线盒引线接通之前，井筒内所有电气设备必须断电。只有在爆破人员完成装药和联线工作，将所有井盖打井、井筒、井口房内全部人员撤出以及将设备、工具提升到安全高度以后，才可进行爆破。爆破通风后，必须仔细检查井筒，清除爆破时崩落在井圈上、吊盘上或其他设备上的矸石。

爆破后乘吊桶检查井底工作面时，吊桶不得碰撞工作面，防止冲撞引爆未爆装药。

6）煤与瓦斯突出矿井的震动爆破

石门揭穿煤层前，工作面距离煤层 2 m 停止掘进，然后震动爆破一次揭开 2 m 厚的岩柱。震动爆破的炮眼布置和装药量应根据具体条件确定，炮眼个数比一般爆破约多 2 倍。一次装药，全断面一次爆破。

爆破前必须检查通风设施是否符合要求，撤人并切断电源后立即爆破。人员撤退和警戒范围要根据突出危险程度作出规定，有严重突出危险时，爆破工作应在地面进行。爆破后，不能马上进入爆破地点，必须等半小时，先由矿山救护队员进入工作面检查，如情况正常，再确定送电、通风等恢复作业的具体措施。

7）爆破处理卡在溜煤眼中的煤矸

在溜煤过程中，溜煤眼有时会被其他较大的物体卡住使煤不能正常溜出。出现这种情况不得使用炮崩，因为在溜煤眼中往往积集有瓦斯、煤尘，不能正常通风，用炮崩很容易引起瓦斯或煤尘爆炸。此外，爆破会崩坏溜煤眼。如果确无其他方法处理卡在溜煤眼中的煤、矸时，经总工程师批准，可采用爆破法处理，但必须遵守下列规定：

（1）必须采用取得煤矿矿用产品安全标志、用于溜煤眼的煤矿许用刚性被筒炸药或不低于该安全等级的煤矿许用炸药。

（2）每次爆破只准使用一个煤矿许用电雷管，最大装药量不得超过 450 kg。

（3）每次爆破前必须检查溜煤眼内堵塞部位上部和下部空间的瓦斯，瓦斯浓度不得超过 1％，每次爆破前必须洒水。

（4）在有威胁的地点必须撤人、停电。

7.8　爆破事故典型案例剖析

7.8.1　炸药拒爆伤人事故

2005 年 12 月 11 日，某矿开拓区 911 队发生一起爆破崩人事故，造成 1 人死亡。

该矿开拓区 911 队施工的是三水平左石门运输巷。2005 年 12 月 11 日大班，当班出勤 5 人，队长汤某带领小班员工在工作面现场施工。工作到 15 时左右，队长汤某离开工作面，打电话到队里安排将要接班的下个班的工作。队长离开工作面后，当班班长赵某带领爆破工开始对工作面 16 个炮眼进行爆破。15 时 30 分完成掏槽爆破，当进行周边爆破时，通电两次都没有起爆，很明显雷管或炸药发生了拒爆现象，于是爆破工卢某将爆破母线从发爆器上拽下短接，班长赵某带领程某等人沿爆破线路进行检查。经检查爆破母线没有损坏和短路，赵某等人便继续检查连接的支线，检查到第四个炮眼时，发生了爆炸事故，造成程某死亡。

点评：这是一起在爆破作业中的严重违章事故，其违章行为主要体现在以下几个方面：

（1）违反《煤矿安全规程》规定，在通电拒爆的情况下，班长赵某和职工程某，未按作业规程要求，等候 5～15 min 再进入工作面检查拒爆原因。再者，检查爆破线路和拒爆原因，应由班长和爆破工按规定进行，而爆破工没有按照作业规程要求，亲自检查爆破线路，也没有制止其他人员违章处理拒爆雷管。如果程某不进入工作面擅自拽雷管脚线，就不会导致炮眼内雷管起爆。

（2）队长汤某没有认真履行跟班管理职责，在爆破作业时，放松了安全管理，离开工作现场，没能及时制止职工的违章作业行为。

（3）井下的爆破工作，属于特殊工种，特殊工种必须经过特殊培训才能上岗作业。而这起事故中的死者程某，没经过特殊工种培训，是不允许进行爆破作业的，更不允许处理雷管、炸药拒爆等危险性较大问题。

7.8.2　爆破警戒人员被崩受伤事故

2008 年 6 月 3 日 4 点班，某矿 921 炮采采煤队在副队长贺某带领下进入工作面，开始回撤上部轨道，打戗柱，进行挑顶爆破 45 m，然后进行开帮爆破 52 m，20 时左右撅梁出煤，推移刮板输送机，然后第二次回撤轨道。于 22 时 30 分左右，准备进行工作面上头 30 余米挑顶爆破，副队长贺某安排班长李某组织爆破，班长安排赵某在工作面上头警戒，爆破工石某和组长陈某从上头往下爆破，副队长贺某在下头警戒。爆破工石某连完上头挑顶炮后，组长陈某告诉爆破工石某可以爆破了，爆破工石某和组长陈某走到工作面下头约 62 m 处开始爆破。第五次爆破时，发爆器充不上电，爆破工石某处理 6～7 min 后又接着爆破。进行第六次爆破时，发爆器又不好使了，又停了 4～5 min，接着进行第七次爆破。

爆破完成后，爆破工石某、组长陈某去上头检查爆破区时，发现上头警戒的赵某在工作面上头刮板输送机机尾处趴着，已死亡。

点评：这起事故原因很简单，进行第五次或第六次爆破时，因发爆器不好使影响的爆破时间，给担任警戒的人员造成了一种误解，误以为已完成爆破，误闯入爆破禁区被崩。这样的事故追究起来，往往都归结于个人违章造成的，归结于工人自主保安意识不强、素质差、培训不到位等原因。但深思一下，如果担任警戒的人员有通信装置，他还能盲目进入爆破区吗？如果在工作面爆破时，在应该设警戒的地方设置警戒信号或警示标志，还用设置人工警戒吗？再进一步设想，如果工作面上、下头都设有爆破作业警示，灯亮正在进行爆破作业，灯灭爆破作业完成，那么警戒人员还能误闯入爆破禁区吗？

7.8.3　爆破母线乱放接触动力线造成爆破伤人事故

2007 年 7 月 12 日白班，某矿三采区 104 掘进工作面发生一起爆破伤人事故，死亡 1 人。

104 掘进工作面掘送的是一 70 m 左翼 35 层开切眼，开切眼设计长度为 118 m，事故发生时已掘送 68 m。7 月 12 日白班，104 掘进队当班出勤 5 人，班前会上，值班队长对当日工作做了安排，并对安全工作提出了要求。随后班长对人员进行了分工，王某放仓，徐某、刘某两人看刮板输送机（开切眼和顺槽各有一台刮板输送机），班长王某和夏某打眼爆破。12 时左右，班长王某和夏某打完眼准备爆破。班长王某去工作面联炮，并随手将发爆器背在了身上，让夏某去外边停电并收拾工具。当时电钻电源线在前进方向右帮，爆破母线在前进方向左帮，两条线均在巷道底板上放着。电钻电源线破损严重，其中有 3 处是明接头，漏电严重。夏某往外走时，为防止爆破将电钻电源线崩坏，一边走一边将电钻电源线盘起来，放在了刮板输送机旁边。当夏某走到距电钻供电开关 5 m 远处时，就听到里面炮响了。看刮板输送机的徐某没见班长王某出来，炮就响了，知道情况不妙，赶紧往工作面跑，到工作面一看，班长王某已被崩出的煤压住，当场死亡。根据现场情况分析，因发爆器还在班长王某的身上，而且班长就死在掘进工作面迎头，故判断不是班长王某爆破所为。又经仔细勘查现场，发现盘在地上紧挨刮板输送机的电钻电源线明接头部分有打火的痕迹，故判断是因电钻电源线的明接头部分接触到刮板输送机，而爆破母线也紧挨刮板输送机并落地，很可能是电钻电源线漏电通过刮板输送机传导到爆破母线而引发爆破的。

点评：从这起事故发生的经过不难看出，炮响的背后存在很多的隐患，正是这些隐患的存在才引发了这起事故。首先是电钻电源线漏电，多处明接头属于严重的失爆现象，在井工煤矿这是严格禁止的。二是漏电保护不好使。井下的带电设备设施很多，而且大多都是一些移动设备，很难保证所有设备设施供电线路全部完好不漏电，所以《煤矿安全规程》规定，井下所有电气设备必须配有漏电保护装置，即检漏，一旦哪台设备、哪条电缆漏电，检漏就能立即切断这条线路的电源，防止发生人员触电等意外事故。但事后发现，该工作面的检漏被人为地甩掉了，因而才产生了漏电使爆破母线带电的问题。三是没有专职爆破工，没能执行"三人联锁爆破"制度。四是电钻电源线和爆破母线都没有吊挂，而是随意放在巷道底板上。这四个隐患中如果有一个能消除，这起事故就不会发生。

📖 **复习思考题**

1. 什么是炸药的起爆能？什么是炸药的感度？

2. 炸药的主要技术指标有哪些？

3. 常用的单质炸药和混合炸药分别有哪些？

4. 我国煤矿许用炸药分为几级？适用条件是什么？常见的煤矿许用炸药有哪些？

5. 什么是瞬发电雷管？什么是秒延期电雷管？什么是毫秒延期电雷管？

6. 在运输爆破材料时要注意哪些？

7. 井下爆破安全的基本要求有哪些？

8. 井下爆破人员的基本要求有哪些？

9. 如何正确装配起爆药卷？

10. 对炮眼封填炮泥的技术长要求有哪些？

11. 拒爆的原因有哪些？拒爆的预防和处理措施有哪些？

12. 巷道贯通如何预防爆破事故？

13. 如何爆破处理卡在溜煤眼中的煤矸？

14. 完善爆破设计对预防爆破事故的发生有什么作用？

15. 有瓦斯或煤尘爆炸危险的采掘工作面爆破作业时应注意哪些问题？

第 8 章 矿井电气、运输提升事故防治与案例分析

8.1 矿井电气事故及其预防

由于井下电气设备受恶劣的自然环境、地质条件的制约，设备在使用中起动频繁、负荷变化大、电压波动大，因过载、短路、漏电、电弧、电火花故障引起的设备烧毁、矿井火灾、瓦斯煤尘爆炸、人员触电伤亡事故随时都有发生的可能。另外，配电线路、开关、熔断器、插销座、电热设备、照明灯具、电动机等均有可能引起电伤害，成为火灾的点燃源，或造成人员触电。可见电气事故发生的几率很大，轻则造成设备损毁，重则引起矿井火灾，造成人身伤亡，甚至引起瓦斯、煤尘爆炸，其后果不堪设想，因此，必须严格遵守煤矿安全用电制度，加强煤矿电气安全管理，防止电气事故的发生。

电气事故包括人身伤亡事故和设备事故两大方面。人身伤亡事故是指触电伤亡事故。设备事故主要是指由电气设备所产生的电弧、电火花和危险温度引起的瓦斯或煤尘爆炸、设备损毁、电气火灾等。

8.1.1 矿井供电

1) 矿用电气设备特点

由于煤矿井下是一个特殊的工作环境，因此，矿用电气设备同一般电气设备相比具有如下特点：

(1) 电气防爆。煤矿井下具有瓦斯和煤尘，当其浓度达到爆炸浓度时，若工作在该环境中的电气设备产生危险电弧、电火花或局部高温，就会发生燃烧和爆炸。因此用于煤矿井下爆炸性环境的电气设备必须是防爆型电气设备，避免电气设备所产生的电弧、电火花和高温引起瓦斯和煤尘爆炸。

(2) 防护性能好。煤矿井下除具有甲烷、一氧化碳等易燃易爆性气体外，还有硫化氢等腐蚀性气体、矿尘大、潮湿、有淋水。因此矿用电气设备的防护性能要好，具有防潮、防腐、防毒等防护措施。

(3) 电网电压波动适应能力强。地面电网电压的波动范围一般为 90%～110%，而煤矿井下电网电压的波动范围可达 75%～110%。因此，矿用电气设备的电网电压波动适应能力强。

(4) 过载能力强。采、掘、运等电气设备启动频繁，井下机电硐室和巷道的温度较高，散热条件差。因此，矿用电气设备要有足够的过载能力。

(5) 保护功能强。煤矿井下潮湿、空间小，这就增大了人体触电的机会。因此，矿用电气设备和供电系统应使人身不能触及或接近带电导体，具有完整、可靠的保护接地网，在高、低压供电系统装设漏电保护系统及装置，对人身经常触及的电气设备要用较低的电压等级。

(6) 可靠性高。主要通风机、局部通风机等设备或供电系统的故障会引起瓦斯积聚，

在一定的条件下会造成瓦斯和煤尘爆炸。因此，煤矿井下供电系统及设备的可靠性要高。

2）煤矿供电系统

电力是煤矿的动力，为保证煤炭的安全生产，对供电提出如下要求：

（1）可靠供电。即要求供电不间断。煤矿如果供电中断不仅会影响产量，而且有可能引发瓦斯积聚、淹井等重大事故，严重时会造成矿井的破坏。为了保证对煤矿供电的可靠性，供电电源应采用双电源，双电源可以来自不同变电所或同一变电所的不同母线上。

（2）安全供电。由于煤矿井下的特殊的工作环境，任何供电作业上的疏忽大意，都可能造成触电，电气火灾和电火花引起瓦斯煤尘爆炸等事故，所以必须严格按照《煤矿安全规程》的有关规定进行供电，确保供电安全。

（3）经济供电。在满足供电可靠与安全的前提下，还应保证供电质量，要求做到供电系统投资、运行维护成本低。

根据停电造成的影响不同，煤矿电力用户可分为三类：

一类用户：凡因突然停电造成人身伤亡事故或重要设备损坏，给企业造成重大经济损失者，均是一类用户。如煤矿主通风机、井下主排水泵、副井提升机等，这类用户采用来自不同电源母线的两回路进行供电，无论是电力网在正常或事故时，均应保证对它的供电。

二类用户：凡因突然停电造成较大减产和较大经济损失者。例如，煤矿集中提煤设备、地面空气压缩机、采区变电所等，对这类用户一般采用双回路供电或环形线路供电。

三类用户：凡不属于一、二类用户的，均为三类用户。这类用户突然停电时对生产没有直接影响。例如，煤矿井口机修厂及公用事业用电设备等。对这类用户的供电，只设一回路供电。

3）井下电网三大保护

为了保证井下低压供电安全，必须装置漏电、接地、过流等三大保护。

（1）漏电保护

煤矿井下电气事故大多数是因绝缘下降造成相间短路或接地（碰壳）等故障引起的，由于电气的故障极易造成触电或引起瓦斯、煤尘爆炸的危险，因此当绝缘下降到有危险的程度时能自动切断电源，找出隐患，就能避免事故，保证安全用电。为了达到这一目的，目前我国煤矿井下广泛采用检漏继电器，作为绝缘监视和漏电保护装置。

（2）保护接地

把电气设备中所有正常情况下不带电的金属外壳和构架，用导线与埋在地下的接地极连接起来，称为保护接地。设置保护接地，可有效防止因设备外壳带电引起的人体触电事故。

（3）过流保护

过流是过电流的简称。是指流过电气设备或电缆的电流超过其额定电流值。过流可分为允许过流和不允许过流两种，通常所说的过流是指不允许过流。过电流会使设备绝缘老化、绝缘降低、破损，降低设备的使用寿命、烧毁电气设备、引发电气火灾，引起瓦斯、煤尘爆炸。常见的过流故障有短路、过负荷和断相三种。

8.1.2 井下电气设备的隔爆与失爆

矿用电气设备分为矿用一般型和矿用防爆型两类，矿用防爆电气设备又分10种，见

表 8-1。矿用一般型电气设备是只能用于井下无瓦斯、煤尘爆炸危险场所的非防爆型电气设备。其要求：① 外壳坚固、封闭，不能从外部直接触及带电部分；② 防滴溅、防潮性能好；③ 有电缆引入装置，并能防止电缆扭转、拔脱和损伤；④ 开关手柄和门盖有连锁装置等；⑤ 外壳明显处有清晰的永久性凸纹标志"KY"。防爆型电气设备能保证其在一定的爆炸危险场所实现安全供电，其选用必须符合表 8-2 的要求。为保证各种电气设备在运行中不达到引燃爆炸性混合物的温度，对电气设备运行时的最高允许表面温度作了规定，见表 8-3。

表 8-1　矿用防爆电气设备分类表

序号	防爆类型	标志符号	基本要求
1	矿用隔爆型	d	具有隔爆外壳的防爆电气设备，该外壳既能承受其内部爆炸性气体混合物引爆产生的压力，又能防止爆炸产物穿出隔离间隙点燃外壳周围的爆炸性混合物
2	矿用增安型	e	在正常运行条件下不会产生电弧、火花或能点燃爆炸性混合物的高温的设备结构上，采取措施提高安全程度，以避免在正常和认可的过载条件下出现上述现象的电气设备
3	矿用本质安全型	ia i ib	全部电路均为本质安全电路的电气设备。所谓本质安全电路，是指在规定的试验条件下，正常工作或规定的故障状态下产生的电火花和热效应均不能点燃规定的爆炸性混合物的电路
4	矿用正压型	p	具有正压外壳的电气设备。即外壳内有保护性气体，并保持其压力（压强）高于周围爆炸性环境的压力（压强），以防止外部爆炸性混合物进入的防爆电气设备
5	矿用充油型	o	全部或部分部件浸在油内，使设备不能点燃油面以上的或外壳外的爆炸性混合物的防爆电气设备
6	矿用充砂型	q	外壳内充填砂粒材料，使之在规定的条件下壳内产生的电弧、传播的火焰、外壳壁或砂粒材料表面的过热温度，均不能点燃周围爆炸性混合物的防爆电气设备
7	矿用浇封型	m	将电气设备或其部件浇封在浇封剂中，使它在正常运行和认可的过载或认可的故障下不能点燃周围的爆炸性混合物的防爆电气设备
8	矿用无火花型	n	在正常运行条件下，不会点燃周围爆炸性混合物，且一般不会发生有点燃作用的故障的电气设备
9	矿用气密型	h	具有气密外壳的电气设备
10	矿用特殊型	s	不同于现有防爆型式，由主管部门制订暂行规定，经国家认可的检验机构检验证明，具有防爆性能的电气设备。该型防爆电气设备须报国家技术监督局备案

表 8-2　井下电气设备选用规定

使用场所　　类别	煤（岩）与瓦斯（二氧化碳）突出矿井和瓦斯喷出区域	瓦斯矿井				
		井底车场、总进风巷和主要进风巷		翻车机硐室	采区进风巷	总回风巷、主要回风巷、采区回风巷、工作面和工作面进回风巷
		低瓦斯矿井	*高瓦斯矿井			
1. 高低压电机和电气设备	**矿用防爆型（矿用增安型除外）	矿用一般型	矿用一般型	矿用防爆型	矿用防爆型	矿用防爆型（矿用增安型除外）
2. 照明灯具	***矿用防爆型（矿用增安型除外）	矿用一般型	矿用防爆型	矿用防爆型	矿用防爆型	矿用防爆型（矿用增安型除外）
3. 通信、自动化装置和仪表、仪器	矿用防爆型（矿用增安型除外）	矿用一般型	矿用防爆型	矿用防爆型	矿用防爆型	矿用防爆型（矿用增安型除外）

注：*使用架线电机车运输的巷道中及沿该巷道的机电设备硐室内可以采用矿用一般型电气设备（包括照明灯具、通信、自动化装备和仪表、仪器）；

　　**煤（岩）与瓦斯突出矿井的井底车场的主泵房内，可使用矿用增安型电动机；

　　***允许使用经安全检测鉴定并取得煤矿矿用产品安全标志的矿灯。

表 8-3　电气设备的最高允许表面温度

电气设备类型	温度组别	最高允许表面温度/℃	说明
I		150	设备表面可能堆积粉尘
		450	采取措施防止粉尘堆积
II	T1	450	450 ℃≤t
	T2	300	300 ℃≤t<450 ℃
	T3	200	200 ℃≤t<300 ℃
	T4	135	135 ℃≤t<200 ℃
	T5	100	100 ℃≤t<135 ℃
	T6	85	85 ℃≤t<100 ℃

　　隔爆型电气设备是指设备的所有电气元件全部置于隔爆外壳内，隔爆外壳既具有耐爆性又具有隔爆性（不传爆性），即内部可燃性爆炸混合物所产生的压力不会使外壳损坏、变形引起壳外爆炸性混合物（瓦斯、煤尘）的爆炸；内部产生的高温火焰不会传到壳外引起壳外爆炸性混合物（瓦斯、煤尘）的爆炸（由隔爆面的长度、间隙和粗糙度决定）。隔爆型电气设备是防爆电气设备的一种类型，它的防爆标志为 ExdI，其含义 Ex 为防爆总标

志；d 为隔爆型代号；Ⅰ为煤矿用防爆电气设备。读作煤矿用隔爆型防爆电气设备。

由于使用、管理、维护不善会造成防爆电气设备的失爆。失爆是指电气设备的隔爆外壳失去了耐爆性或隔爆性。井下隔爆型电气设备常见的失爆现象有：

（1）隔爆外壳严重变形或出现裂纹、焊缝开焊、连接螺丝不全、螺口损坏或拧入深度少于规定值。

（2）隔爆面锈蚀严重、间隙超过规定值，有凹坑、连接螺丝没压紧。

（3）电缆进、出线不使用密封圈或使用不合格密封圈，闲置喇叭口不使用挡板。

（4）电气设备内部随意增加电气元件、维修设备时遗留导体或工具导致短路烧漏外壳。

（5）螺栓松动、缺少弹簧垫使隔爆间隙超过规定值。

对井下防爆电气设备管理的具体要求：

（1）严格按《煤矿安全规程》选用。

（2）井下防爆电气设备管理由电气防爆检查组全面负责，集中统一管理。

（3）严把入井关。入井前必须检查"一证一标志"（产品合格证、煤矿矿用产品安全标志）及其安全性能，检查合格并签发合格证后，方可入井。

（4）加强检查、维护。井下防爆电气设备的运行、维护和修理，必须符合防爆性能的各项技术要求。失爆电气设备，必须立即处理或更换，严禁继续使用。

8.1.3　触电事故发生原因及预防措施

1）触电事故发生原因

煤矿井下空间狭小、潮湿、有淋水、矿尘大，容易造成电气设备漏电。因此，煤矿井下发生触电事故可能性较大。触电事故是指人体触及带电体，或人体接近高压带电体时有电流流过人体而造成的人身伤害事故。

发生触电事故的原因很多，一般常见的有：

（1）作业人员违反《煤矿安全规程》规定，如带电作业、带电检修、搬迁电气设备、电缆等。《煤矿安全规程》第四百四十五条规定：井下不得带电检修、搬迁电气设备、电缆和电线。检修或搬迁前，必须切断电源，检查瓦斯，在其巷道风流中瓦斯浓度低于 1.0% 时，再用与电源电压相适应的验电笔检验；检验无电后，方可进行导体对地放电。控制设备内部安有放电装置的，不受此限。所有开关的闭锁装置必须能可靠地防止擅自送电，防止擅自开盖操作，开关把手在切断电源时必须闭锁，并悬挂"有人工作，不准送电"字样的警示牌，只有执行这项工作的人员才有权取下此牌送电。

（2）电气设备或电缆受潮进水，绝缘损坏或设备外壳漏电，没有及时修复。

（3）没有严格执行停送电制度，如开关停电后没设专人看管或未挂警示标志牌等造成误送电或停错电以及没验电。

（4）在电气设备不完好、保护功能失效或没有保护装置以及有保护装置甩掉不用而发生触电事故。

（5）人员在设有架线的巷道内行走，携带较长金属工具或金属材料等导电物体，触及电机车架线而发生触电事故。

（6）接近或触及刚停电但未放电的高压设备或高压电缆。

2）触电的预防措施

（1）井下不得带电检修、搬迁电气设备（包括电缆和电线）。检修或搬迁前，必须切断电源，并用同电源电压相适应的验电笔检验，检验无电后方可进行。所有开关把手在切断电源时都应闭锁，并悬挂"有人工作，不准送电"警示牌，只有执行这项工作的人员，才有权取下此牌送电。严格执行"谁停电，谁送电"的制度，严禁"约时送电"。

（2）操作井下电气设备，必须遵守下列规定：

①非专职或值班电气设备操作人员，不得擅自操作电气设备。

②操作高压电气设备主回路时，操作人员必须穿戴绝缘手套和电工绝缘靴或站在绝缘台上。

③127 V手持式电气设备的操作手柄和工作中必须接触的部分，应有良好的绝缘。

④普通型携带式电气测量仪表，只准在瓦斯浓度1%以下的地点使用。井下防爆电气设备，在入井前必须经检查合格后方准入井。

⑤严禁"私拉乱接"供电线路。

（3）防止人身接触或接近带电导体。

①将电气设备的裸露带电部分安装在一定高度或加上围栏。如井下电机车架线，按规定必须悬挂在一定高度以上。

②井下各种电气设备的导电部分和电缆接头都必须封闭在坚固的外壳中，并在操作手柄和盒盖之间设置机械闭锁装置。

③各变（配）电所的入口或门口都必须悬挂"非工作人员，禁止入内"警示牌；无人值班的变（配）电所，必须关门加锁；井下硐室内有高压电气设备时，入口处和硐室内都应在明显地点加挂"高压危险"警示牌。

（4）对于人体经常触及的电气设备采用低电压，如照明、手持式电气设备以及电话、信号装置的供电额定电压，不超过127 V。远距离控制线路的额定电压，不超过36 V。

（5）采取保护措施。

①严禁井下配电变压器中性点直接接地。严禁由地面中性点直接接地的变压器或发电机直接向井下供电。

②井下电网进行保护接地。

③井下电网必须装设漏电保护装置。

④井下开关、控制设备应装设过流保护装置。

（6）严格遵守各项安全用电制度和《煤矿安全规程》相关规定。

（7）煤矿井下防止触电注意事项：

①非专职电气设备操作人员不得擅自摆弄、检修、操作电气设备。

②不准自行停、送电。

③谨防触架空线伤人。携带较长的金属工具用具、金属管材在架空线下行走，严禁将其扛在肩上。

④下山行走，严禁手扶电缆，否则，一旦遇到电缆漏电，其后果及其严重。

⑤严禁在电气设备与电缆上躺坐，不得随意触摸电气设备和电缆。

8.1.4　漏电的危害及预防措施

1）漏电的危害

漏电会给人身、设备以至矿井造成很大威胁：人体触及漏电设备或电缆时会造成触电伤亡事故；可提前引爆电雷管；电气设备漏电时不及时切断电源会扩大为短路故障，烧毁设备，造成火灾；可引起瓦斯煤尘爆炸事故。

2）预防措施

（1）用于煤矿井下爆炸性环境的电气设备必须是防爆型电气设备，日常运行中，加强电气设备的防爆管理。

（2）避免电缆、电气设备浸泡在水中，防止电缆受挤压、碰撞、过度弯曲、划伤、刺伤等机械损伤。

（3）导线连接要牢固，无毛刺，防松脱。

（4）维修电气设备时要按规定操作，严禁将工具和材料等导体遗留在电气设备中。

（5）不得随意在电气设备中增加额外部件，若必须设置时，要符合有关规定的要求。

（6）设置保护接地装置。

（7）对电网对地电容电流进行补偿。

（8）设置漏电保护装置和过流保护装置。

（9）避免电气设备和电缆长期过负荷或超期运行，使其绝缘老化造成漏电。

（10）按规定定期对电气设备、电缆进行电气性能测定。

（11）设备维修时，应避免停、送电操作错误、带电作业或工作不慎而造成人身触及一相而漏电。

8.1.5　煤矿井下电气火灾预防

电网过流是电气火灾的主要原因，电网过流或漏电会引起电路发热、升温、引起火灾。除上述原因外，还有其他原因，如导线、元器件接触不良、变压器油吸入水分或掺入杂质、井下照明灯罩覆盖煤尘等。电气火灾不仅给国家财产造成重大损失，影响正常生产，而且燃烧时产生的 CO、CO_2 等有害气体会危及井下工作人员的人身安全。因此对电气火灾要积极预防，主要办法是避免或及时处理电网漏电、电网过流、接触不良等问题。

8.1.6　矿井供电安全管理

（1）严格执行相关管理制度和安全技术措施。包括认真严格执行工作票制度，工作许可制度，工作监护制度，工作间断、转移和终结制度以及停电、验电、放电、装设接地线、设置遮拦、挂标示牌等安全技术措施。

（2）操作井下电气设备应遵守《煤矿安全规程》有关规定。

（3）检修、搬迁井下电气设备、电缆应遵守《煤矿安全规程》有关规定。

（4）井下用好、管好电缆的基本要求：

①严格按《煤矿安全规程》规定选用。

②严格按《煤矿安全规程》规定连接。

③合格悬挂，不埋压、不淋水。

④采区应使用分相屏蔽阻燃电缆，严禁使用铝芯电缆。

⑤盘圈、盘"8"字形电缆不得带电，采、掘机组除外。

（5）井下安全用电"十不准"：

①不准带电检修。

②不准甩掉无压释放器、过电流保护装置。

③不准甩掉漏电继电器、煤电钻综合保护和局部通风机风电、瓦斯电闭锁装置。

④ 不准明火操作、明火打点、明火爆破。

⑤ 不准用铜、铝、铁丝代替保险丝。

⑥ 停风、停电的采掘工作面，未经瓦斯检查，不准送电。

⑦ 有故障的供电线路，不准强行送电。

⑧ 电气设备的保护失灵后，不准送电。

⑨ 失爆电气设备，不准使用。

⑩ 不准在井下拆卸矿灯。

（6）煤矿井下电气管理还必须做到：

① 三无：无"鸡爪子"，无"羊尾巴"，无明接头。

② 四有：有过电流和漏电保护装置，有螺钉和弹簧垫，有密封圈和挡板，有接地装置。

③ 两齐：电缆悬挂整齐，设备硐室清洁整齐。

④ 三全：防护装置全，绝缘用具全，图纸资料全。

⑤ 三坚持：坚持使用检漏继电器，坚持使用煤电钻、照明和信号综合保护装置，坚持使用甲烷断电仪和甲烷风电闭锁装置。

8.2　矿井运输提升事故及其预防

运输提升事故是煤矿的多发事故，轻则造成人身伤害，重者造成死亡事故，有时还会造成运输提升系统中断，严重影响煤矿安全生产。因此，必须加强运输提升安全管理，避免运输提升事故的发生。

8.2.1　矿井常见的运输事故及其预防

1）矿井常见的运输事故

（1）行走时，不注意前、后来往的车辆，遇到车辆运行不及时躲避，造成伤亡事故。

（2）不遵守井下的有关规定，爬车、蹬车造成挤伤、摔伤、碰伤或触电。

（3）爆破工在运送爆炸材料时，不按规定进行运送，使雷管受挤压或震动过大而爆炸伤人。

（4）乘坐人车时身体伸出车外，车未停稳就急忙上、下车被刮伤、挤伤。

（5）人力推车时，不注意前、后行人和车辆，或放飞车，或违反《煤矿安全规程》规定一人推一部以上车辆，造成碰伤、撞伤、挤伤等伤人事故。

（6）巷道断面太小或侧向推车，造成行人碰伤、挤伤甚至死亡事故。

2）矿井常见运输事故的主要原因

（1）行人违章。如爬车、蹬车；列车运行时在巷道中间行走。

（2）司机违章作业。违章顶车；推车人一人推一部以上车辆；推车人侧向推车。

（3）运输管理不严密。巷道中杂物多、巷道变形未及时修复；缺少必要的阻车器、信号灯。

3）矿井常见运输事故的防范措施

（1）遵守运输管理各项规章制度，严禁爬车、蹬车。

（2）遵守人力推车规定。人力推车时，人员必须注意前方，在开始推车、发现前方有人或障碍物及接近道岔、弯道、巷道口、风门、硐室出口时，推车人必须发出信号；严禁放飞车；同方向推车时轨道坡度小于或等于 5‰，两车间距不得小于 10 m。坡度大于 7‰时，严禁人力推车。

（3）严格运输管理。电机车司机必须持证上岗；严格执行"操作规程"和"岗位责任制"；定期检修机车及矿车。

（4）巷道断面按规定施工，矿井轨道按标准铺设，加强维护。

（5）在巷道中行走时，要走人行道，不要在轨道中间行走，不要随意横穿电机车轨道、绞车道。携带长件工具时，要注意避免碰伤他人和触及架空线，当车辆接近时要立即进入躲避硐室暂避。

（6）在横穿大巷，通过弯道、交叉口时，要做到"一停、二看、三通过"；任何人都不能从立井和斜井的井底穿过；在兼作行人的斜巷内行走时，按照"行人不行车，行车不行人"的规定，不要与车辆同行。

（7）钉有栅栏和挂有危险警告牌的地点十分危险，不能擅自进入；爆破作业经常伤人，不可强行通过爆破警戒线、进入爆破警戒区。

（8）路过有人正在工作的地方，一定要先打招呼，以免掉物碰人。

（9）行走过程中，要随时注意井巷里的各种信号，来往车辆路过，不要大声说笑、吵架和打闹。

8.2.2　平巷运输事故及其预防

1）机车运输事故及预防

（1）机车运输事故及原因

机车运输条件比斜巷优越，但在平巷中，敷设有各种管路、电缆，设置有风门等，对行车行人不利，更重要的是有些巷道变形失修，环境恶劣，加之司机违章操作，行人违章行走，易造成机车运输事故。

① 车运行伤人事故。以撞车、追尾与掉道碰人等事故居多，常见有：司机违章作业，开车睡觉，开着车下车扳道岔，用集电弓作操作开关，把头探出车外观望等造成司机伤害事故；人员素质低，安全意识差，机车与矿车、矿车与矿车的连接不符合要求，或使用不合格的连接件，导致设备故障，造成人身伤害事故；管理水平跟不上，轨道质量差，巷道杂物多，有的还缺少必要的阻车器、信号灯等，造成机车伤人事故；倒车伤人；制动装置失灵造成事故。

② 行车行人伤亡事故。行驶中列车与在道中心行走人员相撞，人员违章蹬、跳车碰人，从而造成伤人事故。

（2）机车运输事故防范措施

① 认真贯彻《煤矿安全规程》及操作规程的有关规定，开展技术培训，提高司机及有关人员的技术水平与安全意识。

② 加强巷道维修与管理，改善运输环境条件，减少道路故障，保证车辆及人员畅通无阻；巷道内施工时要有防范措施。

③ 机车司机必须认真严格执行岗位责任制度和交接班制度，严禁非司机操作。

④ 严禁跳车和坐矿车，严禁在机车上或两车厢之间搭乘人员。

⑤ 加强设备维修，保证机车在完好状态下工作。

2）带式输送机运输事故及预防

带式输送机常见事故有输送带着火、打滑、撕裂、断带以及连接、乘坐、穿越和清扫输送带伤人事故等。其主要预防措施有：

（1）巷道内应有充分照明。

（2）按规定使用阻燃输送带和装设安全保护装置，配备合格的消防设施。

（3）带式输送机外露的转动部位，应按规定设防护罩或防护栏杆。

（4）严禁乘坐非乘人带式输送机。人员横过带式输送机时，必须走过桥，如果必须从其他地点通过，事先要与司机联系好，停电后通过。

（5）检查维护工作中需要接触转动部件时，必须停电进行。

（6）禁止用手直接碰触转动部位；运转中严禁清理驱动滚筒、机尾滚筒附近的货物；严禁用铁锹或其他工具刮托辊或滚筒上的黏着物，不得用工具拨正跑偏的输送带。

（7）检修带式输送机时，必须认真执行停送电有关规定，防治误送电开机伤人。

（8）连接输送带时，一定要停机断电，不得站在带式输送机架子上牵拽输送带。

（9）开机时要先发出声光信号，点动试车，待无异常再正式开机，不得正对或远离机头。

8.2.3　倾斜井巷运输事故及其预防

1）倾斜井巷提升运输事故

倾斜井巷的提升运输是整个矿井运输系统的重要组成部分，也是矿井安全生产的重要环节。斜巷的运输环节多，战线长，分布面广，环境复杂多变，易导致各种运输事故，主要有：

（1）斜巷中，车、人同行，当发生跑车事故或掉道时，挤伤、撞伤行人，严重时造成死亡事故。

（2）斜巷中采用串车提升因松绳引起的断绳跑车伤人。

（3）斜巷绞车操作工违章开闸放飞车造成人员伤亡事故。

（4）斜巷矿车掉道拉断绳跑车伤人事故。

（5）斜巷绞车运输未送警示灯造成人员伤亡事故。

（6）斜巷绞车连接装置用其他物料代替销子造成伤人事故。

（7）斜巷绞车操作工未认真检查钢丝绳，造成断绳跑车伤人事故。

（8）斜巷非绞车操作工操作绞车造成伤人事故。

（9）斜巷矿车插销没有防脱装置或防脱装置失效，造成跑车伤人事故。

2）倾斜井巷运输事故的主要原因

（1）钢丝绳强度降低。钢丝绳断丝超过规定；绳径减少过限；钢丝绳锈蚀过限；钢丝绳出现硬弯或扭结；提升过载；刮卡车辆；拉掉道车辆。

（2）连接件断裂。连接件有疲劳隐裂或裂纹；刮卡车辆张力过大。使用不合格的代替物作连接件。

（3）矿车底盘槽钢断裂。底盘槽钢锈蚀过限，失于管理；超期使用，遭受严重脱轨冲击形成隐患。

（4）连接销窜出脱轨。没使用防自行脱落的连接装置；轨道或矿车质量低劣，运行颠簸严重。

（5）制动装置不良。制动装置出现故障引起制动力不足。

（6）工作失误。没挂钩或没挂好钩就将矿车从平巷推下斜巷；未关闭阻车器（或阻车器缺损）就推进矿车造成跑车；推车过变坡点存绳造成坠车冲击断绳跑车；下重物，电动机未送电又没施闸造成带绳跑车（放飞车）；钢丝绳在松弛条件下，提升容器突然自由下放造成松绳冲击。

3）倾斜井巷提升运输事故的防治措施

（1）按规定设置可靠的防跑车装置和跑车防护装置，实现"一坡三挡"。

（2）倾斜井巷运输用钢丝绳连接装置，在每次换绳时，必须用 2 倍于其最大静荷重的拉力进行实验。

（3）对钢丝绳和连接装置必须加强管理，设专人定期检查，发现问题，及时处理。

（4）矿车要设专人检查。矿车连接钩环、插销的安全系数应符合《煤矿安全规程》规定。

（5）矿车之间的连接、矿车和钢丝绳之间的连接必须使用不能自行脱落的装置。

（6）严禁用不合格的物件代替有保险作用的插销；严禁用不合格的物件代替"三环链"。

（7）斜井串车提升，严禁蹬钩。做到"行车不行人，行人不行车"。

（8）斜井轨道和道岔质量要合格。

（9）斜井支护完好、轨道上无杂物。

（10）滚筒上钢丝绳头固定牢固。

（11）开展技术培训，提高技术素质。

（12）加强安全生产管理，严格执行规章制度。加强设备的技术管理，定期检查、检修、测定各环节设备，保持设备完好状态。

8.2.4　立井提升事故及其预防

立井提升是矿井生产的关键环节，它不仅关系到矿井的正常生产建设，而且也影响矿工的生命安全。立井提升一旦发生事故，整个矿井的生产工作将完成停顿，有些事故（如过卷、蹲罐、断绳等）还可能造成严重的人员伤亡。因此，搞好立井提升安全工作非常必要。

常见的提升事故有断绳、蹲罐、过卷、卡罐、跑车和断轴等事故。

1）过卷和过放事故

立井提升过程中当提升容器接近终点时，如不及时减速停车，则上行容器可能超过其正常停车位置而发生过卷事故；下行容器可能超过其正常停车位置而发生过放事故。

事故原因如下：

① 提升机控制失灵。

控制回路故障、保护功能失效或保护装置失灵等；深度指示器失灵。

② 重载下放失控。

超载后不能继续提升，设备失控，重斗方向下行；操作错误，反向开车。

③ 制动装置失灵。

2）钢丝绳破断事故

（1）事故原因

① 钢丝绳使用中强度降低。

②立井提升容器受阻后松绳子。

③多绳摩擦提升断绳。

（2）预防措施

①钢丝绳选择必须符合要求。

②坚持日检，加强维护，严格执行更换标准。

3）摩擦提升钢丝绳打滑事故

（1）事故原因

①摩擦系数偏低。

②超载。

③制动力调节不当。

（2）预防措施

①维护钢丝绳必须使用增摩脂。

②严格控制提升载荷，不准超载。

③保证制动装置性能良好。

4）坠落事故

（1）人员坠落

①吊桶坠落事故。建井期间安全设施简陋，管理人员疏忽，工作人员违章现象严重，因此发生事故的可能性比生产矿井要大。

②罐笼内人员坠井。由于罐笼无罐门或罐门配置不可靠，搭乘人员拥挤，在启动或运行中受意外颠簸，极易造成人员坠落事故。

预防措施：罐门的尺寸应符合要求，且必须牢固，开闭灵活；搭乘的人数不准超过定员，检修人员搭乘罐顶或箕斗，必须有安全措施。

③吊盘倾覆，人员坠落。

（2）坠物伤人或砸毁设备

①容器内货物坠落伤人。

②井筒坠落冰块。

5）提升信号事故

（1）因信号及其闭锁故障发生的事故

①检修中没有设置可靠的信号装置。

②井口操车设备故障。

③人员进出罐失误。

（2）有关的安全措施

为避免发生上述事故，应严格执行《煤矿安全规程》有关条款的规定并加强安全措施：

①有可靠的信号装置、严格执行信号指令制度，发令人员和执行人员必须尽职。

②建立信号与操作机构的闭锁关系。

6）提升事故

（1）制动装置故障造成的提升事故。

（2）安全保护装置故障造成的提升事故。

（3）提升容器的防坠装置故障造成的提升事故。

8.3 运输事故典型案例剖析

8.3.1 站在刮板输送机上被拉倒致死事故

2006年5月18日早7时20分，某矿45011采煤运输巷（一水平左二片），发生一起运输事故，死亡1人。

2006年5月18日0点班，早7时左右，45011采煤工作面出完当班煤后，机电带班张某安排看工作面刮板输送机的郭某洒水降尘，看刮板输送机的刘某处理运输巷外段的煤。7时20分，刘某处理完煤后就启动刮板输送机将煤拉空，这时郭某正站在刮板输送机上洒水消尘，刮板输送机开动将郭某拉倒，碰到距他约3 m远的外部跳面开切眼刮板输送机机头部位，卡在刮板输送机机头和刮板输送机之间，造成双腿及盆骨骨折，送到医院经抢救无效死亡。

点评：这起事故是洒水消尘人员郭某自我保安意识不强造成的。实际上站在刮板输送机上洒水消尘，就要考虑到刮板输送机是否会突然开车，刮板输送机开车后是否会对自己造成伤害，这是最基本的安全常识。何况郭某站在刮板输送机上的位置距离外部搭在刮板输送机上的跳面切眼的刮板输送机机头仅有3 m远，刮板输送机一旦突然开车人被晃倒，就可能被挤到刮板输送机机头处，对于这一点，郭某事先应该是认识到的。如事先能清楚地认识到这一危险性，郭某就不会发生生命危险。另外，按规定刘某在开刮板输送机前，应该是先晃3次刮板输送机，晃刮板输送机的意思就是告诉站在刮板输送机附近的人员"我要开刮板输送机了，赶紧离开刮板输送机"，以免刮板输送机突然开车而受到伤害。但刘某明知刮板输送机道有人作业，不仅没进行瞭望，还没按规定开车前晃刮板输送机，就这么一点小小的失误，就夺走了一个人的生命。

再深入分析，矿井设施保护是否还存在一些缺陷？如果矿井中的刮板输送机或带式输送机设置有人踩在上面就能实现自动停车或不能开车的系统保护装置，或巷道内设有刮板输送机开停声光信号警示装置，并且警示装置和刮板输送机开关联锁，不发出警示不能开刮板输送机，那么，这样的事故就不会发生。

8.3.2 缠绕钢丝绳不规范造成跑车事故

2005年2月14日，某矿掘进区203掘进队施工采区轨道上山时，发生断绳跑车事故，死亡7人。

203掘进队施工的采区轨道上山，设计长度841 m，坡度17°，负坡施工，发生事故时已经成巷653 m。上山顶部为平巷车场，使用JKY-2/1.8型绞车提升，使用 $\phi28$ mm钢丝绳。2月14日白班，出勤26人，班前会上，队长安排17人到203掘进工作面作业。9时10分左右，把钩工在上山顶部车场用平巷调度绞车将装有工具的6节车皮拉向变坡点，挂上 $\phi28$ mm钢丝绳钩头，摘下调度绞车钩头，打点放车，然后推车到变坡点下。当矿车进入变坡点后，把钩工打快点，让绞车司机快速放绳。绞车司机听点快速放车，见钢丝绳过松时，立即采取了制动措施。结果因绞车安装不正，滚筒钢丝绳在拉车时缠绕不整齐，使钢丝绳在滚筒内出现余绳现象，6节自由下滑的矿车产生的冲击力，将钢丝绳在50 m处拉断，串车带着50 m钢丝绳跑车，到距变坡点327 m处脱轨。跑车过程中将蹬车的把钩工和在轨道上行走的工人撞倒撞翻，造成7人死亡，1人重伤，6人轻伤。

点评：这起事故的主要原因是把钩工违章操作，给主提升机司机发出快放信号，导致松绳过多，没有规范缠绕钢丝绳，串车下滑产生的冲击力将钢丝绳拉断造成的。

这起事故如果做到以下几点就不会发生。

（1）绞车司机发现余绳，钢丝绳过松时，不要采取紧急制动，而是顺势缓慢制动，不使下滑的串车对钢丝绳产生冲击力，钢丝绳就不会断。

（2）绞车按规定设置松绳保护装置，并做到灵敏可靠，就可以防止余绳现象的发生。

（3）绞车道按规定设置了防跑车的"一坡三挡"装置，也不会造成跑车或使事态扩大。

（4）如果按规定做到绞车道"行人不行车，行车不行人"，也不会造成人员伤亡。

8.3.3　随意停送电导致作业人员触电事故

2008年7月15日白班，某矿开拓区机电班安排1名电工到1号煤层车场高压线路连接引线，这名电工首先到1号煤层变电所断开了高防开关，但未按规定悬挂停电牌，便到工作地点开始作业。同时，矿通风区和掘进区安排人员前去掘进工作面安装瓦斯闭锁装置，矿通风区和掘进区安装闭锁装置的人员也想到了去变电所停电，看到高防开关已被拉下，以为是对方拉的，就到工作面进行作业。瓦斯闭锁装置安装完毕后，即进行送电实验，导致正在处理高压线路连接引线的电工触电身亡。

点评：这是一起违反矿井停送电规定程序引发的事故。对于这样的事故，往往都归结于违反停送电制度造成的，人的操作客观上说是存在失误的可能性的，如果我们把自己的安全寄托在可能人为故意或失误造成自己伤害的制度上，那是很可怕的，所以仅靠制度是不行的，还要靠建立不能违章的手段才行。比如高防开关上锁，停电后自动锁上，只有停电的人才能恢复送电，如果这样就不会发生这样事故。

📖 复习思考题

1. 矿用电气设备的特点有哪些？
2. 煤矿安全生产对供电有何要求？
3. 井下防爆型电气设备如何分类？
4. 防止人身触电的主要措施有哪些？
5. 常见的运输事故有哪些？
6. 平巷带式输送机运输有哪些常见事故？
7. 斜井运输事故的主要原因有哪些？
8. 立井提升中有哪些主要事故？

参 考 文 献

[1] 国家安全生产监督管理总局，国家煤矿安全监察局. 煤矿安全规程 [M]. 北京：煤炭工业出版社，2011.

[2] 马维绪. 煤矿通风与安全技术 [M]. 北京：煤炭工业出版社，2007.

[3] 袁河津.《煤矿安全规程》专家解读（2010 修订版）[M]. 徐州：中国矿业大学出版社，2010.

[4] 俞启香. 矿井灾害防治理论与技术 [M]. 徐州：中国矿业大学出版社，2008.

[5] 武强. 煤矿防治水规定释义 [M]. 徐州：中国矿业大学出版社，2009.

[6] 卢鉴章，刘见中. 煤矿灾害防治技术现状与发展 [J]. 煤炭科学技术，2006（5）：1—6.

[7] 国家安全生产监督管理总局宣传教育中心. 煤矿安全生产管理人员安全资格培训考核教材 [M]. 徐州：中国矿业大学出版社，2009.

[8] 王省身. 矿井灾害防治理论与技术 [M]. 徐州：中国矿业大学出版社，1986.

[9] 赵益芳. 矿井防尘理论及技术 [M]. 北京：煤炭工业出版社，1995.

[10] 王绍进. 矿井防尘工 [M]. 北京：煤炭工业出版社，2004.

[11] 王树玉. 煤矿五大自然灾害事故分析和防治对策 [M]. 徐州：中国矿业大学出版社，2006.

[12] 煤炭工业职业技能鉴定指导中心. 矿井防尘工 [M]. 北京：煤炭工业出版社，2006.

[13] 杨胜强. 粉尘防治理论及技术 [M]. 徐州：中国矿业大学出版社，2007.

[14] 王德明. 矿井火灾学 [M]. 徐州：中国矿业大学出版社，2008.

[15] 中国煤炭工业劳动保护科学技术学会. 矿井火灾防治技术 [M]. 北京：煤炭工业出版社，2007.

[16] 周心权，方裕璋. 矿井火灾防治（A 类）[M]. 徐州：中国矿业大学出版社，2002.

[17] 余明高，潘荣锟. 煤矿火灾防治理论与技术 [M]. 郑州：郑州大学出版社，2008.

[18] 鲍庆国. 煤自燃理论及防治技术 [M]. 北京：煤炭工业出版社，2002.

[19] 宋元文. 煤矿灾害防治技术 [M]. 兰州：甘肃科学技术出版社，2007.

[20] 中国煤炭工业劳动保护科学技术学会. 矿井水害防治技术 [M]. 北京：煤炭工业出版社，2007.

[21] 张光德，李栋臣，胡斌. 矿井水灾防治（B 类）[M]. 徐州：中国矿业大学出版社，2002.

[22] 武强，董书宁，张志龙. 矿井水害防治 [M]. 徐州：中国矿业大学出版社，2007.

[23] 国家安全生产监督管理总局，国家煤矿安全监察局. 煤矿防治水规定 [M]. 北京：煤炭工业出版社，2009.

[24] 苏毅勇，叶继香，郎宏图. 伤亡事故分析与预防 [M]. 北京：中国劳动出版社，1991.

[25]《中国职业安全卫生百科全书》编委会. 中国职业安全卫生百科全书 [M]. 北京：中国劳动出版社，1991.

[26] 高尔新，杨仁树. 爆破工程 [M]. 徐州：中国矿业大学出版社，1999.

[27] 张继春. 工程控制爆破 [M]. 成都：西南交通大学出版社，2001.

[28] 郭奉贤，魏胜利. 矿山压力观测与控制 [M]. 北京：煤炭工业出版社，2005.

[29] 吴宗之，刘茂. 重大事故应急救援系统及预案导论 [M]. 北京：冶金工业出版社，2003.

[30] 刘过兵. 采矿新技术 [M]. 北京：煤炭工业出版社，2002.

[31] 李永怀，彭奏平. 安全系统工程 [M]. 北京：煤炭工业出版社，2008.

[32] 杨来和，赵青梅. 煤矿电气设备原理及应用 [M]. 北京：煤炭工业出版社，2006.

[33] 陈光海，姚向荣. 煤矿安全监测监控技术 [M]. 北京：煤炭工业出版社，2007.

[34] 能源部安全环保司. 矿井提升运输安全 [M]. 太原：山西科学技术出版社，1993.

[35] 王树玉. 煤矿机电、运输提升与爆破事故分析和防治对策 [M]. 徐州：中国矿业大学出版社，2006.

[36] 柴常，王存莲. 机电安全技术 [M]. 北京：化学工业出版社，2006.

[37] 陈雄. 矿井灾害防治技术 [M]. 重庆：重庆大学出版社，2009.